Johann Friedrich Henkel, Carl Friedrich Zimmermann

Johann Friedrich Henkels kleine mineralogische und chymische

Schrifften

Johann Friedrich Henkel, Carl Friedrich Zimmermann

Johann Friedrich Henkels kleine mineralogische und chymische Schrifften

ISBN/EAN: 9783741166860

Hergestellt in Europa, USA, Kanada, Australien, Japan

Cover: Foto ©berggeist007 / pixelio.de

Manufactured and distributed by brebook publishing software
(www.brebook.com)

Johann Friedrich Henkel, Carl Friedrich Zimmermann

Johann Friedrich Henkels kleine mineralogische und chymische

Schrifften

D. Johann Friedrich Henkels,

Kön. Pohl. und Churfürstl. Sächf. Berg-Raths

Kleine

Minerologische

und

Chymische

Schriften,

Auf Gutbefinden des Herrn Autoris,
nebst einer Vorrede

von den

Bergwercks-Wissenschafften

zu Vermehrung der Cammeral-
Nutzungen,

und mit Anmerckungen herausgegeben,

von

Carl Friedrich Zimmermann.

Zweyte Auflage.

Dreßden und Leipzig,
bey Friedrich Hekel, 1756.

Vorrede.

Ehe ich meinem Leser gegenwärtige Sammlung zu dessen beliebigen Gebrauch völlig überlasse, werde ich vorher denselben mit etlichen Blättern ein wenig aufhalten. Es geschiehet dieses, um von meiner Absicht, die ich bey Herausgebung dieses Buches gehabt, einige Nachricht mitzutheilen, und ich werde mich glücklich schätzen, wenn selbige erkannt werden sollte, noch mehr aber, wenn ich einen geneigten Beifall und gleichmäßige Bemühung, bey geschickten und erfahrnen Männern diesfalls verspüren werde. Die Aufnahme und bessere Ordnung derer zum Bergbau nöthigen Wissenschafften ist es, wovon ich itzo handeln will. Es ist

Vorrede.

eine wichtige Sache, und ich halte aus gründlicher Betrachtung davor, daß die vollkomme und ordentliche Erkenntnis dieser Wissenschafften ein Weg sey, dadurch der Bergbau selbst, und dessen Nutzung, auf eine gewisse und beständige Art in der That wieder aufgebracht, befördert und in rechten Stand gesetzet werden könne. Es wird hierdurch mehr erhalten werden, als iemahls eine einzelne Anstalt, oder sonst eine, obwohl an sich gantz gute Verbesserung ausrichten kann; und keine ungegründete Hoffnung läßt mich vermuthen, daß, wenn der Wachsthum der Wissenschafften, mit einer besondern neuen Einrichtung sollte verbunden werden, welche denen Grund-Sätzen der Cammeral- und Oeconomie-Verfassung genommen ist, so würde sich der übersteigende Nutzen nicht auf eine halbe oder gantze Tonne Goldes, sondern endlich auf Millionen bekauffen. Ich schreibe dieses nicht in einer Uebereilung, denn ich habe nun schon ein vierzehen Jahr daran gelernet, nachgefraget, überleget und ausgerechnet, wie am dienlichsten durch den Bergbau die Schätze einer hohen Landes-Herrschafft vermehret, der Reichthum des Landes und der Unterthanen befördert, die Nahrung und das Brod denen Arbeitern gegeben werden könne. Aber, wir müssen nicht umgekehrt anfangen, und unterschiedliche gute Anstalten zu angeben, ehe wir versichert seyn, daß die dazu benöthigten Leute vollkommnen Unterricht und Geschicklichkeit solches zu bewerckstelligen, besitzen. Folglich sind vor allen Dingen die Bergwerck-Wissenschafften vollkommener, ordentlicher und deutlicher zu machen. Niemand glaube, daß dieselben zu einen solchen Gipffel schon gebracht sind, daß sie weiter keiner hülfflichen Handreichung gebrauchten; es ist dieses so gar bey denen schon vollkommenen Wissenschafften, dergleichen die Mathematic ist, noch nicht zu sagen, geschweige, daß man es von solchen, wo noch Undeutlichkeit, und nichts, als eine Menge Sätze ohne Ordnung vorhanden sind, vorgeben könne. Niemand komme mit dem alten Gesange her: Die Alten sind auch keine Narren gewesen ꝛc. ich weiß dieses gantz wohl, allein ich weiß auch, daß der alte Bergbau von dem neuern gar sehr unterschieden ist; wir sitzen nicht in solchen reichen Nestern, wir haben nicht die schönen und milden Ertzte in Anbruch, wir haben auch nicht die leichten Gruben- und Hütten-Kosten. Ein ieder, der auch gar nichts vom Bergbau verstehet, wird ohne meinen Beweiß einsehen können, daß sich eine Sache, die mit auf der Anstalt der Menschen beruhet, in Zeit von 600. Jahren ungemein verändern könne. Wenn ich einmahl eine Abhandlung von dem Unterscheide des alten

tur und neuern Bergbaues mittheilen sollte, so
wird dieses alles deutlicher, und vorgedachter
Einwurff völlig beantwortet seyn; ja, es könnte hieraus zu vieler Verwunderung erkannt werden, wie die alten Berg-Gesetze, Cammeral- und
Oeconomie Verordnungen, die auf diesen alten
Fuß gesetzet und gegründet, nun meistentheils in
der Anwendung unbrauchbar sind, und durch eine
ganz neue vollständige Einrichtung nicht verbessert, sondern gäntzlich aufgehoben werden müssen. Allein, ich komme zu weit von meinem Zweck
ab; vorietzt will ich nur das erste und nöthigste,
nehmlich die Aufnahme derer Bergwercks-Wissenschafften und derselben Nothwendigkeit, meinem Leser zu geneigter Beurtheilung vorstellen.

Das Wesen aller Wissenschafften, bestehet in der Ordnung und Deutlichkeit derer zusammen gehörenden Wahrheiten: So lange dieses bey einer Sache nicht erhalten wird, kann sich
ein jeder mit seiner Unwissenheit und betrüger-
schem Vorgeben, hinter wircklichen, aber übel zu-
sammengerafften Wahrheiten verbergen. Demnach sind auch alle zum Berg- und Hüttenwesen
gehörige und dahin einschlagende Wahrheiten,
deren wir wircklich eine grosse Menge haben,
wohl von einander zu unterscheiden, jede zu ihres gleichen, alle aber in eine deutliche Ord-

nung

rung zu bringen: So werden wir sehen, was vor
ein vortrefflicher Schatz der Erkenntnis schon
vorhanden, was vor ein grosser Theil der Natur-
Lehre hierbei zuwächst, und was vor Wahrheiten aus der Folge noch weiter möchten erkannt
werden. Doch dergleichen Dinge lassen sich
nicht wohl Betrachtungsweise vortragen, man
muß gleich handgreifflich kommen, sonst erhält
man nur bey den wenigsten einen Beifall. Man
frage demnach, wie viel sind Bergwercks-Wissenschafften? oder recht deutlich zu reden, wie
vielerley muß einer lernen, wenn er in Bergwercks-Sachen verständig werden will? Es
wird mir aus einem ungedruckten Bergmanns-
Catechismo geantwortet werden: Zweierley.
Fraget man weiter, welches sind die? so werden die Einfältigsten sagen: Probiren und Marck-
scheiden, die Klügern aber benachrichtigen, die
Erkenntnis des Bergbaues und des Hüttenwe-
sens. Letztere Antwort ist wohl gantz gut, allein sie ist zu allgemein und folglich nicht deutlich; denn ich kann versichern, daß wenigstens ein
gantz Mandel vollkommener Bergwercks-Wissenschafften sind, davon iede ihre richtigen Grund-
Sätze, und auch ihre Gräntzen, Nutzen und Verbindung mit denen andern hat, alle aber in einem solchen Zusammenhang stehen, daß eine ohne
die andere nicht begriffen werden kann, und folg-

a 4 lich

sehr einem rechten Berg-und Hüttenmann zu wissen nöthig sind. Mir sollte leid seyn, wenn sich jemanden durch die Menge von Erlernung derer Wissenschafften abhalten sollte, es darff niemand verzagen, die Mathematic hat so viel und noch mehr Wissenschafften; und wird doch von vielen vollständig erlernet, sie ist auch in vielen Stücken schwerer und tiefsinniger, und doch kann sie einem fleißigen und muntern Kopff nicht verdrüßlich fallen, es wird also auch hier alles durch eine gute Ordnung zu überwinden seyn. Von itzt kann ich nichts mehr thun, als durch einen kleinen Abriß meinen Leser von meinem Vorgeben zu überzeugen.

Was ein Liebhaber von denen Bergwercks-Wissenschafften zuerst vornimmt, ist, daß er allerhand Arten von Mineralien- und Ertz-Stuffen sammlet, selbige betrachtet und kennen lernet. Dieses geschiehet zwar von denen meisten aus einer Curiosität, allein, wenn diese Bemühung ordentlich und vollständig mit einer guten Ueberlegung unternommen wird, so ist es der erste Grund-Stein, welcher hierinnen kann geleget werden, und wird die Minerologie genennet, selbige ist eine Wissenschafft, alle Ertzte zu erkennen. Man untersucht dieselben nach ihren natürlichen, sichtlichen Umständen, unter was vor

( )   Gestalt

Gestalt selbige uns vor die Augen kommen, ob
sie dünner, eingesprengt oder angeflogen sind,
oder ob sie in einem vermengten Staube stehen,
welche Arten öffters beisammen gefunden wer=
den und wie selbige auf einander in der Zeu=
gung folgen. Ferner beobachtet man die Gra=
de der Exaltation, welche bey einem immer an=
ders als bey dem andern angetroffen werden,
welche uns die Natur theils in denen Farben,
theils in dem Gewebe zu erkennen giebt, da wir
denn öffters von der Erzeugung, Wachsthum,
Reinigung, Vollkommenheit und Untergang de=
nen unterirdischen Dinge solche Zeugnüsse in un=
sere Hände bekommen, die nicht deutlicher zu
wünschen und auszudencken sind, nur daß sie
nicht iedem so gleich in die Augen fallen. Allein,
wer Mineralien sammeln, selbige in eine geschick=
te Ordnung bringen, und daraus beides Ver=
gnügen und Nutzen haben will, muß darauf
hauptsächlich und mehr, als auf alle Schönheit
und Seltenheit sehen.   Diese Wissenschafft ist
weitläufftig, und es wird einer in der Sammlung
zwar kein Ende, aber doch in der Erkenntnis
bald so viel erlangen, daß er sich nicht darff ver=
rathen lassen, da er alsdenn weiter gehen, und
den andern Theil der Minerologie vornehmen
kann.   Dieser bestehet in Untersuchung derieni=
gen Dinge, welche wir an denen Mineralien äus=

serlich

ſerlich nicht erkennen können; nehmlich, es iſt
nöthig, daß wir wiſſen, aus was vor Beſtand-
weſen ein iedes Mineral zuſammen geſetzet iſt.
Es wird demnach eines nach dem andern zur chy-
miſcher Unterſuchung vorgenommen, welches
aber nicht auf eine Sudeley hinauslauffen darff,
ſondern fein ordentlich geſchehen muß, daß man
ieden natürlichen Cörper Naturgemäß entwickle,
deſſen Beſtandweſen, wie viel, und in welcher
Menge ſelbige da ſind, erhalte, die Zuſammen-
ordnung und Verbindung von ihnen erkenne,
und alſo von denen Cörpern nach ihren innerlichen und äuſſerlichen, richtige Begriffe ſich geben
lerne. Man glaube nicht, daß hierher nur die
Ertzte gehören, nein, alle Erd-Arten, Steine,
Erd-Hartze und Saltz-Mineralien, werden unter denen unterirdiſchen Cörpern begriffen, und
man muß ſie nicht nur ſelbſt, ſondern auch dasjenige Geſtein und Erde, worinnen ſie gefunden
werden, nach ſeiner Art betrachten und chimiſch
unterſuchen. Man ſiehet wohl, daß dieſes alles auf Bemerckungen in der Natur, und auf
Verſuche mittelſt der Kunſt, beruhe, es iſt alſo
auch leicht zu urtheilen, daß man hier, wie in
der gantzen Natur-Lehre, von Begebenheiten
und Verſuchen, endlich auf gewiſſe Sätze gelangen müſſe.

Dem-

Hiernach kommen wir auf die zweite Wissenschafft, nehmlich die Metallurgie, diese lehret uns die Natur und Eigenschafft aller Ertze und Metallen. Was im vorigen nur in eintzeln Sätzen, theils, bey der Natur, theils, bey denen Versuchen bemercket worden, das wird nunmehro zusammen genommen, gegen einander gehalten, und in richtige allgemeine Grund-Sätze gebracht. Ich habe mich anfänglich, als ich diese Wissenschafften erlernete, öffters verwundert, wie es doch komme, daß man in diesem Theile der bergmännischen Gelehrsamkeit nicht zu einer bessern Einsicht und Erkenntnis gekommen sey. Denn, so sind unter allen erschaffenen Dingen die Mineralien wohl die dichtesten, und am meisten erdenhafftige Cörper, man braucht sich also weder mit einem geistlichen noch materialischen noch cörperlichen Philosophen in einen Streit einzulassen, wenn man vorgiebt, daß dieser Cörper ihre Grundstücken, daraus sie bestehen, ebenfalls cörperliche Dinge sind, ia daß, so lange etwas in der mineralischen Natur, und mineralisch ist, selbiges allezeit ein Cörper sey. Dieses werden alle philosophische Secten zugeben, und man hat also nicht nöthig, wegen des cörperlichen Wesens der mineralischen Dinge sich zu einer Secte der cörperlichen Philosophen zu bekennen, oder, so man die geistlichen Natur-

Lehrer höher schätze, die mineralischen Cörper und ihre Anfänge zu geistlichen Wesen zu machen. Allein, dieses ist nicht geschehen, so leichte es auch zu vermeiden gewesen wäre; dargegen hat man sich mit Geistern und Seelen, Leben und Tode, einem Ehestand und Beischlaff, Essen, Trincken und Athemhohlen, wachen und schlafen, ruhen und fliegen ꝛc. derer Mineralien, so zermartert, und die Lehre selbst verdunckelt, daß einem davor grauen möchte. Die Ursache kommt her von chimischen Philosophen, die theils undeutlich geredet haben, theils gar nicht verstanden worden sind. Ich habe die ältesten und besten von diesen Lehrern mehr als einmahl gelesen, und aus ihnen erlernen müssen, wie sie ihre Schrifften wollen verstanden haben, wenigstens, was sie mit ihren Redens-Arten nicht anzeigen wollen, und daraus habe ich gesehen, wie schöne dieselben angenommen, erkläret und zu einer recht jämmerlichen Verwirrung in die Metallurgie eingezwungen worden. Doch davon kann ich hier nicht reden, es wird dieses auch ietzo noch nicht deutlich werden, bis wir eine vollständige Historie der chimischen Philosophie haben. Vorietzt will ich von der Metallurgie melden, daß man hierinnen hauptsächlich auf die allgemeinen Anfänge in der mineralischen Natur siehet, selbige wenigstens höchst wahrscheinlich bestimmet, auch wie und was ein

iedes

und wirckt, verläßet. Weiter gehet man fort
auf jedes Geschlecht derer Ertzte besonders, und
zeiget aus denen vielen Bemerckungen und Versuchen, was allen gemein, und also als ein wesentliches Grund-Stücke, mit seiner Eigenschafft
anzunehmen ist: Ferner, was nur einige dieser
Art und zeigen, da wir es denn als ein Neben-
Stücke betrachten, aber auch erlernen können, wie
solches der Mischung das seinige besonders thue.
Endlich werden auch diese Geschlechte zusammen
genommen, und nach dem ausgebrachten Metall
eingetheilet. Ueberhaupt aber muß die Lehre von
der Zeugung, Mischung, Reinigung derer Mineralien, nebstdem ihre Ruhe, Verwitterung und
gäntzliche Zernichtung hier hauptsächlich abgehandelt und deutlich gemacht werden.

Weiter komme ich zur dritten Wissenschafft,
welche ich Geographiam subterraneam, oder
die unterirrdische Erd-Beschreibung nenne,
selbige ist eine Wissenschafft, Gänge und Klüffte,
und gantze Ertzt-Gebürge zu erkennen. Hieran
hat noch niemand gedacht, selbiges in Form einer Wissenschafft vorzutragen, und man hat nur
einige mangelhaffte Schrifften, wie man sich auf
Klüffte und Gänge verstehen solle, sie sind aber
nicht zureichend, und daraus muß sie nebst andern erlernet werden. Es ist zwar sowohl in
der

Vorrede.

der Minerologie als Metallurgie die Betrachtung der Klüffte und Gänge nicht gäntzlich zu vergessen: Dort, da man von ieder Stuffe wissen soll, ob sie Gang=oder Flötzweise, in Nieren und Nestern, in Zusammenschaaren oder Uebersetzen der Gänge gebrochen sey; hier, da man untersuchet, welche Ertzte meistentheils Flötzweise, welche in Gängen, wie mächtig, am Tage oder in der Tieffe gefunden werden. Allein, in diesen Wissenschafften hält man nur allezeit einen Gang mit seiner Ertzt=Art, oder zwey Lagerstätten einerley Ertztes zusammen: Hier aber bey der unterirrdischen Erd=Beschreibung, werden gesammte Ertzt=Lagerstätten von einem gantzen Gebürge betrachtet, man muß ins Feld und auf die höchsten Berge, man muß die Lage der gantzen Gegend überhaupt besehen, man muß das Anhöhen des Gebürges mit dem Vor=Mittel=und Nach=Gebürge von dem Kamm oder höchsten Gebürge wohl unterscheiden, ihr Streichen und Schieben bemercken, endlich durch alle Thäler wandern, und alles zusammen in einen Riß bringen. Hierauf schreitet man zu denen besondern Umständen, siehet das Gehenge von iedem Berge, sein Erdreich und Gestein, seine Quellen und Bäche, seine Sonnen=Lage und anderes mehr an, und wenn man etliche Gänge an den rechten Stellen erschürffet, so kann man von
der

der ganzen Gegend ein Urtheil fällen. Diese Wissenschafft vergleichet sich sehr wohl mit dem Augenmerck eines Generals, (frantz. le coup d'œil militaire,) denn, wie ein solcher eine vollkommne Kenntnüs der Gegenden eines Landes, darinnen er Krieg führet, haben, und wissen muß, was ihm bey ieder Unternehmung dienlich oder hinderlich seyn kann; so muß auch ein Bergmann die gantze Gegend seines Bergbaues vollkommen inne haben, und im voraus wahrscheinlich vermuthen, wo er einen guten Bau anlegen könne. Diese Wissenschafft ist ein Hauptwerck, aber auch sehr schwer, und kann man offt nicht gnug General- und Special-Charten haben, um sich eine recht deutliche Vorstellung zu machen. Sie ist auch ziemlich unbekannt, daher man denn siehet, daß sich meistens die Bergleute nicht weiter helffen können, als daß sie, wo einmahl ein höfflicher Gang entdecket worden, immer einer neben den andern sich einlegen, und einander das Feld enge machen. Sie ist wohl von der Geometria subterranea, oder Marckscheide-Kunst zu unterscheiden, indem sie weit mehr sagen will, und eine Erkenntnüs eines frischen unverritzten Feldes darreichet, da iene nur die würcklichen Gruben-Gebäude in Grund leget. Ich habe diesfalls noch von niemanden einige Erwehnung thun hören, ohne, daß ich mich erinnere von

dem

vom grossen Leibnitz einen Vorschlag gelesen zu
haben, daß die Gegenden, wo man verschwemm=
te Muscheln, und andere fremde Sachen verstei=
nert findet, in eine Charte zusammen gebracht
würden.   Unterdessen ist es gantz natürlich, daß
ein Bergmann anders, als ein Bauer einen
Berg ansehen müsse.

Wenn man in diesen natürlichen Wissen=
schafften einen guten Grund geleget, so kann man
alsdenn diejenigen, welche den Bergbau eigent=
lich betreffen, mit besserm Nutzen vornehmen. Es
kommt also zum vierdten, die Bergbau=Kunst
selbst in Betrachtung, und wird beschrieben, als
eine Wissenschafft, denen Ertzten unter der Er=
den aufs beste und leichteste beizukommen. Hier=
her gehören nun alle die Arten, durch Stölln,
oder durch Absincken der Schächte, in das inne=
re der Erden zu dringen, den Bau selbst auf un=
terschiedene Art, mit Auslängen oder stroßen=
weise, mit Verschrämung oder Gewinnen des
Ganges, zu führen.   Es gehöret hierher den
Gang, wo er am mächtigsten ist, zu suchen, den
Haupt=Bau recht anzulegen, die Ertzt=Teuffe, so
bald als möglich zu erreichen, im voraus zu be=
urtheilen, wie groß der Bau werden möchte, und
wie man seine Einrichtung gleich darauf anstel=
len müsse.   Diese Wissenschafft ist endlich be=

kannt

kannt genug, und wir haben auch gnug Bücher
hiervon, aber, wenn ich es aufrichtig sagen soll,
so sind alle Schriftsteller, die neuen so gut als
die alten, nur mechanisch=historisch gegangen,
und man muß dielenigen Wahrheiten, die man
überall brauchen kann, nur eintzeln ausklauben.'
Wir sind ihnen gewiß alle Hochachtung, vor ihre
Bemühung und Erhaltung vieler nun bald gantz
vergeßner Bau=Arten, schuldig, allein, wollen
wir denn immer und ewig dabey stille stehen, ein
Buch aus dem andern schreiben, und an keine
Grund=Sätze gedencken? in Wahrheit, so wir
nur dieses thun, sind wir nicht werth, ihre Schrifff=
ten nachzulesen.

Bey dieser unterirrdischen Bau=Kunst kom=
men noch andere Dinge vor, welche, weil sie auf
besondern Grund=Sätzen beruhen, auch in abge=
theilte Wissenschafften zu bringen sind. Alle Ar=
beit bey Berg=Gebäuden wird entweder durch
Menschen=Hände, oder durch grosse Maschinen
verrichtet; Die Beschreibung derer Hand=
arbeiten möchte manchen wohl ziemlich hand=
wercksmäßig vorkommen, allein nicht zu früh,
einem Gelehrten, der sie gründlich einsiehet, sind
es Wissenschafften, die auf der Mechanic des He=
bels, des Keils, und der eigentlichen Schwere
beruhen, auch durch nichts, als dergleichen Er=

kennt=

kenntnüße können verbeſſert werden. Ich will
ſie hier noch beiſammen laſſen, ohngeachtet eine
iede eine beſondere Abhandlung verdienet. Es
gehöret demnach hierher 1) die Häuer=Arbeit,
welche die Werckzeuge derer Berghäuer, den Ge=
brauch, Nutzen, Vortheil und Mangel eines ie=
den, die verſchiedene Art, das Geſtein und Ertzt
zu gewinnen, das Bohren und Schieſſen, die
Weiſe das Gedinge zu machen ꝛc. beſchreibet.
2) Die Zimmer=Arbeit, welche alle Arten der
Zimmerung in Schächten, auf Stollen und Stre=
cken ꝛc. abhandelt, und gewiß mehr hinter ſich
hat, als ſich wohl mancher einbilden möchte.
3) Die Mauer=Arbeit, welche bey zunehmen=
dem Holtz=Mangel beſſer zu unterſuchen, und
zu einen vollkommnen Stande zu bringen iſt.
4) Die Aufbereitung der Ertzte durch das Schei=
den, Pochen und Waſchen, dabey noch viele
Vortheile durch eine ordentliche Erkenntnüs ent=
decket werden könnten, deren Nutzen ſich ſo gar
bis zu Erſparung der Hütten=Koſten, Holtzes
und Kohls erſtrecket.

Was durch Menſchen=Hände nicht kann ge=
wältiget werden, muß durch große und künſtli=
che Maſchinen geſchehen, und alſo iſt ſechſtens
die Maſchinen=Kunſt als eine Wiſſenſchafft
des Berg=Baues anzuſehen, welche die Maſchi=
nen

nen nach mechanischen und hydrostatischen
Grund-Sätzen beschreibet. Damit ich nicht zu
viel Wissenschafften mache, will ich sie nur in
zwey Theile eintheilen, davon der erste von denenienigen Maschinen handelt, die durch Ochsen,
Pferde ꝛc. getrieben werden, und also eine künstliche Zusammenordnung aller Theile, nach den
wichtigsten Grund-Sätzen der Mechanic abhandelt ꝛc. dergleichen die Pferde-Göpel sind. Der
andere enthält dieienigen Maschinen, da noch
über erstere Grund-Sätze, auch die aus der Hy-
drostatic und Hydraulic angebracht, und folglich
zu wissen nöthig sind, nehmlich die Wasser-Ma-
schinen, die entweder vom Wasser getrieben werden, oder solches aus den Erden-Bau heraus heben, oder auch beides zugleich verrichten. Diese
Abhandlung ist sehr reich, und gehören alle
Kunst-Gezeuge, Wasser-Göpel, Röhrwercke,
Pochwercke nebst der Kunst das Wasser zu leiten, hierher. Vieles ist davon bekannt, aber
nicht erkannt.

Siebendens wollen wir die Marckscheide-
Kunst zum Beschluß des eigentlichen Bergbaues nicht vergessen. Sie ist bekannt genug, als
eine Wissenschafft, die unterirrdischen Gebäude
auszumessen und abzuziehen. Sie ist auch deutlich genug vor einem, der die Art des Abschni-
rens

rens mit ansiehet, fein öffters solches versuchet,
und es endlich eben so, wie sein Meister machen
lernet. Allein, sie ist nicht ordentlich genug, so,
wie sie in Büchern abgehandelt gefunden wird,
es fehlen ihr die Grund-Sätze aus der Trigono-
metrie, die Ordnung und die gründliche Deutlichkeit. Sie ist auch nicht accurat genung, welches noch von einigen alten Einrichtungen der
Instrumente und Maße derer Marckscheider herkommt, und man sich um die neuen Erfindungen
nicht bekümmern wollen.

Nach dem Bergbau komme ich auf das Hüttenwesen, und da ist achtens die **Probir-Kunst,**
als der erste Anfang, nicht zu vergessen, sie ist eine Wissenschafft, alle Ertze ins kleine durch das
Schmeltz-Feuer zu versuchen, und wie viel sie
an diesem oder ienen Metall in sich halten, zu erfahren. Hier möchte man fast unter der Last
der vielen Probir-Bücher seufftzen, die Menge der
Geheimnüs-vollen Kunst-Stückgen von Flüssen,
Niederschlägen rc. möchte einem den Verstand
und den Glauben vermengen, und man ist so weitläufftig in einzelnen Dingen, daß man sie in einige allgemeine Begriffe bald gar nicht zusammen fassen kann. Der Herr Hoff-Rath Stahl
hat zwar den Weg hierinnen gebrochen, aber es
ist ihm noch niemand gefolget. Auf des Herrn
D. Cra-

D. **Cramers** Artem docimasticam habe ich
schon etliche Messen umsonst gewartet, und selbige noch nicht zu Gesichte bekommen können, ich
will aber hoffen, daß von demselbigen diese Wissenschafft ordentlich und gründlich werde abgehandelt seyn. Man muß in dieser Wissenschafft
erst recht austreiben, und die unnützen Geheim-
nüs-Grillen verjagen, ehe man weiter gehen, und
auf Verbesserung dencken kann.

Zum neundten giebt sich hier eine Wissenschafft an, welche billig ein rechter vollständiger
Hüttenmann verstehen soll. Es ist selbige die
Bau-Kunst des Feuers, eine Wissenschafft,
das Feuer bey jeder Hütten-Arbeit recht anzubringen, und diesfalls das Gebäude derer Oefen
mit allen Zubehör wohl vorzurichten. Diese
Wissenschafft hat ihre besondern Grund-Sätze,
und man muß erstens die Beschaffenheit und
Würckung des Feuers vollkommen erkennen,
ehe man an das Bauen selbst gedencken kann.
Die Bau-Materialien sind auch noch besser aufzusuchen, das Gebläse aber besser und gleicher
anzubringen. Es wird alsdenn mancher Kübel
Kohlen ersparet, und manches Ausbringen reicher befunden werden.

So kann denn zehendens die Beschreibung
aller Hütten-Arbeiten aus tüchtigen Grün-

den

ben abgehandelt werden. Diese ist fast die eintzige Wissenschafft in dieser Art, welche das Glücke gehabt, von alten und neuern Schrifftstellern am vollständigsten beschrieben zu werden. Es ist aber kein Zweifel, daß, wenn wir uns diese schöne Arbeiten zu Nutze machen, noch mehrere und vortreffliche Arbeiten sollten entdecket werden. Ja, wir können uns glücklich schätzen, wenn wir die verlohrnen Wege derer Vorfahren auf diese Art wieder finden, und das, was z. E. zu Churfürst Augusti Zeiten versucht worden, wiederum herstellen können. Es sind in dieser Wissenschafft viel Theile, und werden gemeiniglich also hergezehlet, das Rösten, Schmeltzen, Seigern, Treiben und Brennen: ich zweiffle aber nicht, daß bey festgestellten Grund-Sätzen andere Eintheilung und mehrere Arbeiten heraus kommen würden, maßen das Maturiren, Ertzbeitzen, und einige ungewöhnliche Arten von Seigerungen, keine leeren Grillen sind.

Eilfftens will ich die Berg-Manufactur-Wissenschafften nur als eins zusammen nehmen, wiewohl eine gründliche Abhandlung davon ziemlich weitläufftig werden sollte, maßen sie auf verschiedenen Grund-Sätzen beruhen. Denn, so haben wir erstlich alle Siebewercke hier zu betrachten, davon das Saltz-Vitriol-und Alaun-
Sieben

Sieben bekannt sind, dabey aber noch sehr viel
zu erinnern ist. Diese Materialien sind nicht
in sonderlichen Preise, und also werffen sie ohne
eine rechte gute Einrichtung nicht viel Nutzen
ab, welchen also zu erhalten, theils eine Erspah=
rung, theils eine Verbesserung nöthig seyn will.
Nechstdem sind die Schmeltzwercke hierher zu
rechnen, nehmlich das Schwefel = und Arsenic=
machen. Beide haben mit dem vorigen glei=
ches Schicksal, und wollen fast nicht mehr die
Kosten geben, wenn sie nicht, als ein Neben=
werck, bey andern Dingen können angebracht und
getrieben werden. Unterdessen wäre es ewig
um sie Schade, da so viel arme Arbeiter ihr Brod
dabey finden, und ausserdem einem Lande zu ei=
ner grossen Last seyn würden. Es ist aber auch
hier zu helffen, wenn man die Sachen ordent=
lich und gründlich einsiehet. Das Blaufarben=
Werck ist auch eine Berg-Manufactur, da mir
aber hiervon zu reden nicht gebühret, so gebe ich
nur zu bedencken, ob man hiervon nicht Anlaß
nehmen könnte, weiter in diesen Sachen zu gehen.
Das Blech=machen und verzinnen gehöret auch
hierher, ietzt ist es ziemlich herunter gekommen,
davon ich aber bey dem dreizehenden Puncte re=
den will. Endlich, wären noch mehr Manufa=
cturen recht ordentlich und deutlich vorzustellen
und anzugeben, an welche noch nicht gedacht

B 4 worden.

worden. Wer weiß die Bergwachße und Erd-
hartze recht zu gebrauchen? Wer bemühet sich, die
Erden und Steine in dieser Absicht zu untersuchen? Wer weiß, worzu die unbrauchbaren Mineralien nütze sind? Wer gedencket, das Quecksilber in seinen Ertzt-Arten zu erkennen und auszuscheiden? Dieses wird gewiß alles so lange verborgen bleiben, bis die Bergwercks-Wissenschafften, besonders die Minerologie in rechte Ordnung gebracht und gelehret wird.

Endlich komme ich auf dieienigen Wissenschafften, welche bey dem vorigen gebraucht werden, und folglich derselben gründliche Erkenntnüs voraussetzen. Da ist nun zwölfftens das
Berg-Rechnungswesen, dieses ist so wenig in
die Form und Ordnung gebracht, daß man es
fast von niemanden lernen kann, wenn man nicht
in dergleichen Diensten selbst gebrauchet wird.

Dreizehendens verdiente die Berg-Facto-
rie und Commercien-Sache eine eigene und
vollständige Abhandlung. Dieses ist würcklich
eine Wissenschafft, man muß dabey viel, und
mehr wissen, als ein anderer, der auch denckt,
daß er etwas weiß, davon wissen möchte. Allein
aus dem alten Vorurtheil, daß man die Buchhal-
terey und die Handlungs-Wissenschafft nicht vor
gelehr-

gelehrte Dinge ansehen wollen, und selbige nicht
unter die Schul-Grillen zu mengen gewesen sind,
hat man sie lieber gar ausgestossen. Ich kann
dieses hier nicht in einer Kürtze ausführen, ich
verlange auch von Schul-Gelehrten keinen Beifall, denn es können nur grosse Männer, die das
oeconomische Interesse eines Staats einsehen,
hierinnen ein Urtheil fällen.

Vierzehendens wird die Cammeral-Wiſ-
ſenſchafft von Bergwercken auch hierbey ihre
Vortheile finden. Denn, wenn vor gemeldete
Wiſſenſchafft ordentlich und deutlich gemacht,
auch, zu Folge derſelben, eine gewiſſe und beſtändige Ordnung in denen Bergwercks-Ge-
ſchäfften ſelbſt eingeführet iſt: So kann auch ein
hohes Cammer-Collegium ſich in ſeinen Abſichten auf einen gewiſſen Grund verlaſſen, die Ordnung in denen Adminiſtrationen beſſer einrichten, Schaden und Unterſchleiff verhüten. Dieſes iſt aber noch das wenigſte, es werden ſich
gantz neue und bis dato unbekannte Fonds auf-
thun, die auch mit der Zeit zu Millionen anwach-
ſen können, und die, wegen ihrer Beſtändigkeit
und Gewißheit, alle bisherige Bergwercks-Nu-
tzungen überſteigen.

Zum letzten, und daß die Mandel voll wird,
will ich des Berg-Rechts noch mit wenigen
geben-

gedencken. Aber, wie? ist denn dieses noch nicht
in Form einer Wissenschafft gebracht, es gehöret
ia recht eigentlich unter die Gelehrsamkeit selbst?
Allein, ich muß leider mit Nein antworten. Dieses ist eigentlich mein Studium gewesen, da ich
aber in selbigem mich nicht völlig auswickeln und
es in einer Ordnung finden konnte, muste ich zurück gehen, und theils die Grund-Sätze, theils,
unumgänglich zu wissen nöthige Wahrheiten, aus
vorgemeldeten Wissenschafften, ia endlich dieselbigen gantz und gar erlernen. Also weiß ich, was
es mich gekostet, und bin nun versichert, daß so
bald noch nicht ein vollständiges Berg-Rechts
Systema werde geschrieben werden. Denn dieienigen, die solches thun könnten, sind schon mit
solchen Verrichtungen überhäufft, daß sie daran
zu gedencken keine Zeit übrig haben, die es aber
würcklich thun, sind immer noch zu iung darzu
gekommen. Einzelne Abhandlungen haben wir
von grossen Rechtsgelehrten, und die sind würcklich sehr wohl gerathen, diese müssen noch das
beste thun, und denen iüngern Schrifftstellern
ein Trost seyn.   Es ist nur vor weniger Zeit
eine Disputation zum Vorschein gekommen, da
gantze Plätze aus des Herrn N. C. Lynckers
Disp. de iuribus minerarum und andern mehr
ausgeschmieret worden. Wenn auch ein gantzes
Buch mit dem prächtigen Titul des Berg-Rechts
und

Vorrede.

und Berg-Proceſſes ſich ſehen läßt, ſo findet man doch nichts weniger, als wahre Grund-Säße darinnen. Es iſt nicht genug, daß man aus den Berg-Ordnungen gantze Seiten hinſchreibt, und ſich dabey ſo verräth, daß ein andrer wohl ſehen kann, wie der Autor den Text des Geſetzes nicht einmahl nach den Worten verſtanden. Man ſollte Grund-Sätze geben, die Geſetze analyſiren, Rationem Legis diesfalls wiſſen und ſagen können, die Harmonie, und wie eine Berg-Ordnung aus der andern gemacht worden, einſehen, ſo brächte man doch etwas gelehrtes und ordentliches vor, das aber, was man ſo hinſchreibet, weiß bey meiner Treue ein ieder Steiger beſſer, und ein Schichtmeiſter, der auf ſeiner Zeche ein und andere Rechts-Händel gehabt, kann gegen einen ſolchen ein Profeſſor ſeyn. Doch, es kann ſich mit der Zeit vieles beſſern, wenn man nur Luſt und Fleiß gnug hat, auch die groſſen beigelegten Erlogia einen nicht hochmüthig machen.

Dieſes ſind alſo die Bergwercks-Wiſſenſchafften, welche überdies noch die Phyſic, Chimie, Mathematic, Cammeral-und Rechts-Gelehrſamkeit vorausſetzen, und daher wohl manchen ſchwer oder unmöglich zu erlernen ſcheinen möchten. Es könnten daher einige auf die Gedancken fallen, ich wolle alles zu gelehrt und ſy-

ſtema-

ftematifch haben, und diefes fey nur eine gelehrte
Grille, ich will ihnen aber in Antwort alfo dienen;
daß ich mein gantzes Hertze von der Gelehrfam-
keit ausfchütte. So lange eine Sache tiefffinnig, verborgen und fchwer auszufinden ift, ift fie
ein Gegenftand der Gelehrten, und die Wiffen-
fchafft heißt gelehrt, fo bald fie aber deutlich und
leicht begreifflich wird, fo behält fie offt von dem
gantzen gelehrten Wefen nichts, als die Ordnung
übrig. Einige Wiffenfchafften find alfo befchaf-
fen, daß fie immerdar fchwer zu begreifen gewefen find, und auch fo bleiben werden, und diefes
find würcklich gelehrte Wiffenfchafften; andere
aber find zu einer Zeit nicht fo tiefffinnig gewefen, oder können auch wieder vollkommen deutlich gemacht werden, und dergleichen kann man,
fo lange fie deutlich find, nicht vor gelehrte Difci-
plinen halten. Ein Exempel davon zu geben,
welches einer meiner Freunde offte anführet:
Ein Genealogus und ein Küfter, worinnen find
diefe beiden unterfchieden? Beide fchreiben die
Nahmen der Menfchen auf, die Tage und Jahre, wenn fie gebohren werden und geftorben find,
wer ihre Eltern, ihre ehliche Gemahl, und ihre
Kinder gewefen, und es ift kein Unterfcheid, als
daß es dem Küfter deutlich gefagt und angegeben
wird, der Genealogus aber, mit vieler Mühe und
Nachfinnen, folches aus undeutlichen Nachrichten

ten heraußsuchen muß. Es werden also auch
die Bergleute nicht alle zu Gelehrten werden,
oder auch gar Grillen fangen lernen, wenn man
sie gleich deutlich und ordentlich zu dencken an=
gewöhnen sollte, und hiervon will ich noch mit
wenigen handeln.

Es würden nehmlich alle diese Wissenschaff=
ten, wenn man sie auch schon vollkommen, or=
dentlich und deutlich abgehandelt hätte, doch
keinen so grossen Nutzen bringen, im Fall nicht
auf die Unterweisung tüchtiger und geschickter
Köpffe mehrere Sorge gewendet wird. Dieses
aber kann von niemanden, als von einem Lan=
des-Fürsten, den GOtt mit Bergwercken ge=
seegnet hat, aus gnädiger und Landes-väterli=
cher Vorsorge angeordnet werden. Einer Pri=
vat-Person fällt es schwer, und muß schon einen
feinen Theil ihres Vermögens daran wenden,
diese Sachen zu erlernen, und es verdirbt man=
cher guter Kopff, dem darzu die Mittel fehlen;
Unmöglich ist es vollends, wenn ein einzelner
Mensch sich auf seine Kosten, um die Unterrich=
tung anderer bemühen sollte. Weil nun vor=
nehmlich einem Landes-Herren an Erhaltung
der Bergwercke, unterschiedlicher wichtiger Ursa=
chen wegen, viel gelegen ist, so könnte eine solche
rühmliche Anstalt getroffen, und etliche Lehrer

Vorrede.

vor die Bergwercks-Scholaren und Stipendia-
ten bestellet werden, die zu Ausarbeitung beides der Leute, und der Wissenschafften geschickt
wären. Es käme alles nur auf eine gute Einrichtung an, so könnte man es, zumahl zum Anfang, ziemlich kurtz zusammen fassen, und da
dürffte ein Landes-Herr nichts, als seine hohe
Genehmhaltung darzu geben, maßen im übrigen
kein sonderlicher Aufwand und Ausgabe dabey
nöthig seyn würden. Auf besondere Umstände
meinen Vorschlag vorietzt weiter auszuführen,
verstattet der Raum nicht, der geneigte Leser
schlage indessen die Leipziger Sammlungen von
Cammeral-Sachen nach, und besonders dasienige, was der gründlich gelehrte und fleißige Herr
Autor, im neundten Stücke, von pag. 839-848.
sehr schöne ausführet, und dadurch mich zu dieser Erleuterung veranlasset hat.

Es sind aber mehr als einerley Art Leute in
der Welt, und wenn wir ein solches Vorhaben
nur auf die heranwachsende Jugend richten wollen, so können wir uns ietzo mit nichts, als der
Hoffnung beßrer Zeiten schmeicheln, ich weiß
aber, daß alle Vorschläge, deren erwünschter
Nutzen gar zu weit hinaus gesetzet wird, diesfalls ein wenig zu schläfrig scheinen, wir müssen
also eilen, und sehen, was sich noch ietzo möchte

thun

Vorrede.

thun lassen. Dieses betrifft nun diejenigen Berg= und Hütten=Bedienten, welche in würcklicher Bestallung stehen. Es sey ferne, daß ich dergleichen angesehenen Männern zumuthen sollte, wiederum in die Schule zu gehen, da ich versichert bin, daß sie viele practische Wahrheiten aus der Erfahrung einem noch so gelehrten Manne mittheilen können. Allein, da sich kein vernünfftiger Mensch schämen darff, täglich mehr und mehr zu lernen, so werden auch solche Männer nicht ausschlagen, curiöse Versuche mit anzusehen. Diese Art nutzet zumahl in Berg=Sachen, ungemein, und da keiner pro autorite über den angestellten Versuch sprechen kann, so geben die verschiedenen Meinungen Gelegenheit, neue Wahrheiten zu entdecken. Es lernet hier keiner von dem andern etwas, sondern alle lernen es von der Natur selbst, der Eindruck ist davon um so wichtiger, und die Nachahmung desto gewisser. Man muß nur die Versuche mit denen bisherigen Arbeiten zusammen halten und vergleichen, so kommt man doch immer hinter neue und nützliche Wahrheiten. Ich will es mit einem Exempel, aus meinem in diesem Buche befindlichen beiläufftigen Anmerckungen, erleutern: Im ersten Tractat gedencke ich, daß es gut wäre, wenn man die eigentlichen Umstände und Ursachen, von der Entstehung derer dichten,

unge=

ungeschmoltznen und fest zusammen gebacknen
Ertzt-Massen, die man Kupffer-Eisen-Säue ꝛc.
nennet, entdecken könnte; in der dritten Ab=
handlung des ersten Tractats bringe ich bey, wie
und warum der Eisen-Rost das Verzinnen ver=
hindere; im andern Tractat führe ich eine na=
türliche Bemerckung, und einen darauf ange=
stellten Versuch an, daß das Eisen die Sand=
Körnergen zu einen harten Stein zusammen ver=
binde.   Wenn ich nun dieses alles zusammen
nehme, so kann ich die Ursache von denen Eisen=
Säuen erklären, denn einige entstehen, wenn
ein Eisen-Rost sich zwischen das im Ertzt befind=
liche Metall leget, und also hindert, daß es nicht
zusammen schmeltzen kann, andere aber werden
verursachet, wenn neben der Eisen-Erde gar zu
viel qvärtzigtes im Ertzt-Gemenge ist, eines das
andere ergreifft, und sich verbindet.   Hieraus
lernet man auch die Mittel, solche ungebetene
Gäste zu vermeiden, den Eisen-Rost kan man
zwar weg waschen und beitzen, doch ist auch mit
einem Handgriff im Schmeltzen zu helffen, wenn
man das Ertzt-Gemenge, so bald es gesetzt, in
Fluß bringen kann, und also bey dem Zinn die
hohen Oefen vor unbrauchbar, und daß selbiges
lange in der Glut bleibe, mit Recht vor undien=
lich hält.   Die andere Art Säue wird vernich=
tet, wenn man das Eisen in grosser Glut gleich
verbren=

verbrennet, und also ihm die bindende Eigenschafft benimmt, und da helffen die hohen Oefen dazu. Man sehe also, was vor wichtige Wahrheiten aus einem Spatzier-Gange, und aus einem Versuch, der keinen Dreyer kostet, können entdecket werden, dort hindert der Eisen-Rost, hier muß das Eisen zu Rost gebrennet werden, damit es nicht hindere, so mannigfaltig, und doch einstimmig sind die Wahrheiten der Natur: Dieser Versuch lehret noch eine wichtige Wahrheit, davon ich aber zu anderer Zeit handeln will.

Der Nutzen würde hiervon ausnehmend seyn, maßen manche schöne Erfindung an Tag kommen würde. Voritzt will es immer damit stocken, kommt ein Frember und giebet etwas an, so sucht man ihn aus verschiedenen Ursachen zu verhindern, noch mehr, es ist ein solcher in seiner Wissenschafft vollkommen, es mangelt ihm nur die Application aufs Berg-Wesen, daher fehlet er und muß endlich selbst abstehen. Herr Leupold bekannte aufrichtig, daß zwar die Freybergischen Kunst-Gezeuge ihre Fehler hätten, allein es müste so seyn, und nach bewandten Umständen könne er sie nicht verbessern; es fehlete ihm also nichts, als die Application. Hingegen, wenn Berg-und Hütten-Leute selbst verschiedene Versuche

c

suche und Instrumente sehen, dabey aus der Erfahrung sich zu helffen wissen, wie man kleine Versuche ins Grosse bringen solle, welches zwar keine geringe Kunst ist; so werden sie theils selbst auf nützliche Erfindungen fallen, theils, einem andern hierinnen beystehen, und auf die rechten Sprünge helffen können, theils auch, fernerhin andere Anstalt zu hindern nicht begehren. Dieses alles wäre nun wohl der Mühe werth, es nur mit einem geschickten Manne zu versuchen, bey welchem man sowohl die nöthigen Wissenschafften, als auch andre gute Eigenschafften bemerckete. Es muß derselbe schon eine bergmännische Art haben, gegen alle hösslich, freundlich und gefällig seyn; seine Natur muß auch abgehärtet seyn, damit er nicht hinterm Ofen, auf dem Cannape und im Bette nur anfähret, nehmlich immer studiren will, sondern vor allen Dingen fleißig die Gruben und Hütten besucht. Dieses sind die hohen Schulen, wo noch ein ieder was lernen kann, und da sich auch ein solcher Mann ein mehreres zu erfahren so wenig schämen darff, als wenn ihm etwas von andern Berg = und Hütten = Bedienten, oder auch einem alten Bergfertigen Häuer gezeiget wird, das er noch nicht gewust hat.

Es würde übrigens ein solcher Bergwercks-Gelehrter auch noch in andere Wege zu gebrauchen

chen seyn, da man immer ietzo Leute vermißt, und
eine specielle Erkenntnůs in ein und andrer Sache bey ihnen verlangt, die aber bey den ordentlichen Berg-und Hütten-Officianten, die nur in
ihrer Wissenschafft bewandert sind, nicht kann
gesucht und verlanget werden. Wie offte kommen nicht besondere Sachen vor, dabey verschiedene Gebäude müssen geführet werden, wie
schwer hält es da, daß sich die Bau-Verständigen
mit denen Bergwercks-Verständigen recht verstehen? einer aber, der in beiden eine Einsicht hat,
kann die widrigen Meinungen bald vergleichen:
Ausserdem wird gebauet, daß man es wieder ein-
reissen muß, oder es doch endlich auf ein Flick-
werck hinaus läufft. Der Wasser-Bau ist hier
hauptsächlich anzuführen, selbiger ist mühsam,
kostbar und nicht leicht zu ändern; soll er recht
geführet werden, so muß vorher alles wohl überleget seyn. Es nutzet hierzu unter andern die im
vorigen angeführte Geographia Subterranea,
maßen ein Bergwercks-Gelehrter, wenn er sich
die Lage der Gegenden recht bekannt gemacht,
auch wissen kann, wo er Wasser hernehmen, und
durch welchen Weg er es führen will: Es nutzet auch hierzu die rechte Kunst des Wasserwä-
gens, selbige muß bey der Ausübung sehr accurat und genau in Acht genommen werden; wie sie
Herr Voigtel beschreibet, ist sie noch lange nicht

c 2 vollstän-

Vorrede.

vollständig, und man hat in neuern Zeiten mehr
Entdeckungen darinnen gemacht, daß man das
Gefälle des Wassers genauer wissen und auch
besser sparen kann; weiln aber diese Wissenschafft
sich in solchem Zustande noch nicht in einen Berg-
Küttel verkrochen, so bleibet es bey dem Alten,
man verschwendet das Gefälle oder die Räsche,
und wo man damit nicht reichlich haushalten
kann, da gehet es gar nicht an. Endlich wäre
auch dienlich, wenn ein solcher Bergwercks-
Gelehrter, so er ia in seinen Bemühungen un-
besucht bliebe, und niemand etwas mehr in der
Welt lernen wollte, die gantze Gelegenheit des
Landes untersuchen und kennen lernte, auch davon seine umständliche Nachrichten einsendete.
Es würde dieses bey vorseienden Bauwesen,
da man manchmahl Steine zum Mauern und
zum Kalck-Brennen in der Nähe haben will, oder
eine besondere Art Erden, Letten und Thon diesfalls verlanget, sehr dienlich seyn; Manche Fa-
brique und Nahrungs-Geschäffte derer Bürger,
dadurch gantze Städte in Flor gesetzet, und zu Ent-
richtung der Contributionen geschickt gemacht
werden, könnte auf solche Art ein tüchtiges Subiectum zur Arbeit bekommen. Der Natur-Geschichte eines Landes, die dadurch befördert werden kann, will ich ietzt geschweigen, und nur sagen,
was der Herr Berg-Rath Henkel an einem Orte
seiner

seiner Kieß-Historie gedencket, er redet vom Sand-
stein, und sagt, daß es denen Sächsischen Naturforschern eine Schande sey, daß, da wir ein so
schönes Sandstein-Gebürge haben, solches noch
nicht von einem untersuchet und beschrieben sey;
ia, sollte nicht die Danckbarkeit, da wir in so schönen Gebäuden von diesem Steine wohnen, von
uns fordern, daß wir uns um denselben besser
bekümmerten, und vielleicht noch zärtere und festere Arten davon entdeckten? Der Stolpische
Stein hat mit dem erstern gleiches Schicksal, es
fallen wohl hundert über denselben weg, wie er
hier an den Häusern und Ecken derselben stehet,
aber niemand fraget darnach, ob er auch nur einer Untersuchung werth sey. Beide aber könnten zu mehrerer Nutzung gebracht werden, theils,
daß man selbige aus dem Lande und davor Geld
einführte, theils, daß mehr Arbeiter ernähret
würden, die auch wieder ihr Theil contribuiren.
Wer hat die Lage der Stein-Kohlen, die Brüche
von Schmirgel, Kalck- und Gipßsteinen im gantzen Lande aufzusuchen und zu entdecken sich bemühet? Der innländische Marmor ist auch noch
sehre unbekannt, und wäre der Topas nicht
durch einen gewinnsüchtigen, umschweiffenden
Menschen aufgesuchet worden, so wüsten wir bis
dato nichts davon. Die gantze Gegend über der
Elbe ist, nach ihrer unterirrdischen Beschaffen-

c 3   heit,

heit, noch niemahls recht untersuchet worden,
ohngeachtet das Radeberger Bad, zu minerali=
schen Schätzen Anzeigung giebt. Ich weiß zwar
wohl, daß man nicht überall, wo man Ertzt findet,
auch einen Bergbau anstellen könne, denn haupt=
sächlich muß man auch Holtz in der Nähe dabey
haben, oder doch leichte dahin bringen können:
Allein, es können auch Sachen entdecket werden,
die eben nicht auf ein Berg und Schmeltzwerck
hinaus lauffen, und doch Nahrung und Hand=
lung machen. Am Fichtelberg hat sich, so zu sa=
gen, ein gantzes Dorff mit Verfertigung der
Schnelle=Käulgen ernähret, ein wunderlich und
lächerlich Exempel, aber, das auch zu mehrerer
Untersuchung aufmuntern solte. Und, was ist
nun da zu thun, wo man Holtz in Ueberfluß und
keine Bergwercke in der Nähe hat? Dieses wä=
re ein Problema vor einen Bergwercks=Profes=
sor, daburch er sich habilitiren könnte. Es sind
ia noch Wälder, wo mehr Holtz verfaulet, als
baraus verbrannt oder verbauet wird; etlicher
Orten hat man hohe Oefen angeleget, und dazu
das alte Eisen gekaufft, allein, das ist noch ein
sehr geringer Nutzen, man könnte es wohl noch
höher bringen.

Soll ich endlich meinen Beweiß oder viel=
mehr nur eine Aufmunterung von gleichen und
ähnli=

ähnlichen Fällen hernehmen, welches ich zwar,
da die Sache sich so schon nach ihrer Wichtigkeit
zeiget, nur zum Ueberfluß thue; So sind es vors
erste die Herren Engelländer und Frantzosen. Erstere haben in ihren Landen zwar Bergwercke,
die aber von denen unserigen sehr weit unterschieden sind: Denn so sind die Berg-Arten, die daselbst brechen, nicht so unbekannt, und nicht so
häufig, daß man sich besorgen muß, wie man mit
Wegstürtzung vieler unbekannten Ertze, einen
grossen Nutzen auf die Halde setze; Auch ist die
Nutzung der sonst durch die Handelschafft berei-
cherten Nation nicht so ans Hertz geleget, daß
sie auf das geringste Achtung zu geben Ursach
hätte. Letztere aber haben wenig und, so zu sagen, gar keine Bergwercke in ihrem Königreiche
in solchen Schwang und Umgange, daß sie dieselbe als ein Hauptwerck, und Cron-Oeconomie-
Geschäffte ansehen, und sich Hoffnung machen
könnten, daß, wenn sie das wenige auch bis
auf den höchsten Gipffel getrieben hätten, sie eine merckliche Einnahme, aus denen noch leicht
zu überzählenden Berg-Gebäuden, machen würden. Nichts destoweniger bemühen sich beyderseits grosse und berühmte Societäten der Wissenschafften ungemein, um auch in chimischen,
folglich meistentheils metallurgischen Wahrheiten täglich mehrere Entdeckungen zu bewerckstel-

c 4 sigen,

Vorrede.

kigen, genieſſen auch dieſfalls nicht allein hohe
Königliche Protection, ſondern auch Verlag und
Vorſchuß zu ihren Vorhaben. Demnächſt ſo
iſt die Schwediſche Nation in dieſem Stücke ſehr
wohl, als ein vollſtändiges Exempel hier vorzu=
ſtellen, und da unſere Groß Väter an dem Berg=
bau entweder gar von derſelben hergekommen,
oder doch einen guten Theil ihrer Kunſt von ſel=
biger gelernet haben, welches die aus der Schwe=
diſchen Sprache übernommenen Kunſt=Wörter
nicht undeutlich anzeigen; ſo ſolte wohl nicht
unrecht ſeyn, auch in andern guten Anſtalten
ihr zu folgen, und, da ſich nicht alles auf ein=
mahl thun läßt, nur durch eine kleine Aehnlich=
keit zu verſuchen, wie weit es auch bey uns gut
thun möchte. Ich finde aber in des Herrn von
Henel Anno 1729. floriirendem Schweden, daß
vors erſte bey dem Reichs=Berg=Collegio in
Stockholm ein beſonderes Departement vor die
Mechanic angeordnet, bey welchem nicht allein
zwey Directeurs ſich befinden, ſondern noch über
dieſes andere Perſonen darzu angeführet und
dieſfalls beſoldet werden. Es halten alſo die
Herrn Schweden dergleichen Dinge nicht vor
die ſchlechteſten bey dem Bergbau, weiln ſie ſo
gar bey dem höchſten Berg=Collegio Perſonen
hierzu beſonders verordnen. Ferner, ſo ſind
auch beſage eben dieſes Autoris in denen Pro=
vintzien

vintzien besondere Bedienungen angeordnet, die
darauf abgesehen sind. Man will sich daselbst
nicht schlechterdings auf die Kunst-Steiger verlassen, sondern man hat auch Kunst-Inspectores
und Kunst-Meister gesetzet, die auf das, welches
bey dem Bergbau am künstlichsten ist, nehmlich
auf das Maschinen-Wesen, Acht haben. Der
Nutzen ist hiervon nicht aussen geblieben, massen
in des Herrn Swedenborgs Regno subterraneo und zwar im dritten Theile zu sehen ist,
was vor schöne Maschinen die Schweden vor
andern Nationen voraus haben, wo denn absonderlich die Maschine die Föderung ohne Seile zu
verrichten sehr sinnreich und merckwürdig ist.
Auch haben die Herren Schweden in denen Pro-
vintzien ihre besondere Metall-Sucher, daher sonder Zweifel die von mir angegebene Geographia subterranea bey ihnen in sehr gutem Stande und Erkenntnüs seyn mag. Sollten wir
nun nicht durch einen oder etliche geschickte Männer diesen Völckerschafften nachzuahmen suchen?
Und würde nicht der Nutzen, der bey obigen
theils sehr schlecht ist, bey uns gedoppelt und
vielfach ausfallen? Ich will daran keineswegs
zweifeln, denn Teutschland hat mehrerley Ertzte,
als bey diesen bekannt sind, muß sie aber auf andere Art gewältigen und bearbeiten lernen, wenn
es Einnahme machen soll.

c 5   Jedoch)

Vorrede.

Jedoch was ich hier abgehandelt, ist eine Sa= che, daran andere Leute mehr gedencken müssen, ehe es kann bewerckstelliget werden, damit nun nicht alles auf Hoffen und Wünschen beruhen möge, so übergebe ich meinem Leser eine Samm= lung von einigen kleinen aber guten Schrifften, die gewiß nichts überflüßiges oder verwirrte ein= zelne Kunststückgen, sondern lauter Realitäten in sich haben. Es sind dieselbigen verschiedene Abhandelungen, welche ehedem der wohlselige Herr Berg=Rath Henkel nach und nach in La= teinischer Sprache geschrieben und bekannt ge= macht hat. Ich habe zu verschiedenen mahlen den Herrn Berg=Rath befraget, ob nicht eine teutsche Uebersetzung, oder gar eine weitläufftigere Ausführung von diesen Materien zu hoffen wä= re, welche besonders denen Liebhabern dieser Wissenschafften, die der Lateinischen Sprache un= kundig, zu statten kommen möchte: Allein, er hat sich theils mit seiner Arbeit entschuldiget, theils auch gewünschet, daß sich hierüber ein andrer machen möchte, der seine Meinungen recht ver= stünde. Daher habe ich nicht umhin gekonnt, bey müßigen Stunden diese Uebersetzung vorzu= nehmen, und ich zweifle nicht, daß, wenn der Herr Berg=Rath bis zu dieser Ausgabe hätte leben sol= len, er meine wenige Arbeit mit einer Vorrede würde beehret haben. So aber muß ich diese

Kinder

Vorrede.

Kinder ohne Vater in die Welt schicken, doch
will ich hoffen, daß, da die lateinische Auflage derer zwey ersten Tractate gantz und gar abgegangen, diese teutsche Uebersetzung auch nicht werde
liegen bleiben. - Meine Anmerckungen, die ich
hier und da hinzu gesetzet, sind theils beiläufftige
Gedancken, die mir bey der Uebersetzung eingefallen, theils sind es Wahrheiten, die ich diesfalls
von dem Herrn Berg-Rath selbst vernommen.
Ich bitte selbige nach diesen Angeben, und die
gantze Arbeit nach der Absicht, die ich bisher
vorgetragen, zu beurtheilen, ich habe deutlich seyn
wollen, und daher bey der Uebersetzung hauptsächlich auf den Sinn des Herrn Berg-Raths sehen
müssen, es würde einem andern, der seine Schrifften fleißig zu lesen verabsäumet, diese Arbeit gar
sauer angekommen seyn.   Unterdessen wünsche
ich, daß mein Leser diese Sammlung, in Ermangelung vollständiger systematischer Wercke, wohl
gebrauchen möge.   Der erste Tractat handelt
fast eine vollkommne Chimie ab, der andere aber
einen Haupt-Theil der Minerologie, die übrigen
Abhandlungen sind deswegen merckwürdig, weil
sie besondere Fälle zum Grunde haben. Uebrigens nehme man mir die lange Vorrede nicht
übel, ich habe auf andere künfftige Ausgaben
hier im voraus geredet, meine Art ist sonst nicht,
weitläufftig zu seyn.   Der Bergmann spricht,

Brod

Vorrede.

Brod muß man bey Brode suchen, und ich sage, Wissenschafft sollte man bey Wissenschafft beförbern, sonst möchten einmahl die ietzigen Künste nicht mehr zulänglich, aber doch keine andern vorhanden seyn. Alle meine Vorschläge haben mir noch nicht eine Einbildung vor meine eigne Person erreget, und darum habe ich auch nicht mich unterfangen, solche an hohe Personen besonders zu empfehlen, es ist mir aber eine Ehre, wenn sie gelesen und gut befunden werden, und ich, in Ertheilung specieller Nachrichten, absonderlich, was die Unterhaltung solcher Personen, und die ihnen anzubefehlenden Arbeiten anbetrifft, meine Unterthänigkeit und Dienste bezeigen kann. Geschrieben, Dreßden, den 21 Mertz, 1744.

Innhalt.

Innhalt.

Der erste Tractat.

Innhalt.

Der

Innhalt.

Der andere Tractat.

Drit-

Innhalt.

⚹•⚹ (✳) ⚹•⚹

Der

Der erste Tractat.

Von der Aneignung,

welche in der Chimie nicht das geringste,
bey der
Verbindung aber das vornehmste Mittel ist;
wie solches
durch einen neuen Versuch
in Verbindung des Sauern aus dem Koch-Saltze
mit dem Silber zu ersehen ist.

Einleitung.

§. I.

Die Scheidung oder die Zerlösung
der Cörper in ihre Theile, und
die Zusammensetzung, das ist
die Verbindung dererselben
Cörper, sind beides die vor-
nehmsten, als auch die letzten und erwünschten Absichten, auf welche alle Arbeit und

A   alles

alles Nachdencken in der Chimie gewendet wird.

§. 2. Ein jedes von diesen beiden ist seinen Schwürigkeiten unterworffen; Denn bey der Auseinanderscheidung muß man sehr sorgfältig sich in acht nehmen, damit man in der Meinung etwas zu zerlösen, nicht in schädliche Verstellung und Versetzung gerathe. Dadurch wird das Gantze zwar zerrissen und zerstöhret, keinesweges aber die ordentliche Auswickelung der Theile, da eines nach dem andern sich absondert, erhalten; Vielmehr geräth man also auf vielerley verwirrtes Zusammensüdeln, wo man nicht nur neue Ausgeburten, sondern auch fremde Misgeburten zu sehen bekommt.

§. 3. Bey der Zusammensetzung hat ein Arbeiter sich hauptsächlich zu bekümmern, daß er ein sich wohl schickendes und so viel möglich innigstes Verbindungs-Mittel gebrauche, dadurch er die Cörper, welche verbunden, und darzu wohl geschickt gemacht, und vorgericht werden sollen, mit einem festen Bande verknüpffe, auch dieses weniger oder mehr wieder auflösen könne, um die Cörper aus ihrer Zusammensetzung, so,

wie

wie sie anfänglich darzu genommen worden, wieder herzustellen.

§. 4. Beide Arten der Schwürigkeiten erzeigen sich bisweilen grösser und
manchmahl auch geringer, nachdem der
Zweck des Arbeiters und die Art und Weise zu arbeiten ist: Doch sind sie in der Zusammensetzung noch eher zu überwinden, es
mag im übrigen denenienigen, welche nur
von Elementen und Principien reden, eine sehr leichte Sache zu seyn scheinen, ihre
Materien in gevierdter, gedritter und ge-
doppelter Zahl zu bewürcken.

§. 5. Oeffters reicht uns die Natur die
zu verbindenden Materien schon also bereitet dar, und ist nichts weiter nöthig, als
daß von uns nur dasienige, welches anfangs in einem Cörper als eine überflüßige
Materie uns hinderlich ist, oder auch das,
was noch fehlet, entweder abgesondert oder
darzu gesetzet werden muß; Anderntheils
darf man nur, was an Kräfften und würk-
enden Eigenschafften annoch mangelt, also, daß man die Materie zu deren Anneh-
mung geschickt macht, die Kräffte aber des
würckenden erhöhet, darzu bringen; So
kann man endlich das gantze Werck der Natur überlassen, welche denn in dem Augenblick,

blick, da sie die Materien auflöset und
scheidet, auch eine neue Vereinigung vornimmt, und am besten zu Stande bringet, dabey man übrigens nur warten, und
sie nicht übereilen muß, welches aber nicht
jedweden gegeben ist.

§. 6. Uberdieses verdienen die hier vorfallenden Schwürigkeiten vor allen andern
sehr wohl, daß man sich selbige zu überwinden Mühe gebe, da die vortrefflichsten Absichten in der Chimie in subtil und beständig
machen, in leiblich machen, in der Zeitigung, und in der Vermehrung bestehen,
und dieses ist nicht allein in der höhern, sondern auch in der gemeinen Chimie, ja bey
jeder Veränderung also zu befinden.

§. 7. Allein dergleichen Absichten möchten ohne die gebührenden Verbindungen,
nicht so leicht zu ihrem Zweck gebracht
werden, da im Gegentheil, wenn man
diese wohl beobachtet, es nicht nöthig
ist, daß man die Principia erstlich dar-
stelle, als welches, wenn es auch noch
so wohl möglich zu machen, und aus
allen verwirrten Knoten, zu der vorgesetz-
ten Vereinigung leichte auszuwickeln seyn
möchte, doch alsdenn eine überflüßige Arbeit wäre.

§. 8.

§. 8. Die Aneignung oder Appropriation ist eine ordentliche Einrichtung und
Geschicktmachung solcher Cörper, welche
mit einander sollen vereiniget werden, und
ausser dieser Anstalt entweder gar nicht
oder doch sehr schwer sich mit einander verbinden. Nehmlich sie ist eine Erleichterung zur Verbindung. *

§. 9. Wer von einer Hülffe, die in einer gewissen Sache zu leisten ist, sprechen
will, muß vorher von demienigen, welches
die Hülffe und Erleichterung nöthig hat,
handeln; Da ich nun gegenwärtig, wie
man der Zusammensetzung und Vereinigung derer Cörper helffen, und selbige befördern könne, auszuführen willens bin,
so achte ich vor recht, von der Zusammensetzung selbst das nöthige voraus zu setzen,
und dieses um so viel mehr, weil die Abhandlung von der Appropriation nicht weitläuftig oder tiefsinnig seyn wird, so bald
man die eigentliche Beschaffenheit der Zusammensetzung recht erkannt hat.

§. 10. Weiln auch die vorhabende Sache aus den Umständen und der Erklärung,
so wohl der widrigen und ihr entgegen stehenden Dinge, als auch derer die mit ihr
einiger maßen verwandt sind, nicht wenig

Licht

Licht bekommt, so ist dienlich, daß wir auch kürtzlich erzehlen, was die Zusammenhäuffung, welche mit der Zusammensetzung nicht zu vermengen ist, eigentlich sey.

Anmerckungen.

Zum §. 8.

Was der wohlseel. Herr Verfasser hier bey Beschreibung der Aneignung beibringet, und in folgenden weitläufftiger ausführet, ist eine Sache, die gewiß noch viel Betrachtung verdienet. Es kann diese Wahrheit, daß zwey Dinge, die sich mit einander verbinden sollen, einander angeeignet seyn müssen, nicht allein in der Chimie, sondern auch in der gantzen Natur-Lehre viel Erkenntnüs und Nutzen schaffen, und wäre zu wünschen, daß sie auch von denenjenigen Natur-Lehrern, welche nicht eben das unterirrdische Reich erklären, und die Chimie abhandeln wollen, besser mitgenommen würde. Von dem Herrn Autore kann also hier was gelernet werden, welches auch in der mathematischen Untersuchung der natürlichen Dinge Dienste thun wird, und man wird gar bald in Exempeln erkennen können, daß die Mathematic, wenn sie mit einer chimischen Erkenntnüs verbunden, noch weit deutlichere Begriffe geben kann. Z. E. Die Lufft und die Feuchtigkeit in derselben sind zwar allezeit

allezeit da, sie zeigen sich aber in ihren gemeinschafftlichen Würckungen auf sehr verschiedene
Weisen, ausser dem nun, daß das weniger und
mehr die Sachen sehr verändern, so kommt auch
viel darauf an, ob diese beiden einmahl genau
mit einander verbunden sind, ein andermahl
aber nur neben einander ohne Verbindung stehen, und also wohl eine Berührung, aber keinen
so starcken Druck zusammen haben können. Da
nun hier die verschiedene Würckung auf die Verbindung ankommt, so wird man sich wohl umsonst um eine andere Ursache bemühen. Die
Aneignung aber erkläret alles, und zwar nicht
allein, warum iezt und zu keiner andern Zeit die
Würckung geschehe, sondern auch, warum es geschwinde oder langsam, starck oder schwach damit
zugehe. Die Herrn Medici werden mir auch
gar gerne zugeben, daß die Ursache, warum ein
Artzney-Mittel bey einerley Umständen nicht einerley Würckung habe, öffters in der Aneignung
beider, der Artzney nehmlich und des Kranckens,
zu einander zu suchen sey. Es ist also die Aneignung auch zu Erkenntniß des Unterscheids
dienlich, und hiervon ist nur noch so viel hier anzuführen: Wenn ins künfftige wir oder unsere
Nachkommen in allen oder den meisten Untersuchungen werden so weit gekommen seyn, daß
man hoffen kann, man sey nun fertig und werde

bald

bald aus allen diesen eintzeln Wahrheiten allge=
meinere Sätze oder ein Systema machen können,
so muß alsdenn entweder schon deutlich seyn, wie
aus wenigen einfachern Wesen, so vielerley Ar=
ten werden können, oder man wird, wenn es noch
nicht klar, dieserwegen wieder von neuen zu ver=
suchen, und zu erfahren anfangen müssen. Letz=
teres hält die Wissenschafften abermahls auf,
ersteres aber ist nicht zu hoffen, wenn wir nicht
bey Zeiten mit auf die Ursachen des Unterscheids
sehen wollen. Ich will zwar dieses denen letzi=
gen Zeiten nicht nachsagen, als ob es gäntzlich
unterlassen würde, denn man bemühet sich aus
veränderten Verhältnüs und Ordnung, den Un=
terscheid eines Dinges und Erfolgs zu finden,
allein die Aneignung verdienet würcklich auch
hier betrachtet zu werden, denn wenn selbige un=
terschieden ist, kann sie auch unterschiedene Din=
ge aus einerley Dingen machen.

Die erste Abhandlung.
Von der Aggregation oder Zusam-
menhäuffung.

§. II.

Ein Cörper wird nach seiner natür=
lichen Beschaffenheit, entweder als
ein in sich gemischter, oder als ein
nur

nur zusammen gehäuffter Cörper angesehen.

§. 12. Als ein gemischter ist solcher wiederum einer gedoppelten Betrachtung unterworffen; Die erste und vornehmste siehet darauf, ob ein solcher Cörper lediglich
aus einfachen Dingen, die man insgemein
Principia nennt, zusammen gesetzet sey, da
man es denn eine elementarische oder ur-
anfängliche Mischung eigentlich nennen
könnte.

§. 13. Die andere begreifft ein jedes Zu-
sammengesetztes unter sich, da man denn
auch solche Dinge vor gemischte annimmt,
welche aus uranfänglich gemischten zusammen gesetzt und entstanden sind: Ja man
begreifft auch alles dasienige darunter,
was Apothecker, Becker, Färber, Giesser
und dergleichen, durch zusammengießen,
unter einander reiben, kochen ꝛc. manchmahl wie Kraut und Rüben unter einander mengen, und in eine Masse oder Cörper zusammen zwingen.

§. 14. Ein Cörper wird als ein Zusam-
mengehäufftes angesehen, wenn man an
demselbigen viel kleinere gemischte Cörper
betrachtet, welche, indem sie zusammen treten, ohne Absicht auf eine gewisse und pro-

A 5 por-

portionirliche Anzahl eine gröſſere Maſſe
zuſammen ausmachen. *.

§. 15. Ein Cörper kann als ein gemiſchtes, nicht durch das Geſichte und Gefühle
erkannt werden; als ein aus dem gemiſchten beiſammen ſeiendes Gemenge aber,
kann er mit den Augen geſehen, und mit
den Händen begriffen werden, auſſer
wenn er alſo klein iſt, daß er mit bloßen
Augen nicht geſehen, oder auch nach mathematiſcher Art, durch deutliche Erken-
nung ſeiner Seiten, weiter nicht zerſpal-
ten und getheilet werden kann.

§. 16. Daher ſind zwar ein gemiſchtes
und ein zuſammen gehäufftes bey genauer
Vergleichung unterſchieden, aber ſie können doch in einem und eben demſelben
Dinge zugleich ſeyn, oder doch wenigſtens
als verſchiedene Betrachtung eines Cörpers angenommen werden.

§. 17. Und alſo iſt die Zuſammenhäuf-
ſung zu beſchreiben, daß ſie ſey ein Gemenge vieler kleiner gemiſchter Cörper, oder
der allerkleinſten Größen, welche nur nach
der Zahl, nicht aber nach ihren Arten und
Geſchlechtern vielfältig ſind, und in einer
zuſammenhaltenden Maſſe beiſammen ſtehen.

§. 18.

§. 18. Daher habe ich nicht nöthig, von andern Zusammenhäuffungen oder Hauff: weck z. E. von einer Heerde Schaafe, oder einem Hauffen Getralde viel zu sagen, wel: che mehr nach einem moralischen Verstand, vor eine Zusammenhäuffung können ge: nommen werden, da sie denn kaum und aufs allerhöchste blos durch die äusserliche Bemühung in einen allgemeinen Innbe: griff gefasset sind, und zu dieser unserer welt genauer an einander hängenden Zu: sammenhäuffung gantz und gar nicht ge: hören.

Anmerckungen.

* Zum §. 14.

Ein Cörper nach seinen natürlichen Beschaf: fenheiten genommen, kann auf diese Art nicht als ein Zusammengehäuffter angesehen werden, denn da das Aggregat unter die Qvan: tität gehöret, so ist Zahl, Maaß und Gewichte dasjenige, wodurch ein Aggregat oder ein Cör: per als zusammengehäufft betrachtet wird, als: denn aber ist ein solcher ein mathematischer Cör: per. ···Als ein physicalischer Cörper hingegen muß er allezeit gemischt seyn, weiln ein Cörper nicht aus einer einzigen uranfänglichen Materie entstehen und bestehen kann, sondern aus meh: rern

rern dergleichen Materien, die sich vermischen
und ergreifen, zusammengesetzet seyn muß. Ja,
wenn auch ein physicalischer Cörper aus mehr
als einerley Cörpern augenscheinlich bestehet, so
kann man doch auch hier nicht eine bloſe Zuſammenhäuffung annehmen, weiln dieſe Cörper zum
wenigſten an den Flächen, da ſie ſich berühren
und zuſammen halten, entweder unmittelbar ſich
müſſen vermiſchen können, oder durch ein drittes,
das ſich mit beyden vermiſcht verbunden werden, oder aus den Grund-Sätzen der Cohäſion,
die der gelehrte Herr Hämberger in ſeiner Phyſic ſchön erläutert, beiſammen halten. Hier iſt
überall eine Vermiſchung, oder doch etwas mehr,
als eine bloſe Zuſammenhäufung befindlich, und
dieſes hat unſer Herr Autor wohl eingeſehen, da
er aber die Lehre von der Aggregation aus der
Chimie zu verbannen nicht der erſte ſeyn wollen,
ſo hat er hier das Aggregat pur in mathemati-
ſchem Verſtande genommen, und durch einige
Kennzeichen deutlich gemacht. S. hiervon den
205. §. dieſes Tractats. In ſolchen Betracht
thut dieſer Begriff in der Chimie noch die beſten
Dienſte, und ſiehet man hieraus, daß denen Chimiſten mathematiſche Wahrheiten zu erkennen
gar nützlich und nöthig ſey.

Die

Die andere Abhandlung.

Von der Conjunction oder Verbindung.

§. 19.

Indem ich die höhere und tiefsinnige Betrachtung, welche die Mischung, die Zusammenhäuffung und andere dergleichen Dinge betrifft, bey seite setze; so will ich mich nur vorietzt um die Verbindung derer Cörper bekümmern, welche eigentlich ein Zusammenwachs zweier, dreier oder mehrerer Cörper in eine Masse ist, dergestalt, daß diese nicht so leicht wieder können zertheilet werden, sondern sich innigst mit einander vermischen, ergreiffen und eines das andere umwickele, auch dargegen von dem andern wiederum feste gehalten werde. Es mag nun seyn das doppelt versetzte oder gemischte, oder daß ich auch alles zugebe, die Principia selbst da sind, oder also genennet werden, welche mit einander sollen vereiniget und verbunden werden.

§. 20. Doch ist hier wohl zu mercken, daß diese Verbindung, wenn sie auch nur in den geringsten Theilen innigst und nicht

schlecht

schlechtweg zusammen gesudelt geschehen
soll, bey denen gemischten Dingen weit
geschickter und beständiger zu bewürcken
sey; Da es hingegen bey den zusammen gesetzten nicht so gleich, bey den doppelt versetzten noch viel weniger, das ist mit diesen
beiden nicht ohne Zerstöhrung eines oder
auch beider Stücke, welche zusammen gesetzt und verbunden werden sollen, abläufft.

§. 21. Die Verbindung aber ist überhaupt so mannigfaltig, daß mir nicht eine
geringe Mühe bevorstehet, so viel Exempel in ihre Classen und so viele Arten nach
ihren Haupt-Geschlechtern unter einander
zu vergleichen. *

§. 22. Anfänglich war ich zwar willens,
die Verbindung in die gemengte und gemischte, letztere aber wiederum in eine nur
schlechtweg gemachte und eine innigst gemischte einzutheilen, allein überall stiegen
mir so viel Zweiffel auf, daß ich unmöglich
mit dieser Eintheilung zufrieden seyn konnte. Die gemengte Verbindung würde auf
solche Weise mit der Zusammenhäuffung,
welche in vorigen von mir beschrieben worden, eine ziemliche Aehnlichkeit gehabt haben; Dergleichen wäre etwan in der Zu-
sammenschmeltzung zweier Metallen, als
Gol-

Goldes und Silbers, welches ohnedem einander ziemlich gleich kommende Cörper sind, zu ersehen, welche also zwar unter einander gemischt zusammen fliessen, jedoch nicht anders als wie Wasser gemenget scheinen.

§. 23. Allein, da ich vermerckte, daß ich auf solche Weise in eine undeutliche Wort-Mengerey verwickelt würde, welche nicht nur den Unterscheid unter der eigentlichen bloßen Zusammenhäuffung und der Vermischung, welcher doch auch nicht zurücke gesetzet werden kann, verdunckelte; sondern auch zugleich die bisher noch nicht so deutlich gewordene Lehre vor der Zusammenhäuffung und Mischung, wiederum undeutlich machte, so richtete ich meine Gedancken auf die andere Unterscheidung, welche ansehnlicher, auch mehr, besonders spagyrische Weißheit in sich zu halten schiene;

§. 24. Aber sie ist zu weitschweiffig, und bestimmet nicht alles genau genug, also, daß die dargegen gehaltenen Exempel, deren gewiß nicht wenige, und nach verschiedener Betrachtung genommen wurden, daraus nicht zur Genüge erkannt werden konnten. Vielmehr würden die Alchimisten, welche

gerne

gerne ein Machtwort ausſprechen, und andere unbefugte Pfuſcher in der Natur-Lehre, wenn man ſie in die Enge getrieben, hier
ihre Zuflucht und einen Winckel, wo ſie ſich
mit ihrer Unwiſſenheit verbergen könnten,
geſucht haben.   Und ich weiß auch bis dato
nicht, als ich dieſes ſchreibe, wie viel, und
was vor Fächergen in den Verbindungs-
Kaſten zu machen ſeyn.

§. 25. Damit ich mich alſo in meiner
Freiheit und den Leſer von allen Vorur-
theilen entfernet erhalte, ſo will ich lieber
die Sache ſelbſt nach einander vorſtellen,
und vornehmlich alle und jede Exempel anführen, welche, wenn ſie erſtlich hiſtoriſch,
nachgehends aber nach ihren Grund-Urſa-
chen erkannt werden, zu den verlangten
Eintheilungen, und zu den Schranck mit
denen Fächergen, den Weg bahnen können.

§. 26. Und wann auch auf ſolche Weiſe, weder dem ſyſtematiſchen Geſchmack dieſer Zeiten, noch auch mir ſelbſt ein Genüge
geſchähe, ſo halte ich doch, daß der Richter
nichts davon kriegen ſollte.   Denn es iſt
zum Anfang genug, wenn man nur gewiſſe
phyſicaliſche Sätze erhält und erkennen lernet; nächſtdem ſind noch viel Dinge, wor-
unter vielleicht die vornehmſten mehr zu
wün-

wünschen als zu hoffen seyn, welche noch vermißt werden, und da man also sehr verkehrt im voraus gewisse Regeln und allgemeine Aussprüche machen würde.

§. 27. Endlich wird ein iedweder, der die Sache gründlich und aufrichtig einsiehet, erkennen, daß, wenn man auch alles, was nur hierbey vorfallen kann, zusammen gesucht, und deutlich vorgestellet hätte, so würde es doch nicht von der Sache selbst, auch wohl kaum durch ein Gedächtnüs-Kunst-Stückgen zu erhalten seyn, daß man dieses alles deutlich und ordentlich merckte, vielmehr käme es auf eine gute Einbildung und Vorstellung an, welche aber, da so viel Köpffe und Sinne sind, auf mancherley Weise verändert und begriffen wird.

Anmerckungen.

* Zum §. 19.

Wie es dem Herrn Berg-Rath vorher gefallen, bey der Zusammenhäuffung nichts, das etwan nur ausgedacht scheinen möchte, anzuführen, also läßt er auch hier die Beschreibung des Mixti, Compositi, Decompositi und Superdecompositi weg, theils, weiln er vermeinet, daß ein Liebhaber von dergleichen wissen werde, wo er sie an andern Orten suchen solle, theils, weiln

B hier=

hiervon die Begriffe selbst noch nicht in eine
solche Deutlichkeit gesetzet sind, daß sie in der
Ausübung völlige Gnüge und Nutzen geben
könnten. Herr Becher und nach ihm Herr
Stahl haben zwar die Sache so viel als möglich deutlich gemacht, allein zu vollkommnen Begriffen werden wir nicht eher gelangen, bis wir
aus der Erfahrung erst alle Cörper nach ihren
Grund- und Neben-Stücken erkannt haben, zu
deren Beurtheilung die Becherischen Grund-
Sätze zwar vieles, aber nicht einem ieden helffen
können.

Zum §. 21.

Die Lehre von denen Verbindungen ist eine
von denen allerdunckelsten in der Natur-Lehre,
und, da wir selbige nach ihrer eigentlichen Be-
schaffenheiten noch nicht erkennen, so ist es unmöglich, eine rechte und gründliche Eintheilung
darinnen zu machen. Die natürlichen Verbindungen sind die allerwichtigsten und nöthigsten
zu unserer Erkenntnüs: Zu solcher gehöret, die
einfachern Materien, oder, wenn ich auch dieses
noch nicht fordern wollte, die einfachern Cörper
alle zu wissen; ihre verschiedene Gestalt, oder
den Grad der Reinigkeit, der Kochung, der Reif-
fung und überhaupt ihre Exaltation zu beobachten; und über dieses alles, weiln wir der Natur
nicht

nicht zusehen können, dienliche Mittel zu haben,
da durch die Auflösung und durch die Versetzung
der Natur so zusagen rückwärts und von der
Seite beizukommen ist. Die künstlichen Verbindungen, welche doch so wichtige Wahrheiten
an sich nicht sind, als sie vielmehr zu Erfindung
der natürlichen Anleitung geben, können, ohngeachtet sie mehr in unserer Gewalt sind, doch
nicht völlig von uns eingesehen werden: Wir
haben die zu verbindenden Dinge, und wissen
doch nicht allezeit, ob sie völlig und nach ihren
gantzen Bestandwesen oder nur nach einen Theil
in die Vermischung treten; ihre Gestalt, unter
der sie solches verrichten, bleibet auch offt verborgen, indem wir bey dem flüßigen Gemenge
und der fortdaurenden Köchung die Veränderung nicht ersehen können, und von dem Mittel ist die Frage noch öffters zu thun, in wieferne durch Scheidung oder durch Mischung, durch
Zerstöhren oder Erhalten es gewürckt habe.
Dieses habe ich nicht deswegen anführen wollen, um den Grund der Wissenschafften zweifelhafft zu machen, sondern nur den Herrn
Verfasser, der nach seiner Aufrichtigkeit nichts
mehr als was er gewiß gewust sagen wollen,
gegen ein unbedachtsames Urtheil zu verwahren.

B 2

Die

Die erste Abtheilung.

Von denen Dingen, welche verbun-
den werden.

§. 28.

Diese waren so gleich deutlich, wenn wir
nach der alten Schul-Gelehrten Gewohnheit, da sie alles nur nach dem
Buchstaben verstunden, die Meinung derer
Lehrer annehmen, und sehen wolten, wie
die Verbindung subjective einzutheilen sey.
Da ich aber die natürliche Ordnung und
den Zusammenhang einer Sache, ienen me-
taphysicalischen Grillen gäntzlich vorziehe,
so will ich kurtz und gut sagen, daß dieienigen Sachen, welche sollen verbunden werden, vornehmlich eine doppelte Betrachtung verdienen, eines theils in Ansehung
der Natur-Reiche, andern theils nach
Betrachtung derer Cörper selbst, oder
wenn ich nur nicht die Ohren des H.
Vocabularii beleidigte, welche er doch eben
nicht hieher recken darff, und darauf auch
nicht zu achten ist, in Ansehung der Cör-
perlichkeit oder Leiblichkeit.

§. 29. In so ferne nun diese Sachen
nach denen Natur-Reichen unterschieden

den sind, und auch also in der Natur-Lehre
gar nützliche Gedancken darreichen, wird
es nicht überflüßig seyn, einige besondere Anmerckungen hier zusammen zu nehmen.

§. 30. Nehmlich vors erste werden Gewächse mit Gewächssen, welche unterschiedlich beschaffen und zubereitet seyn, als
zwey Subiecta mit einander verbunden.

§. 31. Also gehen die düngenden Säffte, welche zwar meistentheils mit animalischen Theilen vermischt sind, doch auch wohl
aus lauter Vegetabilien bestehen, wenn
selbige entweder durch die Einäscherung,
oder welches noch mehr, durch die Fäulung
vorgerichtet seyn, mit dem Gemenge der
Säffte in der wachsenden Pflantze zusammen, indem sie durch die Wurtzel einflies-
sen, und dieser die Erhaltung und den
Wachsthum geben.

§. 32. Also wird ein zarter Sprößling
eines Baumes oder desselben Auge, welches
erst heuer hervor gekommen, dem Stamm
eines andern Baumes, oder einem gleichfals jungen Aestgen durch die aufgeschnit-
tene Rinde einverleibet, oder wie man saget, geböltzet und oculiret, und da beiderseits einfliessende Säffte nach der Verbin-

B 3   dung

dung, nicht weiter bdienigen, find, welche
fie vorher waren, wie folches befonders
aus den Böltzen erhellet, fo ift es gantz deutlich, daß der Nahme einer bloßen Zufam-
menhäuffung fich hieher nicht fchicke.

§. 33. Alfo fehen wir, daß in der Gährung diefe wundernswürdige Verbindung
gantz und gar vollzogen werde, oder wir
erfahren vielmehr aus der Folge, daß eine fette brennliche Erde, die nur mit dem
gemeinen Waffer verbunden ift, unter der
Geftalt eines brennenden Spiritus hervor komme.

§. 34. Alfo werden auch die Theile und
Ausgeburten der Gewächße, welche durch
die Kunft gemacht werden, unter mancherley Geftalten mit einander vereiniget; davon ftatt aller andern das eintzige Exempel
der Verbindung des deftillirten Wein-
Eßigs mit dem Weinftein-Saltze angemercket werden kann.

§. 35. So gar die Köchin felbft kommt
uns ietzt entgegen, und hat allerley Früchte, Zucker, Gewürtze, Grütze und Graupen
in der einen Hand, in der andern aber
trägt fie einen Topff mit Waffer, als ein
allgemeines Auflöfungs-Mittel. Hieran
wolle fich niemand ärgern, fondern vielmehr

mehr bedencken, daß die Küche und ein vernünfftig angelegtes chimiſches Laborato-
rium nicht anders unterſchieden ſey), als
daß teutſche kochen und lateiniſche coqvere
einen Unterſcheid haben, zum wenigſten
ſoll man wiſſen, daß alle Arbeiten einer
Köchin auch hier in Betrachtung zu ziehen höchſt nöthig iſt.

§. 36. Zum andern ſo ſind es die Ge-
wächſſe und Thiere, welche ſich ſehr gerne mit einander verbinden.

§. 37. Denn man ſehe nur auf ſich ſelbſt,
ſo wird man erkennen, daß nicht alles, was
man von Speiſen zu ſich nimmt, welches
meiſtentheils Erd-Früchte ſeyn, von der
menſchlichen Natur wieder ausgeworffen
werde. Und werden nicht die Bierſäuffer,
welche doch ſehr wenig eſſen, meiſtentheils
ſehr dick vom Leibe, alſo, daß auch das Geträncke in die Miſchung eines lebenden
Cörpers offenbarlich eintritt, und in denſelben eine Zeitlang verbleibet, es mag nun
dieſes wie es nur möglich ſeyn kann, durch
verſchiedene Veränderung geſchehen.

§. 38. Man gehe ferner aufs Land zu
einem Hauß-Vater, welcher den Ackerbau
beſorget, ſo wird man von demſelben erlernen, daß Stroh, Spreu und Kehricht mit
B 4   dem

dem Miste der Thiere, welcher Saltz und
Schweffel in sich hat, unter einander gemenget, durcharbeitet und also verbunden
werden, daß sie einen fetten und fruchtbar
machenden Dünger abgeben.

§. 39. Und eine Köchin, welche entweder gar nicht, oder nur von der einen Seite
eine frantzösische heißt, wird dich lehren,
welche Dinge zu den besten und stärcken-
den Speisen müssen genommen werden,
nehmlich die Kräuter-Suppen mit Fleisch-
Brühe gemacht, oder die so genannten
Krafft-Brühen, welches auch ihre eigentliche Benennung also giebet.

§. 40. Drittens wollen auch nicht weder die Vegetabilien denen Mineralien,
noch diese jenen die beständige Verbindung einander versagen.

§. 41. Dieses habe ich in dem Buche
Flora Saturnizans, welches von der Verwandschafft des Pflantzen mit dem Mineral-
Reich handelt, zu beweisen mich bemühet,
und es könnte noch überdies mit mehrern
Erfahrungen als daselbst angeführet worden, bestärcket werden.

§. 42. Werden nicht, damit ich hier etwas weniges gedencke, die Pflantzen, Blätter und Holtz, wenn sie nach Verlauff vieler
Jahre

Jahre zu Erde geworden, mit der obersten
Erde dieser Welt-Kugel, welche man die
Garten-Erde nennet, wiederum vereiniget. Dieses geschiehet auch nicht etwan
nur also, daß beides zusammen ein Hauffwerck ausmachet, welches sich mancher also einbilden möchte, sondern indem sich beß
de recht unter und durch einander vermischen, also, daß die Garten-Erde, jene nach
ihren kleinsten Theilen umfasset, die Pflan-
zen-Erde aber sich von dieser in ihre Natur
verändern lasse.

§. 43. Daß viertens die Thiere mit
denen Thieren sich vermischen, ist so bekannt, daß es zwar keinem Menschen ein
Wunder zu seyn scheinet, aber doch von denen wenigsten also eingesehen wird, wie es
wohl hierbey umständlich solte erkannt
werden.

§. 44. Nehmlich es ist hier nicht die Rede, von dem fleischlichen Vermischen, auch
nicht von dem Zusammenhang einer Leibes-Frucht mit dem Mutter-Kuchen durch
die Nabel-Schnure, auch nicht von dem Zusammenhang eines säugenden Kindes, mit
den Brüsten seiner Mutter.

§. 45. Denn diese werden theils nur im
moralischen Verstande vor eins angenom-

men,

men, oder sie berühren nur einander ver=
mittelst eines darzu geschickten Glied=
maßes, welches aber wiederum aufgeho=
ben wird, und nicht in seiner leiblichen
Gestalt dabey bleibet; oder sie haben nur
einen bloßen äusserlichen Zusammenhang
hinter sich, der nur wenige Zeit dauret;
keineswegs aber machen solche eine innig=
ste Mischung, oder auch nur eine Verme=
schung, wie solche zu der Vereinigung er=
fordert wird, wirklich aus.

§. 46. Ich rede vielmehr davon, in wie=
ferne ein animalisches Gemische von einem
animalischen Cörper oder ein lebendiges
von einem lebendigen angenommen, und
mit sich völlig vereiniget wird. Daher
kommt es wieder auf diejenigen Speisen
und Geträncke an, welche aus dem Thier=
Reich herkommen, und von denen Ani=
malien zu sich genommen werden, welche
gewiß unsern gantzen Säfften nicht et=
wann nur angemenget, sondern zu einem
gleichartigen Wesen mit selbigen verän=
dert werden.

§. 47. Man muß also hierher zehlen die
Gemeinschafft der Säffte, welche eine
schwangere Mutter mit ihrer Geburt zu=
gleich hat, den Zufluß der Muttermilch,
welche

welche ein Kind genießet, die Empfäng-
nis eines Menschen, welche durch die Vereinigung des lebendigen und zarten Theils
des männlichen Saamens mit den Eyern
der Frauen gewürcket wird. •

§. 48. Zudem so ist der hervorspros-
sende Wachsthum, welches ein wenig
eher hätte sollen angeführet werden,
das allervollkommenste Muster, welches
derjenige, der in dem Tempel der Natur oder in denen Hesperischen Gärten,
die Vermählung, die der Natur-Prie-
ster, der Hermes lehret, verlanget,
sorgfältiger betrachten und nachahmen
soll.

§. 49. Fünfftens wollen zwar die Animalien mit denen Mineralien die Zu-
sammenmischung öffters, und dieses desto
mehr verweigern, ie weniger Gemeinschafft denenselben unter einander vorzu-
fallen, uns aus der Erfahrung bekannt
ist.

§. 50. Die Vegetabilien nehmen zwar
unmittelbar aus der rohen Erde ihre Nahrung an sich, und sind deswegen auch also
in dieselbe unverrückt eingesetzt, daß sie
gleichsam unscheidbare Theile derselben zu
seyn scheinen. Die Animalien, ob sie gleich
auch

auch die Erde als ihre Mutter erkennen
müssen, so sind sie doch gantz und gar aus
ihren Schooß ausgethan, und wie abge-
wöhnte Kinder zu achten, da gegentheils
die Pflantzen noch ungestöhret an ihren
Mutter-Brüsten hangen.

§. 51. In solcher Betrachtung ersehen
wir, daß also die Thiere aus der Erden nicht
unmittelbar, sondern vermittelst der
Pflantzen, besonders derselben Blätter
und Früchte ihre Nahrung erhalten.

§. 52. Unterdessen, so gehen doch die
aus denen Thieren gemachten chimischen Stücke, ob sie gleich nicht so überflüßig sich vorfinden, gerne und willig in
die Vermischung mit denen Mineralien
ein, dergleichen denn das flüchtige Urin-
Saltz, welches mit dem vitriolischen Acido
und der kalckichten Erde in einen Alaun
gewisser maßen zusammen gehet, als ein
sich hierher schickendes Zeugnüß sehr
wohl nach meinem Urtheil angeführet
werden kann.

§. 53. Im Gegentheil erzeigen sich sechstens die Mineralien zu der Thierischen
Mischung weit mehr geneigt.

§. 54. Daß sie zum wenigsten nicht so
sehr darwider streben, beweiset unter andern

denn das essentielle fixe Urin-Salz, welches in krystallicher Form, und gewiß ein vortreflicher Cörper des Natur-Reichs ist, nicht undeutlich? Ein gesunder und frischer Urin hat eine ziemliche Menge dieses Salzes in sich, welches aber mit dem Koch-Salze, dessen viel unter den Speisen eingeschlucket wird, verwickelt ist.

§. 55. Wenn ich mich um dessen Ursprung bekümmere, so will mir diese Meinung besonders gefallen, daß, weil doch nicht aus denen Speisen und Geträncken ohne Unterscheid ein dergleichen Salz entstehen kann, und nechst dem alle Saltze der Veränderung und Verwandlung ihrer Gestalten unterworffen sind, das gemeine Koch-Saltz zu dieses seiner Erzeugung und wesentlichen Theilen, wo nicht alles, doch das meiste beitrage.

§. 56. Denn so kann ia dieses mineralische Saltz, welches man gemeines Küchen-Saltz nennet, auch durch Kunst in ein flüchtiges Wesen, welches sonst nur dem Urin-Saltz eigen ist, gebracht werden, und so ist auch dieses Saltz nach seinen gantzen Wesen, und zudem in ziemlicher Menge der Gesundheit sehr zuträglich, ia, wenn es auch in Uberfluß genossen wird, nicht so gar schädlich,

lich, weil es die Theile derer lebendigen Geſchöpffe vortreflich und durch eine balſami-
ſche Krafft erhält.

§. 57. Etwas mehr ſcheinen zum ſie-
benden die Mineralien, die Vereinigung
mit den Vegetabilien zu begehren, ja ſie
müſſen denenſelben eingemiſcht werden,
da letztere ſelbige ſo begierig umfaſſen,
wo denn wiederum das gemeine, als ein
allen Natur-Reichen gemeines Saltz, in
den Kali-Kräutern, und andern dergleichen ſaltzigten Pflantzen auf den Platz
auftreten mag.

§. 58. Achtens, von der Vereinigung
derer Mineralien mit Mineralien etwas zu gedencken, möchte wohl manchen
überflüßig ſcheinen, da ſich bekannter-maſ-
ſen gleich und gleich gerne geſellen. Allein
daß dieſes noch nicht genugſam erforſchet
ſey, auch nicht zu viel und überflüßig könne erwogen werden, wollte ich gar leichte
behaupten.

§. 59. Denn erſtlich ſind diejenigen
Sachen, welche aus den unterirrdiſchen
Behältnüſſen, als denen Schatz-Kammern
der Natur genommen werden, auſſer
Zweiffel die vornehmſten Gegenſtände deiner Arbeiten, es mag dir nun belieben entweder

weder als ein Medicus, oder als ein Naturkündiger, oder als ein der Weisen Stein
suchender, mit selbigen Dich zu bemühen.
§. 60. Nechstdem, ist wohl auch so leicht
etwas gethan, als es gesaget wird? Lieber!
so lege doch das widerwärtige Bestreben
bey, welches zwischen dem Eisen und Mercurio, der wie Becher in Phyſ. ſubcerr. p. 918.
spricht, von einer nicht leicht zu erforschen-
den Eigenschafft ist, obschwebet.   Sagst
du, daß dieses an und vor sich selbst, wegen
beider ihrer Art unmöglich sey? Woher
weißt du das? Und, widersprichst du dir
nicht also selbst, da du eine überall bekannte
und gantz gemeine nächste Blut-Freundschafft und Verbindlichkeit der Mineralien,
oder doch, damit ich es nicht zu hoch treibe,
derer Metallen auf solche Art voraus se-
tzest? Solltest du nicht eben dadurch, da du
diese Verwandschafft erkennest, und die
auch niemand leugnet, dahin gebracht werden, daß du die Vereinigung sowohl der
Metallen unter sich selbst, als auch besonders dieser mit denen Erd-Arten, welches
auch noch wohl von einem Meister der
Kunst, vor ein Unding gehalten wird, also
ansehest, daß solche noch zu weit gründli-
chern Nachdencken aufgehoben, und auch
von

von dir, der du mit der Hand-Arbeit und
mit dem Feuer dergleichen untersuchest,
sorgfältiger zu bemercken wären.

§. 61. Endlich so kommen einem, der
dergleichen Sachen mit mehrerer Auf-
merckſamkeit treibet, ſolche Erfolge und
ſichtliche Umſtände vor die Hand, welche,
wenn ſie recht gegen einander gehalten,
und in Vergleichung geſetzet werden,
eine thunliche und nützliche Erfindung und
Nachfolge darreichen können.

§. 62. Endlich und zum neundten, giebt
es ſolche Vorfälle, da Dinge aus allen
dreien Natur-Reichen zugleich in eine
Vereinigung treten, und eine einzige
Maſſe zuſammen vorſtellen, davon die
gemeine Seiffe und das aus dreien eines gewordne Saltz, nehmlich das ammoniacaliſche, als höchſt merckwürdige
Exempel vor Augen liegen, daß man,
beſonders bey dem andern, nichts mehr
wünſchen kann, als daß es nur in alle
Hände fleißiger genommen werde.

§. 63. Jene die Seiffe * iſt ein aus der
Fettigkeit der Thiere, aus dem Laugen-
Saltze der Pflantzen, und aus dem mineraliſchen Koch-Saltze gantz beſondere und
wun-

wunderlich zusammen geronnene Masse,
darzu auch überdieses ungelöschter Kalck
genommen wird; welcher, ob er nur das
Laugen-Saltz schärffen, oder gar ein Mittel der Verbindung seyn solle, ich gewiß zu
bestimmen Bedencken trage.

§. 64. Dieses das ammoniacalische
Saltz, ist aus dem Koch-Saltz, aus dem
Urin-Saltz und aus dem Saltz des Russes
zusammen gesetzt, und in der That ein vor-
treffliches Subiectum und Werckzeug zu
allen Arbeiten, maßen es in Ansehen seiner kräfftigen Eigenschafften wenige seines gleichen findet.

§. 65. In Ansehung der Leiblichkeit
oder Substantz, sind die Dinge, die da
mit einander sollen verbunden werden,
entweder flüßig oder dichte.

§. 66. Die flüßigen Dinge sind entweder wäßrigt oder saltzigt, oder öhligt,
oder öhlwäßrigt, oder mineralisch mercurialische Säffte, und was dergleichen vielerley vermischte Dinge sind.

§. 67. In die Zahl der wäßrigen
kommt die gemeine Feuchtigkeit, welche sich
in der Lufft aufhält, welches vorerst zu
mercken, theils in so ferne ein auflösendes
und vereinigendes Mittel in selbiger lieget,

C   theils

theils indem sie eine andere vorgenommene Verbindung durch ihren Zutritt verhindert, ** welches z.E. in denen Saltz-
Cocturen leicht und unvermerckt geschiehet. Hierher gehöret auch der Thau, das
Regen = Wasser, der Schnee, und alle
Brunnen und Qvell-Wasser.

§. 68. Gesaltzene sind der Spiritus,
und das Oel aus dem Vitriol, der Salpeter Spiritus oder das Scheidewasser, der
Spiritus aus dem Koch-Saltze, der Wein-
und Bier-Eßig; Desgleichen die sauern
Säffte aus denen Vegetabilien, derselben
destillirte saure Spiritus, und der Urin.

§. 69. Zu denen öhligten gehören eigentlich die aus denen Saamen ausgepreßten Oele, die aus den Gewächßen destillirte
Oele, welche gemeiniglich Olea aetherea heiß-
sen, eben dieser Vegetabilien brenßlichte
Oele, alle flüßige Balsame, Naphta und
Stein-Oele.

§. 70. Unter den öhligt wäßrigten
ist als das vornehmste, und fast das einzig-
ste bekannt, der Spiritus aus dem Wein
und andern Korn-Früchten, da nehmlich
das Wasser dem Oele nicht nur in häuffiger Menge, sondern auch innigst vermischt
ist; Die übrigen, welche hierher gehören,
sind

sind die Milch der Thiere, der vegetabilisch-
mineralische Honig, alle, besonders die süssen
ausgepreßten Säffte derer Gewächße, ferner der Wein, Bier, Meth und das Blut;
wobey doch die vorgenannten eigentlichen
Oele, ob sie gleich nicht ohne Wasser ihr Bestand-Wesen, vermöge der Erfahrung haben können, wegen gemeldter Ursache ausgenommen werden.

§. 71. Diese alle werden gemeiniglich
Menstrua oder auflösende Mittel genennet, und auch als solche bey der Vereinigung würcklich erfunden, nur muß sich ein
Erforscher der natürlichen Dinge, durch
diesen Begriff nicht also einnehmen lassen,
daß er gedencke, als ob darzu allezeit das
Aufgiessen eines flüßigen Wesens auf den
vorherdaseienden Cörper erfordert werde;
Da vielmehr die Vereinigung fast und so
zu sagen in dem allergeschwindesten Augenblick geschehen, in welchen die aufzuldösen-
de Sache sein Auflösungs-Mittel, welches
schon in ihm verwickelt ist, ergreifft, und
in sich völlig übernimmt.

§. 72. Unterdessen hat man dieses als
in einen allgemeinen Abriß vor Augen stellen wollen, damit ein Lehrbegieriger Untersucher der natürlichen Cörper, welcher

wegen

wegen des Verhältnüßes seiner zu bearbei
tenden Sache gegen alle flüßige Dinge sehr
besorget ist, überhaupt gar nichts, und auch
nicht dasienige übersehe, dessen sowohl ein=
dringende als auch auf einige Weise verän=
dernde Krafft und Eigenschafft er nicht vor=
aus hat riechen können.

§. 73. Die dichten Cörper sind ent=
weder weich, das ist, einer zwischen den
flüßigen und derben mittelmäßigen Halts,
als da sind die Gummata, Harße, Gehir=
ne, Knarpel, Schwefel, Erdpech und Sal=
ße; oder sie sind etwas trockner und also
auch derb, dergleichen das Holß und die
Knochen sind, oder sie sind ganß und gar
trocken, und gar sehre hart. Z.E. die Er=
den, Steine, Mineralien, Metallen und
Halb=Metallen, und kurß die meisten un=
terirrdischen Cörper, welche noch weiter
bald als innigst gemischte, bald als zusam=
men geseßte, bald als doppelt verseßte, bald
als dreifach überseßte Cörper zu betrach=
ten, daß wir also allezeit wissen sollen, was
die unterhabende Sache, welche nun auf
dem Ambos der Untersuchung vor uns
liegt, eigentlich vor Stücke in sich enthalte.

§. 74. Gleichwie aber ein fleißiger Mei=
ster sein Arbeits=Stücke nicht mit einem,

son=

sondern mit vielen Schlägen, indem er es mit der Hand und mit der Zange immer umdrehet, zuzurichten pfleget; Also ist auch, jedoch nach einer natürlichen Art, ein Cörper auf verschiedene Weise hin und her, und auf alle Seiten zu drehen und anzugreiffen, damit man nicht nur was er an und vor sich selbst sey, sondern auch wie er sich zu andern Sachen verhalte, erfahre.

§. 75. Nehmlich man muß flüßige zu flüßigen, flüßige zu dichten, und auch noch dichte zu dichten Cörpern versuchen, und also nichts unberührt und unversucht lassen, so wird nichts unter denen zu vereinigenden Dingen, überley bleiben, welches unter den Nahmen des flüßigen und des dichten nicht seine Stelle finden sollte.

§. 76. Dieienigen Dinge nun, die in eine Vereinigung mit einander gehen, sind vors erste flüßige Sachen mit flüßigen.

§. 77. Nehmlich erstlich sencket sich die feuchte Lufft in die ausgepreßten auch ausgekochten Säffte derer Vegetabilien, dergleichen vornehmlich der Most, Meth und das aus Gersten und Hopffen gekochte junge Bier sind.

C 3　　　§. 78.

§. 78. Es mag nun in diesen Säfften schon eine zur Gährung sich bereitende oder auch nur der Gährung behülfliche Materie seyn, so wird doch einer sich leicht vorstellen können, daß die Lufft nicht blos als ein Werckzeug durch ihre Bewegung, sondern auch würcklich durch ihren Zu= und Eintritt, sich hierbey finden lasse.

§. 79. Im übrigen bleibet die spitzig ausgesonnene Frage, ob die Lufft als ein Saamen nach ihren gantzen Behalt, oder nur nach ihren edlern Theile, wie ein saamhaffter Hauch zu den Eyergen, des zuvergährenden Safftes sich hier bezeige.

§. 80. Gleicherweise suchet dieses ausgedehnte Wasser mit denen flüßigen Theilen derer Thiere, als da sind Milch, Blut, und Urin einen Beischlaff zu erschleichen. Eines Theiles erhellet dieses daraus, weil dergleichen Säffte, welche gantz frisch in ein Gefäße gesammlet, und daselbst aufs genaueste verschlossen worden sind, wenn man sie auch in einem der Lufft gleichen Grad der Wärme erhält, zwar weit langsamer in die Fäulung gehen, doch aber wegen Berührung der Lufft, die sowohl bey dem Einfassen, als auch in Verschließung des Gefässes selbst, nicht so gäntzlich zu vermei=

meiden iſt, nicht unverſehrt können erhalten werden.

§. 81. Andern Theils aber wird es auch daher ſehr wahrſcheinlich gemacht, wenn aus der Lufft dergleichen fettige, flüchtige und ſalzigte Weſen ſich mit hernieder laſſen, die zu einer verdünnenden und aus einander ſcheidenden Bewegung, welche dadurch zugleich die Theile genauer verbindet, nehmlich zu einer gährenden Bewegung ſehr vieles beitragen.

§. 82. Daß endlich die Feuchtigkeit der Lufft ſich auch in dieienigen flüßigen Dinge, welche eigentlich in einem Stande etwas anzunehmen, und ſich zu bewegen nicht ſind, einſencke, ſolches beweiſet das Vitriol-Oel, welches in einen flachen Geſchirr der Lufft, auf einer ins Gleichgewichte geſtellten Wage ausgeſetzet worden, wie ſolches Herr Gould ein Engländer, zuerſt durch Verſuche erfunden.

§. 83. Alſo lieſet man in denen Philoſophical Transacts, menſ. Febr. 1683. n. 156. p. 496. ſeq. Drey Qventgen Vitriol-Oel, welches in ſo weit ſeiner waßrigen Feüchtigkeit benommen worden, daß es einen etwas dicken Faden zerfraß und auflöſete, hat er

C 4 in

in ein offenes Glaß, welches im Durch-
schnitt drey Zoll weit war, gegossen, und solches auf einer Wage mit einem Gegenge-
wichte in die genaueste Gleichheit gesetzet,
und zwar an einem Ort, welcher von Wärme, Sonne und Regen keinen Anfall hatte;
Nachmahls hat er das Gewichte täglich etliche mahl untersuchet und aufgeschrieben,
auch zugleich die Veränderung des Wetters und Windes fleißig angemercket.
Also hat er endlich gefunden, daß die Schwere von Tag zu Tag sich also vermehret, daß
es in Zeit von 57. Tagen von drey Qventgen auf neun Qventgen und 30. Gran ge-
stiegen.   Es ist aber keinesweges der Zuwachs der Schwere alle Tage einander
gleich gewesen, sondern täglich geringer
worden, also, da des ersten Tages Zuwachs
so gleich ein Qventgen und 8. Gran betragen, den letzten Tag kaum ein halbes Gran
hat dürffen zugeleget werden.

§. 84. Hiernechst, wer wollte wohl leugnen, daß sich Oele mit sauern und auch mit
hartzigten Feuchtigkeiten in einander vermengen? Das Oel von Spicanarden,
Terpentin und Nelcken, schaumet, dampffet
und wallet mit dem Vitriol-Oel auf, und
gehet mit einander in eine hartzigte Masse,

zu einen deutlichen Zeugnüß, daß selbige
selbst eine hartzigte Eigenschafft an sich haben. "Wer weiß nicht, daß der Feuerfan-
gende Spiritus Nitri, welches eine schöne
Erfindung des vortreflichen Herrn Hoffmanns in Halle ist, mit denen Oelen eine
würckliche Flamme machet? •

§. 85. Es ist aber schon längst bemercket worden, daß die erhitzende Aufwallung, zumahl wenn sie sich würcklich entzündet, welche Eigenschafft ohnedem der
höchste Grad der Bewegung ist, und eine
gantz genau angestellte Absonderung der
Wäßrigkeit an denen Saltzen und Schwe-
feln zu erkennen giebet, von einer Art der
Verbindung zeige, die, wenn es auch nicht
die innigste, doch sonst eine von den übrigen Sorten seyn möchte. †

§. 86. Ferner ereignet sich eine Zusam-
men-Verbindung der Oele mit den flüßigen hartzigten Dingen, da z. E. das süsse
Mandel-Oel mit Terpentin, desgleichen
auch mit dem Balsam von Mecca, unter
einen gewissen Aneignungs- und Verbindungs-Mittel, die neumodische fettigte
Schmincke hervor bringet, von welchen
C 5 wei-

† S. von 228. bis 246. §.

weiter unten noch etwas soll erwähnet
werden.   So ist auch nicht eine schlechte
und luckere Verbindung zwischen dem
Anis-Oel und Terpentin, und welches sich
hierher ganz wohl schicket, der Eyer-Dot-
tern mit einem dergleichen fliessenden
Balsam.

§. 87. Denen Oel-wäßrigten Dingen
oder dem Brandewein, werden die sauern
Saltze gantz offenbar eingemischt, und dadurch versüsset, welches die Erfahrung, besonders von dem Acido des Salpeters bestätiget, mit denen übrigen aber dieses zu
bewerckstelligen, will ein gantz anderes Betragen nöthig seyn. *

§. 88. Die flüßigen Sachen mit denen dichten, sind auch vornehmlich verhanden, von deren Vereinigung man zi-
schelt, redet, schreibt, zanckt, träumt, und
viel Arbeit sich macht, die meisten haben in
ihren Kopff und Händen ein dichtes, trocknes und schweres Subjectum; einen Klotz,
darzu sie einen Keil suchen, ach wenn er auch
nur darinne wolte stecken bleiben! eine
durstige Erde, vor welche sie ein Wasser
schöpffen, o daß es doch ein beständiges
und die Hände nicht naß machendes Wasser wäre. *

§. 89.

§. 89. Die dichten Cörper sind Erden, Steine, Gummata, Schwefel und schwefflichte Dinge, Saltze, Arsenic verschiedener Art, metallische Ertze, und würckliche Metallen.

§. 90. Unter denen Erden ist die Kreide und Thon, welche mit denen Acidis besonders des Salpeters und Vitriols sich vereinigen; Die hartzigten Erden lassen sich durch den Brandewein etliche fettige Theilgen abnehmen.

§. 91. Von den Steinen sind die meisten kalckartig, alabasterhafftig, und die ihnen gleichartig sind, Spat, Frauen-Eiß, Sinter und meistentheils Topff-Stein, in welche sich das mineralische Sauer mehr oder weniger verkricht.

§. 92. Denen Gummaten, als dem Arabischen Gummi; Dem Tragandt und unsern Pflaumen- und Kirsch-Hartz ist nichts als das schlechte Wasser zur Gesellschafft zugegeben worden.

§. 93. Die Schwefel-artigen Sachen, so wie die rechten Hartze der Bäume und die Erd-Hartze genennet werden, dergleichen Campher, Myrrhen, Agtstein, Judenpech und die Ambergries sind, müssen denen Oelen,

Oelen, den ölwülfftigten und denen sauren
Auflösungs-Säfften sich überlassen, daraus
denn die Verwandschafft, die Ordnung der
einen nach dem andern, die Verwandlung
und Ubersetzung gegen einander, von diesen dreien Auflösungs-Mitteln, welche
sonst nach ihren Zustand ziemlich von einander unterschieden sind, nicht wenig erhellet. Doch kann ich mich nicht erinnern, daß ich iemahls etwas flüßiges gefunden, damit das Fette vom Fleische sich
vermenget hätte.

§. 94. Aller Saltze eigentliches Kennzeichen ist, daß solche in dem gemeinen
Wasser zerfliessen; Das fire Alcali wird
in der Lufft, sie mag seyn wie sie will, das
Koch-Saltz und das ammoniacalische aber
in einer gar feuchten Lufft schmierigt und
wäßrigt, und ein iedes Alcali, es sey flüchtig oder fir, verschlinget die sauern Spiritus auf das geschwindeste.

§. 95. Vor den Arsenic und seine Art
wird nichts unter den flüßigen Sachen zu
seiner Vereinigung so geschickt befunden,
als das Acidum, besonders aus dem Salpeter, welches mit dem arsenicalischen
Theil, des weisen Kießes, des Auripig-
ments, des Kobolds daraus die blaue Farbe
ge-

gemacht wird, zu einer gantz gallrichten Substantz wird, und könnte man daher zu einer nicht so schlechten Frage und Untersuchung Gelegenheit nehmen.

§. 96. Die Ertzte, welche Metallen in sich haben, sind gemeiniglich doppelt versetzte, ja wohl dreifach übersetzte Cörper, und daher verlangen sie nach dem Unterscheid ihrer inhabenden Materien, besonders nach der Art ihres Metalles, und dem Vorhaben des Künstlers, unterschiedliche Sachen zu ihrer Auflösung und Gemeinschafft.

§. 97. Sie nehmen das verlangte auch an und in sich, wenn nur der Schwefel oder der Arsenic, deren eins oder beide zugleich die metallischen Erdwesen in ihrem Ertzte gefesselt halten, weggeschaffet, und also letztere in ihrer völligen Freiheit seyn.

§. 98. Bey etlichen derselben, hauptsächlich bey den Kießen, desgleichen auch bey den Wißmuth und Kobold-Ertzten, ist die Lufft ein guter Geselle, und hilfft überall einen Vitriol machen, darunter das aus den Wißmuth bald eine Schmaragd, bald eine schöne Purpur-Farbe hat.

§. 99.

§. 99. Endlich sind noch übrig die Me⸗
tallen, welche nach den wahren Grund
μετὰ ἄλλα (das ist, die über alle andere Cör⸗
per zu setzen und zu schätzen sind) billig ge⸗
nennet werden, und sind solche. Subie⸗
cta, zu deren leben man fast ein besonn⸗
ders Menstruum nehmen muß, wenn sie
sollen erweichet, subtil, und wenn es mir
zu sagen erlaubt ist, fruchtbar gemacht
werden.

§. 100. Das Acidum des Salpeters
gesellet sich ausser dem Gold zu allen Me⸗
tallen, iedoch nicht mit gleicher Fertigkeit,
und in gleicher Qvantität. Hauptsächlich
greifft es das Silber und Qvecksilber an,
nächst dem das Bley und Zinn, endlich
Kupffer und Eisen. *

§. 101. Eisen und Kupffer erfreuen
sich des Schweffel⸗Sauern, da es denn in
ienen zu einen Vitriol, oder in die Ge⸗
stalt eines metallischen Salzes übernom⸗
men wird, bey diesen aber mehr in dem
Gemansche des Schweffels selbst annoch
befindlich ist.

§. 102. Bley und Zinn lieben vor an⸗
dern den Eßig aus den Vegetabilien, und
unten werde ich eröffnen, daß nicht nur das
Qvecksilber, sondern auch das Silber selbst
von

vor——in dieſen Eßig-Sauern, könne be-
———en werden. †

§. 103. Endlich ſo ſehe man doch, wie
ſich der Mercurius als ein rechter Hermaphrodit bezeiget! Er wird aufgelöſet, und
löſet auf; er leidet und würcket; Er läſt
ſich ſchwängern, und beſchwängert; über-
das iſt er auf alle Art eine Beiſchläfferin
der Metallen, auſſer daß er bisher den
Martem zu verabſcheuen geſchienen hat; er
verbrüdert ſich mit dem Bley, Zinn und
Zinck am allergeſchwindeſten, hierauf mit
dem Golde und Silber, hernach mit dem
Kupffer, endlich mit dem Könige des
Spieß-Glaßes, und zwar mit einem gewiſſen Handgriff, zwar ziemlich bald, aber
nicht ſo gar feſte, nehmlich ohne dabey lange zu verbleiben, davon ein andermahl. ††

§. 104. Ubrigens iſt es doch werth, hier
beſonders anzumercken, daß unter denen
Metallen allezeit eines gefunden werde,
welches in Anſehen gegen die beiden Haupt-
Menſtrua, den Salpeter und das Queckſilber, als das Gold gegen erſteres, und das
Eiſen gegen letzteres, in der Auflöſung und

Ver-

† S. den 428. §.
†† S. den 393. §.

Vermiſchung, wo nicht gåntzlich wieder:
wårtig ſind, doch mit vieler Mühe und Ar:
beit zuſammen zu miſchen ſeyn möchten.

§. 105. So ſind nun noch zu betrachten:
übrig, drittens die dichten Córper, wie
ſie ſich gleichfalls mit dichten verbinden,
dabey vornehmlich zwey Haupt-Umſtånde,
genau zu erwegen ſind, der eine beſtehet
darinnen, daß die dichten Córper beſonde:
re weſentliche Eigenſchafften und innigſte
Miſchung haben, der andere Umſtand be:
trifft das Gebåude der dichten Córper.
Andere faſſen dieſes kürtzer, und unter:
ſcheiden nach der Materie, das iſt den we:
ſentlichen Leib und die Geſtalt deſſelben.

§. 106. Aus dieſem Grunde ſoll aller:
dings eine doppelte Verbindung erkannt
werden, da die eine nach der weſentlichen
Miſchung, die andere nach der ſichtbaren
Stellung der Theile, angenommen wird,
und einen Unterſcheid angiebt, der keines:
weges zu vergeſſen, ſondern vielmehr zu
höhern Betrachtungen nützlich anzuwen:
den iſt, ob wohl hier von erſtern mehr als
von den letztern zur Zeit geſchrieben wer:
den kann.

§. 107. Die beſonders gebauete Ge:
ſtalt derer Theile kann nur in denen Båu:
                                    men

men und grünenden Gewächsen bemercket werden, und geschiehet, wenn man bölzet, oder ein Auge in einen Baum einsetzet. Hier wird nicht nur eine gemeinschafftliche Vermischung der Säffte des Propff-Reißleins, oder des Auges mit denen Säfften des wilden Stammes erhalten, sondern auch beiderseits Fäsergen werden auf einander gestellet, genau zusammen gefügt, gekleibet, und in ihren äussersten Theilgen also verwickelt, daß zwey sonst unterschiedene Fäden nunmehro gleichsam zusammen gesponnen sind, und einen einzigen gantzen Faden vorstellen.

§. 108. Die wesentliche innere Mischung nimmt dichte Cörper von allen Arten zusammen, und verbindet sie, sie kann nur durch das Schmeltz-Feuer erhalten werden, da denn die dichten Cörper fließend werden, ausserdem sie nicht zusammen treten, und sich vermischen können.

§. 109. Wenn man dieses recht genau betrachtet, und eigentlich davon reden will, so sind aus den Gewächs-und Thier-Reichen nicht mehr als überhaupt zwey Arten der Dinge, welche zu dieser Verbindung geschickt sind, nehmlich die firen alcalischen Saltze, und die todte Erde, wie man sie zu

D   nen-

nennen pfleget, wenn sie kein Saltz mehr
in sich hat, oder kurtz die Asche, welche nach
Auslaugung des alcalischen Saltzes überley bleibet.

§. 110. Die übrigen Cörper und Ausgeburten dieser zwey Reiche, welche die
verlangte Dichtigkeit auf den Schein vorstellen, dergleichen der Ruß, die so genannten Krebs-Steine, und was man mehr auf
diesen Schlag anführen wolte, sind keinesweges würdige Candidaten zu dem durch
den Vulcanum zu vollziehenden Ehestand,
und eigentlich nicht als geschickte Subiecta
zu dieser Arbeit zu erkennen, sondern müssen erst durch die Verzehrung aller in ihnen
noch steckenden Feuchtigkeiten darzu gemacht, folglich in einen andern Stand gesetzet werden, welches aber kein anderer ist,
auch nicht anders sich kann vorgestellet
werden, als Saltz und Asche.

§. 111. Der in einigen alcalischen
Saltzen enthaltene rußige und kohligte
Schmutz, scheinet hier einen Einwurff zu
machen, maßen der Ruß noch nicht von aller Feuchtigkeit befreiet ist, und also weder
ein reines Alcali noch eine todte Asche kann
genennet werden, und doch mit seinen fettigen Theilgen in eine Versetzung eingehet,

het, welche eine Schwefel-Leber heißt, die so gar in einem sehr starcken Feuer sich erhält, fliesset, und nach der Erkaltung als eine trockne Masse sich darstellet.

§. 112. Allein es ist noch wohl zu mercken, daß die Einverleibung einer solchen fetten Erde, welche in dem Schmeltz-Feuer geschiehet, nicht vermittelst des Alcali, sondern mit und durch das Vitriol-Saure bewürcket werde, welches in dem Saltze, das man fälschlich vor ein reines Acali gehalten, verborgen stecket, und das also von neuen erst einen Schwefel macht, den es hernach als ein tüchtiges Subiectum, das zu der Verbindung mit dem Alcali geschickt ist, unter einen sehr geschwinden Erfolg einer Verbindung auf die andere mit einführet.

§. 113. Wer wolte aber dergleichen Schwefel, welcher wahrhafftig ein Mineral ist, überdies fast gantz aus den mineralischen Sauern bestehet, wenn er auch gleich hier von einer Seite, nehmlich von den wenigen Fett seinen Ursprung nimmt, vor ein Vegetabile, davon doch hier die Rede ist, halten? oder wer weiß nicht den Ubergang der Cörper aus einem Reich in das andere?

§. 114.

§. 114. Wolte aber iemand noch fer=
ner darauf beharren und sagen, weiln der=
gleichen Erzeugung eines Schwefels in der
Verbindung zweier flüßigen Sachen beste=
he, und ich selbst dergleichen weder von Sei=
ten der Kohlen Fettigkeit, noch von Seiten
des Vitriol=Sauern geleugnet hätte, ia,
damit ich noch mehr beibringe, ein Vitriol=
Saures in einen trocknen Bestand nicht zu
finden, auch nicht sich vorzustellen ist; so
würden auf solche Weise nicht nur dichte,
sondern auch flüßige Cörper zu finden seyn,
die sich in dem Schmeltz=Feuer mit einan=
der verbinden könnten;

§. 115. Es würde dadurch der Natur=
Lehre zwar wenig ab=oder zugehen, ob man
in allgemeinen Begriffen doch auch eine
Ausnahme müste gelten lassen, allein ich
kann nicht umhin, nur mit einem Worte
zu gedencken, daß doch einer so gut seyn,
und, wenn er auch der allergeschickteste in
Verbindung des Vitriol=Oels mit denen
Kohlen heissen wollte, dieses Kunst=Stück=
gen ohne vorhergehende genaue Einverlei=
bung dieser beiden Dinge mit einander zu
erweisen, sich möchte gefallen lassen.

§. 116. Daß aber unter den Minera=
lien fast alle dichte Cörper sich auf diese Art
ver=

vereinigen laſſen, werden wohl alle einmü-
thig zugeben, * nehmlich bey einigen ge-
ſchicht es gar leicht, als da ſind Metallen
mit Metallen, bey andern geſchiehet es mit
Umſtänden, und durch Vorbereitung, als
z. E. die Verbindung der Metallen mit
den Kieſelſteinen oder mit Saltzen, nachdem es die Art der Vereinigung und der
vorgenommene Endzweck erfordert.

§. 117. Der eigentliche Unterſcheid ſolcher Verbindung beſtehet darinnen, daß
einige ohne die geringſte Zerſtöhrung oder
Verſtellung eines Dinges, das verbunden
werden ſoll, geſchiehet, andere aber durch
die Veränderung eines Subiecti, bewerck-
ſtelliget werden, noch andere nicht ohne beider mercklichen Verſtellung von ſtatten
gehen.

§. 118. Hieraus entſtehet nun eine verſchiedene Benennung nach denen Umſtänden der Arbeit, wovon die eine das Schmeltzen, die andere das Glaßmachen iſt.

§. 119. Erſteres iſt wiederum zweierley, entweder, daß zwey oder mehr Metallen in eine Maſſe zuſammen flieſſen, oder
daß ein fixes Alcali, welches das vornehm-
ſte, ia bey nahe das eintzige Subiectum
des Feuers iſt, eine bloße Erde, oder auch

D 3   wohl

wohl eine metallische Erde einschlucket, und
in sich eingemischt behält.

§. 120. Das Glaßmachen aber stellet
eine Verbindung vor, welche von der Erde
aus dem Kieselstein entweder mit einem alcalischen Saltze, oder mit einer metallischen
Erde, oder mit beiden zugleich, welches
denn am öfftern geschiehet, entstehet.

§. 121. Allein es leidet ietzo die Gelegenheit nicht, daß ich durch ordentliche
Schlüsse dieses beweise, ich muß nur viel
eher die hieher gehörigen Exempel, und
was darbey voraus zu setzen ist, vortragen, die besondern Umstände, des so man-
cherleien Unterschieds aber ins folgende
verspahren.

§. 122. Es sind also unter denen dichten Cörpern, welche gleichfalls mit dichten zusammen gehen, erstlich die in dem
eigentlichen Verstande so genannten Erden, welche sich zwar zusammen backen
lassen, aber doch noch nicht die Festigkeit eines Steines oder Glases erlanget
haben.

§. 123. Nehmlich, ich halte nicht davor,
daß man die Erzeugung der Steine
hier gänzlich mit Stilleschweigen übergehen könne, weil selbige doch durch Hülffe
der

der Kunst, einigermaßen befördert werden
kann, ob solche gleich an und vor sich selbst
aus der Werckstatt des Künstlers ausgethan, zum wenigsten die Hülffe durchs
Feuer nicht nöthig zu haben scheinet.

§. 124. Es wird niemand zweiffeln,
daß nicht nur aus denen leicht zu zerreiben-
den, desgleichen auch so gar aus den sandigten Erd-Cörpern, sondern auch aus den
allerkleinsten fast nicht mehr zu erkennen-
den Erd-Stäubgen, welche in ein schleimigtes und gallrichtes Wesen mit eingewickelt
seyn, und also aus einem so viel möglich
gantz weichen Schlamm, ein Cörper, der
von der grösten Härte ist, zusammen treten, und also gantz feste und dichte werden
könne.

§. 125. Wer kann wohl den Schiefer,
wie man mit solchen die Dächer decket, in
Ansehen der darinnen begrabenen Vegetabilien und Animalien, vor etwas anders als
ein aus sumpffigten leimichten Schlamm
dicht zusammen gekleibtes Wesen achten?
Welcher Sand-Stein wird wohl iemahls
gefunden werden, der nicht fast allezeit ver-
steinerte Muscheln, Schneckenhäußer, Knochen und Holtz, in sich hat, und in eben solchen Betracht, vor einen zusammen geba-

D 4 ckenen

ckenen Sand-Hauffen am sichersten gehalten wird? Kann auch von Entstehung des Kalcksteins eine andere als eben dergleichen Meinung statt finden? Ist nicht in der Bestand-Erde des gemeinen Koch-Saltzes etwas von einer kalckigten Erde befindlich? Dieses sondert sich in dem grossen Welt-Meer aus dem Wasser ab, wie solches an den Corallen, besonders den weißen, desgleichen an den Muschel-artigen, und mit Schilden und pantzerhafftigen Rinden versehenen See-Geschöpffen, durch die Entstehung ihrer Schalen erhellet; kann dergleichen Erde nicht hier und da gleichsam durch einen Niederschlag zu Boden gegangen, und durch die Sündfluth ausgeworffen seyn?

§. 126. Allein ist denn so ein Mangel der Erkenntnüs der Materien und ihrer Ursachen in den unterirrdischen Dingen, daß man hier nichts beizubringen habe, wohin man dergleichen Entstehung zählen könnte?

§. 127. Damit ich nun nicht beschuldiget werde, als ob ich mich auf eine Sache beziehen wollte, die nur auf ein gedichtet Vorgeben beruhete, so will ich das dunckle Alterthum verlassen, und nur das, was einem

nem teden vor der Thüre und den Füssen
lieget, und welches, wenn es auch nicht vor-
gestern angefangen, oder zu Stande gebracht worden, doch zu allen Zeiten also gewesen, noch täglich geschehen, und künfftig
also vorfallen wird, wie solches ein durch
die Natur selbst gelehrter Naturkündiger
einsehen wird, vor Augen stellen.

§. 128. Es werden nehmlich auf einigen Feldern, zumahl wenn selbige abhängig
sind, dergleichen bey uns hier am Brauns-
dorffer Wege liegen, Steinklöser gefunden, welche aus sehr vielen kleinen auch mit
unter ziemlich grössern Kieselsteingen zusammen gebacken sind, und bisweilen so
feste zusammen halten, daß sie nicht selten
sich eher in der Mitten der Steingen, als
nach ihren Klüfftgen zersetzen lassen. Dieses ist gewis ein offenbares Zeugnüs, wie
sehr die kleinen Erd-Stäubgen, und die
Steingen selbst, zu einen bindenden Gemenge geneigt und geschickt sind.

§. 129. Was hiernechst noch eher angeführet zu werden verdienet, sind die aus
denen Erdklösen gewordene Klapper-Stei-
ne, die man gemeiniglich Adler-Steine
nennet, und an grobsandigten griesigten
Oertern gefunden werden. Diese zeigen

D 5　　　　　von

von ihrer äuſſerſten Rinde an, bis zu den
innerſten Schälgen, ein gleichartiges aber
mehr und mehr dicht und feſter werdendes
Beſtand-Weſen, alſo, daß man das äuſſer-
ſte als ein aus Sand und Grieß offenbar
zuſammen geſetztes Weſen erkennen, auch
wohl ſolches mit den Fingern abkratzen,
oder doch die Klüfftgen zwiſchen ſeinen
Theilgen genau erſehen kann, iemehr es
aber gegen die Mitten zukömmet, ie weniger kann etwas daran auch nur mit den
Augen unterſchieden werden.

§. 130. Finden wir nun nicht in einem
ſolchen Exempel den ſteinwerdenden Zuſammenwachs, und zwar alſo ordentlich
nach ſeinen verſchiedenen Jahren, daß er inwendig gleichſam älter, auswendig aber
noch unzeitig iſt, und alſo beides ſchon vollkommen da, und auch noch in ſeiner Bereitung ſtehet.

§. 131. Und was wolte man ferner vor
ein offenbareres Zeugnüs verlangen, um
die Meinung der noch beſtändig fort dau-
renden Erzeugung der Steine, zu beſtär-
cken, als der Sinter oder Topff-Stein
würcklich abgiebt? Dieſen finden wir nicht
nur in den unterirdiſchen Reſieren, wo
vor eines Mannes Alter, ia wohl noch zu
un-

unsern Zeiten nichts dergleichen, oder doch
nicht in solcher Menge da gewesen, sondern
wir erfahren auch, daß er einiger Orten am
Tage so geschwind, daß man ihn wie das
Graß möchte wachsen hören, entstehe.

§. 132. Wir wollen an die Kauen und
Stollen-Mund-Löcher zu denen Halden
uns machen, und allda die heraus geförder-
ten und weg gestürtzten Berge untersuchen,
welche gantz und gar in einander gesindert
befunden werden, und aus sehr vielen unordentlich über einander gestürtzten Stücken, entstanden sind.

§. 133. Wir wollen auch die Hand in
unsern eigenen Schooß und Busen stecken,
wo wir vielleicht schon einen Steinbruch in
unsern Schooße herum tragen, welches
doch GOtt als die härteste Plage unsers
Leibes abwenden wolle, dergleichen sind
von den aus dem mineralischen Reiche zu
uns genommenen Wassern erzeuget, und
wir werden mit diesen Kostbarkeiten nicht
eher als nach dem Tode, oder in dem aller-
elendesten Zustand unsers Lebens, die Mi-
nerallen-Cabinetter auszieren können.

§. 134. Wenn du endlich nichts glauben willst, als was du entweder selbst gemacht hast, oder, welches iedoch in den Ver-
bin-

bindungs-Geschäffte Natur gemäß gesagt
und verstanden werden soll, was du durch
deine äusserlich mithelffende Bewürckung
ausrichtest, da es nehmlich, welches doch
auch noch zu viel gesprochen ist, durch die
Arbeit deiner Hände dahin gebracht wird;
so nimm von dem besten gesundesten Urin,
fange ihn in einen weiten Kolben auf, fülle
selbigen bis zur Helffte damit an, verbinde
und vermache ihn auf das genaueste, und
setze ihn etliche Jahr lang an einen laulicht
warmen Ort, da er geruhig und unbewegt
stehen kan, und gucke endlich fleißig darnach, so wirst du chrystallische Steingen sehen, welche an der Seiten des Glases bey
der Oberfläche des Wassers anhängen, und
gantz und gar keinen Geschmack haben.

§. 135. Aber die Hand von der Butte!
Dieses mag bis zu derienigen Abhandlung
verspahret bleiben, da ich eine absonderliche
Ausführung, welche einen Theil der Minerologie betrifft, auszuarbeiten mir vorgenommen habe, welches auch durch GOttes Hülffe mit der Zeit ausgeben werde.

§. 136. Von der natürlichen Stein-
Erzeugung, welche auch nicht anders als
nur von der Natur kann bewürcket werden,
ist über dieses noch die andere doch nur ähn-

liche Art, das Glaßmachen, welches in
Anſehung iener, die künſtliche Stein-Erzeugung könnte genennet werden.   Hier
werden zwey, drey, auch manchmahl noch
vielmehr Dinge in eine Maſſe auf das innigſte zuſammen geſchmelzet.   Die Stücke zu der Vermiſchung ſind entweder bloße
Erden, oder Erde mit Salze, oder Erde
mit einen metalliſchen Kalcke und mit
Salze.

§. 137. Vorerſt ſind die bloßen Erden,
welche in dem eigentlichen Verſtande alſo
genennet werden, in ſo ferne ſolche nicht
metalliſch und nicht ſaltzig ſind; dieſe ſind
entweder an und vor ſich ſchon alſo da, oder
ſie werden aus klein gepochten Steinen gemacht; dergleichen wollen entweder mit
dem allerſtärckſten Feuer ſehr ſchwerlich
flieſſen, oder ſie flieſſen auch gar nicht, ſondern fangen nur an, in einer vermengten
Maſſe den Schein nach zuſammen zu gehen, welches man grinſen nennet.   Solches geſchiehet aus Mangel eines ſaltzigt-
irrdiſchen Mittel-Dings, als welches die
Materien erweichen, und alſo mit einander verbinden ſolte.

§. 138. Ich habe auf dieſen Schlag mich
bemühet, dergleichen Erden, welche beide
von

von metallischen und saltzigten Stücken leer
sind, mit einander zu verbinden, allein ich
muß gestehen, daß diese Sache mehrere, öff=
tere und verschiedentliche Versuche zu wie=
derhohlten mahlen erfordert, welche am
besten von denenienigen, welche bey und
in denen Glaß=Hütten sind, könnten ver=
richtet werden.

§. 139. Unter andern wollte ich wün=
schen, daß man fleißiger auf die aus dem
Kalck=und Alabaster=Steinen gemachte Er=
den, Acht hätte, welche sowohl in dem Kü=
chen=Feuer, als durch die zusammen ge=
sammleten Sonnen=Strahlen am aller=
schwersten flüßig zu machen sind, da man
denn zusehen könnte, ob nicht dergleichen
durch andere leimigte, grießigte und ocker=
hafftige Erden, welche in verschiedener Pro=
portion könnten zugesetzet werden, oder
diese durch iene, welches denn einerley wä=
re, zu helffen sey. Darzu aber möchte auch
wohl der allerstärckste Windofen, derglei=
chen ich vor mich nicht haben mag, noch zu
wenig seyn, und also müste man die Glaß=
macher, welche aber nach der Art der mei=
sten Arbeits=Leute nicht gar gefällig, son=
dern etwas mürrisch sind, gerne oder un=
gerne um ihre Hülffe ansprechen.

§. 140.

§. 140. Daß der Kalck= und Alabaster=
Stein mit dem gemeinen Saltze eine Ver=
wandschafft habe, ist sowohl nach den
Grundstücken, welche in dem Zusammense=
tzen erkannt werden, das ist, aus der Na=
tur=Historie dieses Wesens, als auch aus
denen Würckungen oder aus der Erfah=
rung, gantz wahrscheinlich zu schliessen.

§. 141. Es ist eine sehr bekannte und
richtige Wahrheit, daß man, um die kräff=
tigen Eigenschafften eines Cörpers zu zei=
gen, nur den nöthigen und schicklichen Zu=
satz zu Hülffe nehmen, und selbigen als ei=
nen Schlüssel gebrauchen müsse, dadurch
man die nicht allezeit offenbaren, son=
dern bisweilen gebundenen und verwickel=
ten Kräffte hervor bringen kann.

§. 142. Der vortrefliche Herr Bro=
mell, ein würdiger Nachfolger des weltbe=
rühmten Herrn Hiärne, der unter den
Schweden ein Innbegriff aller dieser Wis=
senschafften heissen konnte, wird bey der
Herausgabe seiner Historie und Natur=
Beschreibung des Kalcksteines, alles, was
auch diesfalls kann versucht werden, anzu=
führen nicht unterlassen.

§. 143. Wie zum andern eine rohe und
reine Erde mit einem alcalischen Saltze
ver=

verbunden werde, ist aus der Glaßmacher-
Kunst bekannt. Hier wollen wir nur so
viel davon anführen, daß man weder zu
wenig noch zu viel Salz darzu nehmen
dürffe, sondern nur so viel als nöthig ist,
zwar einen gleichartigen und chrystall-hel-
len durchsichtigen Cörper zu machen, doch
daß selbiger auch dauerhafft und steinen-
tzend sey.

§. 144. Drittens werden auch denen
Erden, davon die von Kieselstein besser, als
andere sind, zugleich nebst gebührender
Beimischung eines Saltzes, bisweilen metallische Erden, oder die zu einen Kalck gebrannten Metallen zugesetzet, da besonders
die Kalcke des Goldes, Silbers, Zinnes,
und Kupffers, zu denen purpurfarbigten,
gantz licht blaulichten und grünen Gläsern,
welche man Amausen nennet, genommen
werden.

§. 145. Diese Verbindung ist so viel
merckwürdiger, ie schwerer dergleichen metallische Kalcke, wo sie nicht in ziemlicher
Menge dazu genommen worden, daraus
in eine metallische Gestalt wiederum zu
bringen sind, und bis ietzo die Art und
Möglichkeit hiervon noch nicht bekannt
worden ist.

§. 146.

§. 146. Es vermischen sich aber auch die Metallen dergestalt mit denen Erden, daß die metallische Gestalt und Wesenheit dabey unzerstöhret bleibet, und die Erde vielmehr zu einem Metall wird: Bey dem höchst wundernswürdigen gelben Kupffer oder Printz-Metall, und den Meßing, welches aus dem rothen Kupffer und dem Gallmey gemacht wird, ist es als ein Exempel, das keines seines gleichen hat, offenbar und am Tage. Und dieses geschiehet nicht allein mit demienigen Gallmey, welcher sich in denen Schmeltz-Oefen auf den Hartz anleget, und als ein Ofenbruch angesehen werden kann, sondern es gehet auch also mit der gegrabenen, nehmlich dem lapide calaminari von statten.

§. 147. Dieses kann nicht anders als einen begierigen Naturforscher zur größten Aufmerckfamkeit anreitzen, daß er bedencke, wie viel an denen Versetzungen gelegen sey; Da auch diese Erfahrung nicht nur die Möglichkeit etwas zur metallischen Gestalt zu bringen, sondern auch die Metalle selbst zu tingiren zeiget, welches auch der allerklügste nicht vorher hat sehen können; so siehet man, wie rathsam es sey, auch vieles nur mit einen unbedachten und

E Hand-

Handwercksmäßigen Vornehmen zu versuchen.

§. 148. Die Metallen werden ferner
auch mit dem Schwefel verbunden, da sie
denn zum Theil eben dasienige werden,
was sie vorher gewesen sind, nehmlich, sie
gehen in die mineralische Gestalt zurücke:
Denn der Schwefel, wenn er mit dem Silber zusammen verbunden wird, welches
denn füglich mittelst des Zinnobers geschiehet, und bey der trocknen Scheidung in
Guß und Fluß auch ohne einige Meinung
sich also zuträget, stellet ein Gemenge vor,
welches dem Glaß-Ertzt nach seiner bleifar-
bigen Gestalt und Biegsamkeit in allen
gleich, ia eben dasselbe ist; mit dem Bley
macht der Schwefel einen Bleiglantz; mit
dem Spießglaß-König wieder ein Spießglaß; mit Zinn so etwas, dergleichen zwar
in der Erden nicht gefunden wird, aber
doch ein würckliches Mineral, nehmlich ein
geschwefeltes Metall vorstellet; Mit dem
Golde, ob dieses gleich vermittelst eines Alcali geschehen muß, wird es zu einer metallischen geschwefelten Erden; andere zu geschweigen, welche ich denenienigen, die gleiche Studia mit mir verfolgen, bey der Lehre von der Mineralisirung bestens empfehle,

le, indem hier noch gantz besondere Versu=
che vorfallen. *

§. 149. Ubrigens kömmt es hier anzu=
führen, nicht so gar uneben, daß das ande=
re zur Mineralisirung dienliche Mittel, der
Arsenic, welches z. E. ein roth-gülden Ertzt
nachzumachen gebraucht wird, dabey und
bey andern mit denen Metallen wieder an=
zustellenden Vereinigung, nicht also, wie
der Schwefel sich geschickt erzeigen wollen. *

§. 150. Endlich so verdienen die Metal=
len, wie selbige sich in ihren eigentlichen Zu=
stande befinden, auch mit und unter einan=
der zusammen schmeltzen, einige Erweh=
nung. *

§. 151. In solcher Betrachtung ist das
Gold so wohl das erste unter allen, als auch
ein geselliger Freund mit allen, es weigert
sich nicht mit dem Silber, noch mit dem
Kupffer, noch mit dem Zinn, noch mit dem
Bley, noch mit dem Spiesglaß=König,
noch mit dem Arsenic, noch mit dem Wiß=
muth, noch mit dem Eisen, welches doch
sonst ein wunderlicher Kopff ist, zu vermi=
schen.

§. 152. Das Silber vermählet sich
gleichfalls mit dem Golde, Kupffer, Zinn,

Bley,

Bley, Spiesglaß-König, Arſenic, Wißmuth und dem Eiſen ſelbſt, welches wir
unter andern an demienigen ſchwartzen
Kalck, der durch das Scheide-Waſſer
manchmahl aus dem Silber ausgeſchieden wird, und ein Gold betrüglicher
Weiſe vorſtellet, erfahren.

§. 153. Das Zinn gehet nicht nur mit
dem Golde, Silber, Kupffer, Bley, Spiesglaß-König, Arſenic, und Wißmuth, ſondern auch mit dem Eiſen in ziemlicher
Menge zuſammen.

§. 154. Das Kupffer vereiniget ſich
mit dem Golde, Silber, Zinn, Bley, Wißmuth, Zincke, Arſenic, und Eiſen, derge-
ſtalt, daß es von keinem eintzigen andern
Metall kann geſagt werden, ia in dieſer
Geſchicklichkeit übertrifft es das Gold
ſelbſt, welches doch auch gegen keines
der Metallen ſich widerwärtig erzeiget.

§. 155. Das Bley verſaget keinen Metall auſſer dem Eiſen, und dieſem zwar gantz
und gar ſeine Gemeinſchafft, denn ob gleich
dieſes auf den Teſt von dem Bley bezwungen, und mit in die Schlacke genommen
wird, ſo wird doch hier das Eiſen nicht, ſo
lange es noch ein Metall, und in metalli-
ſcher Geſtalt iſt, überwältiget, auch über-
win-

windet das Bley, in so ferne es noch ein
Metall ist, selbiges nimmermehr, sondern
indem das Eisen verbrennet, so gehet des=
sen Calck mit dem Bley, welches zu einer
glasigten Glöthe worden, zusammen.

§. 156. Das Eisen ist endlich dasieni=
ge, welches bey den Verbindungs=Arbeiten
sich am allerhalsstarrigsten aufführet;
nehmlich aus der Ursache, weiln es gemei=
niglich in einem solchen Feuer zu Calck ver=
brennet, welches nöthig ist, wenn das zu
verbindende Metall zu fliessen anfangen
soll; sobald aber das Eisen sich calcinirt
hat, so ist es ausser dem Stande, in einen
metallischen Fluß gesetzt zu werden, unter=
dessen ist es doch ausser dem Kupffer mit
dem Zinn besonders gerne gesellig, und
bringt demselben eine dem Silber nahe kom=
mende Gestalt zu wege.

§. 157. Auch wollen wir von dem Arse=
nic mercken, daß er erstlich, was seine mit
andern Dingen vorgenommene Vereini=
gung anbetrifft, in seiner ihm angebohr=
nen ersten Gestalt, welche halb metallisch
ist, * müsse genommen werden; Hernach
wilt du aus dem Gifftmehl einen chrystal=
lischen Arsenic haben, oder diesen zu einem
solchen Mehl wieder machen, so wird dir

E 3   das

das Eisen das dienlichste und geschwindeste
Mittel abgeben.

§. 158. Es fassen nun zwar diese drey
nach den flüßigen und dichten Cörpern
abgetheilte Arten der Verbindung, alle
Exempel unter sich, also, daß nichts ausgedacht werden, oder auch würcklich da seyn
kann, welches nicht unter einer derselben
seinen Ort und Benennung finden sollte.
Unterdessen dürffen sie doch nicht als ordentliche Eintheilungen angenommen werden, denn, weil sie weit hergenommen, so
können sie von dem nähern und deutlichern
Begriff weniges anzeigen, welches den eigentlichen und recht kenntlichen Unterscheid gewiß bestimmete. Wie dann der
förmliche Unterschied alsdann erst so viel
möglich bekannt werden könnte, wenn dasjenige, was von der Verbindung zur Natur-Geschichte gehöret, ordentlich und deutlich wird ausgeführet seyn, welches ich schon
vorhin erinnert habe.

§. 159. Ubrigens muß ich hauptsächlich
folgendes hier noch einmahl wiederholen
und beibringen. Erstlich erhellet aus dem,
was gesaget worden, daß die zu verbindenden Sachen einem nicht allezeit Stück vor
Stück in die Hände und übrigen Sinne
fallen,

fallen, sondern schon bisweilen alle zusammen, in einer Sache verborgen liegen, wie sich dieses besonders, in der durch die Gährung zu erhaltenden Verbindung also befindet. *

§. 160. Hernach so kann auch ein Wesen, welches aus zweien zusammen gesetzten Dingen ausgebohren wird, nicht allezeit so beschaffen seyn, daß man es gantz abgesondert sehen und greiffen könne; Also sehen wir z. E. den Wein mit Augen, sein brennender Spiritus aber, der aus dem Trauben-Safft ein neuerlichst ausgewürcktes Wesen ist, ist und bleibet verborgen, so lange bis eine andere Arbeit, nehmlich die Destillation mit ihm vorgenommen wird.

§. 161. Ferner, wird nicht allemahl und überhaupt erfordert, daß die Dinge, die da sollen verbunden werden, gantz frey und von andern Sachen abgesondert da seyn müssen, sondern in dem Augenblick, da die Vereinigung geschiehet, können sich wohl die zuvereinigenden Dinge von den übrigen Cörpern, darinnen sie bisher gestecket, loßreißen.

§. 162. Endlich muß man sich wohl vorsehen, daß man durch die insgemein angenommenen Meinungen, wie man das reine

E 4   ne

ne von unreinen ſcheiden müſſe, andern
wichtigern Bearbeitungen, die dergleichen
Reinigungs - Scheidung nicht nöthig haben, nicht ſchade, denn es ſind bisweilen
die Materien in ihrer rohen Geſtalt, oder
wenigſtens nachdem ſie mit ein oder andern
vermiſcht oder verſetzet ſind, viel geſchickter
darzu, daß man mit ihren in ſich habenden
Theilen, nicht gemeine und ſchlechte Verbindung vornehmen und heraus bringen
kann.

§. 163. Damit ich auch diesfalls was
zu koſten gebe, ſo frage ich, wo ſind bey der
Enrſtehung des Weins die weinhafftigen
Theilgen, welche zu dieſer Miſchung und
Zuſammenſetzung gehören? Sie ſind zwar
in dem Moſt oder ſüſſen Trauben-Saffte
würcklich enthalten, aber dieſer zeiget doch
noch nicht eine Spuhr von den weinhafftigen Weſen, und alſo befinden ſie ſich da
noch in einer gantz andern Verbindung
und Geſtalt.

§. 164. Kann dir denn auch das vor-
nehmſte und durchſchwefelte Kupffer-und
Eiſen-Ertzt, der Kieß, die Beſtand-Theile
des Vitriols, ſo gleich und abgeſondert bey
der Vitriol-Werbung darſtellen? und
nach was vor einer Eintheilung der Zeit
ſind

ſind die erforderlichen und nöthigen Abſon=
derungen und neue Verbindungen anders
unterſchieden, auſſer allein nach der in dei=
nem Kopff gemachten Vorſtellung? und
wirſt du auch wohl iemahls die Verſuͤſſung
des Vitriol=Sauern erhalten, wenn dieſes
ſchon einmahl mit Gewalt, von ſeinem Vi=
triol ausgeſchieden iſt.

§. 165. Gewiß, wenn wir die vornehm=
lich angebohrne natuͤrliche Aneignung, wel=
che in dieſen und mehr dergleichen Exem=
peln, ohne alle Kunſt, Uberlegung und ei=
gene Weißheit uͤber Vermuthen ſchon da
iſt, beſſer beherßigten, wuͤrden wir weit
gluͤckſeliger ſeyn, nicht allein unſern vorge=
ſetzten Zweck zu erhalten, ſondern auch ſol=
che unvermuthete Begebenheiten zu erſe=
hen, die doch auch auf die Verbindung hin=
aus lauffende Zufaͤlle und Erfolge vor Au=
gen ſtelleten.

Anmerckungen.

Zum §. 29.

Die Veraͤnderung aus einem Natur=Reich in
das andere, iſt zwar an und vor ſich ſelbſt
richtig, und auch nach theoretiſchen Betrachtun=
gen zu erkennen, denn da ſelbige eine gantze Welt
zuſammen ausmachen, die Dinge in der Welt
ver=

veränderlich ſind, und nichts vergehet, daß nicht
wieder etwas daraus werden ſollte, ſo kann es
in dem gantzen Innbegriff nicht ſo leer abgehen,
daß nicht eines in das andere übernommen wer=
be. Das Niederſteigen, wie es von denen chi=
miſchen Philoſophen genennet wird, iſt auch
nicht ſo undeutlich zu erkennen, und bey ſolchen
ein Auffſteigen zu vermüthen, iſt nicht abge=
ſchmackt. Nur die richtigen und klaren Exem=
pel ſind hierbey nicht ſo häufig, eine Urſache
hiervon iſt ſonder Zweiffel dieſe: Wenn eine
Sache aus einem Natur Reiche in das andere
übergehen ſoll, ſo thut ſelbige ſo zu ſagen einen
Schritt erſt zurücke, indem ſie ihre Geſtalt, un=
ter der ſie bisher bekannt geweſen, ableget, eine
unkenntlichere annimmt, alsdenn aber erſt in
das andere Reich übernommen, und meiſten=
theils gäntzlich verwandelt wird. Welches die=
jenigen, die mit den in folgenden angeführten
Exempeln nicht zufrieden ſeyn möchten, im vor=
aus erinnert werden.

* Zum §. 41.

Wir wollen zufrieden ſeyn, die deutlichſten
gewiſſeſten und bekannten hier nur mit Nahmen
zu nennen, dieſe ſind Herrn Bechers Verſuch
aus Leim und Leinöl Eiſen zu machen, Herrn
Stahls Schwefel=Experiment, da die Fettig=
keit

keit der Kohlen mit einem mineralischen Sauern
verbunden wird, die bekannte Verbindung des
Vitriol-Sauren mit dem firen Salg der Pflän-
gen rc.

* Zum §. 47.

Der Herr Berg-Rath bekennet sich noch zu
der ehedem fast durchgängig angenommenen
Meinung, von der Erzeugung des Menschen
durch eine auram seminalem, iegt, da wir mittelst der Entdeckung durch Vergrösserungs-Gläser hievon andere und gewissere Nachricht haben, scheinet dieses Exempel nicht hierher zu gehören, allein die Saamen Thiergen finden wohl
nicht allein ihr Behältnis, sondern auch ihre
Nahrung zum Wachsthum in denen Eyergen,
darein sie gehen, und also wird der innere Theil
von diesen, denen erstern in ihr Wesen eingemischet.

* Zum §. 49.

Es ist schwer, und auch wohl gar nicht zu
entdecken, daß etwas animalisches nach seiner
gantzen Mischung in die mineralischen Cörper
eingehe; Die Ursache hiervon könnte seyn, daß
die Animalien so geschwinde, und vor der Absonderung ihrer Feuchtigkeit in die Fäulung gehen;
gar zu feuchte Dinge aber zur mineralischen Mischung nicht so recht geschickt sind, welches unter
an-

andern der Sinter mit beweisen hilfft. . .Unter-
deſſen ſiehet man doch an denen eintzeln Stücken
der Thiere, welche theils Erde, theils klebrigte
und fettigte Weſen, theils flüchtig ſaltzigte Dinge ſind, daß ſelbige die mineraliſche Miſchung
nicht verweigern.   Die mineraliſchen ſauren
Saltze nehmen alles dreies in ſich, das dritte
aber beweiſet noch beſonders ſeinen Zutritt bey
dem Ertz-Beitzen.   Die Erzeugung der Steine
in denen Thieren und des Kalcks bey denen Po-
dagriſten will ich nur zum Uberfluß hier mehr an-
als ausführen.

• Zum §. 53.

Hiervon zeigen faſt vollkommen die vielen
aus denen Mineralien gefertigten Artzneien, welche, indem ſie zur Geſundheit des Menſchen würcken, nothwendig in eine Vermiſchung mit ſeinen Säfften treten müſſen; ich halte daher vor
unnöthig, die ſeltnen und gantz beſondern Fälle
welche Digby, Becher ꝛc. vorbringen, hier anzuführen.

• Zum §. 57.

Auf dieſen Satz gründet ſich die Bergmän-
niſche Vermuthung von Ertz-Gängen, welche
man in der Erden an denenjenigen Orten zu entdecken verhoffet, wo entweder das Tangel-Holtz
ſehr ſchwartz und fett, desgleichen die Haſel-
Stau-

Stande und einige Kräuter ſtehen, oder wo man
im Wipffel verdorrete, krüplicht und knorricht
gewachſene Bäume abſonderlich vom Laubholtz
antriſſt. Beides wird als ein Zeichen von dem
Eintritt der Mineralien ins vegetabiliſche Reich
angenommen, nur daß die erſtern ſelbiges zu ihren Wohlſeyn übernehmen, letztere aber darüber
eingehen müſſen. Doch, was das fette und
ſchwartze Tangelholtz betrifft, ſo könnte ich hieraus noch eine andere merckwürdige Begebenheit
in der Natur, zur Erkenntnis des unterirrdiſchen Reichs beibringen, daran auch noch ſehr
groſſe Männer gezweiffelt haben, aber es gehöret nicht eigentlich hierher. Ubrigens wolle
hierwider niemand einwenden, daß dieſes nicht
ſowohl Mineralien, als nur mineraliſche Dämpffe wären, welche in die Vegetabilien eingiengen,
denn es ſind die Witterungen eben das, was die
Mineralien ſelbſt ſind, und die dunſtige Geſtalt
beſtätiget auch hier, was ich bey dem 29.§. von
Veränderung der vorigen Geſtalt angemerckt
habe. Doch die Witterung ziehet mir ſo ſtarck
in die Naſe, daß ich noch einmahl nieſen, und
etwas zu einen Beweiß dienliches anführen
muß; Die mineraliſchen Cörper geben einen
ſtarcken durchdringenden Geruch von ſich, der
Geruch kömmt her von denen Ausdünſtungen
derer Theilgen, die ſonſt in einem Cörper weſentlich)

lich enthalten, nunmehro aber höchſt ſubtil gemacht ſind, alſo können die mineraliſchen Cörper höchſt ſubtil werden; was aber ſehr ſubtil iſt,
iſt vor andern gröbern Cörpern zur Einmiſchung
geſchickt.

* Zum §. 58.

Hiervon wird in folgenden mehreres zu erſehen ſeyn.

* Zum §. 63.

Hiervon hat der Herr Pott eine Abhandlung mitzutheilen verſprochen, welche mit ſo viel
ſtärckern Verlangen erwartet wird, ie mehr deſſelben übrige chimiſche Schrifften die Hoffnung
geben, daß die folgenden den erſtern nicht ungleich ſeyn werden.

* Zum §. 65.

Die Eintheilung der Dinge in flüßige und
dichte iſt nicht alſo anzunehmen, als ob dichte
Cörper auch mit Beibehaltung ihrer dichten
Geſtalt, ohne einige Flüßigkeit ſich vermiſchen
könnten; Dieſes iſt dem Herrn Verfaſſer niemahls im Sinn gekommen; und ob ich gleich
hier den Satz machen könnte, alle Vermiſchung
geſchiehet in flüßiger Geſtalt, ſo will ich doch
nur bitten, daß man mir ein Exempel beibringen
möchte, wo eine Vermiſchung von dichten Cörpern in trockner Geſtalt geſchehen ſey.

* Zum

* Zum §. 67.

Die auflösende Krafft in der Lufft nimmt ihren Ursprung, theils von denen saltzigten Theilgen in derselben, theils von ihrer zarten Flüßigkeit, dadurch sie in die Cörper gehen, und die Feuchtigkeit, die vor sich zu der Vermischung zu grob ist, gantz verdünnet mit sich einführen kann, welche denn das rechte Auflöß-Mittel in den Cörpern selbst schon da findet, selbiges nur flüßig und also zum würcken geschickt macht.

** Zu eben denselben.

Wenn der Zutritt der Lufft eine Verbindung verhindert, so scheinet es noch nicht, als ob auch eine solche geschehe, allein, angeführtes Exempel von Saltz-Cocturen kann es demienigen deutlich machen, welcher weiß, daß der iählinge Zutritt der Lufft, aus der noch nicht vollbrachten Mischung des Saltzes, einen wesentlichen und besten Theil hinweg nimt, der sich mit ihr vereiniget, und das Saltz schmierigt und wäßrigt zurück läßt.

* Zum §. 83.

Der Herr Geh. Rath Wolff führet diese Erfahrung in dem 2. Theil seiner Versuche im 101. §. an, er bemercket aber keinesweges den Umstand, daß die Veränderung des Wetters dabey genau sey observiret worden, und unser

Herr

Herr Autor, der es in dem dritten Anhang zu sei=
ner Kieß-Historie p. 1006. n. 20. auch schon er=
zehlet, hat an selbigen Ort gleichfalls diesen Um=
stand weggelassen: Hier wird dessen zwar aber
nur wie in vorbeigehen gedacht, unterdessen ist
dieses das wichtigste, und das den Versuch recht
brauchbar machen kann. Noch besser könnten
hieraus Wahrheiten erkannt werden, wenn man
nebst dem ersten zum Versuch ausgestellten Vi=
triol-Oel, täglich ein frisch dephlegmirtes Oel
darzu setzte, und beides bemerckte. Ich vermu=
the aus einigen andern kleinern Versuchen, daß
es gewisse Materien gebe, welche auch, wenn
man am wenigsten die Feuchtigkeit in der Lufft
vermercket, selbige doch alsdenn und vielleicht
noch häuffiger, als sonst an sich ziehen. Wenn
mir dieses künfftig noch deutlicher werden sollte,
so ist noch eine andere Frage, und auch im andern
Verstande verhanden, ob diese Feuchtigkeiten
einerley seyn, und endlich möchte man zu genau=
rer Erkenntnüß der Lufft und ihrer Würckung,
davon ausser der Schwere, Elasticität und Flüs=
sigkeit nichts bekannt ist, gelangen.

* Zum §. 84.

Ein mehrers kann in des Herrn Geh. Rath
Hoffmanns Observationibus phys-chim. L. 2.
obs. 3. p. 112. seqq. nachgelesen werden.

* Zum

Zum §. 87.

Des Herrn Verfaſſers Meinung iſt, daß man, um einen ſüſſen Vitriol-Spiritum zu bekommen, nicht das Saure deſſelben, ſondern den Vitriol in Subſtantz nehmen, ihn mit Brandewein verſetzen, und alsdenn deſtilliren ſolle. S. den 164. und 443. §.

Zum §. 88.

Der Satz, daß zwey Sachen, die ſich mit einander vermiſchen ſollen, nach einen gewiſſen eigenſchafftlichen Theil ihres Weſens mit einander überein kommen müſſen, alſo, daß in beiden eben dieſe Theilgen in einerley Eigenſchafft befindlich ſind, und alle Auflöſung, Vermiſchung und Verbindung von ſolchen gleichartigen Theilgen wenigſtens ihren Anfang nehme, wo nicht gäntzlich allein dadurch vollbracht werde; iſt zwar noch nicht vollkommen deutlich und gewiß. Unterdeſſen, da von vielen, beſonders von dem berühmten Herrn Stahl, ſo viel wahrſcheinliche Umſtände ſchon angemercket ſind, daß man glauben kann, wie durch fleißige Verſuche dieſe Wahrheit endlich in ein vollkommnes Licht geſetzet werden könne; So wäre gantz dienlich, daß man wenigſtens als einen Lehr-Satz bey dem Experimentiren es gelten ließe, und darauf fleißiger Acht hätte, da denn aus der Beſchaffenheit eines Men-

ſtrui eine Eigenſchafft eines Cörpers, die ſonſt
noch ſehr verborgen iſt, erkannt, auch in umge=
kehrter Ordnung die Erfahrung genutzet werden
kann.

* **Zum §. 93.**

Dieſes iſt eine Beſtätigung desjenigen Sa=
tzes, welchen ich in der vorigen Anmerckung zum
88. §. angeführet habe.

* **Zum §. 95.**

Iſt eben das, was bey dem 88. §. angemercket
worden, doch gehet es auch noch weiter auf die
Anfangs = Theilgen derer mineraliſchen Dinge
zurück.

* **Zum §. 100.**

Ich muß den Leſer hier zu des Herrn Stahls
Schrifften von Saltzen verweiſen, weiln weder
in einem §. noch in einer Anmerckung dieſes aus=
geführet werden kann, und gar viele Verſuche
erſt müſten beſchrieben werden, ehe man nur ei=
nen Satz machen könnte.

* **Zum §. 116.**

Zugeben, aber nicht einſehen, ich kann nicht
umhin, dieſes zu ſagen, nicht dadurch einen Vor=
wurff zu machen, als vielmehr alle und iede zu
einer fleißigern Aufachtung, Erfahrung und
Beurtheilung anzumahnen. Aller Vortheil in
Schmeltz=

Schmeltzwesen beruhet in geschickter Versetzung
derer Mineralien; Das geben wir alle gerne zu:
Welche Mineralien lassen sich am besten mit ein=
ander versetzen? Das kann man nicht so genau
wissen, bald thut dies zusammen gut, bald auch
nicht: Kann man nicht vorher in kleinen Ver=
suchen eine Gewißheit hiervon haben? Nein.
Dergleichen Reden fallen täglich vor, und auch
der Klügste wird diese Fragen nicht besser beant=
worten können, denn es ist hierinnen keine Un=
achtsamkeit anzuklagen, sondern der noch schlech=
te Wachsthum dieser Wissenschafften zu betauern.
Doch weil auch bisweilen ein Vorurtheil
hinderlich ist, so wollen wir nur mit wenigen se=
hen: 1.) Ob sich auch alle Mineralien vereini=
gen lassen? Die Ofenbrüche, Eisen=und Kupffer=
Säue, Kupfferlech ꝛc. sprechen hierzu nein. 2.)
Ob diejenigen, die sich vereinigen, solches unmit=
telbar thun? Da kommt der Kieß und das
Bley, und geben sich als Mittels=Personen an.
3.) Ob die Vereinigung nach allen Theilen de=
rer Mineralien geschehe? Da liegen denn die
Schlacken, Ofenbrüche, Hüttenrauch, wie abge=
hauene Arme und Beine, auf der Wahlstatt des
Hüttenhofes herum, und bezeigen, daß noch vie=
les ausser der Vermengung geblieben, manches
auch vor dem Treffen desertiret ist. Hieraus
können wir nun auch einige Mittel erlernen, in

der

der Wissenschafft zuzunehmen, nehmlich, man
versetze immer zwey und zwey, hernachmahls
drey und drey Mineralien mit einander, und
bleibe dabey gleichgültig, wenn auch Koth, und
nicht Gold daraus wird; man untersuche fleißig,
ob noch mehr mineralische Aneignungs = Mittel
zu erfinden, die bekannten aber brauche man bey
vielerley Versetzungen auf vielerley Wege; Man
versuche sich noch mehr in den Verschlacken, so
wohl was das Gebläse, das Feuer, die Zeit und
Geschwindigkeit hierbey vermag, als auch was
die Mineralien selbst beitragen; Man lerne end=
lich das, was man nicht achtet, nehmlich Ofen=
brüche, Eisen=und Kupffer=Säue nicht von ohn=
gefehr, sondern mit gutem Bedacht und Vorsatz
machen, so wird man sie, wenn man selbige ma=
chen kann, nicht mehr machen. Ein Glaßma=
cher gab mir einmahl folgende Nachricht: Bey
so vielen und mancherley Sätzen zum Glaßma=
chen habe ich alle beniemte Stücken einzeln pro=
biret, hernach verschiedentlich versetzet, so sahe
ich deim, wozu ein iedes gut war, und was auch
gar nichts nutzte, nun kan ich Glaß machen, wie
man es haben will. Mehreres kann man in des
Herrn Berg = Raths Anmerckung zu Respurs
Mineral=Geist lesen. pag. 24. 25.

* Zum

* Zum §. 123.

Was hier und in folgenden §§. angeführet wird, dieses kann der Leser zu seinem Vergnügen in dem andern Tractat von dem Ursprung der Steine noch deutlicher ausgeführet sehen.

* Zum §. 145.

Die Einmischung des metallischen Kalcks ins Glaß ist um so viel merckwürdiger, indem, auſſer denen Versprechung von der Veredlung der Metallen auf diesen Weg, man vors erste eine Art des Tingirens, dem sonst noch immer widerstritten werden will, daran ersiehet; nächstdem erhellet daraus, daß die unedlen Metallen es denen edlern nachthun, und also eine Gleichheit ihres Adels an sich zeigen; Dabey noch eine wichtige Frage vorfällt: Ob in den schlechtern Metallen das edlere Wesen in eben der Exaltation schon vorher gewesen? Was dessen Darstellung alsdenn gehindert? Wie solche Hindernüs nun sey gehoben worden? So es aber, wie es denn weit wahrscheinlicher ist, in solcher Exaltation vorher nicht da gewesen, so ist weiter zu fragen: Welches denn die Verbesserung hierbey verursachet? ob die Calcination? oder die Verglasung? oder beides zusammen? ich schreibe dieses nicht vor die Alkimisten, denen nutzet es nicht, wer aber mit Schlacken zu thun

F 3

hat,

hat, und ſiehet die Geburt der Metallen aus
denſelbigen ein, dieſer wird auch verſtehen, wieferne eine Wiedergeburt durch die Hand des
Künſtlers könne vorgerichtet werden.

* Zum §. 148.

Hiervon in einer Anmerckung zu handeln,
wäre zu weitläufftig, der Herr Autor hat hier ſeine Abſicht auf die Durchſchwefelung der Metallen, welche vermittelſt einer Aneignung geſchiehet. Auſſer dem Exempel, welches von dem Silber mit dem Zinnober angeführet wird, gehören
hierher, der Bleiglantz, Kieß, Spiesglaß, Zinck ꝛc.
welche in Anſehung ihres Schwefels und brennlichen Weſens die Metallen verertzen. Der Arſenic möchte das Seinige in der Verſetzung auch
thun, aber nicht alleine. Und daß auch manchmahl die Saltze hierzu was beitragen, iſt aus der
Anmerckung des Hrn Berg-Raths zu Reſpurs
Mineral-Geiſt pag. 188. 189. zu erſehen. Ich
bin von allen alkimiſtiſchen Proceſſen und Sude-
leien der Laboranten weit entfernt, und doch finde ich öffters Gelegenheit, eine nützliche Anmerckung zu machen, dergleichen muß ich hier beifügen und ſagen, wenn man die Metallen ver-
ertzet, ferner auch verwittern läßt, ſich alsdenn
an die ſchlechte Geſtalt nicht kehret, ſondern die
gäntzliche Verderbung zu verhindern ſucht, eine
lang-

langſame und Natur = gemäße Reduction und Verbindung anſtellet, ſo kann man vieles von der Erzeugung der Metallen und anderes mehr lernen. S. Baſilti Bergbuch im I. Th. das 3. Cap.

Zum §. 149.

Dem Herrn Verfaſſer beliebet, den Arſenic das andere zur Mineraliſirung dienliche Mittel zu nennen; es iſt auch dieſer ein ſolches, aber in gewiſſen Verſtande, wie ich ietzo gleich melden will. Nur muß ich vorher anmercken, daß mir es allezeit gar fremde vorgekommen, warum doch Baſilius Valentinus, der doch überall in ſeinen Schrifften ſich nicht als ein purer Alchimiſte, ſondern auch als ein Natur = Lehrer beweiſet, und deswegen auch von denen, die nicht Gold machen wollen, hochgeachtet wird, von dem Arſenic ſo wenig, ia gar nichts von ſeinem eigentlichen Weſen meldet. Man ſiehet hieraus, wie unvollkommen die Minerologie in vorigen Zeiten geweſen, und wie wenig denenienigen vorgearbeitet iſt, die nunmehro dergleichen Wahrheiten näher zu treten ſuchen. Unterdeſſen hat uns Baſilius nichts vom Arſenic geſagt, ſo hat er uns doch eine andere gute, aber derbe Wahrheit, die hierzu dienlich iſt, hinterlaſſen; Alſo ſchreibet er im dritten Capitel des 1. Buchs ſei-

nes

nes Bergbuches, als er vorher von der Vortreff=
lichkeit der Mineralien und mineralischen Flo-
rum geredet: Es unterstehen sich nicht mit klei=
nern Schaden beide ihrer und aller Wahren, so
damit sollen gearbeitet werden, ihrer sehr viel,
und wollen aus dem Ausscheiß solcher Mine=
ralien etwas nützliches auörichten; Sieden der=
halben Schwefel, Alaun, Vitriol, und erstän=
cken sich damit, daß sie wenig gesunde Tage ha=
ben, nehmen noch mehr Koth darzu, die verste=
hen nicht, daß die Fossilia, wenn sie ausgeso=
gen sind, durch die Witterung der Metal=
len, sie also die Gifft oder den Koth von sich
scheissen und seichen ꝛc.　Hier höret man,
was der Schwefel ist, nehmlich nach seinem an=
fänglichen Bestandwesen, war er eine Speise der
Metallen, oder damit wir nicht in Gleichnüßen
reden, er gieng zu der Zusammensetzung und in
das Wesen der Metallen ein, und nachdem er
seinen edelsten Theil darzu her gegeben, wird er
ausgeschieden, als ein Auswurf der Natur, der
aber, weiln die Ertze nicht organische Cörper,
und nicht mit Gliedmassen versehen sind, doch
mit und zwischen denen subtilen metallischen
Blättgen liegen bleibet.　Bringet man nun den
Schwefel wieder zu einen Metall, so legt er sich
auch in dasselbige ein, und macht also daraus ein
Ertzt=Gestalt, und was er Gutes dabey thut,

kommt

kommt von dem wenigen edlern Theile her, wel=
ches er bey seiner vorigen Ausscheidung behal=
ten. Hingegen wird der Arsenic weder vom
Basilio unter den unflätigen Auswurff der Me=
tallen gerechnet, noch auch nach der Natur=Ge=
schichte, als ein solcher erfunden, denn er ist in de=
nen Ertzten, die erst anfangen solche zu werden,
und nicht in denen, die schon feste, dichte und
nach ihren meisten Theil Feuer=beständig sind,
auch nicht in denen, die da angefangen haben, in
der Erden den Schwefel und Vitriol wieder aus=
zuwerffen. Daher ist der rohe Arsenic mehr im
Anfang, als bey dem Ende der Ertzwerdung;
er kann also ein dichtes ausgeschmoltzes Metall
nicht verertzen; aber das verertzte Metall kann
er weiter verertzen, wie ich aus der Erfahrung
habe, und auf diese Art könnte man auch es mit
dem Nachkünsteln des roth güldnen Ertztes ver=
suchen; Doch kann endlich auch so gleich der Ar=
senic Ertzt=Gestalten machen, aber nicht in Me=
tallen, sondern in Erden, und hiervon beweisen
die Experimente alles, was ich gesagt habe,
deutlich, und sind gar wohl zu mercken. S. den
447. §.

* **Zum §. 150.**

Diese Erinnerung ist von dem Herrn Berg=
Rath in seinen Anmerckungen zu Respurs Mi=

F 5   neral=

neral-Geiſt pag. 24. und 25. wiederhohlt, auch
daſelbſt ein ſehr ſchön Experiment, um dadurch
die Liebhaber aufzumuntern, angegeben worden,
welches einem Naturforſcher, nicht aber einem
Geitzigen Silber gnug giebt.

* Zum §. 157.

Dieſe findet man an einer Art Schirben-Ko-
bold, oder, wie er noch deutlicher könnte benennet werden, an gegrabnen Fliegenſtein. S. des
Herrn Autors Kieß-Hiſtorie, pag. 605. desgleichen unten im 446. §.

* Zum §. 159.

Was der Herr Autor in dieſen und folgenden dreien §§. in vier Sätze gefaſſet hat, iſt ſo
gründlich, daß nichts als die Application in Exempel fehlet, ſo würde ieder ſolche vor die
Grund-Sätze des Schmeltz-und Hütten-We-
ſens halten.   Dieſe nun kürtzlich beizubringen,
ſo iſt der Kieß zu dem erſten Satz, der Rohſtein,
und das in ſelbigen befindliche Silber, Kupffer
und Bley zum zweiten, die Beſchickung in die
Roh-Arbeit von allerhand groben Geſchicken,
zum dritten, die Beſchickung zur Kupffer-Sey-
gerung, zum vierdten, als dienliche, vollſtändige
und auserleſene Exempel zu betrachten.

* Zum

* **Zum §. 162.**

Keine beſſere und ausführlichere Nachricht kann vor einen Hüttenmann und Naturforſcher gegeben werden, der da gerne wiſſen will, wie ferne etwas rein oder unrein, zu ſcheiden oder nicht zu ſcheiden nöthig ſey, als es der Herr Berg=Rath in ſeinen Anmerckungen zu Reſpurs Mineral=Geiſt von pag. 205. bis 215. thut; Desgleichen wird dieſer §. in nachfolgender dritten Abhandlung, und derſelben vierdter Abtheilung umſtändlich erleutert.

Die andere Abtheilung.

Von denen äuſſerlichen Urſachen der Verbindungen.

§. 166.

Am geſchickteſten werden die natürlichen Urſachen nicht nur nach der Meinung der Gelehrten, ſondern auch nach Beſchaffenheit der Sachen ſelbſt eingetheilet, in die äuſſerlichen, welche die erſte Gelegenheit und den Anfang darzu machen, und die innerlichen, welche die Sache ſelbſt bewürcken, und zu ſtande bringen.

§. 167.

§. 167. Die äusserlichen Ursachen sind entweder eine bloße Berührung, oder es kömmt eine willkührliche Bewegung noch dazu. Die Berührung aber geschiehet, bald da ein Cörper leiblich den andern berühret, bald da ein solcher unter der Gestalt eines Dampffes sich an den andern anleget.

§. 168. Leiblich berühren die Cörper einander, wenn die Seiten des einen an die Seiten des andern anstossen, und also sich beide mit einander verwickeln, und gleichsam als eines zusammen fliessen.

§. 169. Dieses geschiehet, wenn die Metallen von den sauern Saltzen verschlungen werden, da denn nach der hauptsächlichsten Betrachtung, weder Feuer noch Lufft, noch eine andere äusserliche Bewegung, noch ein sonst auszudenckendes Hülffs-Mittel weiter nöthig ist; Desgleichen, wenn das schlechte Wasser Saltze und Gummata auflöset, und wenn der Brandewein die brennlichten hartzigten Dinge auszieher: Doch ist nöthig, daß man das Gefäße ein wenig schüttele, oder auch gar umschwencke, damit das Wasser oder der Spiritus, welcher zu oberst im Gefäße ist, auch den auf dem Boden liegenden Cörper, wel-

welcher ſoll aufgelöſet werden, und deſſen
noch unverſehrte Theile ergreiffe.

§. 170. Hierher gehöret die Auflöſung
des Alcali, durch das feuchte Lufft-Weſen,
oder, wo man ſolches lieber zu der Berührung, welche Dampffs-weiſe geſchiehet,
zehlen wollte, wird es gleich viel ſeyn.

§. 171. In einer Dampffs-Geſtalt
wird eines mit dem andern verbunden,
wenn die dünſtigen Ausflüſſe oder Dämpffe
welche durch die Bewegung der Lufft, oder
des Feuers erreget werden, entweder von
einen (oder auch beiden) Cörpern, an den
andern anſtoſſen, ſich durch ſeine kleinſten
Löchergen, welche in allen Cörpern, als
zwiſchen Räumlein und Herbergen vor die
fremden Gäſte gefunden werden, in ſelbigen hinein ſchleichen, und ſich darinnen
nicht allein einige Zeit aufhalten, ſondern
gar mit ſolchen Cörpern genauer verbinden.

§. 172. Dergleichen kann bemercket
werden, wenn man das Qveckſilber durch
den Bley-Rauch beſtehend machen will, da
ſich von den Dünſten des Bleies etwas mit
dem Qveckſilber gar genau verbindet; Es
wird auch nicht aus dem Wege gewichen
ſeyn, wenn wir anführen, wie ſich die Metallen

ſtallen mit denen Salꜩen weit leichter ver⸗
binden, wenn man ſelbige in die Vorlage
thut, und alſo vermittelſt der Deſtillation
die Salꜩe in Dampffe⸗Geſtalt, auf ſelbige
übertreibet, die denn auch auf ſolche Art
ſelbige angreiffen, welches ſonſt unmöglich
oder doch ſchwerlich zu erhalten wäre. *

§. 173. Welchergeſtalt aber die von
beiden Theilen auffſteigenden Dünſte gleich⸗
ſam unterwegens einander umfaſſen und
annehmen, erhellet aus der Bereitung des
Schwefel⸗Sauren; Dieſes wird vermit⸗
telſt der einfallenden feuchten Lufft, welche
gleichſam als ein Waſſer⸗Dampff dazu
tritt, aus dem bloßen gemeinen Schwefel
hervor gebracht, welches aber auf andere
Weiſe, wenn man auch eine hierzu nöthige
Feuchtigkeit, ſo gar die aus der Lufft ge⸗
ſammlete, in dem Recipienten vorſchla⸗
gen wollte, und alle Klugheit darbey an⸗
wendete, nicht zu erhalten iſt, wo nicht die
Feuchtigkeit ſich als ein Dampff dabey
findet.

§. 174. Es ſind aber auch Arten der
Vereinigung, dazu eine bloße und unge⸗
zwungene Berührung alleine zu wenig,
oder doch nicht zureichend iſt, da muß man
alſo mit hülflicher Handreichung zu ſtatten
kom⸗

kommen, und gleichsam den Degen in die
enge Scheide mit einiger Gewalt hinein
stoffen. Denn es kann und soll geholffen
werden, sowohl durch die äusserliche Bewegung, welche man mechanisch nennen
könnte, als durch die innere Bewegung,
die durch Wärme und Feuer angerichtet
wird, welches denn der wichtige Ausspruch
der Philosophen: Reibe und koche, nicht
weniger nach der würcklichen Arbeit, als
sehr sinnreich ausdrücket.

§. 175. Daß durch die erstere herum
treibende zerreibende und schütternde Bewegung die Metallen mit dem Qveckfilber
zusammen treten, wissen wir alle, und
wird ohne diese der wechsel-artige Zusammenwachs, hauptsächlich aber die Zunei-
gung des Metalls zu dem Qveckfilber, welches doch eine Verbindung seyn muß, nicht
so leicht erhalten, wenn es auch gleich scheinet, daß das Qveckfilber und Metall, wenn
sie gantz frey und geruhig auf einander liegen, ungezwungen einander durchdringen und sich ergreiffen wollten.

§. 176. Der flüchtige König aus dem
Arsenic, der nicht nur aus dem Auripig-
ment, welches des berühmten Herrn Meu-
ders Erfindung ist, kann gemacht werden,
son-

ſondern auch aus dem weißen Arſenic, aus
dem Sandarach, aus dem weißen Kieß,
und aus iedem Arſenic-Ertzt, welches entweder eine Eiſen-Erde mit ſich führet, oder
durch Zuſatz des Eiſens hervor zu bringen
iſt, und unten im weiteſten des Halßes der
Retorte gefunden wird, iſt ein ſchönes zartes und reines metalliſches Weſen; wenn
man dieſen mit dem Saltze des Silbers,
wie es ſeyn ſoll, miſchet, und unter einander reibet, nachgehends auf ein Pappier
legt, ſo entzündet es ſich, zu einer genugſam deutlichen Anweiſung, daß hierbey
das Reiben in einer ſolchen genauen Vereinigung der Cörper, die meiſte Würck-
ſamkeit verurſachet, denn auſſer dieſen andere Dinge auszuſinnen, welche durch ihren nähern Zutritt zur Zerſtöhrung und
Entzündung dieſer Cörper dienlich ſeyn
ſollten, erachte ich vor unnöthig.

§. 177. Was iſt ferner die Butter,
nichts als eine Fettigkeit der Milch, welche
von den Molcken nicht nur abgeſondert,
ſondern auch feſter und enger in einander
gebracht wird? Was iſt die Abſonderung
der fetten Theile, oder das Buttern ſelbſt
anders, als ein Zuſammenſtoſſen und Zwän-
gen, daß die hin und her zerſtreuten Theilgen

gen auf das genaueste zusammen gehen
müssen? wird aber hierzu etwas mehr als
eine starcke durchdringende Bewegung er-
fodert, und diese zu machen, mehr als eine
starcke gemeine, weder der teutschen noch
lateinischen Chimie erfahrne, sondern ein-
fältige Bauer-Magd?

§. 178. Sehet hier ein Exempel, darinnen mehr als eine bloße Ausscheidung,
nehmlich auch eines Theils eine Umkehrung bewerckstelliget wird, dadurch die
Mägde-Philosophie, denen geschickten Arbeitern in der Chimie etwas wicht ges lehren, auch sie ein wenig roth machen kann,
die bleichen und blassen Plauderer aber bey
den klügern in Verachtung setzen mag.

§. 179. Was von des Borrichii wesentlichen metallischen Saltze zu halten sey,
welches er aus dem Golde, Silber, Zinn,
und Bley, durch die eintzige schlechte Reibung derselben, mit gemeinen Wässer ausgeschieden haben will, wie er solches vorgiebt, und den Versuch in dem Tractat. de
hermet. & aegypt. sapientia l. 2. c. 7. p. 409.
erkläret, solches unterstehe mich nicht hier
auszumachen; wie ich denn diese Frage nicht
vor so gar ungeschickt halte, ob nicht das
Saltz, so daher entstehet, mehr vor ein aus

G   dem

dem Waſſer und der vom Gefäße abgeriebe-
nen Erde neu gewordenes Salt zu halten
ſey? Denn erſtlich iſt noch zu zweiffeln, zum
wenigſten wird davon nichts gedacht, ob
auch dieſer ſonſt unermüdete Naturforſcher
vor oder nach dem Verſuch beſorgt geweſen,
ſein darzu genommenes Waſſer zu unterſuchen, ob er auch einiges Saltz-Weſen darinnen entdecken können. Denn ich kann
aus der Erfahrung verſichern, daß in den
meiſten, ia vielleicht in allen und denen
reinſten Wäſſern, allezeit etwas ſaltzigtes
verborgen ſtecket. Nächſtdem iſt der Umſtand nicht zu vergeſſen, daß das Glaß eine
Ausgeburt vom Saltze, und zwar nach einem mercklichen Theil ſey, ob es gleich nach
dem Geſchmack, und in der Vergleichung
gegen andere, nicht als ein Saltz-Weſen
kann erkannt werden, und in dem Stande
wo es ſich ietzt befindet, gantz und gar irr-
diſch und unſchmackhafft iſt; Nun iſt das
Gefäſſe, worinnen das Metall gerieben
worden, von Glaß geweſen, und kann alſo
wohl aus dem Gemenge des Glaſes durch
das Reiben und ſubtil machen deſſelben, etwas aufgelöſet worden ſeyn, welches nach
ſeinen ſaltzigten Theilgen wiederum die vorige Geſtalt einiger maßen erhalten ha-
Und

Und wer zweiffelt endlich, daß das Saltz
ein aus Erd und Wasser bestehender Cörper sey, darzu denn eine auf das äusserste
subtil gemachte Erde erfordert werde, wobey eine solche Zerreibung in die kleinsten
Stäubgen sehr dienlich, ia das Reiben selbst
eine kräfftige Ursache von derselben Verbindung sey? Ich will nicht melden, daß
ich mit Herrn Rothen in seinem Tractat
von metallischen Saltzen p. 43. zu klagen,
gleiche Ursache habe, und mir gar nichts
von Saltz in dieser Arbeit zu Gesichte kommen wollen; ia ich könnte mich vielleicht
noch mehr beschweren, da ich auch die
Amalgamata mit unglaublicher Gedult
um und um gekehret habe.

§. 180. Durch die innerliche Bewegung ist alle dieienige zu verstehen, welche
von aussen durch einige Wärme erwecket
wird.   Die Wärme kommt von Feuer;
dieses ist entweder das Sonnen-oder Küchen-Feuer.   So viel bey dieser Sache unter dem Küchen-Feuer einen Unterscheid
zu machen dienlich seyn möchte, so giebt es
entweder eine Wärme zum digeriren, oder
eine Hitze zum destilliren, oder eine Glut
zum cementiren und schmeltzen, durch welche Staffeln und Arten, dessen Würckung

G 2   zu

zu einer Verbindung, nach Beschaffenheit
der Sache von statten gehet. *

§. 181. Weiln aber einerley Grad des
Feuers, nicht einerley Würckung überall
hat, maßen z. E. ein flüchtiges Saltz in einen solchen gantz geschwinde wegflieget, in
welchen doch ein saures Saltz gantz unbewegt, und wenn es auch noch stärcker wäre,
liegen bleibet, so ist der Unterscheid der
Stärcke des Feuers nicht so wohl an und
vor sich, sondern in Gegeneinanderhaltung
mit dem was es bewürcket, zu suchen, und
zu beurtheilen.

§. 182. In solcher Absicht bemercken
wir hauptsächlich drey Arten der Verbindung, welche durch das Feuer befördert
werden. Denn es werden theils Sachen,
welche sollen verbunden werden, in einer
solchen Wärme erhalten, daß keines von
beiden sich von dem andern abreißen, und
besonders in die Höhe steigen könne, sondern beides in dem Bauche des Gefäßes sich
also befindet, daß sie wechsels-weise einander umfasset halten.

§. 183. Oder es gehet eines, welches
gemeiniglich flüßig ist, von dem andern
zwar loß, und steiget in die Höhe, weiln
aber das Gefäße also gestalt und geordnet
ist,

iſt, daß es entweder in einer Phiole mit einem langen Halſe, oder in einem Pelican, nicht gantz und gar davon fliegen, oder ſeinen Geſellen lange allein laſſen kann, ſo laufft es tropffen weiſe wieder herunter, wie ein Regen die von der Sonne ausgetrocknete Erde immer wieder befeuchtet, oder, wenn es auch überdeſtilliret, ſo wird es aus dem Recipienten wieder aufgegoſſen, welches man cohobiren oder eintræncken nennet. Oder eines, das ſchon flüchtig iſt, nimmt das andere gantz, oder einen Theil deſſelben mit ſich fort, und dieſes heißt volatiliſiren oder ſublimiren.

§. 184. Oder es ſind die Materien alſo beſchaffen, daß man, wie ſelbige davon fliegen möchten, ſich nicht befürchten darf, welches auch nicht geſchiehet, da ſie vielmehr das ſtärckſte Feuer zu ihrer gewiſſen Verbindung erfordern und ertragen; Dieſe dritte Art, das Feuer zu geben, iſt zweierley, und entweder ein Cementir-Feuer, welches bey den unvollkommenen Metallen, wenn ſie durch die vollkommenen auch zu ihrer Vollkommenheit ſollen gebracht werden, ſehr gute und geſchickliche Dienſte thut; oder es iſt das Schmeltz-Feuer, welches nicht nur in Verbindung

G 3   der

der Metallen, da sie dergleichen sind und
bleiben, sondern auch in Erhaltung des
höchsten Gipffels der Vollkommenheit aller Cörper, und da man zugleich die festeste und dauerhaffteste Vereinigung derselben bewürcket, nehmlich in Verglasung
derer Cörper mit einander, höchst nothwendig ist.

Anmerckungen.

* Zum §. 172.

Im 361. §. haudelt der Herr Verfasser dieses
noch mit mehrern ab; Es sind diese Handgriffe zwar gut und also beschaffen, daß sie würcklich angehen, wer aber alle Gewaltthätigkeiten,
die an der Natur ausgeübet werden, mit mir
verabscheuen will, wird einen weit geschicktern
Weg von dem Herrn Berg-Rath vorgeschrieben
finden, in den offt belobten Anmerckungen über
den Respur von pag. 81. bis 85. Es sind
schon ein sechs Jahr, daß ich auf diesem Weg
die Untersuchung der Mineralien vorgenommen,
und ich bin immer weiter und weiter bestärcket
worden, daß ich glaube, ich habe schon vieles
also erfahren, das sonst verborgen bleibet, und
nichts werde zuletzt übrig bleiben, das nicht erfahren werde. Einen besondern Versuch werde
hiervon in der Anmerckung zu dem Tractat von
Ursprung

Urſprung der Steine bey Gelegenheit der Chry=
ſtallen aus dem Urin mittheilen.

Zum §. 180.

Etwas, das mir niemand Danck wiſſen wird,
muß ich hier gedencken, nehmlich: Das meiſte,
was man vom Feuer redet, dichtet, und ſchrei=
bet, iſt falſch, und die Alkimiſten haben hierbey
die meiſte Urſache zur Verwirrung gegeben: Die
vernünfftige Lehre hingegen iſt davon kurtz und
gut dieſe, das Feuer macht flüßig und flüchtig:
Das ſind die beiden nächſten Würckungen, da=
von beide, oder eine, oder gar keine in denen Cör=
pern geſchehen muß, mehrere wird man nicht in
der gantzen Chimie, oder, warum ich es haupt=
ſächlich ſchreibe, bey je einem Röſt=Schmeltz=oder
Siede=Weſen finden. Erſtlich macht das Feuer
flüchtig, nehmlich alle die Cörper, welche in
ihren Beſtandweſen nichts oder keinen gnugſa=
men Theil der Fettigkeit, oder doch ſolchen nicht
innigſt eingemiſcht haben, und das ſind die Sal=
tze mit ihren Geſchwiſtern. Zweitens macht es
flüßig alles, was eine Fettigkeit in ſich hat, da
es aber nicht ſo wohl auf die Menge, als auf die
Miſchung ankommt, dergleichen ſind die Metal=
len und Metall=Arten. Eine iede von dieſen
Würckungen hat nun einen Grad, denn, was
der Herr Verfaſſer im folgenden 181. §. ſaget,

daß

daß die Stärcke des Feuers nicht an sich selbst,
sondern in der Verhältnis zu denen Cörpern zu
beurtheilen sey, ist hier wohl zu mercken; Dieser
Grad des flüßig = oder flüchtig = werdens ist als=
denn da, wenn solches würcklich geschiehet.
Wenn ein sehr flüchtiger oder leichtflüßiger Cör=
per flüchtig oder flüßig wird, so sind gantz ge=
wiß so viel Feuertheilgen, als nöthig sind,
zu ihm getreten, und ist zwischen diesen und dem
Cörper das Verhältnüs gleich: Wenn ein
schwer zuverflüchtigender Cörper oder ein hart=
flüßiger gleichergestalt flüchtig oder flüßig wird,
so sind auch so viel Feuertheilgen, als nöthig,
darzu gekommen, und das Verhältnüs zwischen
beiden ist ebenfalls gleich: Die Würckung ist in
beiden Fällen auch gleich: Was soll nun der un=
nütze Unterscheid nach denen Graden? Man sie=
het zwar öffters ausen herum um den Cörper ein
starckes Feuer, solchen damit flüßig zu machen,
allein es dienet nur dazu, eine gewisse Menge
Feuertheilgen in selbigen mit mehrerer Gewalt
hineinzutreiben, da doch eben so viel Feuertheil=
gen in einen andern öffnern Cörper, aber nicht
mit solcher gewaltsamen Glut, hineingebracht
werden können. Aber wo bleibet denn die Wür=
ckung des Feuers zum figiren? Antwort: Das
Feuer figiret an und vor sich selbst nichts, und
die Figirung ist nicht eine der nächsten, sondern
auſs

aufs höchste eine entfernte Würckung des Feuers: Denn entweder das Feuer macht flüßig, und giebt also durch einen langen anhaltenden Fluß die Gelegenheit, daß zwey Materien einander besser ergreifen, umwickeln und festhalten; oder es macht flüchtig, und treibet also das flüchtige darvon, so bleibet ein Cörper zurücke, der nicht etwan ietzo ist fix worden; sondern der schon lange das gewesen, und es bey einer andern Gelegenheit geworden ist. Und nun wissen es die Alkimisten, ob sie über ihr Firmachen lachen oder weinen sollen. Sollte aber dieses alles noch manchem undeutlich scheinen, der erwarte, bis ich eine vollkommene Abhandlung hiervon ausgeben werde. Es wäre dieses ietzige Messe geschehen, wenn nicht andre Arbeit mich abgehalten hätte; Will er es aber indeffen selbst untersuchen, so kann er alle zum Rösten, Schmelzen, Verschlacken, Abtreiben und Brennen dienliche Versuche in der Stube ohne einzige Mühe machen, wenn er den rechten Weg trifft.

Die dritte Abtheilung.

Von denen innerlichen Ursachen der Verbindung.

§. 185.

Da die äusserlichen natürlichen Ursachen nur zu der Würckfamkeit derer innerlichen Ursachen, welche sonst in ihrer Ruhe verbleiben würden, das ihrige beitragen, so müssen die innerlichen darinnen bestehen, daß sie selbst das eigentliche Wesen und die geschicklichsten Kräffte sind, welche in denen zu vereinigenden Cörpern stecken, und von ienen in eine würckende Bewegung gesetzet werden.

§. 186. Wie aber dergleichen kräfftiges und fertiges Wesen nicht nur eines, und überall eben dasselbe ist, also ist auch das aus der Verbindung entstehende Ding nicht eben einerley; sondern, da letztere in unterschiedener Gestalt hervorkommen, so muß man auch setzen, daß unterschiedene und mancherley Verbindungs = Arten sind.

§. 187. Also wird das eigentliche Kennzeichen des Unterscheids derer Verbindun:

dun:

dungen schon etwas deutlicher werden, da
nicht das Verzeichnüs, weder von den zu
verbindenden Sachen, noch von den äuſſerlichen Urſachen deſſelben, uns ſo viel,
als nöthig, ſagen kann, ſondern nur von
ſolchen Dingen redet, welche die Sache
begleiten, davon eine weit hergehohlte
Unterſcheidung, wie ich ſchon gedacht, viel
zu allgemein, und nicht genau genug, in
ihrer Beſtimmung wäre. Doch iſt es
auch auf dieſe Art noch nicht zu einem
vollſtändigen Entwurff zu bringen.

§. 188. Es wird daher genug ſeyn, die
Arten der innern Verbindung zu erzehlen, ſo, wie ſie mir vorkommen, ohne daß
ich auf die Ordnung und Rang Achtung
geben werde, maßen ich dergleichen ſyſte-
matiſche Uberlegung entweder zuletzt geben möchte, oder ſelbige eines ieden ſinn-
reichen Gedancken überlaſſe.

§. 189. Nehmlich, das eigentliche Weſen der Verbindung beſtehet entweder in
der Gährung, oder in dem Zuſammenflieſſen, oder in der Auflöſung, oder im
Niederſchlag, oder in einer Zuſammenlei-
mung. *

§. 190. Den erſten Ort verdienet die
Gährung, welche in die weinigte, eßighaffte

haffte und faulende eingetheilet wird. Alle
diese kommen darinnen überein, daß es
eine Bewegung einer flüßigen Sache ist,
da die Theilgen an einander stossen, *
sich verdünnen, aufblasen oder ausdehnen,
dadurch denn etliche gemischte Dinge zerstöhret, aus derselben aber neu verbundene Ausgeburten hervor gebracht werden.

§. 191. Die weinigte Gährung ist eine Mischung des allerzartesten Oels mit
Wasser; welches daher erwiesen wird,
weiln erstlich das daraus angezeigte Wesen sehr dünnflüßig, und also würcklich
wäßrig ist, zum andern solches brennlich
erfunden wird, und also fettig oder öhligt
seyn muß, dergleichen denn der Brandewein ist.

§. 192. Ich kann nicht vorbeigehen,
hier zugleich mit anzumercken, daß ich vor
nicht gar zu langer Zeit einen Most erst in
der allergelindesten Wärme abgedünstet
habe, bis er einiger maßen wie ein Honig dicklich worden, nachdem habe ich ihn
an einen Ort gestellet, und nach Verlauff
einiger Wochen einen würcklichen Weinstein, als durchsichtige Chrystallen, von
demselben abgenommen.

§. 193.

§. 193. Man müßte also bey der weinigten Gährung, den Weinstein nicht als
ein gantz neuerlich gewordenes, sondern
als ein Ding, das schon vor selbiger da
gewesen, erkennen, welches vielleicht, indem es im Wein immer mehr und mehr
abnimmt, auch in leiblicher Gestalt und
mit einer Zeugungs-Krafft zutreten und
würcken kann; Doch ist hierbey noch
übrig, durch den Spiritum Salis, nach
Glaubers Manier, zu erforschen, ob dergleichen Weinstein auch, wie bekannter
maßen der gemeine, etwas vom Bran-
dewein-Geist in sich habe.

§. 194. Die eßighaffte Gährung
nimmt nun dieses neue öhl-wäßrigte
Weingemische, als welches vorher da seyn
und den Gegenstand ihrer Würckung abgeben muß, * unterbricht dasselbe wieder,
zertheilet es, und wenn du lieber also reden wilt, kehrt es gantz und gar um, also,
daß es in eine saltzigt-wäßrigte Feuchtigkeit, nehmlich in einen so genannten Eßig,
ausartet.

§. 195. Dieses erhellet daher, weil ein
sauer werdender Wein an seinem Wein-
Spiritus abnimmt, und auch der allerstärckste, edelste, und beste Wein einen

Eßig

Eßig giebt; welches auch eben kein Wunder iſt, weil die öhligte Miſchung in ihrem innerſten faſt gantz und gar ſauer-
hafft befunden wird, deswegen aber hier
mehrers anzuführen, gar zu weit von der
Sache abgeſchritten wäre.

§. 196. Die faulende Gährung beſtehet vornehmlich darinnen, daß durch
den Zutritt eines ſauern Saltzes ein fixes
Saltz in ein flüchtiges verkehret werde.
In denen flüßigen Dingen, die viel öhligte Theilgen in ſich haben, dergleichen der
Weintrauben-Safft iſt, geſchiehet dieſes
nicht ſo leicht, oder doch ſehr langſam, in
denenienigen aber, welche nicht ſo öhligt
ſind, deſto mehr und geſchwinder, daher
ein ſchlechtes Bier leichte ſtumpff, ſchahl,
und faulend wird, und alſo iſt ſie auch in
denen Gewächſen gar gemein.

§. 197. Nächſt dem und vornehmlich
findet ſie in den flüßigen mehr geſaltzenen
Theilen ſtatt, dergleichen die Feuchtigkeiten der Thiere vor denen Vegetabilien in
weit höhern Grad ſind. Hierher gehöret
auch mit derienige Verſuch, da ich unſer
hieſiges Kali-Kraut in eine Fäulung gebracht, welche weit ärger als der Men-
ſchen-Koth ſtanck, und darinnen würcklich
Wür-

Würmer befindlich waren, mit meinen Augen gesehen und mit der Nase gerochen habe, davon meine Flora Saturnizans p. 654. nachzulesen.

§. 198. Ubrigens kommt bey ieder Art der Gährung etwas neues heraus, wel= ches in der vorigen Materie nicht gewesen ist; denn siehe, da ist Brandewein, da ist Eßig, und hier ein flüchtiges Saltz.

§. 199. Ich will mich weiter nicht in eine tieffsinnigere Untersuchung von den Ursachen dieses gantzen Geschäffts einlas= sen, als welches zwar noch nicht erschöpfft ist, aber auch niemahls wird dergestalt er= gründet werden, daß eine solche schwere und verborgene Sache ins Licht gesetzet, und von allen dunckeln Zweifels=Fragen frey gemacht, oder deutlicher vorgestellet werden wird, als solches von dem vortreff= lichen Hn. Stahl, in seinem Tractat von der Gährungs=Kunst, ausnehmend ver= richtet worden.

§. 200. Nur muß ich dieses noch hier fragen, und zu bedencken übergeben: Ob denn iemand diese drey durch die Gäh= rung neuerlich entstandene Sachen, vor gantz und gar einfache Dinge ausgeben wolle? Jenes, daß nehmlich solche neu

und

und erſt geworden ſind, daran wird niemand, wenn er auch in der Chimie nur
ein Schüler iſt, zweiffeln; Allein dieſes
iſts, davon ich eigentlich die Frage auf-
werffe. Da ich nun nicht glaube, daß
ſolches iemand beiahen werde, ſo erhellet
ia auf dieſe Weiſe, daß klare und zureichende Exempel der Verbindung, welche
durch die Gährung zu erhalten möglich
iſt, da ſeyn.

§. 201. Zum andern kommt das Zuſammenflieſſen vor, welches das weſentliche bey einigen Verbindungen vorſtellet,
ſelbiges iſt entweder wäßrig, oder metalliſch, oder erdiſch.

§. 202. Zu den wäßrigen gehören die
eigentlichen Waſſer, die wäßrig-ſalzig-
ten, die wäßrig-öhligten Feuchtigkeiten,
und die Oele ſelbſt, welche wiederum entweder deſtilliret oder ausgepreſſet ſind;
Dieſe zu verbinden, iſt meiſtentheils die
bloße mechaniſche Bewegung, nehmlich
das Schütteln, genug.

§. 203. Der metalliſche Fluß begreifft
unter ſich die Metallen und Halbmetallen,
wenn ſolche in ihrer metalliſchen Geſtalt
würcklich ſind, und wird nicht ohne das
Schmelz-Feuer vollbracht.

§. 204.

§. 204. Die erdische Zusammenflieſ-
ſung gehet auf die Verglaſung, da die
Cörper nicht anders, als in dem Stande
und unter der Geſtalt einer Erde, durch
das Feuer in einen Glaß-Fluß gerathen,
und gewiß in eine Vereinigung mit einander treten.

§. 205. Es möchte mancher ſprechen,
daß dergleichen Verbindungen zu der Aggregation oder Zuſammenhäuffung gehö-
reten, ſo wolte auch ich, in Anſehen und
Gegeneinanderſetzung mit denen in eigentlichen Verſtand benannten Miſchun-
gen, nicht widerſprechen; Allein, da
erſtlich die wahre Zuſammenhäuffung einen Anwachs lauter ſolcher Cörper, die
nach ihrer Miſchung gleichartig ſind, bezeichnet, dergleichen man aber bey dem
Zuſammenſchmelzen des Goldes mit dem
Kupffer gewiß nicht findet; zum andern
ich auch die Cörper nur in ſo weit hier betrachte, als ſie in einem abgeſonderten
Stande ſind, mich aber im übrigen um
derſelben Miſchung und Zuſammenhäuffung nicht bekümmere; So kann ich bemeldetes Zuſammenflieſſen hier keinesweges übergehen. Und wenn auch dieſes
alles zu der von dir ſo wenig geachteten

H   Zu-

Zusammenhäuffung gehörete, so thue mir
doch den Gefallen, und aggregire mir ein
mahl das Bley zu dem Eisen, doch mercke es wohl, in metallischer Gestalt, so will
ich dich zu dem Apollo selbst aggregiren.

§. 206. Zum dritten macht die Auflösung, das ist, die Verwickelung der dichten Cörper mit denen flüßigen, eine Art
der Verbindung aus. Es wird zwar von
etlichen disputiret, ob die Auflösung von
der Beschaffenheit der Durchlöcherung
eines Cörpers, oder von der Aehnlichkeit
derer Theile, zwischen dem auflösenden
und aufzulösenden, oder daher, daß der
dichte Cörper von dem flüßigen übernommen, und gleichfals in eine Flüßigkeit
gesetzet werde, herkomme: Allein, wenn
ich mich wohl besinne, so geschiehet dieses
nicht mit der gehörigen und genauen Ein-
schränckung dieser Sätze, also, daß, wenn
selbige gegen einander gehalten werden,
ein ieder was besonders von dem andern
bestimme, wenigstens was den letzten und
dritten Satz anbetrifft. *

§. 207. Denn, gehöret nicht zu der
Übernehmung eines dichten Cörpers, zu
dem Ende, daß solcher in eine flüßige Bewegung gerathe, welches gleichsam die er-
fol-

folgende Würckung ist, eine Geschicklich=
keit der kleinen Zwischen=Löchergen, als
die geschickliche Ursache? Und was das an=
dere anbelanget, so wird es nicht also vor=
getragen, daß es sich nach dieser Beschrei=
bung überall recht schicken will; Denn,
wer wolte in der Auflösung des Silbers
mit Scheide=Wasser, und in der, welche
vermittelst des Qveckfilbers geschiehet,
wenn man selbige zusammen hält, in bei=
den einerley Aehnlichkeit der Theilgen
heraus bringen? Da vielmehr bekannt,
daß eine salzigt=wäßrigte Feuchtigkeit von
einem metallischen Waffer nicht etwan
nur um eine Himmel=Weite unterschie=
den sind, und noch immer Verbindungen
solcher Cörper mit einander geschehen,
welche, was die Aehnlichkeit der Theile
betrifft, nicht wenig einander unähnlich
sind?

§. 208. Aber es sey ferne, daß wir die
verwirrten Grillen eines scholästischen
Naturlehrers, der ohne Erkenntnus der
Sache seinen Kralym zu Marckte bringt,
weiter anhören sollten, oder daß wir auch
uns schämen wollten, unsere Unwissenheit
derer natürlichen Grund=Ursachen in der
gelehrten Sprache frey zu gestehen.

§. 209. Es iſt in der gantzen Natur kein Cörper, der nicht ein Auflöſungs-Mittel in ſein innerſtes eindringen laſſe. Einige nehmen nur eines dergleichen an; andere aber derſelben mehrere.

§. 210. Denn auch ein aufs höchſte ſich widerſetzender Stein kann, wenn er im Schmeltz-Feuer in ein flieſſendes Saltz-Weſen geräth, ſich nicht länger halten, daß er nicht aufgelöſet, und zum Fluß, manchmahl mit der gröſten Gewalt, ge-bracht werde; Denen Metallen kömmt alleine das Acidum bey; Denen hartzi-gen Dingen, als dem Campher, geſellet ſich nicht nur der Brandewein, ſondern auch ein Saltzſaures, beſonders aus dem Salpeter, zu. Wollen wir aber nicht be-iahen, daß durch die Auflöſung dieſe Cör-per verbunden ſind, da man doch nun keinesweges mehr zwey beſondere Cörper ſiehet?

§. 211. Zum vierdten ſoll der Nie-derſchlag nicht als eine von den gering-ſten Arten der Verbindung angeſehen werden. Niederſchlagen heißt, einen dich-ten Cörper, der aber flieſſend in einem Flüßigen erhalten wird, durch ein drittes dazu geſetztes Ding, von dieſem Flüßigen

wie-

wiederum befreien, und entweder in seiner eigenen Gestalt, oder, welches öffters geschiehet, in einer neuen aus der Verbindung herkommenden Forme darstellen.

§. 212. Ich will des Horn-ähnlichen Silbers und des Platz-Goldes nicht erwehnen, davon jenes das Saure aus dem Koch-Saltze, dieses ein flüchtiges Saltz, welches ihm auf eine besondere Weise eingewickelt ist, in sich hat, und iedweden bekannt ist. Es soll genug seyn, daß ich mich auf jenes Antimonium des Paracelsi beruffe, wenn nicht Zärtlinge ihre Nasen her zu recken, verabscheuen. Dann

§. 213. Nimm nur ein durch das Scheidewasser, auf gemeine Art aufgelösetes Quecksilber, schlage dasselbige aus dem Scheidewasser vermittelst getrockneten pulverisirten Menschen-Koths nieder, und glaube mir, du wirst, wenn du diesen Präcipitat auf der Capelle kunstmäßig probirest, ein Korn eines weißen firen Metalls bekommen, das vorher keinesweges in Quecksilber war. *

§. 214. Fünfftens muß auch die steinentzende Zusammenleimung hierher gezehlet werden, davon ich schon in vorhergehen-

H 3

hender Abtheilung, bey der Stein-Erzeugung Erwehnung gethan habe.

§. 215. Ich will nicht wiederhohlen,
was die Versteinerung derer Erden, die eigentlich so genennet werden, betrifft, ob
gleich wegen der Ursache des Tuffsteinar-
tigen Zusammenwachses, der besonders in
denen Thieren gefunden wird, iener Ab-
decker anzuhören wäre, welcher bey Gelegenheit, da man einen Stein von fünf
Pfunden, der also ein Stücke von seltener
Größe war, in dem Magen eines Pferdes
fand, ohnlängst erzehlete, daß hierzu der
Kalck von denen Wänden des Stalles,
welchen die Pferde gerne ableckten, vieles beizutragen pflege.

§. 216. Ich will auch nicht zu denen kalckigten und leimigten Erdlagen zurücke gehen, welche von der Mosaischen Uberschwemmung zusammen geschlemmet, nach
langer Zeit endlich verhärtet, und nun gar
zu Stein geworden sind; sondern ich will
nur die nächsten und neuesten Begebenheiten vor Augen legen, nehmlich es wachsen
kleine griesigt sandigte Bißgen, von größern und kleinern Körnern in eine Masse
zusammen, deren Zusammenhang mit der
Zeit so feste und haltbar wird, als die
Stein-

Steingen in ihrem Wesen und Gewebe selbst sind.

§. 217. In einigen dergleichen Stein-Klösern wird der Steinleim gantz deutlich gesehen, welcher nichts anders ist, als die allerzarteste Kalck-Erde, als den viele Wasser mit sich führen; Dergleichen haben aber auch keine andere Verbindung erhalten, als nur auf die Art, wie das Mauerwerck durch die Kunst gemacht wird, und werden auch die rechte steinhafftige Zusammenleimung nimmermehr bekommen.

§. 218. Aber in andern Steinen wird nichts dergleichen, das die Verbindung ausmachte, erblicket; Ja vielmehr wollen die Klüffte derselben, weder durch eine natürliche Theilung, noch durch eine mathematische Zerspaltung, sich zu erkennen geben, und also muß man eine weit vollkommnere Zusammenleimung bey solchen vermuthen.

§. 219. Das Wasser, das gewiß ein allgemeines Verbindungs-Mittel in Ansehen seiner Erde ist, welche auch in allen Wassern weniger oder mehr zu befinden, muß in diesen Steinen weit zarter, und vielleicht nicht anders als nur saltzigt klebricht seyn; wie ich denn in dem reinsten Wasser

H 4

der-

dergleichen Erde finde, dieſes iſt daher um
ſo viel mehr erweichender und eingehender
Eigenſchafft, zum wenigſten muß es als ein
ſolches auf die obern Flächen der Cörper=
gen alſo gehören und würcken.

§. 220. Und aus eben dieſer Urſache,
ſetzt es hier, wenigſtens, was die äuſſern
Theile betrifft, und ob es gleich nicht durch
und durch ſo wäre, von einer andern Lei=
mung etwas zu reden, als wie ſie die Tiſch=
ler haben, da man ſich auf keine Weiſe vor=
ſtellen kann, wie dergleichen feſter Zuſam=
menhang ohne einige Erweichung, und al=
ſo ohne eine Faſſung und Verwicklung der
Cörper unter einander hätte geſchehen
können.

§. 221. Aber wohin kommen wir mit
der vegetabiliſchen Verbindung, davon wir
in der erſten Abtheilung gedacht haben?
Sonder Zweiffel müſſen wir ſie unter die
Gährungen mit bringen, doch, um den Un=
terſcheid deſto genauer zu beſtimmen, mit
dem Beiworte als: die Gährung bey dem
Wachsthum.

§. 222. Denn erſtlich die Würckung,
die in einem Saamen=Korne oder Kerne,
das ſonſt unbewegt bleiben würde, durch
den Zutritt der Feuchtigkeit, und Aus=

ſchließ=

schlieſſung der unfreundlichen Lufft, dem
Wachsthum zum Dienſte entſtehet, iſt innerlich, ſie iſt auch an einander rührend,
ausdehnend, welche die erſte Miſchung zer-
ſtöhret, eine andere zuſammen bauet, etwas neues zeuget, die darzu kommenden
Feuchtigkeiten, in eben die Bewegung ſetzet
und übernimmt, und alſo iſt ſie nicht etwan
nur wegen eines Umſtandes vor gährende
zu halten.

§. 223. Hiernächſt, ſo beſtehet das
Wachsthum, von den erſten Keimgen an
biß zu der Größe des ſtärckſten Baumes, in
nichts, als in der Fortſetzung und Dauer
dieſer erſten Würckung, da die Nahrungs-
Säffte, welche von den kleinen Oeffnungen
der Wurtzel angenommen werden, den
Safft der Pflantze berühren, und von dieſer in eben die Bewegung geſetzt, auch in
eben ſolche Gährung und Beſchaffenheit
übernommen werden.

Anmerckungen.

Zum §. 189.

Uberhaupt beſtehet die innerliche Urſache der
Verbindung, oder vielmehr die innerliche
Art, nach welcher dieſe geſchiehet, in einer Flüſ-
ſigkeit. Denn, da die Cörper theils als flüßige

H 5   mit

mit flüßigen, theils als flüßige mit dichten, theils
als dichte mit dichten, und zwar bisweilen, wenn
in ihnen gar nichts flüßiges, vermittelst eines
dritten flüßigen Wesens vereiniget werden, welches alles in vorigen von 65. §. und hauptsächlich von 76. §. bis zum 158. §. ausgeführet
worden ist, davon nunmehro die Application
folget; So siehet man, daß, wenn zwey flüßige
Dinge sich mit einander vereinigen, die Gährung und das Zusammenfließen statt finde, bey
einem flüßigen und dichten ist es eine Auflösung,
und bisweilen ein Niederschlag, bey zwey dichten ist es ein Niederschlag oder eine Zusammenleimung. Ferner geschiehet die flüßige Vereinigung von zwey Dingen, die entweder gantz
rein sind, oder doch in dieser Arbeit nichts ausscheiden, dergleichen theils Zusammenfliesen, Auflösungen und Zusammenleimungen sind; oder
sie scheiden etwas aus, daher die Gährung, und
theils Auflösungen gehören; oder sie scheiden
sich selbst aus, dieses ist der Niederschlag; oder
sie nehmen noch etwas darzu in und zwischen
sich, dieses ist die Gährung und Zusammenleimung in verschiedenen Fällen. Endlich sind
zwey dergleichen Arten öffters, ja wohl allezeit
mit einander in einer Arbeit beisammen, nehmlich die Auflösung ist immer bey denen übrigen
vier Arten mit befindlich, und hieraus kann ein
ge-

gewiſſer Beweiß, von der Flüßigkeit bey allen
Verbindungen, genommen werden.

Zum §. 190.

Hier muß ich ſo wohl um Erlaubnüs bitten, als auch im voraus bekennen, daß ich mich
viel zu wenig achte, dem Herrn Verfaſſer in ſeiner
Meinung weder zu widerſprechen, noch zu ver-
beſſern, ſondern nur, daß ich um die Ordnung der
nach einander folgenden Würckung vorzuſtellen,
dieſes beifügen muß.   Nehmlich, ehe eine von
denen angeführten Würckungen in der Gährung geſchiehet, muß das darzu geſchickte Gemenge erwärmet, und dadurch flüßig gemacht
werden.   Ich weiß zwar wohl, daß einige vorgeben, als ob die Erwärmung durch das Zuſammenſtoſſen der Theilgen geſchehe, allein ein anders iſt die Vermehrung der innerlichen Wärme,
die durch letzteres geſchiehet, und aber ein anders
die Erregung derſelben.   Wenn die Theilgen
an einander ſtoſſen ſollen, ſo müſſen ſie entweder ſchon flüßig ſeyn, oder es erſt werden; Sind
ſie ſchon ſo flüßig, warum geſchiehet denn der
Anfang zur Gährung nicht ſo gleich und mit dem
erſten Augenblicke? Sind ſie es nicht, ſo müſſen ſie flüßig werden, und dieſes geſchiehet durch
nichts anders, als die Wärme, worinnen die Verſuche in der ganzen Welt mit mir übereinſtim-
men.

men. Alſo muß nothwendig die Erwärmung
die erſte Arbeit zur Gährung ſeyn, welches auch
die Erfahrung lehret, da der Moſt bey kalten
Wetter nicht ſo bald als bey warmen, und der
Eßig hintern Ofen beſſer als in dem Keller gähret. Ubrigens hat der Herr Autor von der Erwärmung im 236. §. gehandelt.

* Zum §. 194.

Der Herr Berg-Rath hat zwar nach den
ordentlichen Lauff der Natur recht, daß die weinhaffte Gährung der eßighaffsten allezeit vorgehe,
allein, da in Herrn Stahls Einleitung zur Chy-
mie, pag. 180. §. 34. gelehret wird, wie man aus
Terpentin, Salpeter und Waſſer, desgleichen
aus dem Gummi animæ, Spiritu Vini, Salpeter und Waſſer einen Eßig machen ſoll, ſo
leidet dieſer Satz, was die Kunſt anbetrifft, ſeine
Ausnahme. Ja, wenn die Witterung in unſern kalten Ländern ſehre ſchlecht, ſo iſt auch der
Traubenſafft manchmahl von einer ſolchen Beſchaffenheit, daß er gar nicht in eine weinhaffte
Gährung gehen will, ſondern, wenn er ſich einige Zeit ſo verhalten, endlich zu Eßige wird.

* Zum §. 206.

Was die Auflöſung anbetrifft, ſo ſiehet man
aus allen Umſtänden, daß der Herr Autor in
dieſen, und denen drey folgenden §§. von der
Auf-

Auflösung derer Cörper durch scharfe Wasser,
die entweder aus denen Saltzen übergetrieben,
oder darinnen doch Saltze aufgelöset sind, redet.
Es wird also hier nichts von einer radicalen
Auflösung, sondern nur von denen chimischen
Solutionen geredet, und von deren Ursachen führet der Herr Berg-Rath dreierley Meynung an.
Ich will selbige nicht beurtheilen, sondern über
dieses die vierdte, welche des Herrn Hamber-
gers Meinung ist, vorbringen; weiln selbige in
seinem lateinischen Element. Phyſ. nicht von ieden Berg- und Hüttenmann, Chimisten und Probirer möchte gelesen werden, und diese Meinung
doch verdienet, daß sie mehr bekannt und mit
Versuchen erleutert und erweitert werde.   Es
setzet der Herr Doctor zum Grunde, daß alle
dichten Cörper nach ihrer eigentlichen Schwere,
die sie auch nach ihren kleinsten Theilgen haben,
allezeit schwerer sind, als die flüßigen Sachen
die selbige auflösen;   daß alle flüßige Sachen
die leichter sind, an dichte Cörper, die nach der eigentlichen Schwere schwerer sind, leichte und gerne anhängen;   daß, ie näher die flüßigen Dinge
in ihrer eigentlichen Schwere denen dichten Cörpern nach eben derselben beikommen, ie eher und
besser hängen iene an diese sich an: Die Auflösung aber selbst beschreibet er, daß die flüßige
Sache in die Zwischen-Räumlein des dichten

Cör-

Cörpers trete, ſelbigen zertrenne und ihre Zwiſchen-Räumlein übernehme. Man ſiehet ſo-
gleich, daß die Theilgen des flüßigen, weiln ſie in
die Zwiſchen-Räumlein des dichten eingehen ſol-
ten, kleiner als dieſe ſeyn müſſen, und doch müſſen auch in dem flüßigen ſolche Theilgen enthalten ſeyn, die da gröſſer ſind, als die Theilgen des
dichten, weiln die Theilgen des dichten Cörpers
in die Zwiſchen-Räumlein des flüßigen übernommen werden. Es müſſen dahero gröſere und
kleinere Theilgen in dem flüßigen ſeyn, als die
Theilgen des dichten Cörpers ſind. Und alſo
beweiſet Herr Hamberger, daß ein Auflöß-
Mittel aus mehr als einer Sache beſtehen müſſe,
welches meines Wiſſens, vor ihm noch keiner ſo
gründlich und deutlich dargethan, und daraus
nunmehro auch ein Schluß zu machen, was von
der Gleichartigkeit der Theilgen im Queckſilber
zu halten ſey. Alle übrigen Umſtände hierher
zu ſetzen fällt zu weitläuftig, und behalte ich mir
die eigentliche und genaue Anwendung der Lehre von der Cohäſion zu dem Berg-und Schmeltzweſen, zu einer beſondern Abhandlung, weswe-
gen auch noch verſchiedene Verſuche müſſen gemacht werden, vor. Aus angeführten aber iſt
doch zu erſehen, wie die vom Herrn Berg-Rath
angeführten drey Meinungen von der Durchlöcherung, der Aehnlichkeit der Theile, und des

Uber-

Ubernehmens hier gantz natürlich vereiniget und
zusammen geordnet sind, welchen auch derselbe
in seinen Anmerckungen zu Respurs Mineral-
Geist, p. 173. beipflichtet.

Zum §. 213.

Man lese hiervon auch den 428. §. nach, da
der Herr Autor aus dieser Arbeit eine schöne Anmerckung macht, ob auch allezeit zu einer innigen
Verbindung eine lange Zeit erfordert werde?

Die vierdte Abhandlung.

Von den Kennzeichen derer inneren Verbindungen, und woraus selbige zu vermuthen sind.

§. 224.

Es kommen gewißlich sehr viele Ne-
benumstände und Vorstellungen
bey denen Verbindungen vor, welche
während derselben, und nachdem sie schon
geschehen, ausbrechen, und die man erstlich
iedes besonders erwegen, hernach aber
mehrere gegen einander halten muß.

§. 225. Will nun einer die Beschaffenheit der Natur, die nicht anders, als nur aus
ihren Würckungen ersehen wird, genauer
zu erkennen, sich die Mühe nehmen, so muß
er,

er, befonders in diefem Stücke, bey denen
Verbindungen, das befte und dienlichfte
aus den andern allen erwehlen.

§. 226. Bisher habe ich alle und iede
Claffen der Verbindung erzehlet, alfo, daß
ich nicht meynen follte, daß man auch vom
weiten her Exempel bringen werde, vor
welche nicht ein Fächelgen gemacht wäre;
weiln aber unter diefen nicht ein geringer
Unterfcheid ift; fo wollen wir doch fehen,
was aus den vielen ausgelefen, vor die eigentlichen innerften Verbindungen könnte gehalten werden.

§. 227. Die erften Erforfcher und Un-
terfucher aller chimifchen Arbeiten find ohne Zweiffel die äufferlichen Sinne, welches
ich denen Naturkündigern mit folchem
Nachdruck empfehle, daß ich mich bald darüber heifcher reden möchte, nehmlich, fie
follen bey ihren Verfuchen, Augen, Nafe,
Ohren, Zunge und Hände gebrauchen, dadurch etwas zu erfahren, und zu entdecken.

§. 228. Hier kommt nun vor allen andern zuerft vor, die hitzige Aufwallung:
Diefes ift eine innerliche Bewegung, dadurch der Cörper dünner und in einen gröffern Raum ausgefpannet wird, als er vorher hatte, und diefes gefchiehet mit der gröften

ften Geschwindigkeit, also, daß die darzu
genommenen Materien sich erhitzen, glü=
hend, auch wohl gar brennend werden.

§. 229. Diejenigen Dinge, von welchen
wir sehen, daß sie in eine solche Bewegung
gesetzet werden, sind entweder Erde, oder
Saltz, oder Oel, oder Ertzt, oder Metall.

§. 230. Was die Erde betrifft, so haben
wir ein Exempel über alle Exempel bey
dem gebrannten Kalckstein, oder dem so
genannten lebendigen Kalck, welcher, wenn
er von dem Wasser durchdrungen wird,
in sehr kurzer Zeit, wie ein siedend Wasser
in einem Topffe bey dem Feuer zu kochen
anfänget.

§. 231. Unter denen Saltzen tritt vor
andern hervor, das unter den einfachen
Dingen beschriene Paar, Alcali und Aci=
dum, welche aber, wenn sie auch recht ge=
schärfft, und ihre Kräffte recht zusammen
gefaßt sind, gar nicht in einen solchen hitzi=
gen Streit gerathen, wie sich wohl man=
cher einbilden möchte, der durch dergleichen
Meinung eingenommen ist, als ob die Hef=
tigkeit dieses Aufwallens, von der Wieder=
wärtigkeit derer Principien herkomme,
das Alcali und Acidum aber eben diese er=
sten Anfänge derer Dinge wären. Kurtz:

J   Alcali

Alcali und Acidum erhitzt sich nur einiger maßen.

§. 232. Hernach ist die Erhitzung des Vitriol-Oels mit dem Eisen bekannt. Und wie gehen nicht das Vitriol- und Terpentin-Oel hefftig auf einander loß. Der rauchende Salpeter-Spiritus bricht mit einen destillirten Oele gar in eine Flamme aus.

§. 233. Daß der aus dem Silber gemachte Vitriol, mit dem flüchtigen König des Arsenics, nicht nur in eine Flamme gerathe, sondern gar verbrenne, habe ich schon öffters mit allen Umständen angeführet.†

§. 234. Der unter allen Ertzten vornehme Kieß, das hartzigte Alaun-Ertzt, und der blau-farben Kobold, sind hierher zu rechnen: Der Kobold, wenn er an einen etwas feuchten Ort, der warm und verschlossen ist, in einen Hauffen zusammen einige Zeit lieget, erhitzet sich; Der Kieß und das alaunigte Hartz, wenn sie in freier Lufft zu grossen Hauffen aufgestürtzet werden, erhitzen sich nicht nur, sondern fangen gar an zu brennen.

§. 235. Das Eisen entzündet sich, wenn es mit Schwefel vermenget, und mit Waß

fer

† Nehmlich in vorigen 176. §.

fer angefeuchtet wird: Das Qveckſilber er- ꝑ. ꝛ. ꝛꝛꝛ.
hitzet ſich mit dem Silber. †

§. 236. Die weinigten Säffte, wenn ſie
gähren, erwärmen ſich am wenigſten: Das
Bier-Maltz und der Pferde-Miſt gerathen
ſchon in eine nicht geringe Wärme: Holtz
mit Holtz gerieben, giebet ein Flammen-
Feuer: Eiſen mit einem Schmiede-Ham-
mer geſchlagen, wird endlich glüende, mit einem Kieſelſtein aber wirfft es Funcken von
ſich: Die ſich in der Lufft ſelbſt entzünden-
den Pulver, welche man Pyrophoros nennet, verbrennen gantz und gar.

§. 237. Um nun die eigentliche Urſache
hiervon zu erforſchen, muß man die Bewegung und auch die Materie betrachten.
Viele ſind hier gleich mit ihren ſelbſt erdachten Anfängen derer Dinge raus, und
meynen, daß ſie in einigen Exempeln ſolche
vortrefliche anſehnliche Umſtände finden,
welche gewiß vor ihre Meinung recht ſtrei-
ten, allein ſie werden gantz offenbar durch
andere dieſen zuwider lauffende Verſuche
verſpottet.

§. 238. Wo iſt denn nun das Alcali in
dem ſchlechten Waſſer, welches ſich doch mit
J 2 dem

† Siehe Kieß-Hiſtorie, pag. 788.

dem Vitriol-Oel alſo erhitzet? oder in dem
Brandtewein, der es damit eben ſo macht?
Wo iſt denn das Acidum in dem ſchlech-
ten Waſſer, wenn es mit dem lebendigen
Kalck aufwallet? Kann denn alſo das
Waſſer zugleich etwas ſeyn und auch
nicht? Woher kommt das, daß einerley
Queckſilber mit einerley Silber bald warm
werde, bald aber auch nicht?

§. 239. Andere nehmen ihre Zuflucht
zu der Durchlöcherung, und da wird
zwar niemand leugnen, daß ſelbige in einem Cörper immer anders als im andern, nehmlich gröſſer, oder kleiner ſey,
daß aber dadurch das Aufwallen könnte
erkläret werden, ſollte wohl nicht meynen.
Denn, wenn die Sache auf die lockerern
oder feſtern Theilgen ankömmet, ſo wird
freylich daher das Eiſen als ein feſter
Cörper mit dem Acido ſtärcker ſich erhitzen, als ein Alcali, welches weit locker
iſt, mit eben demſelben: es würde auch
daher kommen, daß man aus dem Eiſen
mit einem Kalckſtein, welcher weicher,
nicht ſo leicht Feuer ſchlagen könnte, als
mit einem Kieſelſtein. Aber was iſt wohl
weicher als Holtz? Und dennoch können
die Drechsler und Hirten durch ein ge-
ſchwin-

schwindes Drehen selbiges zum brennen
bringen. *

§. 240. Wenn es endlich auf die geometrische Figur derer Löchergen ankäme, so
ist wohl zu mercken, daß wir den uns zu-
kommenden Beweiß nicht vermeiden, aber
auch durch keine Vergrösserungs-Gläser
selbigen ausführen können.

§. 241. Es hat mir zwar bis hierher
noch nicht glücken wollen, daß ich die Ursachen des Aufwallens in einen vollständigen
Grund-Riß darstellen könnte, noch viel
weniger aber, daß ich unsichtbare Dinge
iemahls gesehen hätte; Allein ich begnüge
mich mit dem meinigen, was ich bey dieser
Sache angewendet, und meine nützliche
— — Sätze gebracht habe, welche endlich so
mitgehen können, da eintzelne und abgebro-
chene Wahrheiten doch allezeit einem schönen aus Einbildungen gefertigten Zusam-
menhange von mir vorgezogen werden.

§. 242. Und was hat vor ein hochmü-
thiger Geist einige zu unsern Zeiten veranlasset, daß sie vorgeben, wie sie die verschiedenen Ursachen, Verhältnisse und Ord-
nungen schon in eine eingetheilte und richtige Lehr-Art gebracht hätten; Da doch
die gantze Sache noch verborgen, und vor-

J 3 nehm-

nehmlich alle und iede richtige Exempel
weder genug erkannt, noch zusammen
gesammlet sind?

§.243. Nehmlich die innere Bewegung
ist dasjenige, wovon am nächsten die Auf=
wallung herkömmt; Aber das würckliche
und wahrhafftige Wesen derselben, bestehet
in der geschwinden und reissenden Bewe=
gung, welches aus dem erhellet, was ich
vorher von dem Amalgamate und dem
Holtze, das durch das geschwinde Anrei=
ben sich entzündet, angeführet habe.

§. 244. Es wird von niemand in Zwei=
fel gezogen werden, daß es schon an und
vor sich deutlich und gewiß genug sey, daß
die Materie des erhitzenden Aufwallens
fähig, auf das fertigste geschickt, und von
keiner Sache verhindert seyn müsse, und
also nicht iede Zusammenreibung derer
Materien Hitze und Flamme, auch nicht
iede eben in gleichem Maße annehme.

§. 245. Daß auch die Fähigkeit und
Neigung hierzu meistentheils aus der in
eigentlichsten Verstand also genannten
Mischung herkomme, wenigstens davon
weit mehr als von ie etwas andern ent=
stehe, zeigen die zusammen gesuchten Ex=
empel

empel nicht undeutlich, welche etwan un=
ter folgende Numern können gebracht
werden.

1) Die Schwefel=artigen Cörper sind die
vorneymsten Dinge, in welchen eine
erhitzte Aufwallung geschiehet.

2) Was fett oder harbigt ist, gehet dem=
ienigen, welches nicht dergleichen Art
ist, in diesem Stücke vor.

3) Was durch ein starckes Feuer bereitet,
und aus andern Dingen gemacht wor=
den, entzündet sich sehre: Dergleichen
ist lebendiger Kalck, der Pyrophorus,
und Phosphorus.

4) Das Acidum des Salpeters mit seiner
besondern Geschicklichkeit zu dieser Be=
wegung, und

5) Das Acidum des Vitriols, gleichfalls
durch seine Eigenschafft, sich mit destil=
lirten Oelen, und mit dem Eisen zu er=
hitzen, bekräfftigen die beiden ersten
Sätze; da ienes aus einem leicht ent=
zündlichen Saltze, dieses aus dem
Schwefel selbst seinen Ursprung nimt,
ia fast gantz und gar das Wesen des
Schwefels ausmacht.

6) Den

6) Den Mangel der brennenden Materie, oder, wenn auch selbige gar fehlet, er=
setzet die stärckere Zusammenreibung, bey den härtern und mehr wiederhal=
tenden Cörpern.

7) Die Acida richten bey denen Metallen in diesem Stücke so vielmehr aus, ie wenigere Wäßrigkeit sie bey sich ha=
ben.

8) Je dicker das Vitriol=Saure ist, desto begieriger und hitziger wird das Waß=
ser von ihm verschlungen, oder desto geschwinder verdünnet es sich.

9) Je geschwinder das Quecksilber in das Silber eingehet, ie mehr erwärmt es sich, daher es mit klein geteilten Me=
tall niemahls, mit recht dünn geschla=
genen aber, vermittelst der rechten Handgriffe, warm wird.

§. 246. Aber, damit ich in einer Sache, welche eben nicht hierher gehöret, nicht zu sehr ausschweiffe, so will nur noch fragen, ob die erhitzende Aufwallung ein Zeichen einer innigern Verbindung sey? Der feste Zusammenhalt, und die Ausgeburt eines dritten Wesens, davon wir nachgehends ver=

vernehmen werden, sind sonst ohne Zweif=
fel hier die besten Zeugnisse; Allein, wenn
ich diese mit dem Aufwallen zusammen
halte, so giebt letzteres ohne Widerrede
ein sehr geringes Kennzeichen ab.* Denn
ein Amalgama, welches mit einer Er=
hitzung gemacht worden, wird in eben
dem Feuers Grad als ein anderes wieder
aus einander gesetzet; und also wird durch
ersteres nicht mehrers bewürcket, doch
könnte es vielleicht ein gutes Zeichen seyn,
daß die Cörper, durch ihren genauern
Eingang, den Anfang zu einer innigern
Vermischung machen könnten.   Hier=
nächst ein Vitriol=Sauer erhitzet sich sehr
hefftig mit dem Kalckstein, aber ohne daß
daher ein mercfliches Mittel=Saltz ent=
stünde.

§. 247. So kann auch aus dem Mangel
des Aufwallens nicht geschlossen werden,
daß die Verbindung nicht eben so genau
und innigst geschehen sey; denn man be=
dencke nur, daß der Vitriol des Queck=
silbers, der durch den Spiritum fumantem
mit einer Erhitzung gemacht wird, nicht
fester zusammen halte, als ein gemeiner,
und auch von keiner grössern Würckung
sey, welches sich einige eingebildet haben.

J 5   §.248.

§. 248. Unterdeſſen mag nun dieſes ſeyn wie es will, ſo ſcheinet doch das Aufwallen einiges Merckmahl von einer ſich wohl ſchickenden Vereinigung zu geben.

§. 249. Die Dichtigkeit zeiget gar viel von demienigen, was bey der Verbindung im innerſten geſchehen ſey, an, indem ſelbige darauf, daß das Trockene flüßig, und das Flieſſende trocken werde, hinaus laufft.

§. 250. Das Flieſſende iſt wäßricht, und dabey bald gallerigt, bald öligt, bald ſaltzigt, bald aber iſt es mercurialiſch ‒ metalliſch: Das Trockne iſt entweder Erde, oder Stein, oder Glaß, oder Metall, darzu man die Exempel aus dem, was bisher geſagt worden, leichte finden kann.

§. 251. Wer nur von dieſen, wie ſie täglich einem vorkommen, eine Vergleichung anſtellen will, der wird aus der Dichtigkeit ſehen, welche Verbindung die andere übertreffe; ſintemahl einem ieden Geſchäffte ſeine Gräntzen geſetzet ſind, und wenn man zu dieſen gelanget, ſo begnüget ſich daran der Meiſter, als in dem Ende und Vollkommenheit ſeines Meiſter-Stücks.

§. 252. Wenn man aber noch gründlicher die Sache unterſuchen will, ſo ſind das

das Zusammenfliessen zweier Dinge und
das Zusammentrocknen derselben so beschaffen, daß eines aus dem andern folgen
muß, und keines von dem andern gesondert seyn kann. Jenes ist zwar der Zeit
nach eher, und es kann auch nicht anders
als so seyn, aber der Achtung nach sind
beide einander gleich.

§. 253. Daher ist dein coaguliren und
figiren alles vergeblich und umsonst, wenn
du nicht vorher nach der Gebühr aufgelöset und subtil gemacht hast: * und wer
wollte vor dem Treffen schon Victorie
schreien? worzu dienet die Empfängnüs
ohne Leibes-Frucht? und was soll ich mit
einem unzeitigen Kinde und todten Geburt machen? Aber, ein Weib empfangt
nicht zu allen Zeiten.

§. 254. Die Farbe, welche entweder vor
der Verbindung schon da ist, oder aus selbiger gantz neuerlich entstehet, ist hier einer
Betrachtung nicht unwerth.

§. 255. Die vorher da seyende Farbe
ist entweder in dem auflösenden Mittel,
oder in der aufzulösenden Sache. Von
dem Auflös-Mittel kömmt die Farbe
hauptsächlich her bey dem Amalgamate
beides des Goldes als des Kupffers, wo
man

man weder deſſen gelbe, noch dieſe rothe
Farbe weiter ſiehet, und ſolches findet auch
ſtatt, wenn die Metallen zu einem Saltz
aufgelöſet werden. Von denen aufzulö-
ſenden Dingen kommen die Farben her,
in denen meiſten gummigten, hartzigten,
auch einigen metalliſchen Auflöſungen.

§. 256. Eine neue Farbe entſtehet auf
vielerley Art, nehmlich nicht nur durch
die Auflöſung, ſondern auch durch den
Niederſchlag, durch die Sublimation, durch
das Zuſammenſchmeltzen, und durch das
Verglaſen mit einander. *

§. 257. Durch den Niederſchlag entſtehen mancherley Farben, welche ſo wohl
zum mahlen, als auch bey der Glaßma-
cher-Kunſt ſehr vortrefflich ſind: Hierher
gehöret der Citron-gelbe Silber-Kalck,
welcher durch ein Urin-Saltz kan gemacht
werden, und meine Erfindung iſt; desgleichen auch mein Ultramarin, welches
aus zweyen beyderſeits weiſſen Sachen,
nehmlich aus dem Saltze des Kali-Krauts
oder der Sode, durch das Vitriol- oder
Salpeter-Sauere gemacht wird; Ferner
der purpurrothe Gold-Kalck, der mit
Hülffe des Zinnes bereitet wird; Eine
blaue Farbe, welche aus der Solution
des

des Kobolds durch den rechten Handgriff
kann niedergeschlagen werden; Wo ich
denn auch dieser blauen Farbe gedencken
muß, die mir neuerlich der berühmte
Lincke zu Leipzig gezeiget, welche aus
dem wahrhafftigen Spiritu des Weins
und aus der Solution eines natürlichen
Eisen-Vitriels, der nach meiner Meinung astaunhafftig mochte gewesen seyn,
hergekommen.

§. 258. Durch die Sublimation erhalten wir den Zinnober, eine Geburt des
Quecksilbers und Schwefels, wie solches
aus der Erfahrung bekannt.

§. 259. Durch das Zusammenschmeltzen
hänget eben der Schwefel denen Metallen, als Silber, Zinn, Bley, Spießglas-
König und dem Quecksilber eine schwartze
Farbe an.

§. 260. Und wer weiß nicht, daß durch
das Zusammenverglasen Kupffer bald in
eine blaue, bald in eine grüne Farbe, Gold
in eine Purpur-Farbe, Silber in eine
Milch- oder Perlen-Farbe, und Bley in eine Hiacinthen-Farbe verändert werde.

§. 261. Aber die Ursachen der Farben
sind so vielerley, und meistentheils so ver-
stecket, daß man es noch vor eine vielen

Zweif-

Zweiffel unterworffene Sache halten ſollte, wenn man daraus gewiſſe vorzügliche
Kennzeichen derer Verbindungen nehmen
wollte; * Außer daß bey einer ieden Arbeit in ihrer Art, z. E. wenn der Zinnober recht ſchöne roth worden, man daher
ein Merckmahl, wie die Sache wohl gerathen ſey, haben könne.

§. 262. Unterdeſſen wird nicht ohne Urſache vermuthet, daß eine neue Farbe bey
denen Mineralien auch etwas neues anzeige; denn, weiln die Farben von denen weſentlichen Eigenſchafften derer Cörper herrühren, ſo will auch das, was einem ſolchen
eine neue und beſtändige Farbe giebt, einen
innern Zutritt anzudeuten ſcheinen, und
dieſes um ſo viel mehr, wenn es zugleich ſich
ſelbſten dadurch entfärbet.

§. 263. Daß der Geruch einem klugen
Arbeiter wichtige Wahrheiten lehren kön-
ne, iſt daraus zu urtheilen, weiln unter dem
Ausdünſten der Cörper, ſelbſt die zarteſten
Theilgen derſelben mit auffſteigen, und alſo
Zeugen von der Beſchaffenheit des gantzen
Cörpers ſind. *

§. 264. Zum Exempel will ich den
Phoſphorum anführen, welcher wie ein
wahrer Arſenic riecht, und doch nichts,
welches

welches einer arsenicalischen Natur wäre, als einen zu seiner Vermischung gehörigen Theil angenommen hat. *

§. 265. Ein Histörgen, welches wohl zur Warnung möchte gemercket werden, will ich doch hierbey anführen: Nehmlich, ich hatte ohnlängst ein Amalgama des Goldes benebst Silbers zur Digestion eingesetzt; und ob mir gleich sonst die Regul vom Gebrauch derer Sinnen bey den Versuchen gar wohl bekannt, so hatte ich sie doch bisher, bey diesem Amalgamations-Wercke, gantz und gar hintan gesetzt; Indem ich aber das Amalgama genauer betrachtete, und mir Bechers Erzehlung dabey einfiel, da er von einem Amalgamate redet, welches wie Muscaten-Nüsse gerochen; Phys. Subterr. p. 630. ich mir auch aus dieser meiner Arbeit nichts geringes versprach, so reckte ich auch einmahl meine Nase zum Glase, und dieses gewiß mehr zum Spas, als im Ernst; und siehe da, ich bemerckte einen fettigten brenntzlichten Geruch; Ich gestehe es gerne, daß die erste Hitze mich verleitete, zu glauben, daß eine nicht geringe Veränderung müsse vorgegangen seyn, ia es möchte wohl gar was recht grosses nun vorhanden

den ſeyn. Wie aber mein erſtes und
letztes iſt, daß ich mir darinne am wenigſten traue, alſo dachte ich Tag und Nacht,
worinne etwan einen Betrug, durch eine
fälſchlich angenommene Urſache, mir ſelbſt
machen könnte, welches, daß es alſo ſeyn
möchte, mir nicht anders vorſtellen konnte. Wie ich denn auch ſelbigen, indem, da
er veranlaſſet wurde, ertappte, als ſichs
nicht lange darnach zutrug, daß ein wenig
Innſelt vom Leuchter, welcher unvorſich-
tig darzu gebracht wurde, in das Reibe-
Gefäße hinein fiel, welches auch gewiß
damahls geſchehen, und die Urſache des
brenntzlichten Geruchs geweſen ſeyn mochte. Uebrigens wurde aus dieſen groſſen
Vorſtellungen nichts.

§. 266. Der Geſchmack, welcher aus
einer Verbindung entſtehet, ſoll hier auch
nicht gantz und gar gering geachtet werden, z. E. der widerliche bey der Kupffer-
Auflöſung; der ein wenig ſüſſe bey dem
Eiſen-Vitriol, der ſo gar ſehr ſüſſe bey
dem Bley-Zucker; Ferner der bittere bey
denen Mittel-Saltzen, der öligte im Wein
und Bier.

§. 267. Dieſes ſoll man zu dem Ende
thun, daß ſo wohl daraus die Kennzeichen
derer

derer Dinge erkannt, als auch damit, wenn eine Verbindung, die sonst nach nichts schmecket, nun einmal einen ausserordentlichen Geschmack bekommen hätte, wir dergleichen mit andern Augen, als gewöhnlich, ansehen mögen.

§. 268. In wie ferne zwey Dinge feste zusammen halten, dieses giebet nicht einen so geringen Beweiß von einer innigern Vereinigung ab: Dieser Zusammenhalt stellet sich überhaupt auf eine zweifache Art, in Ansehen der Flüchtigkeit oder des Feuer-Bestandes derer Cörper, welcher hier wohl zu bemercken ist, vor.

§. 269. Entweder sind die zusammenhaltenden Cörper nach bemeldeten Eigenschafften einander gleich, das ist, sie sind beide flüchtig, und da können sie wiederum flüßig oder trocken seyn, oder sie sind beide fix, und also allezeit erdenhafftig, dabey aber bald steinartig, bald glasachtig.

§. 270. Oder die zusammenhaltenden Dinge sind ungleich, davon das eine fix seyn kann, und durch die Gesellschafft eines flüchtigen zugleich soll flüchtig gemacht werden; oder eines ist flüchtig, und soll zugleich mit dem andern firen, ebenfalls feuerbeständig gemacht werden.

K   §. 271.

§. 271. Was das erste anbelangt, so stellen sich unter den flüchtig-flüßigen der, Spiritus nitri dulcis, der Mercurius sublimatus, unter denen flüchtig-trockenen, der Zinnober und Sandarach), unter denen flüchtig halb trockenen und halb wäßrigen, der Salmiac, unter denen firen aber der Sinter oder Tropfstein und die metallischen Gläser, als richtige Exempel, gleichsam in einem Auszuge vor Augen.

§. 272. Hierbey ist, was die Verbindung der beiderseits flüchtigen Dinge anbetrifft, zu mercken, daß selbige in Dampfs-Gestalt, bey dem Aufsteigen selbst, gleichsam unterwegens geschehe, und fehlet gar weit, daß das vorhergehende Durchreiben, Zusammenschmelgen, und Bewegen, welches nur eine Vermengung macht, solche vermischen könnte, oder auch dieses in dem, da es sich in Hut des Sublimir-Gefäßes anleget, erst geschehe.

§. 273. Die andere Versetzung, nehmlich der im Feuer sich ungleich erhaltenden Sachen, wird, was das Flüchtigmachen eines firen belanget, durch die zwey gantz bekannten und vornehmsten Exempel der Flüchtigkeit, der Lunæ Cornuæ oder des Horn-Silbers, und des Platz-Goldes, bestärcket,

ftärcket, da erfteres durch das Sauere des
Koch-Saltzes, diefes durch ein flüchtiges
Urin-Saltz, zuwege gebracht wird; Allein,
von Seiten der Figirung, wenn fie nehmlich nicht eingebildet, fondern wahrhafftig
feyn foll, fehlen in der gemeinen Chimie die
Exempel, und müften aus der höhern hervor gefucht werden.*

§. 274. Wenn wir nun von allen diefen,
nach dem, als eines das andere übertrifft,
eine Ordnung machen wollen, fo ift der Zufammenhalt zweier gleichartigen Dinge,
als z. E. des Spiritus Vini mit dem Salpeter-
Sauern gut genug, da noch viele zu finden,
die fich, in Anfehen der Flüßig- und Flüchtigkeit, wohl zufammen fchicken, welche
aber den völligen Zufammenhalt und die
gantz gleichmäßige Flüchtigkeit nicht annehmen.

§. 275. Die Vereinigung eines firen
Wefens mit einem flüchtigen, durch bef-
derfeitige Verflüchtigung, ift fchon inniger,
wie folches überall bekannt ift.

§. 276. Am innigften aber ift die Verbindung, wenn ein flüchtiges Ding mit
einem firen beftändig gemacht wird, welches durch die Verglafung, als dem höch-
ften Grad der Vereinigung, kann bewerck-

K 2　　　　　stelliget

stelliget werden, ia, es ist auf diese Art fast
gar nicht wiederum in erstere Gestalt zu
bringen; und also dem, was wir in folgenden §§. sagen werden, ziemlich gleich,
oder gehöret auch wohl schon gar dahin.

§. 277. Die Unmöglichkeit, etwas wieder herzustellen, oder die Irreducibilität,
ist ein Zeichen, daß, was die innigste Mischung betrifft, die Verbindung sehr vollkommen sey.

§. 278. Die Reduction oder Herstellung
ist eine Auflösung der vorigen Verbindung,
dadurch entweder ein Cörper, oder beide,
welche einander umwickelt hatten, wiederum abgesondert, und entweder in den
Stand, welchen er vorher gehabt, gesetzet
wird, oder er gehet aufs neue in die Verbindung mit einem andern Cörper über.

§. 279. Dergleichen geschiehet erstlich
ohne Zusatz, ausser dem Feuer, wie sich also
das Amalgama des Spiesglas-Königes
durch das pure Reiben wiederum scheidet: oder nur durchs Feuer, wie solches
bey dem Amalgamate vornehmlich der
edlern Metallen zu sehen.

§. 280. Zum andern durch einen Zusatz, der einem von den beiden verbundenen

nen Dingen, angenehmer ist; und dieses
abermahls entweder vermittelst des Nie-
derschlags, also werden die Metallen von
dem Schwefel, da immer eines ordentlich
das andere ablöset, entbunden, so, wie sie
auch aus den sauern Menstruis eines durch
das andere niedergeschlagen werden; oder,
wenn der Zusatz dem erstern Dinge seinen
Gesellen wegnimmt, welches denn zugleich
bey dem Niederschlagen geschiehet, also
schlägt z. E. das Kupffer nicht allein das
Silber aus dem Scheidewasser nieder,
sondern nimmt dieses Saure selbst an,
und verbindet sich mit ihm.

§. 281. Gegentheils ist die Irreducibilität eine solche Eigenschafft der Vereinigung, daß weder an und vor sich, noch
durch einen Zusatz, noch sonst auf einige
Art, eines von den zusammen verbundenen Cörpern nicht in seiner Gestalt, auch
nicht in einer andern, absonderlich kann
hergestellet werden. Gewiß, ein in denen
mineralischen Landen sehr rarer Vogel,
von besonderer Gestalt, mehr als man
glauben sollte. *

§. 282. Endlich, so wird die allerinner-
ste Verbindung gleichsam als eine von

K 3 der

der Wurtzel aus gewürckte und radicale erkannt.

§. 283. Es ist aber eine Verbindung, die von der Wurtzel aus entstehet, von einer, wo sich nichts will reduciren lassen, auf solche Art unterschieden, daß diese die radicale zwar niemahls reduciret werden kann, doch aber noch andere Verbindungen sind, die sich auch nicht wollen reduciren lassen, welche nicht sogleich aus der Wurtzel geschehen seyn. Denn z. E. es ist zwar etwas metallische Erde im Glas unwiederbringlich eingeschmoltzen, aber doch ist solche nicht aus der Wurtzel mit diesem vereiniget, wie solches aus folgenden erhellen wird.

§. 284. Die Rede ist hier von derjenigen Verbindung, welche unter allen die innigste ist, und nicht nur eine radicale Vereinigung genennet wird, sondern auch würcklich dergleichen ist. Diese Redens-Art gehöret eigentlich zu dem Gewächs- oder Pflantzen-Reich, und will eine Verbindung des Erd-safftes mit dem Saamenkorn, und nachmahls mit der Pflantze, durch die Wurtzel zu erkennen geben.

§. 285. Dergleichen Verbindung erfordert erstlich eine Berührung beiderseits

Cörper,

Cörper; hernach einen Einfluß und Durch-
bringen des Safftes; Hierauf folget oder
geschiehet auch zugleich eine innerliche Bewegung, da von einer Seite gewürcket,
von der andern aber dagegen gewürcket
wird; dadurch wird der Safft des Saa-
menkorns mit der von aussen hineinkom-
menden Feuchtigkeit innigst und also vermischt, daß keine von beiden fernerhin dasjenige ist, was sie gewesen war, sondern ein
gantz neues und drittes Wesen daraus
entstehet.

§. 286. Die Bewegung ist dabey ausdehnend und dünnmachend, die Feuchtigkeit aber gährend; doch muß man hierbey
die eigentliche Gährung mit dem Wachsthum nicht vermengen, da bei jener alles,
was soll vermenget werden, schon beisammen ist, als in dem Most das, woraus der
Wein werden soll; bei diesem muß es aber
erst zusammen gebracht werden, damit z.E.
der Weinstock heran wachse, wiewohl auch
die Weingährung ohne den Zutritt einer
Sache, nehmlich ohne Lufft, nicht von
statten gehet.

§. 287. Ein also fruchtbar gemachtes
oder geschwängertes Saamenkorn wärde
in diesem neuen Zustande nicht bestehen,

K 4 auch

auch nicht weiter fortwachsen, wenn es nicht genähret würde, welches durch eben den Safft, welcher es fruchtbar gemacht hat, geschiehet.

§. 288. Der erstlich befeuchtende hernach nährende Safft blähet den Leib des Saamenskorns auf, dehnet desselben Fäsergen aus, und vermehret sie, also, daß nicht nur die Schaalen-Häutgen auffspringen, sondern auch die Fäsergen über sich in Stamm und Blätter, unter sich in eine Wurtzel, durch welche der Safft fernerhin eingehet, ausschlagen.

§. 289. Von der Zeit nun, als das Pfläntzgen eine Wurtzel zu treiben, und durch derselben Mündung den Nahrungs-Safft einzusaugen angefangen hat, könnte man die Verbindung in genauern Verstande eine radicale Verbindung nennen, man muß aber keine andere, als die saamenhafftige darunter verstehen, weil die radicale Verbindung nur eine Fortsetzung von derjenigen ist, welche in dem Saamenkorn geschehen. Wie denn auch in dem Saamen nicht eine andere als radicale Verbindung kann verstanden werden, man wollte denn den Unterscheid anführen, daß im Saamenkorn der Anfang.

und

und gleichsam das Punctum saliens; von der wachsenden innerlichen Bewegung, in der radicalen Verbindung aber nur der Fortgang dieser Bewegung sey.

§. 290. Da die Benennung der radicalen Verbindung schon eingeführet ist, so wollen wir die Kunst-Wörter nicht ohne Ursache anhäuffen, lassen also die saamenhaffte Verbindung bey Seite gesetzt, und benennen dieses gantze Werck mit dem Titul einer radicalen Verbindung.

§. 291. Eben also ist es beschaffen in der Vereinigung des Saamen-Hauchs mit den Eyen des Weibes unter den Thieren. Denn daselbst geschiehet die Erfassung des erstern vom letztern innigst, gährend, würckend und gegenwürckend, mit einer Ausdehnung und Anwachs des Cörpergens, welche so lange dauret und fort gesetzet wird, als der Zugang derer Nahrungs-Säffte währet, und alles eine muntere und frische Begierlichkeit hat.

§. 292. Im mineralischen Reiche gehet es zwar nicht an, daß man der Natur so, wie bey den Animalien und Vegetabilien, zusehen könnte, und wenn es auch möglich wäre, so könnte man hier nicht wie bey ienen so gewiß aus der Folge auf das vorhergehende

K 5

hende schließen: Aber doch, so weit als man
die Sache einsehen und erklären kann, achte
ich dieselbe außer allem, oder doch den grösten Zweiffel gesetzt zu seyn.

§. 293. Nicht nur nach der eingeführten
Meinung, sondern auch in der That selbst
sind die Metallen die vornehmsten Ausgeburten dieses Reichs, besonders das edelste,
maßen solches den höchsten Grad seiner
Vollkommenheit erreichet hat.

§. 294. Das Gold sehen wir aus der
obersten Erde zu Tage auswachsen, ohne
Zweiffel aus denen zusammen kommenden
Dünsten und Säfften, welche darzu sich
schicken und gehören; und eben dieses muß
man auch aus gewissen Umständen vermuthen, daß es auch also in denen Gängen und
Nestern, welche tieffer liegen, aus dem Zusammenwachs derer nöthigen sich berüh-
renden Materien entstehe, welches aber
hier auszuführen zu lang werden würde.

§. 295. Auch ist ietzo die Zeit nicht, von
denen Materien selbst zu reden, ob ich gleich
bis dato diese Meinung vor wahrscheinlicher halte, daß das mercurialische, oder das
ihm beigesetzte arsenicalische Wesen, als
das Eygen da liege, welches ein schweflig-
tes Wesen, als der Saamen-Hauch be-
schwän-

schwängert: Sondern ich muß vielmehr
von der Bewegung und der Art der Er=
zeugung reden. *

§. 296. Die Ertzte werden, was ihre
Mischung betrifft, durch eine innerliche
Bewegung gezeuget, welche man mit
Recht eine gährende nennen könnte, nach
ihrer Menge und Hauffwerck aber ent=
stehen sie vermittelst eines Anwachses und
Zusammenhäuffung.

§. 297. Reine selbst gewachsene und ge=
diegene Metallen können der Mischung
nach, nicht anders, als durch eine kochende
Bewegung hervor gebracht werden, in so
ferne sie aber einen zusammen gehäufften
Cörper ausmachen, und besonders in Fä=
den und haaricht gediegen erscheinen, so
gehen sie gar sehr von der Art des Zu=
wachses, wie solcher bey denen Ertzten ge=
schiehet, ab, und haben mit denen wach=
senden Dingen im Pflantzen=Reich einer=
ley zeugende Ursache. Ja, was den An=
wachs besonders, wie solcher hierher ge=
höret, anbetrifft, so ist es sehr wahrschein=
lich, daß es damit eben so zugehen müsse,
so viel aus denen Erfahrungen und Um=
ständen geschlossen und erforschet werden
kann.

§. 298.

§. 298. Nehmlich ein selbst gewachsen
Faden: oder Haar-Silber, desgleichen ein
solches selbst gewachsenes Gold kommen,
wenn selbige noch in ihrem Ertzt, und auf
dem Stuffwerck stehen, denen, die solche
genauer ansehen, also vor die Augen, daß
sie nicht anders als wie ein Keimgen heraus gewachsen scheinen, und sich vorgestellet werden können.

§. 299. Ich will nicht die Exempel wiederhohlen, da ein edles Metall zu Tage
ausgewachsen, und durch die Schnitter
mit ihrer Sichel entdecket worden, wie
solches mehr als zu einem mahle geschehen
ist, denn ich trage selbst Bedencken, von
seltenen Vorfällen eine Folge zu einem
Schluße zu nehmen.

§. 300. Dergleichen Wachsthum hat
nicht geschehen können, da der Stein nach
seinem gantzen Behalt schon weit härter,
als ein weiches Metall gewesen, sondern ist
sonder Zweiffel zu derjenigen Zeit gewürcket worden, da die Materie desselben, die
nunmehro gar nicht mehr nachgiebet, nicht
so hart, sondern, damit etwas durchdringen
können, weicher gewesen.

§. 301. Die Materien eines solchen Gewächses sind entweder schon silbrigt, das ist,

von

von einer würcklichen Silber-Mischung,
die sich in einem gewissen Ertze schon zusammen gefaßt haben, und nur mit einem Schwefel oder Arsenic durchwittert,
nehmlich mineralisiret, und also versteckt
sind; Dergleichen in roth-güldigen Ertzt,
Blaufarben-Kobold, und dem Glas-Ertzt
zu sehen.

§. 302. Oder die Materien sind nur silberentzend, zerstreuet, ungewiß und zu einem besondern Ertzt noch nicht gesetzt und
geschickt genug, stehen auch noch nicht in
der That in einer Silber-Mischnng; Dergleichen siehet man in dem Zechstein und
Stuffwerck gar deutlich, da etwas gedie-
genes Silber gantz und gar eingeschlossen,
recht zusammen gepresset, und das Plätz-
gen, welches vor solches da, von ihm über
und über eingenommen ist; dabey man
doch vor-rückwärts und darneben nicht
ein Merckmahl von einem Ertzt, auf welchen es stünde, oder aus welchem es gewachsen wäre, wahrnehmen, ia nicht ein
Ueberbleibsel von einem Ertzt verspüren
kann, welches vorher da gewesen, und
nachgehends verwittert wäre, das denn
allezeit ein rußiges Mulm hinterläst.

§. 303.

§. 303. In beiden Fällen iſt ein wirckendes Weſen nöthig, welches entweder die ſchon verbundene und unbeweglich da liegende Materie beweget, oder es iſt ſolche noch nicht verbunden, ſo muß es ſelbige geſchickt machen, zuſammen bringen, verbinden, ja ſich ſelbſt mit einmiſchen. Kurtz, es muß ein äuſſerlich oder innerlich wirckendes Weſen, oder beides zugleich da ſeyn.

§. 304. Im erſten Fall ſcheinet ein äuſſerlich wirckendes Weſen ſchon genug zu ſeyn, maßen mir aus einem gewiſſen Experiment, dem man ſicher trauen kann, bekannt iſt, wie das roth-güldige Ertzt ohne einigen Zuſatz, nur allein durchs Feuer, welches aber geſchicklich muß regieret werden, alſo ausſproſſe, daß von einem halben Quentgen deſſelben ein Gefäß, welches zwey Zoll weit iſt, mit einem zarten Haar-Silber, als mit einem Strauche über und über angefüllet wird, welches gewiß eine angenehme und denen Unwiſſenden eine wundernswürdige Vorſtellung iſt.

§. 305. Es iſt alſo nicht wenig wahrſcheinlich, * daß dergleichen Büſchgen von gediegenen Silber, welche in ihren Neſtergen eingeſchloſſen liegen, und mit nichts
weiter

weiter zusammen hängen; aus dem rothgülbigen Ertzt, besonders dem, welches sehr
braun-roth, oder schwärtzligt aussiehet,
mittelst dessen Verwitterung, hervor gewachsen seyn, welches ich bey anderer Gelegenheit ausführlicher weisen will."

§. 306. Indessen wissen wir bey Ersehung
solcher Exempel, daß in denen innern Gegenden des Erdbodens, und wo die Gänge
noch nicht entblöset sind, dergleichen Ertzt
durch gebührende und ungestöhrte Wärme
gleichsam bebrütet, und mit Hülffe der zu-
streichenden und etzenden Witterungen,
zumahl in langer Zeit bewürcket werde, wie
solches durch das Küchen-Feuer allein in
kürtzer Zeit geschiehet.

§. 307. Wenigstens scheinet es nicht,
daß die Theilgen des Feuers leiblich, und
zu dem Wesen mit beitreten, und alle gestehen einhellig, daß das Silber schon würcklich im Ertzt enthalten, und die Auskochung
desselben nur eine blosse Scheidung sei.

§. 308. Welcher gesetzte Mensch aber
wolte wohl so gar sehr in sich selbst verliebt
seyn, daß er nicht leiden könnte, wenn seine von verborgenen Dingen vorgebrachten
Meinungen in Zweiffel gezogen werden,

oder

oder könnte er auch eiben Frage das Gehör
und die Stelle verſagen? † Es wird daher
gefraget, ob es auch würcklich alſo ſey, daß
das Silber ſchon in ſeiner völligen metalliſchen Miſchung, in bemeldeten roth-güldigen Ertzte verborgen liege? Das iſt, ob die
daher entſtehende Auskeimung des Silbers
ſchon gemiſcht darinnen ſey, und nur abgeſondert und ausgeſtoſſen werde? oder ob
die Sache dahin auslauffe, daß die Materien, welche zum Silber werden geſchickt,
aber noch kein würckliches Silber ſind,
erſt zuſammen geſetzt, und alſo durch eine
radicale und ſaamenhaffte Zeugung hervor
gebracht werden? aber hiervon anderswo
ein mehrers.

§. 309. Unterdeſſen wollen wir hier ſo
viel mercken, daß, wenn das erſte ohn-
gezweifelt wahr wäre, eine Art und Weiſe
möglich ſeyn müſte, ein ſolches Ertzt durch
Kunſt zu machen, vermöge des Grund-
Satzes: In was ein Ding zerlegt wird,
daraus beſtehet es, wenn es zuſammen
geſetzt iſt; welches aber bisher von mir,
und vielleicht von vielen andern, umſonſt
iſt verſuchet worden, da im Gegentheil
das Glas-Ertzt durch die Kunſt zu machen
iſt,

ist, wie solches iedermann bekannt seyn wird.

§. 310. Es mag endlich seyn wie es will, so scheinet eine innerlich bewegende Sache, ausser dem Feuer, als welches in der Natur Werckstätten kaum zur Gnüge da seyn möchte, nöthig zu seyn, damit auch da, wo das edle Metall als das vornehmste Gemische und Theil des Ertztes, von dem andern Stücke, nehmlich dem Arsenic aus einander gesetzt erhalten wird, selbiges zusammen gesellet, und hervor gebracht werde.

§. 311. Ja, so schwer fällt mir, daß ich die aufgeworffene Frage noch nicht übergehen kann, wenn einer die Beschaffenheit, sowohl des gantzen Ertztes, als auch des Arsenics, genauer einsiehet, so wird angezogenes Experiment selbst ihn kaum von sich lassen können, ohne, daß es ihn überreden sollte, wie das wahrhafftig mercurialische Wesen des Arsenics, zu den Aussprossen der Metallen, nicht nur als ein Werckzeug, sondern auch durch seinen leiblichen Beitritt, nicht durch einen bloßen Antritt, sondern durch eine Verbindung das Seinige beitrage.

L §. 312.

§. 312. Hier zu Lande, da wir gediegen Silber in festen Gestein, welches offt gar keine Drusen und Klüffte hat, als ein Bäumgen unmittelbar, und ohne ein vorher daseiendes Ertzt ausgewachsen, und daran nicht nur den Stamm, sondern auch die Aeste und Zweige sehen, wird wohl niemand sich einbilden, daß die radicale Verbindung deren silberentzenden Theilgen auf eine andere als vorher gemeldete Weise geschehen sey.

§. 313. Und wie? Da wir im vorhergehenden gesehen, daß alles Baumartige und in Faden erscheinende Silber, von dem nährenden Wurtzel-Safft seinen Anwachs und Grösse bekommen habe; so halte davor, daß dieses ein gnugsames Zeugnüs sey, daß die radicale Verbindung, welche sonst denen Vegetabilien und Animalien eigen ist, auch in dem Mineral-Reich statt finde.

§. 314. Ubrigens scheinet nicht ein geringer Unterscheid zwischen den zweierley wachsenden Ausgeburten in diesen beiden Reichen zu seyn, allein in der That verhält es sich nicht also.

§. 315. Das vegetabilische Pfläntzgen vertheilet seinen erhaltenen Safft von dem untersten Stamm bis zu den obern Gipffel;

wenn

wenn der Zutritt dieses Safftes aufhöret,
vertrocknet es, und geräth' in eine Zerstöh,
rung, beides seines Gewebes und seiner
Mischung; es wächst auch in die Höhe zu
einen grossen Cörper, oder wird ein Baum:
dieses dreies sieht nicht so aus, als ob man
es auch von denen metallischen Bäumgen
sagen könne.

§. 316. Allein auf diese Einwürffe kann
leichte geantwortet werden, daß erstlich
alle Gewächse iedes nach seiner Natur ihre
gesetzten Gräntzen in Wachsthum, und
ihre ausdehnende Vergrösserung haben,
und, da die Gewächse im Pflantzen-Reich
nicht nur von einem luckrern Gewebe und
zarten Theilen, sondern auch von einem
weit dünnern Nahrungs-Saffte gezeuget
seyn, so ist es kein Wunder, daß selbige sich
weiter ausdehnen lassen, und also ihre
Wipffel sehr weit über die Bäumgen der
Diand erheben.

§. 317. Hernach so sollte ich wohl nicht
glauben, daß es so gar zweiffelhafft scheinen
möchte, wie bey einem in der Erde wachsen,
den Metall, welches auch nicht in einem
Augenblick zur Vollkommenheit gelangen
kann, gleichfalls der Mercurial-Safft, so
lange er zugegen, die Pflantze auch in der
L 2   Krafft

Krafft ſelbigen anzunehmen, und noch
nicht ausgemergelt iſt, durch den gantzen
Leib der metalliſchen Pflantze ausgetheilet werde.

§. 318. Dieſes erhellet vornehmlich
daraus, weiln dergleichen ſelbſt gewachſe-
nes Silber, und das in kein Feuer gekommen, ob es gleich ietzt und vielleicht ſchon
längſt Nahrung und mehrern Wachsthum
zu haben aufgehöret, und alſo gleichſam
als eine alte Eiche, ſeine kindiſche Zärtlich-
keit verlohren hat, ſich doch viel anders,
als ein aus dem Ertzt oder auch von dem
ſelbſt gewachſenen geſchmoltzenes Silber
verhält, und vielleicht tauſendmahl anders
ſich noch bezeigen würde, wenn es ſich zu-
trüge, daß man es als ein ungebohrnes
Kind, oder doch als einen Jüngling antreffen ſollte.

§. 319. Daraus kann man auch dieſes
erklären, warum ein ſolches Silber, welches noch nicht ſo gar alt und ausgetreugt,
wegen ſeiner Wurtzel-Feuchtigkeit ſelbſt alſo zart und ſeiner Zerſtöhrung unterworffen iſt, indem es gleichſam verblühet, und
theils in eine Dunſt aufgelöſet wird, theils
auch etwas rußiges nach ſich läſſet, und es
alſo verwittert, und ſich verzehret; Wie
                                    ſolches

solches an den Stuffen, wo es auf dem Ertzt
oder Gestein wie eine Pflantze in der Erde
stehn, auch in meiner Collection die Erfahrung mir gezeiget hat, also, daß entweder die Stuffen selbst zerfallen, oder auch
das schon gantz gediegenene Silber auf selbigen wie verschwunden ist. *

§. 320. Indem ich dieses anführe, so
kommt mir nicht zur Unzeit das künstliche
Gewächse aus den Hesperischen Gärten,
welches man den Baum der Diana nennet,
vor die Augen, dieses würde vielleicht höher
geschätzet werden, wenn es nicht in aller,
auch derer Sudler Händen wäre.

§. 321. Wenn man das Silber in dem
Actu des Salpeters auflöset, und solche
Solution mit Brünnen-Wasser schwächet,
hernach Queckſilber hinein schüttet, so nimt
das Silber das Queckſilber zu ſich, und beide werden zusammen eine Maſſe, doch daß
die metalliſchen Beſtand-Weſen bleiben,
welche hinauf zusammen als Aeſte und
Zweige aufwachſen, und recht ſchöne anzusehen ſind. Wenn man aber eben dieſe
Maſſe, nehmlich Silber mit Queckſilber
amalgamirt, in behöriger Wärme eine
Zeit lang hält, so wird daraus noch ein
weit zierlicher Bäumgen.

L 3 §. 322.

§. 322. Wer wollte hier wohl was an=
ders, als eine radicale Verbindung, welche
zwischen dem Metall und Queckfilber zu
einen Wachsthum ausschläget, und ob sie
gleich nicht ietzt durch das bloße Reiben
und einige Digestion da ist, doch, daß sie
durch langwieriges Kochen solche werden
könnte, vermuthen, wenn er zumahl das
folgende ohne Vorurtheil und mit Ver=
stand einsiehet.

§. 323. Vors erste, so löset das Queck=
filber das Metall auf, gehet in das innerste
desselben hinein, erweichet es, und verkehret
es fast gantz in sein Wesen, also, daß wenig
oder gar nichts fehlet, daß man das Metall
nicht mercurificiret nennen, und dieses
auch also endlich werden könne; und dem
Metall wird das Queckfilber mit der Zeit
also angeeignet, daß dieses metallisiret schei=
net, und auch endlich also wird. *

§. 324. Und wie, solte nicht dieser beiden
verbundnen Sachen gleichmäßiges Auf=
wachsen zu einen Baum, einen nur schlecht=
hin neugierigen Menschen zu einer Auf=
merckfamkeit bringen? Eine Eigenschafft
eines vollkommenen Metalles, so lange es
in seiner metallischen Gestalt bleibet, ist,
daß es in Feuer bestehet, und wenn es auch
durch

durch die hefftigste Glut bewegt wird, so kriecht es mit seinem Fluß auf der Erden hin, und freuet sich wie ein Salamander in der Flamme, ia es gehet eher in ein Glas, als daß es sich wegtreiben lässet; Wenn aber der Habicht einmahl seine Klauen in dessen Fleisch und Eingeweide eingeleget, so reist er es, wider Willen mit sich auf die höchsten Berge.

§. 325. Gleichfalls will der Mercurius allzeit davon fliegen, aber das Metall ist so vermögend, denselben zu binden, und zu bestricken, daß er nicht da, wo er hin will, kommen kann, ia auch bey seiner vorge= nommenen Flucht, hängt sich das Metall auf seine Schultern, und folgt ihm auf dem Fusse nach, dadurch es denn bezeiget, daß sie in einem nicht so weit entlegenen Band der Blut=Freundschafft stehen, und beide beisammen zu bleiben, ia sich zu ver= einigen, eine Neigung haben.

§. 326. Kurtz, das harte wird weich, und das weiche hart, das fire wird flüchtig, und das flüchtige fir; Zweie gehen in eins zusammen; was ist ansehnlicher, inni= ger und radicaler als dergleichen Verbin= dung?

L 4　　　　§. 327.

§. 327. Das Ende und der Zweck einer radicalen Verbindung iſt, wie ich ſchon davon etwas gedacht habe, die Verwandlung derer zwey verbundenen Dinge in ein gantz anderes drittes Weſen, welches weder in dem einen, noch in dem andern von dieſen geweſen, ſondern unter und in währenden Zuſammenwachs entſtanden iſt.

§. 328. So gehet der Nahrungs-Safft aus der Speiſe ins Blut; der edlere und würckſamere Theil des Geblütes, wenn er recht ausgewürcket iſt, wird ein Saamen; und keines von dieſen kann in das erſtere oder gar in die Theile des allererſten Gemenges zurück gehen, oder wieder in ſolches aufgelöſet werden. Der ſüſſe klebrigte Mehl-Teig wird ein hartzigtes weinſäurigtes Weſen; der fette Erdſafft gehet in die Miſchung derer Erd-Pflantzen ꝛc.

§. 329. Und ob gleich die in einem friſch gedüngten Acker gewachſene Gerſte, welche man Pferd-Gerſte nennet, anzeigen will, daß ſie noch etwas in ſich habe, welches bey der Verbindung die Verwandlung nicht angenommen, ſondern es vielmehr, weiln das daraus gebraute Bier einen wie Urin ſtinckenden Geruch hat, ausſiehet, daß die Eigenſchafft des eingemiſchten Dinges noch)

noch also sey, wie sie vor der Verbindung alleine gewesen: So will es doch weiter nichts sagen, als daß zufälliger Weise, weil die düngende Nahrung bey der Saat überflüßig da gewesen, sich einige Theilgen, welche zu der Pflantzen-Mischung eigentlich nicht gehören, mit eingeschlichen haben; und wäre es kein Wunder, wenn einer aus dergleichen Gerste ein flüchtiges animalisches Saltz bereitete, welches versucht zu werden verdienete.

§. 330. Es würde mich auch wohl kein Weiser vor der Thüre abweisen, wenn ich vorgäbe, daß man aus einem solchen Pflantzen-Gewächse, welches sonst überall wachset, als z. E. der Weinstock, oder eines seiner Theile, dergleichen der Weinstein ist, wenn solches in unsern Landen gewachsen, ein flüchtiges Saltz erhalten könne: denn man müste doch erstlich bedencken, daß eine Umkehrung der Saltze ohnedem schon gewiß sey; demnächst würdest du auch nicht einen Schüler in der Chimie bereden, daß der Weinstein von solchen Weinstöcken, welche in einem ungebauten, unbereiteten und ungedüngten Erdreich wachsen, dergleichen, wie wir lesen, in den heissen Erd-Strichen geschehen

L 5 soll,

ſoll, ſich nicht ſowohl zu der Verflüchtigung ſeines Saltzes ſchicke; und endlich
hätteſt du nicht Urſach, über die Schwürigkeit, das Weinſtein-Saltz flüchtig zu
machen, mit denen meiſten ſo ängſtlich
zu klagen.

§. 331. Daß auch eine Pflantze gantz
frembde und ſolche Dinge, welche bey nahe
ihrem gantzen Weſen entgegen zu ſeyn
ſcheinen, ja die Mineralien ſelbſt in ſich
gantz rein und unveränderlich habe und
erhalte, darzu kann unter andern das gemeine Koch-Saltz, welches in denen Kali-
Kräutern befindlich, nach meinem Urtheil
genug Beweiſes geben; wie ich denn ſolches in der Flora Saturnizante zu zeigen
mich bemühet habe.

§. 332. Was ſoll ich aber nun ſagen
von dem ſo ſehr berüffenen doppelten
Mercurio? von dem Männgen oder un-
gebohrnen Frucht des Paracelſi, das nur
einer Ellen groß ſeyn ſoll? von dem Opere
Vegetabili des Hollandi? von dem Ehe-
ſtande des Baſilii? von der Fondina des
Königs, die Bernhardus beſchreibet? von
denen beiden ſich vereinigenden Blumen
des kleinen Bauers? Mit einem Worte:
von der Verbindung über alle Verbindung,

von

von der ſpagiriſchen Verbindung derer
Hermetiſchen Philoſophen, als welche zu⸗
erſt dieſes ſo beruffene radical! radical!
aufgebracht und gelehret haben?

§. 333. Eines iſt, daraus dieſe wichti⸗
ge ſchwere Sache beſtehet, aber zwey We⸗
ſen ſind, welche zu dieſem Einem vorher
erfordert ſind. Ferner: Zwey mercuria⸗
liſche Subſtantzen ſind da, aber nur eine
Wurtzel. Zwey gehen in die Vermiſchung,
und mehr als zweie kann man nicht ſe⸗
hen, und eines nur kommt heraus. Und
hier muß die Vereinigung ſo inniglſt wer⸗
den, daß keines von denen verbundenen
weiter iſt, was es geweſen war, und zu
folge des Spruchs: Das Gold färbet nicht,
wenn es nicht gefärbet wird, wollte ich
nicht ſo gar ungereimt ſprechen: Das
Gold verändert nicht, wenn es nicht ver⸗
ändert wird.

§. 334. Das Glas, welches aus dem
Kieſelſtein⸗artigen Sand, welchen die Al⸗
ten glasachtig nenneten, und aus dem A⸗
cali, das entweder aus der Aſche, oder aus
unſerm Salpeter gemacht wird, beſtehet,
iſt nicht unbillig unter dieienigen zuſam⸗
men verbundenen Dinge zu rechnen, wel⸗
che

che in ein drittes Wesen übergegangen
sind.

§. 335. Man kann dieses Saltz mit dem
Sande in einer gewissen Provortion also
vermischen, daß alles gleich wie ein pures
Alcali in der Lufft zerflieffet: und in einer
andern Proportion eben dieses vermischt,
verliehret es alle Kennzeichen des Saltzes,
daß weder ein Geschmack noch das Zerfliessen durch einige Empfindung könnte
bemercket werden.

§. 336. Doch, die durchs Verglaßen
geschehene Verbindung ohne Unterscheid
vor radical auszugeben, oder die darzu
genommenen Stücke vor gantz und gar
verwandelt zu halten, * wollte ich nicht
über mich nehmen, es müste denn ein solches Glas auch durch eine Glas-machende
und andere Dinge in seines gleichen ver-
wandelnde Krafft sich bezeigen, und gleichsam wie ein Sauerteig auch andere Dinge
ansäuern. **

§. 337. Die Irreducibilität ist endlich
ein gutes Zeichen, daß man den vorher gemeldeten Zweck erlanget habe, wie auch
dieses einem ieden aus dem, was bisher
gesagt worden, leicht zu begreiffen seyn
wird. Denn was wollte einer gewisse
Cörper

Cörper aus einer Mischung wieder auszuscheiden suchen, da dieselbigen gar nicht
mehr darinnen verhanden, sondern gantz
zu etwas andern geworden sind, wie es ia
ewig wahr bleiben muß, daß, wenn ein
Ding nicht mehr ist, ich auch mit selbigem
nicht, wie gewöhnlich, handeln könne.

§. 338. Ich habe mit gutem Bedacht
gesagt, daß es nur ein gutes Zeichen sey,
und damit andeuten wollen, wie solches
nicht vor ein Kennzeichen, welches allezeit
nothwendig gelten müsse, zu achten: Denn
es könnte wohl der einfältigste und unge-
schickteste Mensch, zumahl bey dem Saltz-
und Glasmachen, solche Dinge, die sich
gar nicht schicken, zusammen schmeissen,
und selbige in eine Vermischung bringen,
daraus auch der klügste sich nicht finden,
ia wohl gar alles als unwiederbringlich
vermischt befinden sollte.

§. 339. Ferner; was ich von dem vorhin gemeldeten Erfolg selbst voraus setzen
müssen, dieses muß ich auch hier, daß es
von diesem Zeichen gleichfalls zu verstehen
sey, wiederhohlen: nehmlich, die Verbindung muß würcklich radical und in der ersten saamen-artigen Gestalt geschehen seyn,
und also entweder eine Vermehrung und
Zu-

Zuwachs dabey statt finden, oder doch eine kräfftige Würckung in andere Cörper beweisen, welche aber doch eben nicht wundernswürdig transmutirend seyn muß.*

§. 340. Mit einem Worte: Alles, was in der Wurtzel verbunden ist, ist in Ansehen beider Stücken, welche zu der Vermischung genommen worden, in etwas neues verwandelt, und folglich ist es nimmermehr zu reduciren möglich, also ist es irreducibel; aber nicht alles, was irreducibel ist, ist deswegen auch in eine radicale Vereinigung eingegangen.

§. 341. Daß also dieienigen, welche von nichts anders als der Irreducibilität ihres Goldes reden, und daraus die Vortrefflichkeit ihres Freß= und Trinck=Goldes, welches radical aufgelöset und verbunden seyn soll, beweisen wollen, sich dißfalls nicht sonderlich erfreuen dürffen, weil vielleicht ihr Gold nur verstellet und verderbet seyn kann. Und wenn auch die Verbindung gantz irreducibel und radical wäre, so würde es doch weiter nichts, als was nur seiner Beschaffenheit gemäß, und sich mit ihm proportional verhält, ausrichten können, geschweige, daß es vor iene vollkommenste Medicin, welche in die

Me=

Metallen und Menschen würcft, könnte
ausgegeben werden.

Anmerkungen.

* Zum §. 239.

Der Herr Autor handelt die Lehre von der
hitzigen Aufwallung so wohl ab, und giebt
endlich in dem 245. §. solche schöne Sätze davon,
daß ich nicht sehe, wie vorietzt etwas mehrers
beizufügen sey: Doch muß ich hier einen Unterscheid, der zwischen der Durchlöcherung und der
Härte vorfällt, gedencken. Der Herr Autor
meinet, daß entweder beides einerley, oder eines
des andern Ursache, oder doch wenigstens beide
beisammen und neben einander seyn müsten;
allein die Erfahrung stimmet damit nicht überein. Eisen ist sonder Zweifel härter als Bley,
und doch hat es weitere Löcher und Räumlein
zwischen seinen Theilgen als dieses: Gold hat
gegen die andern Metallen die wenigsten Zwischen-Räumlein, und doch ist es weicher als
alle die andern. Daß aber die Durchlöcherung und Härte bey dem Erhitzen und Aufwallen zusammen würcken, da die Durchlöcherung
die Gelegenheit zu dem Zusammenstossen überhaupt, als auch zu einem genauren Anreiben ist,
wird niemand leugnen. Die Härte der Theilgen ist hingegen die Ursache selbst, nur muß man

hier

hier eine beſondere Anmerckung mit in Betracht
ziehen, von der mir zwar nicht wiſſend, daß ie,
mand auf ſelbige Achtung gehabt hätte, daher
aber auch die Erklärungen der Umſtände in denen
Verſuchen hiervon undeutlich geblieben ſind;
nehmlich: Zwey Cörper, die durch ihr Zuſam,
menſtoſſen und Reiben, eine Erhitzung machen
ſollen, müſſen in der Härte ihrer Theilgen ein,
ander proportional ſeyn. Dieſes Verhältnüs
iſt zwar nicht ein gleiches, wie ſolches alle Ver,
ſuche bezeigen, aber es darf der Unterſcheid auch
nicht zu groß ſeyn, denn Stahl und Quarck-Käſe
ſchlagen kein Feuer, alles genauer zu beſtimmen,
wäre vielleicht möglich, wenn man mehrere Ver,
ſuche zu machen Gelegenheit hätte.

* Zum §. 246.

Dieſes möchte wohl ſo ſchlechterdings nicht
ſtatt finden, und iſt beſſer, man mache einen Un,
terſcheid, der auf den verſchiedenen Zuſtand de,
rer Materien gegründet iſt. Es iſt wahr, zwey
Dinge können ſich ziemlich mit einander erhitzen
und doch nicht genau verbinden, und zwey an,
dere können ſich innigſt vereinigen, und doch gar
keine Erhitzung dabey ſpüren laſſen. Allein,
wenn im übrigen bey zwey Cörpern die geſchick,
liche Eigenſchafften, und was man voraus ſetzen
muß, alles da iſt, alſo, daß dieſe zwey Dinge
alle,

allezeit, wenn sie sich vereinigen, auch erhitzen;
so ist kein Zweifel, daß ꝛc. mehr sie sich erhitzen,
ꝛe ſtärcker muß auch die Vereinigung ſeyn. Uberhaupt aber, und kurtz von der Sache zu kommen,
liegt hier alles an der Exaltation der Materien,
nehmlich ꝛe mehr ſie entwickelt, und durch die
weggenommenen Hinderniſſe beweglicher gemacht ſind, ꝛe ſtärcker iſt die Erhitzung und das
Aufwallen. Das erhitzende Aufwallen iſt alſo
ein Kennzeichen der Exaltation, oder doch wenigſtens der Beweglichkeit der Materien, die
Exaltation und Beweglichkeit iſt eine Beförderung zur Vereinigung, und alſo kann auch das
Aufwallen ein Kennzeichen zur Vereinigung
ſeyn. Welches der Herr Verfaſſer wohl eingeſehen, aber nicht ausgeführet hat, ſondern im
folgenden 248. §. erſtern Satz nur zu mäßigen
beliebet.

Zum §. 253.

Gewiß dieſes iſt ein ſolcher vortrefflicher
Satz, daß es ſcheinet, als ob der Herr Berg-
Rath hiekinnen ſeine gantze Wiſſenſchafft uns
lehren, und noch mit rechter Aufrichtigkeit ſolchen begleiten wolle. Es iſt damit manchem ſo
viel geſagt, daß er in Anwendung deſſelben nur
auf eine Materie eine ziemliche Zeit möchte daran zu klauben haben, und ich, der ich mich in kei-

M   ne

ne chimische Betrachtungen und Arbeiten ein-
lasse, auser wenn solche zu Erleuterung der unterirrdischen Natur-Geschichte und des Hütten-
wesens nöthig und dienlich sind, weiß nicht, wo
ich diesen Satz zuerst angreifen soll, um nur
das beste und schönste auf das Schmeltzwerck
zu appliciren. Es scheinet zwar, als ob man
bey einem Schmeltzwesen nur an das Fixiren zu
dencken Ursache habe, indem ia die allgemeine
Klage über die Flüchtigkeit und Zartheit der
Ertzte gehöret wird, was aber flüchtig ist, nicht
noch weiter aufzulösen und subtil zu machen nöthig oder auch dienlich sey: Allein, hierbey ist
sich wohl zu besinnen, daß ein Mineral in seinem
zusammengesetzten Stande öfters flüchtig erfunden wird, welches doch, wenn es aufgelöset
und ausgeschieden worden, noch einen feinen
Theil eines wohlgearteten beständigen Wesens
von sich giebet, der sonst mit dem flüchtigen darvon, und verlohren gehet. Nächst dem giebt es
Mineralien, welche nicht so flüchtig und offen
sind, als sich wohl mancher einbilden möchte,
und die zu eröfnen, es wohl noch Mühe macht,
darunter ich, es mag es nun glauben wer da will,
den Arsenic oder vielmehr den Mißpückel setzen
muß. Es giebt also flüchtige, und auch beständige Mineralien, welche beiderseits noch eine
Auflösung nöthig haben: wie geschicht aber das?

Alle

Alle werden glauben, daß ich hier das Rösten
der rohen Ertzte zuerst nennen werde, aber,
nein, das ist keine Auflösung, hier wird mehr zu
als aufgeschlossen. In der Roharbeit hingegen
liegt ein Schlüssel der Auflösung, doch wird in
dem darauf folgenden Rostarbeiten schon wieder
zugesperret, wenn man aber hier einen Knüttel
zwischen die Thüre steckte, müste sie wohl offen
bleiben. Nebst der Roharbeit, ist der Bley-
stein ein offener Cörper, der da aufgelöst ist, und
auflöset. Das Figiren dargegen findet man im
Rösten, Abtreiben und Brennen überflüßig, und
würde noch besser von statten gehen, ie mehr
aufgelöset worden wäre. Ubrigens siehet man
wohl, daß nach dem, was ich bey dem 180. §.
angemercket habe, die meiste Figirung bey dem
Schmeltzwesen, wie es letzo besteht, mehr auf
Abscheidung des flüchtigen ankomme, als daß
dergleichen durch eine radicale Verbindung be-
wircket werde. Etwas von der letzten Art ersiehet man, oder ist vielmehr zu vermuthen, bey
der Roharbeit, in soferne der Kieß darzu kommt,
und alles, zumahl bey uns über die hohen Oefen gehet, da ein langwieriger Fluß auch seinen
Nutzen bringet. Des Ertztbeitzens endlich hier
auch zu gedencken, so kann dieses beides in der
Absicht des Auflösens und auch des Figirens
angewendet werden, welches an und vor sich

nicht

nicht ſo viel Geheimnüß und Kunſt brauchet, nur
wollen die Anſtalten bey einem groſen und weit=
läufftigen Schmeltzwerck nicht zureichen, ſolches
in Menge zu verrichten, und in ſo weit möchte
es noch eine Kunſt ſeyn, ſolche Materialien, die
man in Uberfluß und wohlfeile hat, auszufinden,
die doch eben dieſes, was die andern zu bewür=
cken vermögend wären. Mehrere allgemeine
Regeln anzuführen, wäre überflüßig, einzelne
Sätze aber hiervon auf beſondere Fälle zu geben,
zu weitläufftig, man bekümmere ſich nur um das
Auflöſen, das Verbinden und Figiren wird als=
denn nicht ſo ſchwer fallen.

* Zum §. 256.

Der Herr Berg-Rath hätte nach ſeiner viel=
fältigen und reichen Erfahrung hiervon ein weit
mehrers, als in folgenden geſchehen, anführen
können, allein, da er ſolches nicht zu thun beſon=
dere erhebliche Urſachen gehabt, ſo müſſen wir
uns mit dieſem begnügen; wir können auch noch
hinzu fügen was er in den Anmerkungen zu Re=
ſpurs Mineral-Geiſt von einem Zimmet-farbnen
Glaß pag. 25. gedencket. Desgleichen iſt pag.
104. 105. daſelbſt nachzuleſen.

* Zum §. 261.

Gewiß iſt es, daß man einer Farbe vor ei=
ner andern nichts beſonders zuſchreiben könne,
alſo,

also, daß man z. E. sagen wollte, alles, was blau
aussiehet, ist aufgelößt, alles, was roth ist, ist
figiret, dieses gehet nicht an. Aber von den Eigenschafften der Farben kann man schon gewisser
etwas urtheilen: demnach wenn ein Cörper aus
einer Vermischung schöne rein und helle in seiner Farbe hervorkommt, so kan ich urtheilen, daß
nichts frembdes und unreines sich damit eingemischet habe; und die natürlichen Cörper, die wesentlich, nehmlich nach ihren kleinsten Theilgen,
rein und schön in ihren Farben sind, geben keine
geringe Vermuthung von ihrer reinen und gleichartigen Mischung.

* ### Zum §. 263.

Das nächste Zeichen, das die aufsteigenden
Dünste durch den Geruch uns mittheilen, bestehet wohl darinnen, daß sie uns andeuten, was
bey einer vorseienden Mischung von denen zu
vermischenden Cörpern abgeschieden; und also
gar nicht, oder doch nicht in solcher Menge in die
Mischung mit eingeführet wird. Ferner zeigen
die Dünste an, was in einem Cörper nicht feste
verbunden, und also in der Auflösung und Scheidung am ersten von ihm zu erhalten sey; und
hieraus ist also durch weitere Folgerungen die
Beschaffenheit des gantzen Cörpers zum wenigsten aufs wahrscheinlichste zu erkennen. Sonst

M 3   f. des

ſ. des Herrn Berg-Raths Anmerkungen zu
Reſpurs Mineral-Geiſt p. 132.

* Zum §. 264.

Eigentlich kömmt zwar nichts arſenicaliſches
darzu, aber das Beſtandweſen des gemeinen
Koch-Saltzes tritt hier mit in die Vermiſchung;
Nun hat der geſchickte Becher in dem Koch-
Saltze die mercurialiſche oder arſenicaliſche Erde, welche zu der metalliſchen Miſchung gehöret, innen zu ſeyn vermuthet, und Herr Stahl
ſchlüſſet aus dem arſenicaliſchen Geruch des
Phoſphori, daß die Becheriſche Meinung ihren
Grund habe.　Welcher Beweiß nebſt und bey
andern mit zutreffenden Umſtänden, Erfahrungen und Verſuchen auch nicht ohne Nachdruck
ſeyn kann.

* Zum §. 273.

Dergleichen Exempel mögen wohl überhaupt
rar ſeyn, doch gantz ungewöhnlich und unbekannt
ſind ſie auch nicht; ich will erſt eines aus der
Chimie anführen, damit man das andere, welches aus der Schmeltz-Hütte genommen wird,
deſto beſſer verſtehe, nur gebe man dabey fein
auf alle Umſtände Achtung, denn an und vor ſich
iſt der Verſuch bekannt, nur wird er, wie es öffters geſchiehet, nicht zu Erkenntnüs der Wahrheit angewendet.　Es iſt die Luna cornua oder
das durch Koch-Saltz gemachte Horn-Silber.

Von

Von diesem ist vors erste zu mercken, daß es also flüchtig sey, daß man es im offnen Feuer gantz und gar zum Rauchfange hinaus treiben könne; Die Reduction desselben geschiehet entweder durch den Zusatz einer Fettigkeit, oder durch Bley; Mit Bley wird es in eine irrdene Retorte gethan, nach und nach Feuer gegeben, bis das Bley zusammen fließt, so findet man in dem Bley sein Silber wieder, oben auf den Bley liegt eine Schlacke, welche von dem vorigen Horn-Silber nicht sehr unterschieden ist; Sie siehet weiß, und wiegt eben so viel, als das zur Reduction genommene Horn-Silber am Gewichte betragen; Kunckel verspricht gar, daß, wenn man mit der Reduction dieses flüchtigen Kalckes umzugehen wisse, man einen Theil Silber daraus bekommen könne. Viele haben nun diesen Versuch, zum Beweiß der Möglichkeit des Tingirens angewendet, und halten davor, daß nur ein subtiler Theil aus dem Horn-Silber in das Bley eingehe, der da vermögend sey, eben so viel Silber aus dem Bley zu machen, als er vorher in dem groben Cörper des Silbers umkleidet auch ausgemacht habe. Es ist überhaupt dieser Versuch sinnreich, und gehöret mit zu denen Sächßischen Processen, und ich muß ohne Weitläufftigkeit bekennen, entweder die Sache geschiehet so, wie ich sie eben ietzo ange-

M 4 füh-

führt habe, oder, indem das Saltz das Silber
in der Reduction fahren läſſt, ſo greifft es das
Bley an, und macht eben ſo viel davon zu einer
leichtern und weiſen Schlacke, als es hat Silber
fallen laſſen. Doch, da ich bey letzterer Meinung keine Urſache finde, warum das Saltz das
Silber fahren laſſe, und lieber das Bley ergreiffe; vors andere mir nicht in Kopff will, daß das
Bley, welches doch weit eher von allen ſcharfen
Dingen, und in gröſſrer Menge angegriffen wird,
als das Silber, doch nicht mehr und nicht weniger, als das Silber am Gewichte betrage, ſo
ſehe ich nicht, daß letztere Meynung nur um das
geringſte vor erſterer wahrſcheinlicher ſey. Ja,
wenn es wahr iſt, was Kunckel angiebt, ſo hat
die erſtere noch ein Uebergewichte, und wir haben
aus der Chimie ein Exempel, daß ſich flüchtige
Dinge innigſt figiren. Das andere vom
Schmeltzwerck iſt dieſes: Roth-güldig-Ertzt,
Glaß-Ertzt und dergleichen edle Geſchicke ſind ſo
flüchtig, daß man ſie nicht alſo dem Schmeltz-
Feuer anvertrauen kann, ſondern ſie erſt ins Bley
einträncken muß, und hier kommt die erſte Meinung aus dem vorigen wieder hervor; nehmlich
man vermuthet, daß das edle ſilberenzende Weſen des Ertztes, würcklich bey dem Einträncken
einen Theil des Bleyes ergreife, ſich daran halte,
und es alſo in das Weſen des Silbers übernehme.

nehmen. Das dritte Exempel, welches würck-
lich aus der geheimen Chimie ist, kann in deß
Herrn Berg-Raths Anmerckungen zu Respurch
Mineral-Geist pag. 25. nachgelesen werden.

Zum §. 281.

Da wir täglich in der Natur sehen, daß nichts
so feste ist, welches nicht endlich aufgelöset und
zerstöhret werde, wie solches auch die Revolu-
tion der Dinge mit sich bringet; Die Zerstöhrung aber nicht so beschaffen, daß auch nur das
kleinste Theilgen davon gantz und gar vernichtet
werde, sondern es nur in etwas anders übernommen und verwandelt wird: So können wir eigentlich in der schärffsten Bedeutung nicht sagen,
daß ic ein Cörper in der Welt irreducibel sey,
wir müssen es also mit einer Mäßigung annehmen, und verstehen daß die vor irreducibel geachteten Dinge, in Ansehung der zur Reduction
gebrauchten Mittel, die solches nicht vermögen,
und wir auch keine andere und kräfftigere wissen, vor irreducibel zu schätzen sey.

Zum §. 295.

Wenn man dieses, wie es hier in folgenden
§§. vorgetragen wird, mit demjenigen zusammen hält, was der Herr Autor in seiner Anmerckung zu Respurch Mineral-Geist von p. 278

bis 141. anführet, der wird von Erzeugung der
Mineralien, einen zulänglichen Begriff sich machen können.

• Zum §. 305.

Nicht nur wahrscheinlich, sondern gantz gewiß ist es mir geworden, nachdem ich in eines
vornehmen Paſſagiers Stuffen-Cabinette, eine
sehr merckwürdige Stuffe gesehen, da nehmlich
aus einem rothgülbigen Ertz, welches in einem
schönen weißen Qvartz stand, einige Fäden Silber eben also heraus gewachsen zu sehen waren,
wie man sonst dergleichen durch Kunst aus bemeldetem Ertze aussproſſend macht. Der Besitzer hiervon war nicht nur ein Liebhaber, sondern auch ein Kenner von dergleichen Dingen,
und da er sonst in Bergwercks-Sachen erfahren,
so konnte ihm hierunter nicht so leicht ein Betrug gespielet worden seyn, wie denn auch iedem, der solche ansiehet und verstehet, die natürliche Wahrheit hierbey gleich in die Augen
leuchten wird.

** Zu eben demselben.

Der Herr Berg-Rath, hat hier und auch
nur noch bey der Ausgabe des Neſpurs p. 223.
versprochen, mehreres auszuführen, ob er hierunter, sein vorgehabtes Mineral-Lexicon, oder

eine

eine andere Abhandlung verstanden, wird man
alsdenn versichert seyn, wenn dessen hinterlaßne
Schrifften, um daraus das nützlichste und vollständige der Welt mitzutheilen, zur Ausgabe
sollten überlassen werden.

Zum §. 308.

Die Einwürffe, die sich der Herr Autor hier
selbst macht, sind von solcher Wichtigkeit, daß
sie von der ungemeinem Einsicht des Herrn Berg-
Raths ein ausnehmendes Zeugnis ablegen,
ja, sie legen ihm und seinen Meinungen, eine solche Glaubwürdigkeit bey, daß man ihm, um so
viel eher trauen muß, je weniger er sich selbst ge-
trauet.

Zum §. 319.

Dieses, von der Verwitterung des gediegenen Silbers, ist deswegen hauptsächlich zu mercken, indem der Herr Berg-Rath, als er seine
Kieß-Historie geschrieben, noch nichts von dergleichen Verwitterung glauben wollen, hier aber
aus der Erfahrung überzeuget, seine Meinung
aufrichtig geändert hat.

Zum §. 323.

Gewiß ist es, daß diese Vermischung des
Qveckfilbers mit dem Silber etwas mehrers, als
ein schlechtes Gemenge sey und so was hinter

sich

sich habe, welches nur denen fleißigen Naturforschern recht bekannt ist. Dann sollte auch das
Queckfilber mit dem Silber nicht in eine solche
Vermischung treten, welche zu einer beiderseiti-
gen Vereinigung ausschlagen könnte, so dürffte
doch diese Vermischung, welche eine Auflösung
heimlicher Weise ist, zu der Vereinigung eines
britten Wesens, mit einem oder beeden dieser
Sachen, was zum voraus beittragen. Der Verfasser des Wunder-Drey (Nahmens Orschalck)
hat in diesem Tractätgen kein schlecht Experiment angeführet, da er gleich vors erste das
Bley, wenn es mit Queckfilber anfalgamirt,
durch eine Kupffer-Extraction in Silber und
Gold zu zeitigen, lehret. Denn, obgleich dieses
nicht einen Schatz irrdischer Güter so schlechterdings uns gewähren möchte, so giebet doch dieser Versuch einen Reichthum der Erkenntnüs im
unterirrdischen Reiche und der Beschaffenheit
der Metallen. Ich halte dieses Büchelgen
sehr werth, zumahl, da die Continuation des
Wunder-Drey einem Verständigen Anwei-
sung geben kann, wie er einen chimischen Pro-
ceß und kleinen Versuch auf ein Schmeltzwerck,
und ins Grosse applicieren soll. Die Amalgamation habe ich eine Auflösung der Cörper geheis-
sen, es möchte dieses manchen fremde vorkommen, allein, da man doch bey selbiger unterschiedliche

liche Umstände an denen Metallen bißweilen
wahrnimmt, welche sonst nicht an ihnen bemercket werden; Die Cörper auch nach dem bekannten Grundsatze nichts würcken, wenn sie nicht
aufgelöset sind: So möchte es wohl vor eine solche mit gezehlet werden. In solchem Fall erinnere man sich, was Respur sagt, und der Herr
Berg-Rath Henckel durch einige Anmerckungen
p. 46. rc. wohl erläutert hat; daß man den metallischen Glantz in der Auflösung nicht zerstöhren solle; da denn die Amalgamation hiervon,
wo nicht ein Muster, doch ein Gleichnüß giebet.

Zum §. 336.

Nun, dieses gehet auch nicht wohl an, weil
doch alles Glaß durch überhäufften Zusatz eines
alcalischen Saltzes wiederum in seine Anfangs-
Theile, nehmlich in Saltz, welches zerfliesset, und
in Sand zertheilet werden kann. Aber eine
Verbindung, welche vermittelst der Verglasung
geschiehet, vor eine radicale zu halten und dieses
zu beweisen sollte mir nicht schwer fallen. Deutlicher von der Sache zu reden, sage ich, wenn
zwey Cörper nicht selbst zu Glase werden, sondern nur während der Glaßwerdung des übrigen
Gemenges sich verbünden, und dieses auch wohl
mitten in und unter dem Glaßgemenge, so ist
diese Verbindung eine radicale Vereinigung.

Jch

Ich will hier, wo die Zeit und der Raum nicht
mehreres zulässet, nur aus dem Erfolg meinen
Beweiß hernehmen: Das Gläßwerden ist die
höchste Zerstöhrung und Veränderung der Ge=
stalt derer übrigen Cörper, ich sage nicht, daß
ein Cörper gantz, sondern nur seine Gestalt ver=
ändert werde, weil ich zu diesen Beweiß mehre=
res anzunehmen nicht nöthig habe; Diese Ver=
änderung geschiehet, bald mit einer völligen Zer=
stöhrung in denen nicht so festgewebten Cörpern,
bald aber auch, daß noch eine Reduction mög=
lich ist, jedoch nicht anders, als unter der Gestalt
eines eblern Cörpers; Wann nun geringere,
unbeständige Cörper in einem Glaßgemenge also
verbunden werden, daß ein gestalter Cörper
auser dem Glase noch dabey zu befinden und zu
scheiden ist, so muß solcher wohl sonder Zweifel
durch eine radicale Vereinigung entstanden seyn,
indem er dieses dadurch, daß er sich vor der Zer=
stöhrung erhalten können, deutlich beweiset.
Man kann mir hier auf den Schein verschiede=
ne Einwürffe machen, und vielleicht vor allen
andern das Bleiglaß entgegen stellen; allein ich
antworte zum voraus, Proportion, Zeit und
Feuer sind unterschiedlich und würcken verschie=
dentlich. Stehet mir aber auch eine Frage frey,
so antworte man mir, welches ist das beste
Schmeltzen, woraus erkennet man es, und wel=
cher

cher Vortheil ist der beste zur Geschwindigkeit
und zum reichern Ausbringen? Lasset euch aber
nicht durchs Gebläse zu weit von der Haupt-
Wahrheit wegblasen, noch durch die Kohlen die
Wissenschafft verschwärtzen; Das Kohl, Lesche,
Heerd, Wand und Brust sind zwar Hülffs-Mittel, wenn ihr aber zu genau auf diese sehen und
nicht vorsichtig seyn wollt, werdet ihr über die
Schlacken fallen.

* * Zu eben demselben.

Dergleichen Glaß möchte wohl auch nur sich
vorzustellen sehr schwer fallen: ich kann nicht sagen, daß ich iemahls des Herrn Verfassers Gedancken hierüber vernommen, oder auch nur etwas ähnliches davon von ihm oder in seinen
Schrifften erfahren können.

* Zum §. 339.

Wie überhaupt kein Gleichmis gar zu weit
soll ausgedehnet werden, also muß auch hier das
Radicale und Saamen-artige nicht in so gar genauer Application genommen werden. Der
Herr Verfasser haben selbst die Vereinigung
derer Säffte in den Saamen und Gewächsen
mit der Gährung vor ähnlich und fast gleichartig gehalten; Die Gährung kann in einen Cörper nicht in die Unendlichkeit hinaus fortdauren,

son-

sondern sie hört entweder auf und der Cörper
verschließt sich wieder, oder bey dem Fortgang
derselben muß sie, so, wie anfänglich zur Exaltation, also nachgehends, und wenn sie den höchsten Gipffel erreichet, zur Zerstöhrung würcken.
Also hat auch die radicale und saamenartige
Vereinigung ihre Gräntzen, und da sie nicht zu
einer Zerstöhrung ausschlagen kann, muß sie
wenigstens zu einer Ruhe kommen, welche so lange, bis sie wieder erwecket wird, währen muß.
Die Vermehrung, Zuwachs und kräfftige Würckung aus einer solchen radicalen Vereinigung
in andere Cörper, möchte aber nicht anders, als
wenn man sie gleich in der höchsten Exaltation
ertappte, ehe die Thüren wieder verschlossen, bemercket werden, welches aber auch sehr schwer
und nur aus den Erfolgen zu beurtheilen ist.
Ich habe diese Mäßigung obigen Satzes deswegen angeführet, damit man nicht gehindert werde, auf diejenigen radicalen Verbindungen, wo
man nicht allezeit Vermehrung, Zuwachs und
Würcksamkeit ersehen kann, Achtung zu geben,
maßen dergleichen nicht so selten, aber nur un-
erkannt sind.

Die

Die dritte Abhandlung.

Von der Appropriation oder Aneignung.

§. 342.

Da ich die Verbindung nach ihren Subiectis, äusserlichen und innerlichen Ursachen und vornehmsten Kennzeichen vorgestellet habe, werde ich nun nicht nöthig haben, so gar weitläufftig und tiefsinnig von der Aneignung zu handeln, welche vielmehr einer desto längern und unaufhörlichen Untersuchung durch die Hand-Arbeiten empfehle.

§. 343. Aus dem, was bisher gesagt worden, wird erhellen, daß viele, ia die meisten Dinge in der chimischen Natur-Lehre zu finden, die sich mit einander verbinden lassen.

§. 344. Dieses kann keinen so sehr Wunder nehmen, wenn er bedenckt, wie die unter dem Mond befindlichen Dinge einander mit Blutsfreundschafft verwandt sind, da alle aus einem einzigen Wesen, als aus einem Brunnen ausgeflossen sind, und der Unterscheid derer Natur-Reiche und ihrer Cörper von nichts anders als

N   denen

denen verschiedenen Digestionen, Zusam-
mensetzungen, Verhältnüssen, Verstellun-
gen, und Ubersetzungen herkommet.

§. 345. Vielmehr sollte dieses einen
aufgeweckten Naturkündiger in eine Verwunderung setzen, daß noch einige Dinge
wären, welche die vorgenommene Vereinigung nicht annehmen, oder doch selbige
sehr schwer machen wollen, ob gleich ein
fertiger und fleißiger Kopf alles, was nöthig ist, und darzu erfordert wird, zusammen gesuchet hat.

§. 346. Aber eben dadurch soll ein solcher sich nicht abschrecken lassen, sondern
gantz anders als dieienigen, welche alles
aus Unbedachtsamkeit und gelehrten Hoch-
muth vor unmöglich ausschreien, sich auf
alle Weise bestreben, daß er nichts ohn-
versucht lasse, nichts verneine, was er
nicht genug und öffters versucht hat, und
nichts bey Seite setze, was er nicht völlig
ausgearbeitet und zu Stande gebracht
habe.

§. 347. Die Vereinigungen haben ihre
Schwürigkeiten: Es sind auch Vereinigungen, welche bisher unmöglich gewesen.
Allein gesetzt auch, daß etwas entweder in
der Materie selbst, oder in ihrer wesentlichen

chen Eigenschafft hinderlich wäre, oder gesetzt, daß etwas fehle, entweder von Natur,
oder aus einem Zufall, oder auch, weil es
schon untern Händen gewesen, und da bearbeitet, gemartert und zerstöhret worden,
so muß man alsdenn gedencken, wie man
entweder das hinderliche wegnehmen, oder
das erforderliche zusetzen, oder die Materie
in ihrem rohen Stande nehmen, oder ein
neues Verbindungs-Mittel, oder endlich
eine neue Art zu verbinden, suchen könne.
Mit einem Wort: Man muß sich um die
Aneignung bekümmern. *

§. 348. Die Aneignung ist also ein
Hülfs-Mittel zur Vereinigung, und theilet sich aus voriger Betrachtung ein in die,
die 1) durch Abscheiden, 2) durch Zusetzen,
3) durch Veränderung der Gestalt geschiehet, und 4) die natürliche ist.

Anmerkungen.

* Zum §. 347.

Diese Lehre von der Aneignung hat der Herr
Berg-Rath erst recht rege gemacht, und davon so wohl in denen Schrifften, welche er vor
diesem Tractat ausgegeben, Erwehnung gethan,
wie solches unter andern in der Kieß-Historie

N 2   p. 486.

p. 486. 488. zu lesen, als durch nachgehends dieses Tractats, und nur noch letztens bey der Ausgabe des Respur Mineral-Geist p. 24. 25. und
p. 295. dergestalt erwehnet, daß man wohl siehet,
wie er mit Ernst die Beförderung dieser Lehre
gewünschet. Ich hoffe, daß meines wenigen
Theils, da ich diese Lehre nunmehr denen Schmel-
tzern und Hüttenleuten mit mehrerer Aneignung
darreiche, auch ich hierunter den Wünsch und
die Hoffnung des seel. Herrn Berg-Raths werde erfüllen, wie ich denn auch im folgenden,
so viel als möglich, die Application derer Sätze
auf das Schmeltz- und Hüttenwerck in meinen
Anmerckungen beibringen, und mich glücklich
schätzen werde, wenn sie nur recht und wohl
angenommen werden.

Erste Abtheilung.
Von der Aneignung, die durch das Abscheiden geschiehet.

§. 349.

Von Rechts wegen sollte man von der
letzten, nehmlich der natürlichen,
den Anfang machen, weil doch dabey die Kunst nichts, oder doch sehr wenig
thut, und ohne Zweifel noch fragens werth
ist:

ist: Ob es nicht besser und nützlicher sey,
daß man die Materien in ihren natürlichen
und rohen Stande, er mag nun auf eine
oder die andere Art zusammen gesetzt oder
versetzt seyn, nehme, selbige, ob sie sich mit
andern verbinden und vereinigen lasse, versuche, und währender Verbindung selbst,
ob etwas sich davon abscheiden werde, erwarte, ehe man davon reden könne, ob
etwas ab- oder zuzusetzen sey?

§. 350. Es wäre dieses auch wohl um
so viel mehr nöthig, ie weniger dieienigen,
welche alles übersehen, einer solchen Vorsicht sich befleißigen, sondern dargegen auf
viele Kunst-Stückgen, vom Scheiden und
Bereiten, offt sehr unzeitig verfallen.

§. 351. Weil aber doch die natürliche
Aneignung sogleich anfänglich nicht recht
möchte erkannt werden, so wird es einerley seyn, ob selbige in der Ordnung des
Vortrags die letzte oder erste ist, wenn
nur recht wohl auf alle Haupt-Umstände
in dieser Sache Acht gehalten wird.

§. 352. Die durch das Abscheiden zu
verrichtende Aneignung ist 1) nur äusserlich und obenhin, 2) falsch, 3) wahrhafftig, und 4) eine, die ich selber nicht zu benennen weiß.

§. 353.

§. 353. Die äusserliche Aneignung,
welche nur die Ober-Fläche eines Cörpers
betrifft, gehet nur dahin, um eine Zusammenleimung oder eine Zusammenhäuffung dadurch zu befördern; dergleichen siehet man, wenn die eisernen Bleche
mit einer fressenden Feuchtigkeit oder
Blech-Beitze bestrichen werden, damit
der Rost und Unflath dadurch abgefressen,
und selbige desto leichter können verzinnet
werden; Dergleichen geschiehet auch bey
dem Vergolden des Silbers und Versilbern des Kupffers, da man selbige von
den Silber- und Kupffer-Arbeitern vorher
absäubern und auspputzen siehet. Allein,
dieses gehöret nicht hierher, sondern vielmehr, besonders was das Verzinnen betrifft, zu den Handgriffen derer Hand-
wercksleute. *

§. 354. Die falsche oder eine solche
Aneignung, wo etwas fälschlicher Weise
abgeschieden wird, kömmt her, wenn man
sich etwas einbildet, welches sich doch nachgehends nicht also verhält, nehmlich, es
gehet nicht so von statten, und wird nichts
abgeschieden, oder es ist noch schlimmer,
und statt, daß man durch Scheidung eine
Sache verbessern will, wird selbige schlech-
ter,

ter, und ohne, daß man es gemeinet hätte,
gantz und gar zerstöhret.

§. 355. Von erstern ein Exempel zu ge=
ben, so geschiehet es von denienigen, wel=
che den Zinck von der bleyischen und schäd=
lichen Unart durch Pech, welches sie bey
dem Schmeltzen darzu werffen, zu reini=
gen suchen, um hernachmahls aus diesem
ein geschmeidiger und besser Printz=Metall
zu erhalten.*

§. 356. Ob nun gleich nicht zu läugnen
ist, daß der Bleistein zu der Erzeugung
dieses metallisch=schwefeligten Cörpers viel
beiträge; auch darinnen etwas zu seyn
scheinet, welches das Printz=Metall nicht
so geschmeidig, als sein andrer Gesell,
nehmlich der Gallmey=Ofenbruch, werden
läßt; so kömmt doch auf diesem Weg, so
viel ich darinnen erfahren, der Zinck nichts
gebessert heraus.

§. 357. Von der andern Art falscher
Aneignung durchs Abscheiden giebt uns
der Vitriol ein Exempel, welchen einige
durch öftere Auflösung im Wasser reini=
gen wollen, und die gelbe Erde, welche sich
ausscheidet, so offt als sie ihn solviren, da=
von thun; Aber dergleichen Reinigung ist
gar keine, sondern es wird dadurch die

N 4   metalli=

metallische Erde, welche dem Vitriol als
ein wesentliches Grund-Stücke eigen ist,
von dem Schwefel-Sauern geschieden,
und also das gantze Gemische des Vitriols
zerstöhret. *

§. 358. Die wahrhafftige Aneignung
durchs Abscheiden nimmt würcklich etwas
weg, und dieses nicht nur etwan äusserlich
und flüchtings, sondern innigst, nicht daß
sie etwas zerstöhre, sondern mit Erhaltung
des Cörpers, der da soll angeeignet werden, wie solches durch einige Exempel zu
erlautern seyn wird. *

§. 359. In solcher Absicht geschiehet es,
daß man die sauern Saltze, so viel als möglich, aufs genaueste gantz von allem Wasser,
und so gar von dem geringsten überflüßigen Tröpfgen scheidet, welches man dephleg-
miren nennet, und am besten und sichersten
verrichtet, wenn nicht nur ein gelindes
Feuer gegeben wird, sondern auch etwas
vom Sauern selbst, welches sonst gantz
gut, nach dem übergegangenen Phlegmate
zugleich übergetrieben wird.

§. 360. Ubrigens rede ich nicht nur so
von ohngefehr von dem Uberfluß des
Wassers, sondern es ist sehr wohl zu
mercken, daß eine gewisse und bestimmte
Menge

Menge vom Wasser seyn muß, welche zu
der wesentlichen Flüßigkeit des Sauern
gehöret, und von demselben nicht kann
gesondert werden.*

§. 361. Da wir erfahren, daß das
Saure, besonders vom Vitriol und das
vom Salpeter, wenn es so starck ist, daß
es raucht, gegen die Lufft sehr empfindlich
sind, und aus selbiger die Feuchtigkeit annehmen, wie ich oben vom Vitriol-Oel angeführet habe: So kann man diesem Ubel
nicht allein durch genaue Verschliessung
des Gefäßes vorkommen, sondern auch,
welches noch besser als dieses ist, wenn
man den aufzulösenden oder zu verbindenden Cörper in den vorgelegten Recipienten thut, und also unmittelbar durch den
Dampf selbigen berühren lässet.

§. 362. Hier kann ich einen von mir
nur neulichst gemachten Versuch nicht mit
Stillschweigen übergehen, welchen ich auf
Zureden eines andern vorgenommen hatte, um den Spiritum nitri fumantem, welcher aus den Cristallen des Quecksilbers
übergetrieben wurde, mit dem Golde auf
diese Art zu verbinden; doch diese Arbeit
gieng weder vor sich allein, noch mit Hülffe
des Spiritus Vini von statten.

N 5 §. 363.

§. 363. Auch damit wir nicht über die Schwürigkeit, die sauern Saltze zu versüssen, klagen dürffen, so wollen wir den Wein=Eßig nicht verachten, welcher ae= wiß vor vielen andern ein besonders Saltz= Wesen ist. *

§. 364. Ferner gehöret hierher der Spiritus des Weins, welcher gleichfalls theils durch die höchste Rectification, oder welches noch besser, durch die unmittelbare Destillation, auf das Subiectum, darein es würcken soll, theils durch die Versetzung mit einem Alcali angeeignet wird, worinnen, als dem besten und einzigen Mittel, unter andern die berühmte und geheime Auflösung des Gummi Copal bestehet. Ubrigens ist selbiger durch eine genaue Verschliessung vor der eindringenden Luft fleißig zu verwahren.

§. 365. Was wäre auch wohl vor andern am meisten vor was besonders zu achten, als ein rechtes Alcali, welches vor allen fremden Dingen, hauptsächlich dem Sauern, gantz rein, und in seinem Wesen unveränderlich wäre? Und was könnte man alsdenn vor ein besseres und eignes Mittel wider die Säure erlangen? Es ist aber bekannt, wie ein solches Alcali von

der

der Luft, wenn sie auch gantz und gar nicht
feuchte zu seyn scheinet, in gar kurtzer Zeit
angefallen, und mit einem Schwefel-Saltz
verunreiniget wird, welches nicht einmahl
recht wohl durch die gelindeste und wiederhohlte Criställisirung wieder davon kann
geschieden werden.

§. 366. Ja, auf was Weise die Luft,
oder etwas das in derselben ist, es sey nun
was es wolle, die Verbindung nicht selten
verhindere, und durch ihr Anhauchen ver-
stöhre, kann unter andern deutlich ersehen
werden, aus dem Kalck des Spießglaßes,
welcher, um ein Glaß daraus zu machen,
bereitet wird, wie auch aus dem flüchtigen
König des Arsenics, welchen man zu der
Entzündung mit dem Vitriol des Silbers
gebrauchen will. *

§. 367. Denn so bald iener, der Spieß-
Glaß-Kalck erkaltet ist, gehet er weit schwerer in die Verglasung, und wenn dieser
nicht gleich frisch genommen wird, welches
man, daß er nicht mehr frisch sey, aus der
Schwärtze, die er von der Luft bekommet,
siehet, so kann er mit dem etzenden Saltz,
weder des Silbers, noch eines andern Metalls, so innigst vereiniget werden, daß er
sich damit entzünde.

§. 368.

§. 368. Wir dürffen uns auch bei denen Verbindungen der Metallen auf ihre
Reinigkeit, nicht so gar sicher verlassen,
weiln sie durch alle Arbeiten und Handgriffe, auch nicht da, wenn gleich der ge-
schickteste und fleißigste Probirer seine beste
Scheidungs-Kunst angewendet hat, so gar
reine worden sind. Denn wir sollen vorerst wissen, wie öffters, absonderlich die
unedlen Metallen unter einander, mit genauer Noth, und fast garnicht zu den höchsten Grad ihrer Reinigkeit können gebracht
werden.

§. 369. Wenn ein Zinn einmahl mit
dem Eisen ist vermenget worden, wird es
wohl einige Spuren desselben an sich behalten: Daß aber die Merckmahle des Eisens
in Zinn gefunden werden, zeiget die Beschaffenheit derer Zinn-Gebäude selbst, da
selbige meistentheils eisenschüßig sind, zum
wenigsten in eisenschüßigen Gestein brechen, oder dergleichen Sahlbänder haben,
allein hieraus veroffenbaret sich auch so viel,
daß es mit einem gewissen Theil Eisen im
Feuer gerne zusammen gehe.

§. 370. Desgleichen findet man auch
Kupffer, welches nicht gantz und gar von
allem Eisen frey ist, auch niemahls davon
kann

kann befreiet werden.* Und man hat Kupffer, welches mit Eisen-Theilgen noch ziemlich vermenget und verderbet ist.

§. 371. Was ist nicht vor Unterscheid
unter denen Bleien, und wer ist mit seinen
Tausend-Künsten so weit gekommen, daß
er aus dem Bley, welches bey dem Rohschmeltzen gewesen, und allda viel Kupffer
berühret und angenommen, auch bey dem
wiederhohlten Schmeltzen seinen Theil davon behalten, endlich aber bey dem Gut-
und Fein-machen, die Merckmahle davon
nicht abgeleget hat, ein höchst reines Bley-
Glas in seiner behörigen Farbe machen
könne? Zum wenigsten wird der die Kupf-
fer-Theilgen darinnen finden, der desselben
ein Theil auf der Capelle unter der Muffel
nach und nach verglöthen läßt; und das
Bley-Glas, welches aus dem letzten Körngen wird, und gantz gewiß grünlicht siehet,
gegen das, welches er zuerst daraus gemacht, und einer weiß-gelblichten Farbe
ist, gegen einander hält. *

§. 372. Ich will ietzo nicht gedencken,
wie der Schwefel besonders dem Roh-Eisen
anhänge, und von demselben nicht, ausser
wenn man selbiges zu Stahl macht, könne
geschieden werden, auch öffters alsdenn
noch)

noch nicht gantz und gar davon zu bringen ist. *

§. 373. Daß also dieienigen, welche ihre
drey Principia so hoch schätzen, durch ihren
Schwefel aus dem Eisen, der besonders
mittelst des Arsenics einiger maßen kann
gemacht werden, gar keiner sonderlichen
Erfindung sich zu erfreuen haben.

§. 374. Wie viel aber an der Reinigkeit
der Metallen gelegen sey, wird derienige
unter allen am besten einsehen, welcher
aus demselben die Kalcke zum Mahlen, oder
bundfärbigten Gläsern machen, und also
solche Versuche vornehmen will, welche
entweder von den Präcipitationen oder
von den Zusammenschmelzen die letzten
und zu beiderseits Verbindung nöthige Arbeiten sind, welches aus der einigen rothen
Farbe des Goldes, die mit dem Zinn gemacht wird, erhellet, welche nicht mit einem ieden ohne Unterscheid darzu genommenen Zinn eben so schön angehet, und als
ein Exempel an diesem Ort zum Beweiß
anzuführen genug ist.

§. 375. Uberhaupt, wenn einer hierinnen recht Acht haben will, so muß er allezeit
untersuchen, ob die zu verbindenden Dinge
zu solcher vorgenommenen Verbindung
schon

schon sich sehr wohl zu einander schicken,
und aufs nächste vorgerichtet sind, also, daß
eines mit dem andern schon einige Eigenschafft gemein habe, oder ob selbige durch
Abscheiden eines uneigentlichen, nicht hierher gehörigen, fremdartigen, widerwärti-
gen und schädlichen Wesens erstlich einander müssen angeeignet werden.

§. 376. Wer weiß gewiß, daß alles in
dem schönen Gold, gleichartig ist? Wir
alle glauben und bekennen, daß alle seine
Theilgen vereiniget sind: Allein, wer hat
wohl iemahls das Gold, nach dessen wahren
Wesen, wie es doch seyn solte, untersuchet?
Und dieses muß ich absonderlich vor die
Reichen schreiben, welche geitzig oder ver-
schwenderisch sind, oder auf den Stein der
Weisen loß arbeiten, und doch dabey das
unterlassen, welches in Erkenntnüß derer
Mineralien am meisten noch fehlet. Allein
derer Armen, und also derer meisten Arbeit
ist dieses nicht. *

§. 377. Helmont schreibet, daß das
Queckfilber in seinem Wesen, wie es natürlich beschaffen, fremdartig sey, mit diesen
Worten: In dem Queckfilber habe ich einen dusserlichen Schwefel gefunden, welcher die Grund-Ursache von dem Verderb-
nüß

nůs dieſes Metalles iſt, und weil er vom
Anfang dabey geweſen, ſchwerlich kann
weggenommen werden, es ſagen aber die
hierinnen erfahren ſind, daß, wenn dieſer
endlich nichts deſtoweniger durch die Kunſt
abgeſchieden würde, ſo ſey das Queckſilber
von ſeinem überflüßigen Schwefel- und
Wäßrigkeit gereiniget, welches alsdenn
durch kein Feuer zu einer Erde oder trocknen Pulver könne präcipitiret werden, wegen ſeines höchſt einfachen Weſens, nach
welchen es mit dem Waſſer zu vergleichen.
Denn es hat die Erde, nehmlich den Schwefel verlohren ꝛc. Progymnaſm. meteor. n. 14.
Allein in dem Tractat de Tribus principiis,
num. 60. ſchreibt er: Aus Betracht der
Grund-Sätze in der verborgenen Philo-
phie erkenne ich, daß, wenn der Mercurius in fremdartige Stücke zu theilen ſeyn
ſollte, die chimiſche Kunſt nicht wahr wäre,
und der Mercurius ſelbſt zu dem Wercke
ungeſchickt ſeyn würde.

§. 378. Dieſe Stellen ſcheinen zwar
einander zu widerſprechen, können aber
doch alſo mit einander verglichen werden,
das erſtere vom rohen Queckſilber, letztere
vom gereinigten Mercurio handle; Es
mag nun ſeyn wie es will, ſo habe ich doch,
ohn-

ohngeachtet ich viel mit diesem Spott-Vo-
gel umgegangen, weder iemahls benannte
frembartige Erde in selbigen finden, noch
eine Art und Weise ausforschen können,
wie selbige davon auszuscheiden sey.

§. 379. Unterdessen ist doch auch dieser
in der Chimie erfahrne Mann, einer, welcher angiebt, daß das gemeine Queckſilber,
nicht aus lauter gleichartigen Theilgen bestehe, welches die scholastischen Natur-
Schwätzer weder glauben noch verstehen,
auch solches nicht von dem schwartzen Pulver, das durch das Reiben aus dem Quecksilber abgesondert, aber auch wieder zu
Queckſilber wird, oder von dem gelben,
oder rothen Präcipitat, der aus selbigen
durchs Feuer gemacht wird, welches auch
beides wieder zu lauffenden Queckſilber
wird, annehmen dürffen. Besiehe Becheri
Physſ. p. 664.

Anmerckungen.

* **Zum §. 353.**

Es ist wahr, daß es ein purer Handgriff ist,
allein auch hieraus kann öffters viel Gutes
gelernet werden, als z. E. hier lernen wir, daß,
wenn das Eisen zu Roste geworden, oder ver-
erdet ist, selbiges sich nicht mit andern Metallen

O   ver-

vermische, welches zwar schön eine bekannte
Wahrheit ist, aber weiter könnten wir auch
schliessen, daß wenn solcher Eisen-Rost zwischen
zwey andere Metallen, oder auch nur zwischen
und unter die Theilgen eines Metalles komme,
solches das Zusammenschmelzen derselben verhindere. Hieraus können wir nun weiter folgern, daß das Eisen in seiner vererbten Gestalt, als Rost, eher zu den Eisen-Sauen etwas
beitragen könne, als wenn es noch würcklich
metallisch oder mineralisch ist. Es ist auch ferner zu urtheilen, was von dem taub und matt
brennen des Zinnsteins zu halten sey, da man
nehmlich, um das überflüßige Eisen in selbigen
loß zu werden, ihn sehr starck und so lange brennet, bis das Eisen zu Roste worden. Denn
dadurch wird zwar das Eisen weggeschafft, aber
auch verursachet, daß das Zinn sich im Schmeltzen nicht so zusammen finden will, sondern noch
vieles in einer gewissen Art Säuen und in Schlacken zurücke bleibet. Endlich siehet man, wie
auch diesem Ubel zu helffen, nehmlich durch eine
Beitze, welche den Eisen-Rost vollends wegfrißt,
und nicht allein hier, sondern auch bey denen
übrigen sehr eisenschüßigen Ertzten, können diese Anmerckungen ihren Nutzen bringen.

Eben also ist das Vergolden und Versilbern
mit solchen Umständen begleitet, daß es viel
wich-

wichtige Wahrheiten entdecken kann; Es ist
selbiges in Herrn Stahls teutscher Einleitung
zur Chimie, pag. 369. seqq. beschrieben, und
wundert mich recht sehr, daß, da der Herr Hof=
Rath so weitläufftig den Nutzen und Zutritt der
Fettigkeit, bey der Reduction der Metallen be=
schrieben, er von dieser Erfahrung nicht Gele=
genheit genommen, auch den Nutzen des brenn=
lichen in Glühwachs, bey Verbindung zweier
Metallen zu zeigen, wenigstens will mir hiervon
ietzt keine Stelle aus seinen Schrifften beifallen.

* Zum §. 355.

Da der Zinck nach Respurs Meinung nichts
unreines hält, ia vielmehr, da er nach des Hrn.
Berg = Rath Henckels Anmerckung pag. 134.
durch Qveckilber kann gereiniget werden, so ist
es freilich was ungereimtes, selbigen durch eine
Fettigkeit zu reinigen. Die Ursache aber dieser
falschen Hoffnung mag wohl darinnen stecken,
daß man geglaubet, der Zinck sey etwas zinni=
sches, und müsse folglich wie das Zinn gereini=
get werden.

* Zum §. 357.

Es stecket freilich hierunter eine fälschlich
verstandne und vorgefaßte Meinung, allein in
Bereitung einiger Artzneien möchte diese An=
O 2   eignung

eignung des Vitriols nicht ohne Nutzen seyn,
zumahl, wenn man versichert wäre, daß hier=
durch alles Phlogiston des Vitriols mit abge=
schieden würde; welches ich denen Herrn Medicis zu weiterer Untersuchung überlassen.

Zum §. 358.

Bey denen metallischen Schmeltz=Arbeiten
weiß ich keine Art von dergleichen Aneignung,
besonders anzugeben, sondern ich muß sagen,
daß sie durchgängig herrsche. Der Regulus
aus dem Rohschmeltzen, oder der Rohstein, wür=
de nicht geschickt seyn, mit andern edlern Ertzten
versetzet zu werden, wenn nicht der Schwefel
des Kieses die überflüßige Erde und Schlacken
zerfressen und weggenommen hätte: Käme der
Arsenic nicht vom Wercke, so würde man nim=
mermehr solche Bleie erhalten, darein sich die ed=
lern Geschicke übernehmen liesen, und dieses ge=
schiehet durchs Rösten. Benähme man dem
Bleie nicht sein Phlogiston, so würde es nicht
zu Glöth, folglich ließ es nicht sein Silber fallen,
wie solches bey dem Treiben zu ersehen. Und
in dem Brennen nimmt man dem Blick=Silber
eine schwefelige, kupffrige Unart ab, sonst würde
es nicht rein Brand=Silber.

*Zum

* Zum §. 360.

Der Herr Verfaſſer ſcheinet hier nur von der
Abſonderung des Waſſers zur Auflöſung anderer Córper zu reden, allein es findet dieſe Art der
Aneignung zu andern Verbindungen auch ſtatt,
wie er denn in ſeinen Anmerckungen zu Reſpurs
Mineral-Geiſt diesfalls pag. 295. nachzuleſen
iſt.

* Zum §. 363.

Es ſcheinet, als ob nach der Ausgabe dieſes
Tractats, dem Herrn Verfaſſer mehrere Umſtände vorgekommen ſeyn, die ihm die Sache deutlicher gemacht, und er ſeine Meinung diesfalls
geändert habe.   S. Anmerckung zu Reſpurs
Mineral-Geiſt. pag. 176.

* Zum §. 366.

Hierbey kann ich nicht umhin, alle und iede,
welche entweder ein beſonders Schmeltzen verſuchen wollen, oder auch die durch einen Künſt-
ler dergleichen vornehmen laſſen, zu ermahnen,
daß ſie doch auf dieſen Umſtand, wegen Zutritts
der Lufft, Acht haben wollen. Beſonders wenn
hierzu rohe Ertzte geröſtet werden, ſo iſt dieſes ia
ein Himmel-weiter Unterſcheid, ob dergleichen
Ertzte verdeckt, und wohl gar unter einem Dache
geröſtet werden, oder nicht; Ob die Roſt-ſtätte

auf

auf einer Höhe liegt, oder ob sie in einem Thal,
der eine Zug-Lufft oder keine hat, befindlich ist;
Ob während, daß der Rost brennet, ein gelindes
stilles und heiteres Wetter ist, oder ob es dicke
Lufft hat, und trübe ist, oder regnet, oder windigt
ist; Ob daher ein solcher Rost in etlichen Tagen,
oder erst in ein paar Wochen ausbrennet. Es
sind mir dergleichen Umstände, welche besonders
bey Kupffer-und Eisen-Wercken am mercklichsten
sind, vor die Hand gekommen, welche mich gewiß versichert, daß hierinnen ein groß Theil der
Hindernüße versteckt gelegen haben. Und die
gesunde Vernunfft giebt es, daß nicht einerley
erfolgen könne, wenn der Rost stille und ordentlich, nicht zu geschwinde, auch nicht zu langsam
ausbrennet, und wenn er gegentheils bey win-
digtem Wetter zu schnell, und bey Regenwetter
zu langsam die Ertze angreifft. Aus folgendem
§. ersehen wir auch den Erfolg von dergleichen
Arbeiten, nehmlich der Herr Berg-Rath meldet, daß sich ein durch die Lufft verfälschter Spiesglas-König nicht verglasen wolle. Dieses heißt
eben einem Schmeltzwerck die gröste Hindernüs
im Weg geleget, denn, wo keine Schlacken werden, ist auch kein Ausbringen eines Metalls zu
hoffen; wer weiß auch überdieses, was vor andere Ungeschicklichkeiten mehr hieraus erfolgen
können, die auch einem geübten Naturforscher
nicht

nicht gleich so deutlich seyn, geschweige, daß es
ein Notarius und Zeugen, wenn man selbige
gleich zu denen Proben hinstellen wollte, einsehen sollten; als welche wohl davon, daß alles
ehrlich und ordentlich zugegangen, zur Noth
aussagen können, aber von der natürlichen Beschaffenheit öffters gar nichts verstehen. Nun
weiß ich wohl, daß man den Zutritt der Lufft
nicht gänzlich abhalten kann, weiln es aber doch,
aller Vermuthung nach, hier auf die Feuchtigkeit
derselben hauptsächlich ankommt, so ist bey einem Vorhaben, das so schon etliche hundert
Thaler zu stehen kommt, vor keinen grossen Aufwand zu achten, wenn man eine mit einem Dache verwahrte Rost-stätte bautte. Seitdem
mich nun die Erfahrung gelehret, daß hierinnen
nicht ein geringer Vortheil zum Schmeltzen auch
keine gemeine Wahrheit aus der unterirrdischen
Natur-Lehre verborgen liege, so habe ich mit
Fleiß und vielen Versuchen, durch die Verwitterung der mineralischen Cörper, ein mehreres zu
entdecken mich bemühet. Ich urtheilte, wenn
ein Ertzt durch Zutritt der Lufft in einer Rost-
stätte Schaden leiden sollte, so müste es auf eine
Verwitterung hinaus lauffen, die daselbst vorgienge, ich habe hierauf verschiedene Arten der
Ertzte, der Lufft, bald trocken, bald feuchte, bald
warm, bald kalt, bald einfach, bald vermenget,

D 4 bald

bald verſetzet, dargeſtellet, und ſolche artige Umſtände dabey erfahren, daß mich meine Arbeit
noch nicht gereuet. Ein Glantz und Eiſenfeile
bekamen einsmahls das Anſehen eines ſchönen
roth-güldnen Ertztes, welches aber gar bald wieder verſchwand, ſo, wie ſich das roth-güldne Ertzt
ſelbſt in denen Cabinettern verwittert, und ſeine Farbe verlieret. Dergleichen Exempel könnte ich gar viele anführen, allein zur Zeit noch auſſer einem richtigen Zuſammenhange, ohne welchem aber der Nutzen davon nicht ſo groß ſeyn
dürffte, den ich aber nicht eher zeigen kann, bis
ich mit dieſen Arbeiten zu Stande gekommen
bin. Hierzu aber zu gelangen, will mir nicht ſowohl die Zeit, als vielmehr die Gelegenheit und
andere nöthige Umſtände mehr ermangeln. Noch
eines. Nachdem ich ſchon ziemlich weit mit dieſen meinen Verſuchen gekommen, leſe ich des
Herrn Wellings Tractat, vom Saltz, Schwefel und Mercurio, und finde, daß in ſelbigen auf
gleichmäßige Arten, zu Beförderung des Schmel-
tzens angetragen werden, welches mich in meinen
Verſuchen noch eifriger gemacht, zumahl, da ich
aus den übrigen eingeſtreueten Wahrheiten von
Berg- und Schmeltzweſen erſehe, daß von dem
Herrn Verfaſſer auch gantz unerkannte Wahrheiten in dieſen Dingen waren eingeſehen worden.

　　　　　　　　　　　　　Zum

Zum §. 369.

Hiervon ist schon im vorigen gedacht worden, auch kann die Anmerckung des Hrn. Berg-Raths zu Respurs Mineral-Geist pag. 22. nachgelesen werden. Doch macht das Eisen mit dem Zinn zu Altenberg ein regulinisches Gemenge, welches sie daselbst an andere Zinnwercke verkauffen, daraus ich denn schliessen muß, daß das Eisen unter dem Zinn so schlechterdings nicht vor schädlich zu halten sey.

Zum §. 370.

Der kurtz vorher angezogne Verfasser des Wunder-Dreies, bezeiget in der Continuation dieses Tractätgens, pag. 33:36. daß er die Hessischen silbrichten Kupffer-Ertzte, welche, wie bekannt, sehr eisenschüßig sind, und von ihm ein in einen Letten coagulirter Metall-Saamen genennet werden, daß er solche durch ein besonderes Verschlacken, mit besserm Vortheil zu gute gemacht habe, welches er aber noch geheim halte. Weiln er nun meldet, daß solches Ertzt wie Gräupel in einem eisenschlßigen Flötz liege, und darbey gar kein steinigter und quärtziger Berg befindlich, so will dieses um so viel fremder und fast unmöglich scheinen. Das eintzige, was er hierzu als dienlich meldet, ist, daß er einen Theil des Ertztes verschlacke, und damit das an-

O 5   dere

dere als mit Zuſchlägen beſchicke, es bleibet aber
doch alles bey ſolcher Beſchreibung dunckel, und
wäre zu wünſchen, daß bemeldeter Autor beſſe-
res Glück gehabt hätte, maßen er alsdenn ſeine
Wiſſenſchafften völlig mitzutheilen, nicht neidiſch
würde geweſen ſeyn.   Unterdeſſen ſehen wir,
daß es möglich ſey, das Eiſen vom Kupffer zu
bringen, und ich gebe hierbey dieſe Anmerckung,
daß es leichter im Anfange, als zum Ende zu be-
werckſtelligen iſt.

Zum §. 171.

Da das Bley an und vor ſich die Seiffe der
übrigen Metallen iſt, nehmlich, da es alle un-
edele in ſich nimmt, und ſelbige mit zur Schlacke
macht, ſo iſt es kein Wunder, daß es dieſelben
auch feſt bey ſich behält, und nicht leicht wieder
fahren läßt.   Unterdeſſen iſt bey dieſem Verſuch
vors erſte merckwürdig, daß ſich das Kupffer
nicht eher, als gantz zuletzt, in der Verglaſung ſpüren läßt, als woraus erhellet, daß das Bley
mehrere Geſchicklichkeit zum Verglaſen und folglich auch zum Verſchlacken haben müſſe, als das
Kupffer. Dieſes werden viele, auch darinnen erfahrne Männer, mir nicht zugeben wollen, und ich
weiß ſelbſt, daß es bey dem Kupffer gnug Schlacken ſetzet: allein man mache nur einen Unterſcheid unter verſchlacken, und zu Schlacken werden.

den. Gutes, artiges, geschmeidiges und slüßi-
ges Ertzt, und nächstdem unartiges und strenges
Ertzt, schmeltzen zwar beiderseits, es setzet auch
auf beiden Theilen Schlacken, nur daß ersteres
nichts, als sein steinigtes Beigemenge in die
Schlacken ableget, letzteres aber auch nach seinem
guten metallischen Wesen selbst, meistentheils
mit zur Schlacke wird; Jenes kann mit allem
Recht, daß es sich wohl verschlacke, gesagt werden, von diesem aber muß man sagen, daß es zu
Schlacken werde, welches auch so gar in der Einnahme keinen geringen Unterscheid macht. Nach
diesem Wortverstande nun, wenn ich solchen bey
Gegeneinanderhaltung der Metallen gebrauche,
sage ich, das Bley verschlacket sich leichter, als
das Kupffer. Aus solchem Satz fliessen nun
anderweitige Fragen, warum dieses so geschehe,
ob nicht ein innig verbundenes Acidum im Kupffer sey, und etwas hierbey thue, ob ein leichteres
Verschlacken des Kupffers möglich, was alsdenn
besseres dabey zu hoffen sey? welche ich aber
vor diesmahl nicht beantworten kann, gnug, ich
habe diese Fragen unter die Aneignung, welche
durch Abscheiden geschiehet, setzen wollen, ob
gleich das Abscheiden durch einen Zusatz möchte
zu erhalten seyn.

∗ Zum §. 372.

Nicht allein die Alchimisten, sondern auch
die Schmelßer, müssen den Mars als einen
wunderlichen Kopf anklagen, wenn man aber
die Klagen selbst gegen einander hält, so klin-
gen sie auch gar wunderlich. Wenn man ro-
hes, brüchiges und sprödes Eisen bekommt, so
heißt es, der rohe Schwefel ist daran schuld,
und wenn man Stahl machen will, so dencken
die vernünfftigsten unter denen Stahlmachern
darauf, wie sie dem Eisen mehr schwefligte oder
fettigte Theilgen einmischen, und dargegen eine
rohe unmetallische Erde ausscheiden können.
Es ist also im Eisen bald des Schwefels zu viel,
und bald zu wenig, bald soll er es spröde, bald
aber zähe machen. Meinem wenigen Urtheil
nach ist im Eisen nichts, als eine rohe unmetallische Erde anzuklagen, welche, wenn sie abgesondert wird, das Eisen geschmeidig hinterläßt,
und auch eine Hinderniß des Stahlmachens
nicht weiter seyn kann. Diese unmetallische
Erde ist von dem Herrn Berg-Rath Henckel
am meisten, oder in der größten Menge im gelb-
ligten oder Eisen-Kieß befunden worden, s. dessen Kieß-Historie pag. 365. 366. und 367. und
giebt also zweierley Vermuthung, erstlich, daß
sie mit dem Eisen selbst nahe verschwägert, zum
an-

andern, daß sie von dem Sauern des Schwe=
fels mehr, als von seinem fettigten Theil ergrif=
fen werde, und ienes sich an solche feste anhal=
te. Hierdurch bleibet das Saure des Schwe=
fels im Eisen, macht dasselbe spröde und, beson=
ders zum Stahlmachen, untüchtig. Wie aber
dieser Sache zu helffen sey, hätte ich auch schon
vor einigen Jahren eröffnen können, wenn ich
versichert gewesen wäre, daß guter Rath nicht
verachtet, und das Alter nicht allein in Ehren
gehalten würde. Die Grund = Sätze bestehen
kürtzlich darinnen: Man lerne den Eisen = Stein
besser kennen, und sich vor dem, welcher viel
unmetällische Erde in seinem innersten hat, hüt=
ten; man scheide ihn auch eben deswegen reine
aus; man suche zu vermeiden, daß er nicht
durch Lufft und Feuchtigkeit angegriffen, rostig
werde und versintere, denn hierdurch wird das
Saure des Schwefels gestärcket, in die rohe
Erde fester einzugreiffen; man bekümmere sich
um Zuschläge, die das Saure gerne in sich
schlücken, und doch flüßig bleiben; man ge=
dencke endlich, daß das rohe Eisen zum Stahl=
machen nicht über dem hohen Ofen und vor star=
cken Gebläse zu arbeiten sind.

Zum §. 376.

Diese Frage möchte ich in veränderten Um=
ständen wiederhohlen, oder auch hauptsächlich
dahin

dahin deuten, und fragen: Wer hat das Gold,
nicht wie es geſchmoltzen da iſt, ſondern, wie es
gediegen, eingeſprengt, und, ehe es ins Feuer
gekommen iſt, gefunden wird, iemahls genau
unterſuchet? Von Gold-Ertzten will ich gar
nichts gedencken, indem dieſelbigen entweder
gar nicht in der Welt gefunden werden, nehmlich ſolche, da das Gold in vererhter Geſtalt
wäre, oder ſie werden doch, welches wahrſcheinlicher, von uns nicht in ſolcher Geſtalt erkennet,
darüber ich mich ſchon ehedem deutlich heraus-
gelaſſen habe. Sondern ich rede nur von demienigen Gold-Stuffenwerck, wo das gediegene
Gold darinnen, iedoch allezeit mit etwas mineraliſchen vermenget iſt; was iſt nun dieſes mineraliſche Weſen? Sollte es mit dem Arſenic
Geſchwiſter-Hurkind ſeyn? Gewiß, was der
Herr Berg-Rath Henckel in ſeinen Anmerckungen über den Reſpur p. 221. num. 14. anführet, iſt merckwürdig, und zeiget, daß wir
auch aus der Art, das Gold auszuſchmeltzen,
noch vieles lernen könnten, wenn uns nur alles
bekannt wäre.

Die

Die andere Abtheilung.

Von der Aneignung durch Zusatz.

§. 380.

So das Scheiden, Reinigen und Wegnehmen, man mag es versuchen wie man will, nichts ausrichtet, und die Sachen zu einer völligen Verbindung nicht geschickt erfunden werden, da ist nöthig, daß man auf andere Mittel dencke, davon denn vorerst der Zusatz eines Dinges, welches als ein zusammenhaltendes, verbindendes oder antreibendes Mittel gebraucht werden soll, zu versuchen ist, ehe man zu der Umformung und Veränderung der Gestalten der Dinge schreiten mag.

§. 381. Hier habe ich also schon dom weiten zu verstehen gegeben, daß zweierley Art des Zusetzens sey, nehmlich eine, welche durch sich nur etwas anders absondern soll; die andere, wo der Zusatz an und vor sich selbst bey der Sache bleibet.

§. 382. Die Aneignung durch einen absondernden Zusatz wird gebraucht, wenn man entweder etwas forttreiben, oder in die Masse mit einbringen, oder ver-

verhüten will, daß nichts fremd-artiges
sich einmische, oder damit die Materien
vorbereitet werden ꝛc. *

§. 383. Erstens dieienige, welche etwas forttreibet, scheinet nur vom weiten
hierher zu gehören. Indem aber z. E. bey
Verfertigung des Mercurii sublimati der
Vitriol das seinige thut, daß das Acidum
aus dem Koch-Saltze sein eignes Alcali
verläßt, und sich mit dem Qveckfilber verbindet, so kann es gewiß nicht so genau abgehen, daß nicht das Vitriol-Saure von
sich etwas zu der neugemachten Sache zugleich beitrage; Wie denn auch bey Verfertigung derer Saltze fast keine Scheidung und Niederschlag seyn wird, da sich
nicht zugleich etwas, von denen gebrauchten Sachen, in das geschiedene und niedergeschlagene mit einmengen und einarten
sollte. *

§. 384. Zum andern wird denen zu
verbindenden Dingen, wenn eines oder
das andere flüßig oder flüchtig ist, ein drittes dichtes Wesen zugesetzt, darinnen als
in einem Cörper das erstere sein Anhaltens habe, welches sonsten die Verbindung
nicht abwarten würde, welches man incorporiren nennet, * und welches das
haupt-

hauptsächliche Exempel des Schwefelma-
chens vor allen andern erleutern kann.

§. 385. Ich will mit wenigen wiederhohlen, daß der wahre mineralische Schwefel aus dem Vitriol-Sauern und einer
brennlichen Erde zusammen gesetzet werde,
und man solches sichtlich beweisen könne;
Weiln aber diese beiden Sachen an und
vor sich nicht können vermischet werden,
und auch nicht das Vitriol-Oel den Feuers-
Grad, der zu dem eigentlichen Nun der
Verbindung nöthig ist, aushalten würde,
so wird es mit einem alcalischen Saltze incorporiret, oder, wenn man dergleichen
schon mit Vitriol gemischte Saltze hat,
so sind solche darzu auch geschickt, und man
braucht nur etwas pures Alcali, um den
Fluß zu befördern, hinzu zu setzen.

§. 386. Eben dergleichen Bewandnüß
hat es mit dem Golde, welches durch eine
Schwefel-Leber aufgelöset wird, und also
geschiehet. Sonst hat man geglaubet, daß
der Schwefel zwar alle Metallen, aber keinesweges das Gold bezwingen könne. Allein man sehe, was ein Verbindungs-
Mittel hier vermag, und zwar, wenn
man den Schwefel mit einem Alcali incorporiret, * da wenn das Gold nicht allein

P   auf-

aufgelöſet, ſondern auch mit dem Schwefel vereiniget wird, und zwar in einer ſolchen zarten und innigſten Verdünnung,
daß es auch, wenn es im Waſſer aufgelöſet wird, nicht zu Boden fällt, ſondern
darinnen flüßig bleibet, und alſo in der
That trinckbar gemacht iſt.

§. 387. Unterdeſſen ſo verdienet es doch
noch ein fleißiges Nachdencken, daß dieſes
Metall, wie nach vielen andern Eigenſchafften, alſo auch darnach von denen
übrigen auggenommen, und nicht wie die
andern, dem alles zerſtöhrenden Schwefel unterworffen iſt: Ohne was vorigen
Fall anbetrifft, und wäre derienige, welcher in vorigen Zeiten ein anders gelehret
hätte, ſonder Zweiffel als ein chimiſcher
Ketzer zum Scheiter-Hauffen verdammet
worden.

§. 388. Dieſe Art des Aneignens, da
man etwas zuſetzet, und damit die flüchtig
und flieſſenden Sachen incorporiret, lehret uns gewiß ſolche Dinge, die nicht vor
ſchlecht zu halten ſind, und führet uns
nicht nur zu practiſcher Nachahmung, in
ähnlichen Fällen, und zu unterſchiedenen
Veränderungen an, ſondern leitet uns
auch zu den einfältigen ordentlichen Wür-
ckun-

rungen in der Natur, welche die meisten
mit einem hochmüthigen Ansehen zu übersehen gewohnt sind. *

§. 389. Sie sollen hieraus ersehen, daß
das denen zu verbindenden Dingen zuge-
setzte dritte Wesen, ob es gleich zu der eigentlichen Verbindung nicht wesentlich
gehöret, dennoch bisweilen nützlich und
nöthig sey, und also schon wieder eine Ursache da sey, warum man wider die Be-
fehls-mäßige Regel von der Separation
etwas einzuwenden kein Bedencken haben
darff. Denn, wenn eine Incorporation
nöthig ist, warum schreiet man ohne Unterscheid so vieles von der Scheidung her?
Warum lassen wir nicht, zum wenigsten
zu einem Versuch, die Sachen so, wie sie
die Natur bisweilen selbst uns darreichet?

§. 390. Zum dritten ist von dieser Aneignung eine Art, da man die Zurückhal-
tung eines fremd-artigen und überflüßigen Dinges zu bewürcken suchet, dergleichen wir etwas bey der Alcalisirung des
Brandeweins, um selbigen zur Auflösung
der Hartze geschickt zu machen, erfahren
haben. *

§. 391. Vierdtens muß man etwas
zu einer unumgänglichen Verstellung dar-

zu

zu nehmen, welches aber wieder davon zu bringen ist, und sich in die Verbindung selbst, wenn selbige geschiehet, nicht mischet. * Man kann solches nach der Lehre des Basilii beides in chimischen und alchimischen Arbeiten verstehen; so spricht er im ersten Schlüssel: Da auch durch Mittel-Wege eine Schärffe dazu gefüget, dadurch unser Leib gebrochen worden, so verschaffe, daß alle Corrosiv abluiret werden. Und hierher gehöret auch dieses im zweiten Schlüssel: Doch mercke, mein Freund, dieses sehr wohl, daß der Bräutigam mit der Braut sich nackend und bloß vermählen muß, darum müssen alle zubereitete Sachen zum Schmuck ihrer Kleider, und nothwendiger Zier ihrer Angesichter, wiederum von ihnen genommen werden, daß sie gantz bloß das Grab besitzen, wie sie bloß gebohren sind, damit ihr Saame durch fremde Einmischung nicht möge zerstöhret werden.

§. 392. Denn, damit ich von ienem grossen Wercke in der Natur nichts anführe, sondern nur von täglich vorfallenden Dingen rede, wie höchst nöthig ist es nicht, z. E. die aus den etzenden Wassern niedergeschlagene Kalcke der Metallen, welche

daraus

daraus immer noch etwas an sich haben,
mit dem allervorsichtigsten und fleißigsten
Bemühen, durch warmes süsses Wasser
aufs genaueste auszusüssen; Man mag
nun dergleichen Kalcke in der Medicin
oder Mahlerey, zum mercurificiren oder
zum maturiren gebrauchen wollen, und
selbige daher auch mit gewissen Saltzen
durchbeitzen. *

§. 393. Fünfftens verdienet auch dieses
hierher gezogen zu werden. Es ist mir ein
Handgriff bewust, den Spiesglas-König
mit dem Queckfilber zu amalgamiren, welches auf andere Weise nicht leichtlich möchte erhalten werden.   Lasset das Queckfilber mit Brunnen-Wasser, in einem eisern
Mörser, auf den Kohlen kochen; hierein
giesset den dritten oder vierdten Theil des
geschmoltzenen Königs, reibet dieses Gemenge mit dem Pistill unter dem Wasser,
kaum den vierdten Theil von einer Vier-
tel-Stunde, so werdet ihr ein Amalgama
von dem Könige haben. *

§. 394. Man siehet wohl gleich daraus,
daß die Sache da hinaus lauffe, daß das
Queckfilber und der König brüh-heiß mit
einander zusammen gethan werden, und
also das Wasser aus keiner andern Ursache

P 3   hier

hier erforderlich ſey, als daß das Queckſilber, welches das Feuer nicht ſo lange aus-
ſtehet, gantz und gar behalten werde. Unterdeſſen gehet doch, ohne dazu gethanes
Waſſer, die Sache nicht ſo gut von ſtatten,
und iſt alſo nicht zu leugnen, daß das Waſſer zu dieſer Verbindung, iedoch in ſehr
weitſchweifigen Verſtande, etwas beitrage.

§. 395. Die Aneignung, wo der Zuſatz würcklich dabey bleibet, könnte eine
äuſſerliche, welche nur die Flächen des
Cörpers berühret, genennet werden, wenn
z. E. die Färber, zum Tuch-und Leinwand-
färben, etwas ſcharffes mit darzu nehmen,
damit der Zeug, die Farbe anzunehmen,
geſchickter werde. Die andere Aneignung
aber iſt die innigere, davon ich hier reden
will. *

§. 396. Dieſe iſt ein Zuſatz eines Dinges, um dadurch zwey andere, welche ſich
ſonſt nicht verbinden laſſen, zu vereinigen,
welcher auch mit dieſen in eine Maſſe zuſammen gehet. Es wird dieſer Zuſatz ein
Drittes, in Anſehen derer Zwey, welche
ſollen verbunden werden, genennet: desgleichen eben deswegen die Copula oder
das Band; ferner das Verbindungs-
Mittel; auch die Mittel-Subſtantz, welche
lextere

letztere Benennung bey den Alchimisten gebräuchlicher ist. *

§. 397. Was die letztere Benennung anbetrifft, so weiß ich Leute, welche die Substanz in Ansehen des Sublimir-Gefäßes vor die mittelste annehmen, und deswegen also genennet wissen wollen, als ob dasjenige, welches nicht oben, auch nicht zu unterst, sondern in der Mitten hienge, die rechte und verlangte Mittel-Substanz sey. In Wahrheit, eine recht lächerliche Verdrehung des eigentlichen Verstandes der ersten Urheber, die diesen Nahmen aufgebracht haben.

§. 398. Dergleichen wird vielmehr deswegen also benennet, wegen ihrer Beschaffenheit und Nutzen; denn sie muß einer mittlern Art zwischen denen zu verbindenden Dingen seyn; weder das eine, noch das andere; von beiden Theil nehmen; auf beide Seiten sich neigen; von keiner, und doch beiderley Art seyn; einen Mittler abgeben, welcher das, was sich nicht geben will, zu der Vereinigung anhält; sie muß das, was noch zu weit entfernet ist, näher herbey bringen und verbinden; sie muß in ihrem eignen Wesen noch nicht fest gestellet, sondern undeterminiret seyn;

P 4

sie

ſie muß endlich kein Mann, kein Weib,
ſondern ein Hermaphrodit ſeyn. *

§. 399. Einige Exempel von dieſer
Sache kommen vors erſte ſelbſt in denen
Werckſtätten der Natur vor. Alſo iſt
z. E. das gantze vegetabiliſche Reich ein
Mittel zwiſchen dem mineraliſchen und
animaliſchen, und kann deswegen alſo benennet werden, weiln es keines von beiden
iſt, aber doch aus erſtern entſtehet, und zu
des letztern Weſen und Wachsthum ſich
neiget: Desgleichen iſt auch das gährende Weſen einer Pflantze, das Mittel-Ding
zwiſchen dem einflieſſenden Erd-Safft und
denen Theilen und Früchten der Pflantzen, welche davon genähret werden; ferner die klebrichte Subſtantz im Wein,
zwiſchen dem Spiritu und groben Erde
in ſelbigen ꝛc. dergleichen Betrachtung
der ſcharffſinnige Becher noch mehr anſtellet in Phyſ. ſubterr. p. 324. 326. 332. 334.
und 381.

§. 400. Hernach ſo ſchencket uns auch
die Kunſt nicht wenig Verſuche, dadurch
dieſes eigentlicher und näher kann erkannt
werden. Die Seiffe, ein Werck der Wei-
ber, aber eine Sache, daran ſich ein groſ-
ſer Verſtand verſuchen kann, die aus einem
Fett

Fett der Thiere, und aus dem Alcali der Pflantzen bestehet, diese würde gewiß nimmermehr ein solches zusammengeronnenes Wesen werden, wenn es nicht vermittelst des gemeinen Koch-Saltzes geschahe, als welches nicht allein alcalischer Eigenschafft, sondern auch fettig ist; das fettige Wesen aber bestehet meistentheils aus der sauern Schärffe.

§. 401. Die Seiffe ist ferner ein Mittel-Ding zwischen dem Unflat, der an der Leinwand und unsern Kleidern hänget, und dem Wasser. Dieses würde ien. nimmermehr reinigen, wenn nicht die Seiffe darzwischen käme, vermittelst welcher sie leichte gesaubert, und die schmutzigten Flecke ausgespület werden können.

§. 402. Das Oel vermischt sich nimmermehr mit dem Wasser, ob es gleich scheinet, als ob durch ein langes anhaltendes Schütteln solches geschehen könne: wenn man aber Zucker darzu nimmt, so weigert sich ienes nicht so sehre, mit diesem in eine Vereinigung zu gehen, immaßen dieses süsse Saltz, wegen seiner Klebrichkeit, mehr als das Wasser, zu der Eigenschafft der Oele sich schicket.

§. 403. Das berühmte Stärckungs-
Mittel vor die schwachen Venus-Brüder,
der Balsam von Mecca, wird mit dem
süssen Mandel-Oel zu einer sehr weissen
Pomade, und ist vor das schöne Geschlecht
ein sichrer und besser Mittel, als man iemahls gehabt hat, welches aber bisher
noch gar geheim gehalten worden: dieses
muß mittelst eines Wassers bereitet werden, welches von einem Vegetabile ab-
gezogen, und dadurch etwas feist und bal-
samisch geworden ist.

§. 404. Der lebendige Kalck giebt zwischen den Oelen und Wassern ein Verbindungs-Mittel ab. *

§. 405. Der Spiesglas-König wird
vor ein Mittel-Ding zwischen dem Quecksilber und Metallen gehalten, und dieses
nicht ohne Ursache, da er kein Quecksilber
mehr ist, und auch kein vollkommen Metall, ienes aber zu seyn aufgehöret, und
dieses zu werden angefangen hat. Ob ich
gleich hierbey den vergeblichen Ausgang
meiner Arbeiten nicht verschweigen kann,
welche ich mit vielen Fleiß und Mühe, um
eine innigere Verbindung des Queckfilbers
mit dem Golde, durch den Spiesglas-König zu erhalten, vorgenommen habe. *

§. 406.

§. 406. Der Verfertiger des Buchs, Aurea Catena Homeri, mag nun noch so viel in seinen Sätzen haben, welches könnte getadelt werden, so beweiset er sich darinnen recht wohl als ein Philosophe, daß er diese Aneignung durchs Zusetzen mit vieler Mühe einschärffet, indem er auf vielen Seiten seines Buches recht nachdrücklich von derselben redet, welches ich auch nochmahls dem Leser bestens empfehle: Er spricht: Das philosophische Axioma muß doch wahr seyn und bleiben, nehmlich: Non transiri posse ab vno extremo ad alterum absque medio. Dieses soll ein ieder Artist optime mercken. Denn tausend und tausend irren und fehlen, allein, weil sie diesen Punct nicht recht betrachten und observiren. s. p. 11. 86. 96. 98. 99. 111. 114. Es hat auch dieser ungenannte Autor, wenn er nur in Worten unverfälscht und auf solche Art in unsere Hände kommen ist, vornehmlich bey der durch den Eßig zu verrichtenden Versüßung, und anderswo die Arbeit selbst beizubringen nicht vergessen, davon aber zu handeln ich mir auf eine andere Zeit vorbehalte. Besiehe Bechern p. 616.

§. 407. Uber dieſes reden die Philoſophen über die zwey zu verbindenden Dinge, auch noch von einem dritten, allein daß
man es nur ſo nennen, aber nicht würcklich abzehlen kann. Baſilius Valentinus beleget es mit dem Nahmen eines
Sulphuris, oder einer Seele, dadurch der
Leib und Geiſt, oder Saltz und Mercurius übergoſſen, und in eine wechſelhaffte
Bewegung gebracht worden, indem er von
dem Lebens-Geiſt, welchen GOtt dem erſten Menſchen eingeblaſen hätte, ein
Gleichnüß herninmt.　S. vom groſſen
Stein der uralten Weiſen. pag. 14.

§. 408. Allein dergleichen drittes oder
Mittel-Ding iſt keinesweges der Zahl nach,
ſondern nur nach ſeiner Krafft und Würckung ein ſolches, im Beiſpiel, wie die leb-
haffte oder animaliſche Eigenſchafft, welche
ſich in dem Eyen der Frauen, das durch
den männlichen Saamen-Hauch befruch-
tet wird, ſich zu ſeiner Zeit ausweiſet.
Daß alſo dieienigen, welche von dreien
reden, nicht allezeit nach Baſilii Meinung
recht zu arbeiten ſcheinen, da ſie ohne Unterſcheid auf drey Dinge, die ſie zu vereinigen ſuchen, bedacht ſeyn; Uber dieſes ſagt
er klar, daß die zu bearbeitende Sache herkomme

komme aus einem Dinge, bestehe aus zweien, welche das dritte in sich verborgen halten, daher nichts zuzusetzen sey, oder besonders darzu gezehlet werden könne, an bemeldeten Orte, p. 10.

Anmerckungen.

Zum §. 382.

Unter diese Abhandlung gehören nun alle Zuschläge, welche bey dem Rösten und Schmelzen gebräuchet werden; wenn ich solche nach der Ordnung, wie der Herr Verfasser die Art der Aneignung eintheilet, vorstellen soll, so muß ich setzen, daß theils Zuschläge bey dem Metall bleiben, und mit in dessen Wesen eingehen, theils aber wiederum davon gehen, indem sie sich selbst abscheiden, oder abgeschieden werden: Letztere sind wiederum verschieden, denn etliche treiben das Metall fort, indem sie dieses oder das erdische Beygemische auflösen; oder sie sind gleicher Art mit dem Metall, und also auch mineralisch, figiren dasselbe, und geben ihm ein Anhalten; etliche verhüten, daß nichts fremdes in das Metall-Gemenge, wenigstens nicht zu viel davon hinein komme, und diese verschlucken und nehmen die Unart in sich; endlich so machen etliche dem Metall auf einige Zeit ein ander Ansehen,

sehen, indem sie selbige verglasen, verschlacken,
oder in einen Rohstein oder König bringen.
Im voraus muß ich hier gedencken, daß zwar
der Kieß fast auf alle Arten das seinige thue, er
löset auf, treibet fort, figiret, hält das unartige
zurück, und verschlacket, dieses thut er dabey
nicht in nach einander folgender Ordnung, sondern alles zugleich und in einem Nun: Doch
werde ich nicht umhin können, selbigen in folgenden bey allen Vorfällen zu erwehnen, er ist es
wegen seiner Tugenden werth, und kann nicht
gnug gelobet werden.   Sonsten hätten die Zuschläge auch nach diesen Umständen können betrachtet werden, in so ferne selbige entweder
schlechterdings und unmittelbar auf das Metall
im Ertzt gerichtet seyn, oder anderntheils wegen
des erdischen Beigemisches genommen und gebrauchet werden.

• Zum §. 383.

Wenn ich mehr aus dem angeführten Exempel, als aus der Benennung urtheilen sollte, so
würde ich kein eigentliches und allein hierher ge-
hörendes Exempel einiges Zuschlages hier anführen können; allein ich werde mich so genau
nicht einschräncken können, denn das wahre fort-
treibende Wesen ist das Feuer, was aber diese
Würckung befördern kann, muß entweder das
un-

unflüßige zurück halten, oder es noch mehr flüßig
machen. Das unflüßige ist bisweilen eine gantz
und gar fremde Erde, welche weder metallisch
ist, noch so leichte und balde metallisch werden
kan; Bisweilen ist es auch eine metall = artige
Erde, dergleichen der Spat zum Beispiel dienen
kann, welcher, wie bekannt, nicht gleichwie der
Qvartz flüßig ist. Was nun dergleichen Erd=
Wesen angreifft, und zurück hält, ist bey der
gantz rohen unmetallischen Erde das Saure des
Schwefels, bey den spätigten Steinwesen ver=
richtet es etwas, das sehr flüßig ist, und also
noch etwas unflüßiges, ohne merklichen Scha=
den und Abgang seines Flußes, in sich nehmen
kann, welches von flüßigen Bleischlacken aus=
gerichtet wird. Beides aber kann hauptsäch=
lich durch den Kieß bewürcket werden, denn die=
ser greifft nicht allein nach seinen sauern Wesen
in die gantz unmetallische Erde, sondern seine
Eisen=und andere glasigte Erde, welche durch
die Befreiung vom Schwefel, und da sie noch
kein Metall gewesen, sehr flüßig sind, nehmen
das kalckigte und spatigte Gestein mit in ihr Ge=
menge, und bringen es zum Fluß und in die
Schlacken. Dabey aber wohl zu bemerken ist,
daß diese gantze Würckung nicht mechanisch zu=
gehe, sondern eine innige Vermischung des flüßi=
gen und unflüßigen Wesens erfolget, denn so
ge=

geschiehet: diese Vermischung in grossem Feuer, durch einen lang anhaltenden Fluß, und kann nicht wieder geschieden werden, welches mehr anzeiget, als nur, daß etwan sich die spätigten Theilgen in den Raum und zwischen die glaßachtigen Theilgen versteckten.

Zum §. 384.

Diese Art Zuschläge, welche dem Metall ein Anhalten geben, wie die Schmelzer zu reden pflegen, das ist, die entweder das zarte Metall in ihren Cörper übernehmen, oder auch solches durch ihren Zutritt figiren, müssen nothwendig auch metallischer Natur seyn. Was das Incorporiren anbetrifft, so thut es bey den zarten und flüchtigen Silber=Ertzten Bley, Glöth, und flüßige Bleischlacken, auch könnte der Kieß, in soferne er kupfferhaltig, hierher gerechnet werden. Bey dem Kupffer soll das Eisen, und was dem anverwandt, auch das Bley nicht vergessen werden. Das Eisen hält sich selbst am besten an, indem immer ein Eisenstein an dem andern sein Corpus, der andere an ienem seine Geschmeidigkeit findet. Das Bley wird durch eine flüßige glaßachtige Schlacke angehalten, und das Zinn möchte vor allen andern das Eisen in sein Bestandwesen einnehmen. Was die Figirung aber zum Anhalten anbelangt, so scheinet es der Wahr=

Wahrheit ziemlich nahe zu kommen, daß, da der Bleyrauch das Qveckfilber einiger maßen coaguliret, eben derselbe die arsenicalischen Silber=Ertze, die nicht unbillig vor mercurialisch könten gehalten werden, auch zu binden vermögend sey. Die Figirung des Kupffers ist meines Erachtens und Wissens durch keinen Zuschlag ausser dem Eisen zu bewerckstelligen, überdies aber ist das öffters wiederhohlte Rösten nöthig; Bey dem Eisen thut es fast nur das Feuer, wie bey dem Stahlmachen durch das Cementiren zu ersehen. Das Bley wird durch den Schwefel figiret, welches die Bley=Processe in kleinen Proben nothdürfftig erweisen.

Zum §. 386.

In dieser Absicht hat abermahls der Kieß mit der Schwefel=Leber einige Gleichheit, indem der Schwefel darinnen an seiner Eisen=, und unmetallischen Erde eben auch ein Anhaltens hat, wie dort an dem Alcali, es stünde also zu versuchen, ob er nicht gegen das Gold auch einige Wärcksamkeit bezeige, welches aber vor die Reichen gehöret.

Zum §. 388.

Der Herr Verfasser hat gar nicht unrecht an alle dem, was er in diesem §. anführet, geredet:

Q   Es

Es lehret uns diese Aneignung, oder vielmehr
könnte sie uns lehren, die richtigen Grund-Sätze zur Versetzung und Beschickung der Ertze,
da man bey grossen Schmeltzwercken hundert
und mehrerley Arten derselben hat. Denn
daß hiervon noch keine zuverläßige Regel kön=
ne gegeben werden, solches wird hoffentlich niemand übel nehmen, vielweniger es leugnen können, da ich es hier also hinschreibe. Wenn man
aber nur erst anfienge durch kleine Versuche sich
mehreres in der Sache zu erkundigen, so würde
auch die Nachahmung in Grossen mit guter
Uberlegung anzustellen möglich seyn. Die Chimisten haben wohl ein und anderes in diesem
Stücke, doch mehr durch Zufall, als mit Vorsatz
entdecket, absonderlich haben sie das Spießglaß,
den Wißmuth ꝛc. als Aneignungs-Mittel, dadurch sich ein flüchtiges Wesen an ein fixes hal=
ten solle, gebraucht, und wenn in diesem Stücke
zwey Aneignungs-Mittel, eines, das fixe etwas
offen und flüchtig zu machen, das andere, das
flüchtige der Beständigkeit näher zu bringen, gebraucht würden, so möchten die Wahrheiten
aus diesen Versuchen noch häufiger sich ergeben.

Zum §. 390.

Was ich ietzo melden will, möchte von dem,
was ich bey dem 383. §. angemercket habe, vielta

nicht

nicht so gar unterschieden scheinen; allein es ist
doch gantz was anders, wenn ein Zuschlag mit
dem unartigen groben Wesen, das den Ertzten
anhänget, zusammen gehet, und ein solches Gemenge ausmachet, daß ich es nicht mehr vor den
Zuschlag, auch nicht vor die aufgelößte und abge-
sonderte erdische Bergart halten kann, denn da
machen beide zusammen eine recht genaue und
innige Vermischung aus.   Hier aber rede ich
von solchen Zuschlägen, welche aus dem Ertzt etwas in ihre Zwischen = Räumlein übernehmen,
es gehet also dabey gantz mechanisch zu, und sind
daher dergleichen Zuschläge zu beschreiben, daß
sie müssen trockne, hohle und schwammigte Cörper seyn, welche aus den Ertzten eine Unart in
sich nehmen.   Hierzu giebt sich nun vor allen
andern der Kalck an, als welcher, ohne daß er
in seiner steinigten Gestalt sich schon sehr locker
und löchricht bezeiget, auch noch durch ein Cal-
cinir= und Reverberir-Feuer so aufgeblähet, und
in seinen kleinsten Theilen aus einander getrieben worden, daß er so gar das Wasser in seinen
Leib eintreten lässet. Wie sollten nicht andere,
besonders saure Dinge darein zu dringen vermögend seyn? welche wegen ihrer etzenden Eigenschafft ungleich mehr subtiler seyn müssen. Man
brauchet demnach diesen Zuschlag, daß er, wo
etwas saures in Ertzten befindlich ist, solches in

sich

sich schlucke, ausserdem sonst die Erze blieben ten strenge durchgehen würden; folglich hat er seinen Nutzen bey Eisenstein, hernach bey dem Kupffer, um das Schwefel-Saure daran zu tödten, welche aber deswegen nicht strengflüßig sind, sondern vielmehr wegen des Schwefels leichte fliessen, aber auch gar sehr weitläufftig in Stein, oder die noch gantz rohe Kupffer-Masse gehen. In des Herrn von Wellings obangezognen Tractat vom Saltz, Schwefel und Mercurio, ist eine Verbesserung oder Erhöhung des Kalcks zun Zuschlägen an verschiedenen Orten angedeutet, und besonders, daß es durch Saltz geschehen solle, gemeldet, welches zu versuchen wäre, auch, so viel man nach bekannten und wahren Grund-Sätzen voraus sehen und beurtheilen kann, seinen guten Grund hat. Denn so ist der Kalck die Erde des Saltzes, und das Saltz ist mit diesem weit süsser, milder und lieblicher, als wenn es mit andern Erden verbunden ist, es können also beide einander stärcken, und in dieser Krafft auch dem dritten helffen, sie können sich alsdenn thätlich bezeigen, da zuvor der Kalck nur leidentlich war, das Saltz aber sonst nicht gerne mit denen Metallen zu thun hat. Jungel scheinet zwar dieses auch anzudeuten, aber ohne einigen Zusammenhang, und bald kommt es mir vor, als ob er aus des Hrn. von Welling

grossen

grosses Buch, seine kleinen Büchelgen zusammen geschmiedet.

Zum §. 391.

Die größte Vorstellung der Metallen, welche aber zu ihren Besten geschiehet, und auch so bald sich die Bestandwesen reine zusammen finden, wieder davon gehet, ist die Verschlackung, oder überhaupt derjenige Zustand, da sich mit unter dem guten Metall, noch vieles erdisches und glaßachtiges Wesen eingemenget befindet. Dieses glaßachtige Wesen, oder nach Bechers Meinung, diese Glaß=Erde, gehöret zwar, als ein Theil der Metallen selbst, zu ihnen, denn selbige werden nicht allein in und unter solchen Gestein erzeuget, sondern es gehet auch ein Theil desselben mit in die innigste Mischung der Metallen. Indem es sich aber dabey so häufig und häufiger, als zur Mischung der Metallen nöthig ist, vorfinden läßt, so muß das übrige abgeschieden werden, damit das Metall geschmeidig, zähe und auszudehnen tüchtig werde, und dieses sind die so genannte Schlacken, welche aber hierbey noch einen besondern Nutzen haben, davon wir noch mit wenigen handeln wollen. Es ist gewiß, daß alle Metallen vor feuerbeständige Cörper zu halten seyn, theils, in Ansehen gegen andere Dinge, theils auch, da sie selbten aus dem Fluß ausge-

Q 3

boh=

bohren werden, denn, da sie nunmehro einmahl
die Feuers = Gewalt überstanden, so halten die
verschiedene Bestandwesen in selbigen immer ei=
nes das andere, und erhalten sich also alle zusam=
men. Wenn aber nun diese Theile sich noch
nicht aus dem Ertzt versammlet und vereiniget
haben, das ist, noch im Ertzt in natürlichen Stan=
de sind, so wird wohl kein Mensch glauben oder
sich einbilden können, daß diese eintzeln zerstreue=
ten Theilgen sich auch eben sowohl gegen die
Macht des Feuers erhalten möchten. Von ei=
ner Art derselbigen, nemlich dem glaß = achtigen
Theil der Metallen, sehen wir im Glaßmachen
aus der Erfahrung, daß diese sich auch allein wi=
der das Feuer hält, von den andern aber will sich
dergleichen nicht veroffenbaren, ia nicht einmahl
wahrscheinlicher weise zu glauben seyn. Man
muß also in denen Metallen, alle die Krafft, sich
wider das Feuer zu schützen, auf ihren glaßach=
tigen Theil legen, und dieses beweiset derselbe
auch noch in den Schlacken. Es decken also
die Schlacken das zarte Metall, bewahren es vor
der Feuers=Gewalt, und verhüten, daß es sich
nicht im Feuer calcinire, oder davon fliege, son=
dern vielmehr so lange in selbigen bleibe, bis es
durch einen lang anhaltenden Fluß sich selbst
genauer vereiniget, und nun das Feuer zu ertra=
gen geschickt ist. Zu dem Ende werden die Ertzte,

und

und auch bey einigen Schmeltz-Arbeiten die Metallen, gantz und gar in eine schlackigte Gestalt
gebracht, welches eben eine Veränderung ihrer
Gestalt ist, die der Herr Verfasser unter die Arten der Aneignungen mit Recht zehlet: Wo es
spätigte Ertzte giebt, oder auch solche die in einen
magern Leim, vertrockneten Schlamm ꝛc. ihr
Ertzt-Lager gefunden, und dabey nichts quärtzig-
tes oder glaßachtiges in sich haben, da müssen
dergleichen Schlacken zu ihrer höchstnöthigen
Verstellung zugeschlagen werden: Wo endlich
die Metallen selbst reicher und häuffiger sollen
ausgebracht werden, so muß man ihre schlackigte Gestalt vor allen andern zu befördern suchen; davon ein merckwürdig Exempel in dem
Tractat (des Orschalcks) von Seigern und
Ertzbeitzen im dritten Theil von pag. 10. bis 25.
nachzulesen ist. Es ist diese Arbeit zu Churfürst
Augusti Zeiten in Dreßden versucht, und nach
beigesetzter Rechnung sonder Zweifel vor gut befunden worden.

Zum §. 392.

Auch hier könnten die Schlacken als die rechte Feuer-Wäsche der Metallen angeführet werden, welche endlich alle corrosivische Unart verzehren und abwaschen, ich will aber dem Leser
mit einer wiederhohlten Wahrheit nicht zu weit-

Q 4   läufftig

läufftig fallen, sondern nur die Erinnerung thun,
an vorige Anmerckung auch hier zu gedencken.

• Zum §. 393.

Diesen Versuch wiederhohlet der Herr Autor in den Anmerckungen zu Respurs Mineral-
Geist p. 296. und führet daselbst die Handgriffe
ebenfalls umständlich an. Wie nun das Wasser hier das Qveckfilber erhält, daß es nicht
in seinen kleinsten Theilgen, die durch die Wärme rege gemacht worden, davon fliege; als
so thut das Wasser auch ein gleiches, wenn es
bey einem aus dem Schmeltz-Feuer kommenden
Wercke gebraucht wird. Nehmlich, sowohl der
Stein als auch das Blick- und Brand-Silber
werden mit Wasser abgelöschet, damit sie desto
geschwinder verkühlen, da sie sonst ausserdem
weit langsamer erkalten, und also von selbigen
durch die innen bleibende Wärme noch viel er-
regte Theilgen davon gehen würden. Eine gleiche Bewandnüs hat es mit Ablöschung der Rö-
ste, auch wenn bey dem Probiren ein Ertzt geglü-
het und abgelöscht wird. Hierdurch erschrickt
das flüßige und aufgelöste Metall, und da vorher der Trieb von innen auswärts war, so wird
er gähling verändert und gehet nun von ausen
einwärts; denn die Ursache aller Leibwerdung
ist die Kälte, ohne welche niemahls die vermeng-

ten

ten, zusammenfliessenden, uranfänglichen Materien einander ergriffen und gehalten hätten.

Zum §. 395.

Von solchen Zusätzen, welche bey denen Metallen bleiben, ist nicht mehr als zweierley zu sagen, erstlich, daß ich hier keinen äusserlichen Zusatz, welcher auch nur äusserlich daran hängen
bleibt, anzugeben weiß; Zum zweiten, daß alles,
was bey den Metallen bleiben soll, auch minera-
lischer und metallartiger Eigenschafft seyn müsse.
Unterdessen möchte einigermaßen der, Gallmey,
bey dem Meßingmachen, als ein äusserlicher und
doch bleibender Zusatz können angesehen werden; denn, in soferne derselbe von dem Kupffer
ohne dessen Veränderung wieder kann abgeschieden werden, scheinet dessen Beytritt nur äusserlich
zu seyn; indem aber derselbe sich mit dem Kupfer-
schmeltzen, giesen und ausdehnen läßt, ist doch
dessen Verbindung schon sehr genau. Es scheinet der Gallmey, zwar eine bloße Erde zu seyn,
ob aber nicht in seinem Wesen so etwas scharffes und einbeisendes, wie der Herr Berg-Rath
von den Farben erwehnet, verborgen stecke,
wäre noch zu untersuchen, wenigstens muß auch
bey diesem metallischen Färben so etwas mit un-
terlauffen, davon zwar die meisten die Ursache
auf die Kohlen-Fettigkeit legen werden, wer aber

Q 5 das

das im 385. §. angezogene Schwefel-Experiment
recht überleget, der wird finden, daß auch hier
eine äusserliche bleibende Aneignung, wenigstens
wegen Incorporirung der Kohlen-Fettigkeit, statt
finden müsse, es mag nun selbige in Galmey
oder Kupffer stecken.

* Zum §. 396.

Die Zuschläge und Zusätze, welche bey den
Metallen, und so gar innerlich in selbigen bleiben, sind der gröften Aufmercksamkeit werth, und
ist leicht zu begreiffen, daß ausser denselben gar
kein Metall ausgebracht und erhalten werden
könnte. Unter selbigen stehet oben an die Fettigkeit oder das Phlogiston aus den Kohlen.
Das Kohl träget bey dem Schmeltzen nicht allein dadurch, daß es ein Erhalter und Behalter
des Feuers ist, welches die Ertze im Fluß bringet, das seinige bey, sondern das brennliche, fette Wesen, welches in den Kohlen steckt, mischet
sich gantz genau in das Wesen der Metallen ein,
und bleibet bey selbigen. Der Hr. Hof-Rath
Stahl hat, dieses zu beweisen, durch sein gantzes Leben sich die gröfte Mühe gegeben, und
können die Gelehrten, die solches noch nicht
glauben möchten, die Beweise in allen seinen
Schrifften ausführlich finden. Einen ehrlichen
und erfahrnen Hüttenmann ausfalls zu über-

zeugen,

zeigen, ſollte wohl nicht ſo viel Mühe koſten, als
es dem Herrn Stahl gemacht, die Gelehrten zu
belehren. Ich will denen erſtern nur zu ihrer Uberlegung anführen, warum doch die Ertze mitten
in und unter den Kohlen müſſen geſchmoltzen werden, käme es auf die bloſſe Hitze an, ſo müſte ia
ein Ertzt, auch ohne unmittelbare Berührung
der Kohlen, ſich bearbeiten laſſen, ſo aber kann
man auch im Probir-Ofen, da genug Hitze unter
der Muffel iſt, kein Ertzt recht bearbeiten, wenn
man nicht Kohlenſtaub, oder ſonſt was kohlig-
tes zuſetzet. Zum andern, bedencken ſie, warum das Treiben mit Holtz geſchehen muß, da es
bey dieſer Arbeit hauptſächlich auf Verglöthung
des Bleies ankommt, die Verglöthung aber eine
Beraubung des fettigten Weſens aus dem Bley
iſt, welches aus dem Anfriſchen der Glöthe erhellet, maßen hier dieſelbige aus denen Kohlen die
Fettigkeit wieder annimmt und zu Bley wird.
Zum dritten, warum nimmt man zum Heerd bey
den Schmeltz-Oefen Kohlſtaub, oder ſo genannte
Leſche, bey dem Treiben aber rein ausgelaugte
und ausgezehrte Aſche und Leimen? geſchiehet es
nicht, dort die Fettigkeit der Kohlen zuzuſetzen,
hier aber deren Beitritt zu verhüten? Ein andrer Zuſchlag, der würcklich in das Weſen einiger Ertzte eingehet und dabey bleibet, iſt ſchon
im vorigen weitläufftig von roth-gülden- und

Ii   Glaß

Glaß-Ertz, bey Gelegenheit des Horn-ähnlichen Silbers, abgehandelt worden.

Zum §. 396.

Ich will mich hier nicht mit Ausbeutung der dunckeln Redens-Arten der Hrn. Alchimisten aufhalten, es stehet dahin, ob selbige nur eine Mittel-Substantz haben, oder ob sie nicht vielmehr, da doch mehr als eine Verbindung in ihren Werck vorgehet, bey iedweder ein besonders Wesen, welches sie die Mittel-Substantz nennen, in ihren Beschreibungen anführen, welche daher auch gantz verschieden lauten. Im Schmeltzwerck ist keine solche eigentliche allgemeine Mittel-Substantz zu finden, man müste denn die in voriger Anmerckung angeführte Kohlen-Fettigkeit vor eine solche halten; die es zwar auch gewisser maßen seyn kann, indem sie überall bey allen Ertzten und Metallen das ihrige auf einerley Art thut, aber von der beschriebenen Mittel-Substantz der Alchimisten gar sehr unterschieden ist. Der Kieß könnte wohl auch hierher gerechnet werden, nur ist hierbey noch etwas bedencklich, davon ich bey dem 398. §. handeln will.

Zum §. 398.

Diese Beschreibung, welche der Hr. Berg-Rath sehr wohl aus dem Anführen der Alchimisten

misten zusammen genommen, enthält zwey Sätze, nehmlich die Mittel-Substantz soll noch offen und in ihrem würckenden Wesen seyn, sie soll auch nichts, als die allgemeinen Eigenschafften der Dinge haben. Solches voraus gesetzt, ist es möglich, daß sie sich zweien zugleich aneignen und beyde also verbinden könne. Der Kieß könnte sich nun ziemlich hier, als ein ähnliches Gleichnüß in Ansehen seiner Würckungen angeben, wenn nur nicht dessen Theile sich gar zu sehre, als schon zu gewissen Wesen ausgebohrne verrathen hätten, unterdessen mag er bey dem Schmeltzen, wo man keine alchimistische Zartheit hat, davor mitgehen. Der Arsenic in seiner rohen und metallischen Gestalt könnte hier, absonderlich nach denen figürlichen Beschreibungen, auch mit in Betrachtung gezogen werden, doch ohne denen Alkimisten das Maul darnach wäßrig zu machen.

Zum §. 404.

Dieser Versuch sollte mehr überleget, und besser angewendet werden, es stecket nichts geringes dahinter, und wenn ich auch alles andere nicht berühren wollte; so muß ich doch sagen, daß wir auch im unterirrdischen Reich öhligte Wesen theils gantz offenbar und in absonderlichen Stande, theils mit andern vermenget haben, zu deren Untersuchung und Zerlegung

legung angeführtes nicht wenig beitragen
wirde.

Zum §. 405.

Es sind noch mehr Metallen und Mineralien, welche die Stelle der so genannten Mittel-
Substantzen bey denen Verbindungen vertreten,
also wird vermittelst des Zinnes das Eisen mit
dem Bley verbunden, und das Queckſilber
nimmt das Eisen an, wenn Vitriol zugeſetzet
wird, wie der Herr Verfaſſer in seinen Anmerckungen zu Reſpurs Mineral-Geiſt, ienes,
pag. 22. letzteres, pag. 296. anführet, auch hat
der Autor des Wunder-Dreies pag. 25. ꝛc. diese
Amalgamation mit allen Umſtänden und Handgriffen deutlich ausgeführet.

Die

Die dritte Abtheilung.

Von der Aneignung durch Veränderung der Gestalt der Dinge.

§. 409.

Die Aneignung mittelst der Veränderung der Gestalt geschiehet, wenn eines oder das andere, von denen zu vereinigenden Dingen seiner eigenen Gestalt, darinnen es sich nicht will vereinigen lassen, beraubet, und in eine solche gebracht wird, da es sich zu den Eingang in die Verbindung geschickt beweiset.

§. 410. Dergleichen Aneignung wird nach der Gestalt eingetheilet, in 1) die im Fluß, 2) als eine Erde, 3) als ein Saltz, und 4) mercurialisch die Sachen machet, und dahin bringet.

§. 411. Die Aneignung, so im Fluß geschiehet, betrifft vornehmlich den Schwefel, die Saltze, die Gläser und Metalle, als welche alle vor sich dichte, trockne, ruhende und leidende Cörper sind, durch das Feuer aber in eine Erweichung, Zartheit, Flüßigkeit, Bewegung, Thätlichkeit und Geschicklichkeit etwas anzunehmen, gebracht werden.

§. 412.

§. 412. Nach der Grund-Mischung der Dinge und ihren Wesen, das ist, in allereigentlichsten Verstande, kann dieses keine umformende Aneignung genennet werden, weiln alle diese Sachen, in so ferne von denselben nichts als ihr Fließen verlanget wird, ihren ordentlichen Zusammenhalt im Feuer erhalten, ob gleich einige derselben endlich durch das Feuer verstellet werden.

§. 413. Doch ist hierbey nicht ein geringer Unterscheid zu bemercken, ob nehmlich nöthig und nützlich sey, die Saltze, Schwefel und Metallen ausser dem Feuer in ihren natürlichen Zustand zu nehmen, und nur in einem Digerir- und Macerir-Gefäße zu haben, oder, ob es nöthig sey, selbige in ihrer fließenden Gestalt, welche durch das Feuer in einem Schmeltz-Tiegel, oder in einem andern zum Schmeltzen schicklichen Gefäße nach Gelegenheit der Materie geschiehet, zu gebrauchen.

§. 414. Und zwar, was das Glaß anbelanget, so ist selbiges als ein wo nicht gäntzlich todter Cörper, doch als ein solcher, welcher in seiner Ruhe ist, zu betrachten, und kann weder bey der Verbindung, noch einer

ner andern chimischen Arbeit etwas thun,
wenn es nicht schmelzend ist.

§. 415. Es sind aber vornehmlich der
Schwefel und die Metalle, deren Fluß zu
befördern sehr zuträglich ist. Der Schwefel beweiset sich manchmahl sehr thätlich,
z. E. in den so genannten Bley-Processen,
wenn, da der Kalck des Metalls durch die
Saltze genug gebeitzet, und dünne gemacht,
mit denselben in einer sehr linden Wärme
gehalten wird, so daß er sich kaum sublimiret, geschweige denn, daß er fliessen sollte;
Auf eine andere Weise, z. E. dahin zu bringen, daß das Silber Gold giebt, thut er
das seinige gar wohl, wenn das Metall in
Blättgen geschlagen, und diese in Schwefel gekocht werden. *

§. 416. Bey denen Metallen sind zwar
auch ohne alles Feuer, Wege und Endzwe-
cke da, wo sie das ihrige wo nicht thun, doch
an sich thun lassen, besonders, wenn man
selbige mit denen Saltzen quälet und mar-
tert: Was aber gegentheils ein Metall
im Fluß, da es denn weit durchdringender
ist, zu seiner Zeit auszurichten vermöge,
erhellet auf mehr als eine Art daraus, wenn
man auf selbiges etwas einträgt; Hierbey
kann das Silber, welches in der Glaßma-

R   cher-

cher Hitze mit Glaß etliche Tage und Wochen erhalten worden, und daher dichter,
oder wie man es nennet, fix gemacht ist, als
ein Exempel dienen; * Desgleichen die
Projection der Philosophischen Tinctur
selbst.

§. 417. Ja, wenn ich bedencke, was der
Elias Artista bey dem Helvetio vorge-
geben, daß die Bereitung des Steines binnen vier Tagen, angefangen und vollendet
werde, und er auch den Stein, wie er noch
an den Scherbeln des Tiegels gehänget, gezeiget hat; so glaube ich, würde die Frage
nicht so gar ungereimt seyn, ob nicht die so
genannten verdrüßlichen langen Monate
natürliche Tage und also eine gar kurtze
Zeit ausmachen? und ob nicht eine Art
seyn könne, da die gantze Arbeit nur in Erhaltung eines feurigen stärcksten Flußes bestehe, der durch ein gutes Gebläse oder
Lufft-Zugwerck beständig erhalten werde?
welches aber nicht in iedem Laboratorio und
nach iedweden Kopffe angehen möchte.

§. 418. Unterdessen wolte ich denenienigen, welche die Gelegenheit des Orts darzu haben, dieienigen Arbeiten bestens empfehlen, da nicht allein die Metallen in einem sehr langen Fluß erhalten, sondern
auch)

auch auf selbige mancherley z. E. mineralische Kalche, Erden, Gläser eingetragen werden, um zu untersuchen, ob nicht zum wenigsten hierdurch einmahl eine Historie von dem Verhalten derer Erden gegen die Metallen, zu Stande gebracht würde; welche vielleicht auch einigen Nutzen bringen könnte, und darüber man wohl noch itzt höhnisch wäre, und nicht einmahl daran gedächte, wenn nicht der Meßing vor Augen läge. Allein, es sind so wenig dergleichen Leute, welche sich an dieses Feuer machen, als es selten einen vernünfftigen Untersucher in der Chimie giebt.

§. 419. Was man zu einer Erde machen kann, sind vornehmlich die Steine, Ertze und Metallen, und solches geschiehet, wenn man ihren Zusammenhalt verringert, und ihre Metall-Gestalt zerstöhret; Es wird entweder durch die Calcinirung vollbracht, als die Steine, Ertze und unvollkommenen Metallen; oder durch die Sublimirung; oder durch den Niederschlag.

§. 420. Das lebendige Qvecksilber kann durch den Wein-Eßig, und die Granaten können mit Lauge gebeizet werden; Das gemeine Küchen-Salz trägt zu der Ein-

sche-

cherung des Bleies auf eine besondere
Weise bey. Der Schwefel befördert die
Verbrennung des Kupffers und Eisens.
Die Calcination des Quecksilbers, welche
allein vor sich im Feuer schwer zu vollbringen ist, kann durch das Silber, wenn es
damit in ein Amalgama gebracht worden,
leichter erhalten werden.

§. 421. Basilius spricht: Welcher
Meister, keine Aschen hat, der kann auch
kein Saltz machen zu unserer Kunst, denn
ohne Saltz kann unser Werck nicht leibhaff-
tig gemachet werden, denn die Erhärtung
aller Dinge würcket das blosse Saltz alleine, in vierdten Schlüß. p. 38. Aus allen
Sachen kann eine Asche gemachet werden,
sagt ein andrer in Phys. subterr. p. 634. und
eben derselbe anderswo: Mache Aschen;
setzet auch aus dem Helmont darzu: Die
aufs hefftigste calcinirten Dinge, werden
mit aufgelößten und gefaulten Salmiac
süsse gemacht, oder in einen Mercurium,
der nicht so scharff, und nicht so fressend,
wie der gemeine ist, gebracht. Dahin
auch des Gebers Spruch zielet: Die
Principia der Metallen können nicht zusammen gehen, wenn sie nicht zur Erden
gemacht sind, s. Becher. p. 839.

§. 422.

§. 422. Die Sublimirung giebt zärtere Kalcke, welche man Blumen nennet,
als des Arsenics, des Bleies, des Wiß-
muths, des Spiesglases ohne Zusatz; ferner die Blumen des Spießglases durch
das Verpuffen mit Salpeter, des Kupffers
und Eisens, durch den Salmiac, (ich weiß
nicht, ob ich dieses auch vom Golde sagen
soll,) endlich auch vom Wein-Stein-Saltz.
Welche Sublimate alle zusammen, sowohl
die erdenen, als die saltzigen, eine mercklich angehende Eigenschafft haben, wie
solches leicht zu vermuthen.

§. 423. Die Præcipitation ist die Scheidung einer Sache, welche durch etwas drittes verrichtet wird, diese ist auch daher nicht
rein und allein, sondern daß sich etwas von
dem niederschlagenden in das niedergeschlagene einschleichet, und darinnen hengen bleibet, und also unter die verbindenden Arbeiten zu rechnen ist. Sie geschiehet entweder in trocknen oder nassen Wege, wie man zu reden pfleget.

§. 424. Die im trocknen Weg geschiehet, wenn ein Metall dem andern, als
der Spiesglas-König dem Zinn, das Zinn
dem Kupffer, das Kupffer dem Eisen; ja
endlich alle unvollkomnene Metallen dem

R 3   Eisen,

Eisen, und alle Halb-Metallen, dem
Schwefel entrissen und zu Boden geschlagen werden; dahin auch die beruffene trockene Scheidung, da das Gold aus dem
Silber durch Schwefel und Eisen geschieden wird, doch einer andern Ursache wegen, zu zehlen ist. *

§. 425. Es gehöret dieses alles eigentlich nicht hierher, weiln das, was niedergeschlagen wird, dadurch in seiner Gestalt
keinen Abbruch leidet, (ohne daß das, woraus der Niederschlag geschiehet, verstellet
wird,) sondern das verlangte Metall erscheinet in behörigen metallischen Ansehen,
sonst aber verdienet es doch hauptsächlich
mehrere Versuche, und eine Frage, ob
nicht manchmahl etwas gantz anders, oder
auch bisweilen eine Vermehrung, z. E.
des niedergeschlagenen Goldes, durch solchen Niederschlag sich zutrage.

§. 426. Die andere Scheidung im nassen Weg geschiehet, wenn man eine Erde,
vornehmlich eine metallische, aus einer
Solution, die entweder durch ein Alcali
oder durch ein Acidum gemacht worden,
dort durchs Acidum, hier durch ein Alcali
niederschläget. *

§. 427. Diese stellet das vorher aufge=
löste Metall in einer andern, nehmlich er=
denen Gestalt vor, welches man einen Prä=
cipitat nennet, oder auch mit dem Nah=
men eines Kalcks beleget; daß aber dieser
mit dem Kalcke, der aus einem Metall be=
sonders alleine vor sich durchs Feuer ge=
macht wird, nicht einerley sey, ist nicht
nur bey der Aneignung, sondern auch nur
so betrachtet, leicht zu ersehen.

§. 428. Ich will nicht ausführen, daß
in währenden Niederschlagen die allerge=
schwindeste und fürwahr recht Verwand=
lungs=mäßige Ergreiffung des Nieder=
schlags mit dem Niedergeschlagenen ge=
schehe, welches unter andern nicht so selt=
nen Exempeln ienes Experiment vom Pa=
racelsischen Antimonio mit dem Menschen=
Koth lehret, da sich der aus der Solution
des Quecksilbers gemachte Präcipitat ge=
wiß silberhafft beweiset, wie ich solches
weiß; dabey aber auch noch die Anmer=
ckung an die Hand giebet, daß nicht eben
die Länge der Zeit zu allen Verbindungen,
wenn es auch radicale wären, unumgäng=
lich nöthig, sondern auch die geschwindeste
Verbindung bisweilen von der allerkräff=
tigsten Würckung sey.

§. 429. Dieses ist zum wenigsten hier
zu mercken, daß die Cörper, hauptsächlich aber, was metallische sind, wenn sie
aus ihren Solutionen niedergeschlagen
sind, eine andere Geschicklichkeit annehmen, damit sie zu einer neuen Verbindung
mit etwas andern können gebrauchet werden. Der Wein-Eßig, wenn er auch der
allerschärffste ist, und das lebendige Quecksilber werden sich vergeblich mit einander
in ein Ehebette legen, so bald aber erstere
zu einem Kalcke gemacht ist, so bekommt
es die allerhefftigste Begierde, ein Saltz
in seinem Leibe zu empfangen, und wird
also selbst zu einem Saltze gemacht.

§. 430. Die Verwandlung der Cörper in ein Saltz, welche auch an sind vor
sich recht betrachtet, eine Art von der durch
Zusatz bewürckten Aneignung ist, bestehet
in einer äusersten Flüßigkeit eines trocknen Cörpers: da denn ein andrer oder
metallischer Leib in einem einfachen sauren
oder alcalischen Saltze also einverleibet
wird, daß es von diesem gantz und gar
verschlungen, und nicht mehr gesehen wird,
sondern vielmehr in einer gantz andern Gestalt, welche sehr dünne und Wasser-flüßig
ist.

ist, in einem andern Gewebe, und in einer
andern Farbe hervor komme.

§. 431. Dergleichen zu Saltz gemach=
tes Wesen wird an und vor sich, so, wie es
entweder ietzt ausgebohren, oder in einer
crystallischen, oder in einer sonst angesetz=
ten, oder in einer zerschmeltzten Gestalt
ist, zu seinen Verbindungen genommen;
Von erstern findet man ein Exempel bey
dem Vitriol des Qveckfilbers, um daraus
einen Mercurium sublimatum zu ma=
chen; Vom andern ist dergleichen zu se=
hen in dem Liqvore des Arsenics und der
Kieselsteine, und kann nicht mit Worten
genug hiervon geschrieben werden, was
die metallischen und steinigten Saltze, wel=
che durch das Zerfliessen darzu geworden;
vor eine eingehende Krafft auf andere Cör=
per haben.

§. 432. Die Mercurification ist eine
Zertreibung eines Metalls in eine bestän=
dige Flüßigkeit und mercurialische Gestalt.
Daß dieselbe nüdlich, wollen vornehmlich
folgende angemerckte Umstände uns an=
deuten: Denn so ist erstlich ein Metall im
Feuer flüßig, und kömmt mit dem Flüßen
des Qveckfilbers ziemlich überein; zum
andern ist eine freundschafftliche und un=

zerstörliche Vereinigung zwischen dem
Qveckſilber und Metallen, welche derienigen, die zwiſchen dem Waſſer und Eiß iſt,
ziemlich gleich kommt. Was die Art und
Weiſe, ſelbiges zu erhalten, anbelangt, will
ich nur dieſes gedencken, daß man ſehr wohl
darauf ſehen müſſe, ob etwas abzuſcheiden
nöthig ſey, und ob man ſich nur bemühen
darff, die Geſtalt der Sache zu geben,
oder ob man ſich nach der rohen Materie,
wie ſie in ihrem erſten Weſen iſt, umſehen
müſſe? *

§. 433. Wenn das wahr iſt, was Helmont ſpricht, daß die Aneignung des gemeinen Qveckſilbers darinne beſtehe, daß
man, ich weiß nicht was vor einen fremden Schwefel abſcheiden müſſe, ſo ſchiene
Krafft des Gegen-Satzes zu folgen, daß
die Mercuriſication der Metallen durch einen Zuſatz zu ſuchen wäre. Auf welchen
Schlag Becher in der Phyſ. ſubterr. p. 632
lehret: Bey der Mercuriſication iſt nicht
eine Scheidung der Theile vorhanden, ſondern ein Zuſatz, um eine verdoppelte Verſetzung zu machen.

§. 434. Daß aber die Mercuriſication
eine Aneignung eines Metalles zu einem
andern ſey, darinnen ſtimmen nicht etwa

ein

ein oder andere, sondern alle Arbeiten und
Versuche derer, welche die Sache recht
wohl überleget haben, zusammen.

Anmerckungen.

Zum §. 411.

Ich habe schon vorher angemercket, daß eine
Haupt=Eigenschafft des Feuers sey, die Cörper flüßig zu machen, dieses will ich nun nicht
wiederhohlen, sondern nur erinnern, daß hier
nicht ein Aneignungs=Mittel, sondern nur ein
angeeigneter Stand der Materie sey, wiewohl
auch ein Aneignungs=Mittel noch darüber einen
besondern angeeigneten Stand nöthig haben
kann. Bey denen Schmeltzen ist die Flüßigkeit nicht nur die angeeignete, sondern gar die eigentliche, einzige hierher gehörige Gestalt der
Metallen, und metallischen Gemenge, also, daß
ohne derselben, niemahls kein Ertzt kann zu Metall gemacht werden. Es müssen sich zwar die
Spanier in America, theils, wegen des Holtz-
mangels, theils, wegen der ungemeinen Zartheit ihrer Ertze, mit dem Zugutmachen durch das
Amalgamiren behelffen, auch ist in Ungarn und
andern Orten, zumahl bey Gold=Ertzen, eben
dieses gebräuchlich: Allein, auch hier kommt das
Metall aus dem Ertzt in eine flüßige Gestalt
mittelst des Qvecksilbers. Auch muß es doch

zu=

zuletzt, in einem Schmeltz-Feuer vollends gut
gemacht, und durch den Fluß zu seinen rechten
Bestand gebracht wird, welches von denen
Ungarischen Bergwercken gantz gewiß ist, von
denen Americanischen aber zu vermuthen stehet.
Von letzteren müssen wir solches nur vermuthen,
wenn wir Barba Bergbüchlein nicht gantz, sondern nur halb haben, deswegen ich denn öffentlich zu bitten, nicht umhin kann, daß, wenn
iemand eine Ausgabe dieses Büchleins in Spa-
nischer Sprache besitzen sollte, er selbiges doch
entweder selbst, oder durch einen Bergwercks-
verständigen übersetzen lassen, und ausgeben
wolle. Es würde hierdurch allen Liebhabern
und Naturforschern ein ungemeiner Gefallen geschehen, und ich wollte meines Theils mich glücklich schätzen, wenn ich auch nur das wenigste
hierzu beitragen könnte. Gantz und gar können
doch die Exemplare davon nicht verloren gegangen seyn, maßen dasselbe, nach Herrn D.
Brückmanns Bibliotheca metallica zweimahl,
als zu Madrit 1640, und zu Corduba 1674,
gedruckt worden. So wie wir es ietzo besitzen,
fehlet der beste Theil, maßen nur die Vorarbeit
in den zwey erstern Büchern beschrieben ist, daraus wir aber urtheilen können, was vor nützliche
Anmerkungen und Entdeckungen in der Folge
noch zu gewarten sind. Es läufft der Nutzen
hier-

hiervon zwar nur auf gelehrte Erkenntnüß solcher Wahrheiten hinaus, die wohl eigentlich
nicht gebrauchet werden können, aber wer weiß,
in was Umständen selbige mit einer Veränderung und geschickten Anwendung gute Dienste
thun würden. Welcher Besitzer aber, von einer
Spanischen Ausgabe wollte so von der Pflicht
der Gelehrten entfrembdet seyn, und das, was
ihm ein Vergnügen macht, auch nicht andern
gönnen, da ihm hierunter kein Schaden geschiehet, sondern seine Edition doch eine ungemeine
Seltenheit bleibet, er aber hierdurch das Lob
einer ruhmwürdigen Gefälligkeit, und eine Verehrung seines Nahmens von allen Liebhabern zu-
getheilet bekommt.

Zum §. 413.

Ein Beyspiel von diesem Satze siehet man in
der kleinen Probe, bey dem Eintrencken ins Bley,
maßen hier viel darauf ankommt, ob das Bley
recht im Treiben sey. Diese Kleinigkeit sollte
uns zur Erkenntnis bringen, wie schwer es sey,
eine Operation in kleinen auch auf eine grosse Arbeit einzurichten, denn es geschiehet zwar etwas
dergleichen auch in grossen, da man frisch Bley,
oder flüßige Schlacken vorschläget, aber es kann
doch nicht mit den Umständen und so genau, wie
es wohl zu wünschen, getroffen werden.

Dieses sind artige Versuche, die durch ihre Umstände viel lernen können. Kunckel hat zwar geklaget, daß auf diesem Weg nichts zu erhalten sey, aber da er so offenhertzig ist, und erzehlet, was er vor Schlösser in die Lufft gebauet habe, so siehet man wohl, daß die Begierde ihn geblendet, auf die besondern Umstände aufmercksam zu seyn, wie denn dieses überhaupt sein Fehler ist, daß er dasjenige, was er nicht selbst erfunden, auch nicht genau betrachten wollen. Diejenigen, welche den Schwefel vor den Mann in dem metallischen Ehestand halten, werden wohl hier etwas vor sich zu finden vermeinen, allein, da Basilius dem Schwefel in seinem Bergbuche so eine schlechte Stelle giebt, so kann ich die Ursache solcher Zeitigung nicht auf ihn schlechterdings legen. Es stünde demnach zu versuchen, ob ein ieder Schwefel also das seinige thäte, und wo solches nicht geschähe, so würde man befinden, daß der Schwefel, der von dem Metall-Ertzt schon wieder ausgeworffen gefunden wird, nicht dasjenige thue, was ein andrer, der noch in einen Ertzt und seiner Blüthe stehet, vermag.

Vielmehr dienet dieses Exempel zu dem, was ich bisher von Schlacken, von Verschlacken, von

der

der Ausgeburt der Metallen aus den Schlä-
cken ꝛc. gesagt habe; Wenn man aber durch dieses Exempel veranlasset, beides die Betrachtung von Schlacken, und vom Fluß zusammen
nehmen wollte, so wird man den Grund vieler
nützlichen Wahrheiten dadurch einsehen. Der
offt angeführte Orschall erzehlet einen Versuch,
da man Kupffer in Glaßmacher-Töpffen unter
dem Glase im Fluß eine Zeitlang gehalten, dabey dieses merckwürdig ist, daß die Töpffe ohne
zu zerreissen im Feuer länger als sonst beständig
geblieben. Auf diese Weise kann ein Versuch
zu Entdeckung einer Wahrheit, daran man gar
nicht gedacht, öffters dienlich seyn.

Zum §. 418.

Dieser Vorschlag des Herrn Verfassers ist
von grosser Wichtigkeit, und von demselben auf
richtige Grund-Sätze, so wohl als auf gewisse
Erfahrungen gebauet, er giebet denselben zwar
sehr kurtz an, aber er ist weitläufftig genug, so,
daß einer wohl seine meiste Lebens-Zeit daran
wenden müste, und doch ohne den Vorschub eines Landes-Herrn nimmermehr zu erwünschten
Ende und Nutzung gelangen möchte. Wenn
aber dieses Werck, auf Kosten eines gesegneten
Berg-Herrn, unternommen und getrieben würde,
de, so sollte man sich wohl gar bald über die Zu-
nah-

nahme der Einkünffte zu erfreuen haben. Herr
Becher, der auf diesen Schlag dergleichen
angab, wurde aus Neid verfolgt und gehindert, daß es nicht zu Stande kommen konnte,
seine Vertheidigung hat er am Tag geleget, und
niemand hat darwider etwas einzuwenden ver-
mocht, ja die Holländer selbst haben ihm nicht
ablegen können. Wie aber Becher dieses nur
auf Sand und tingirende Gläser gerichtet; so
gehet der Herr Berg-Rath noch weiter, und
meynet, daß man nebst den erstern auch alle metallische Kalcke und Erden auf Silber im Fluß
tragen solle, ich wollte aber dieses noch auf mehrere Arten erstrecken, und sagen, daß man auch
dem Silber in seinem Fluß behülflich seyn könne, indem man Sachen zusetzet, die diesen Cörper ausdehnen, und aus einander halten, also
auch einen zärtern Fluß und grössere Geschicklichkeit, etwas an und in sich zu nehmen, verursachen.
Man könnte auch statt des Silbers noch andere
Metalle im Fluß erhalten, und auf solche ein-
tragen; auch so gar selbige mit einer Veränderung ihrer Gestalt hierzu gebrauchen, wie denn
kein Zweiffel ist, daß die Glöthe, wenn sie im
Fluß erhalten wird, noch eher und auch mehrere
Arten der Erden annehmen kann, als alle übrige Metallen. Und hiervon kann schon vieles
gesagt werden, nur ist es nicht ein Werck vor eine

ne Privat-Person, auch ist nicht ieder hierzu
geschickt, denn es will Arbeit und Mühe machen,
und doch muß dabey der Kopff munter bleiben,
damit nichts schläffrig gethan, auch nichts ver-
faselt werde, sondern allezeit die Erfindung mit
Beurtheilung und Ueberlegung geschehe, welches auch nach verrichteten Versuchen nochmahls
nöthig ist.

Zum §. 419.

Nicht alle Vererdung kann unter die Arten
der Aneignungen gezehlet werden, denn da die
Aneignung ein Hülffs-Mittel zur Verbindung
seyn soll, so muß ein Cörper nicht in eine solche
Erde zurück gebracht werden, die weiter keiner
Verbindung fähig ist, davor denn der Künstler
gewarnet seyn soll. Ich weiß zwar, daß der Herr
Berg-Rath der Meinung war, man müsse sich
nicht vor einer todten Erde, oder auch gar vor
einer Terra damnata fürchten, und er hatte gar
sehre und wohl recht, indem er als ein behutsa-
mer Naturforscher seine unterhabenden Dinge
niemahls so zermartert und verderbet, daß er eine Terram damnatam darinnen gefunden; daher konnte er den Satz machen, daß in denen
natürlichen Cörpern keine solche fürchterliche ver-
fluchte Erde sey, darzu ich setze, um alle Sorge
zu heben, daß sie nicht mercklich, auch bey dieser

S   Art

Art Arbeiten nicht schädlich sey.　Allein es muß
auch ein Arbeiter darauf sehen, daß er nicht
selbst verdammte Erde mache, welches, da es
Kunckeln widerfahren, auch andern, die noch
nicht so weit als dieser gekommen sind, vorfallen
könnte.

* Zum §. 420.

Die Calcination geschiehet entweder in nassen Weg durch scharffe Wasser, oder in trucknen
Weg durchs Feuer, und hat davon der Herr
Autor in diesem §. Exempel angeführet: Beide
Wege sind vor die Wahrheit gefährlich, unrein
und mangelhafft, indem es nicht ohne Vermengung oder Verflüchtigung abgehet; allein möchten sie zu einen Beweiß nicht zulänglich seyn,
wenn man aber den Zutritt der Lufft, desgleichen
die Verwitterung, davon ich in vorigen gehandelt, und besonders das schlechte Wasser zu
Hülffe nimmt, so kann man hier schon mehrers
thun und erfahren.　Auch schicken sich nicht alle
metallische und mineralische Sachen auf gleiche
Art hier an, und muß man wohl sehen, daß,
was man auf diese Art bey einem gut machet,
auf eben dieselbe ein anders nicht verderbet werde.　Absonderlich muß man dieienigen Ertze,
welche sich im Feuer calciniren, in Betracht nehmen, und derselben Vererbung auf alle Art und
Weise

Weise zu verhindern suchen, indem sie würcklich
alsdenn zu keiner sonderlichen Vereinigung sich
schicken wollen. Gegentheils gehet es mit der
Vererbung glaßachtiger Cörper zwar langsam
zu, aber sie hat ihren Nutzen, zumahl, wenn dergleichen schon einmahl im Feuer gewesen sind, so
kann man auf verschiedene Wege auch wichtige
Unterscheide bemercken, ich wollte gerne umständ-
licher schreiben, aber Zeit und Raum lässet es
nicht zu, doch eine Haupt-Wahrheit, welche zurück zu halten, mir die aufrichtige Liebe zu Vermehrung der Wissenschaften verbietet, ist diese:
Die Vererbung ist nicht allezeit der nächste
Stand zur Verbindung, auch nicht rathsam,
daß man alles also gebrauche, man lasse es lieber durch Staffeln vorwärts gehen, wie es rückwärts gegangen.

Zum §. 422.

Die Sublimirung ist eine zur Untersuchung
des Mineral-Reichs sehr dienliche Arbeit, nur
muß man wissen, wenn und wie man sublimiren
soll: Die hierher gehörigen Mineralien sind
nicht alle einander gleich; Die geschmoltzenen
Metallen schlechterdings zur Sublimation genommen, werden niemand sonderlich klug machen; Wenn die Sublimirung auf die Vererbung folgt, siehet man schon mehrers, und so

man

man hier das rechte Fleckgen trifft, weder zu
balde, noch zu geschwinde kommt, wird noch der
Arbeit nicht viel zurücke bleiben. Doch muß
man überlegen, ob man im trocknen oder nassen
Weg vererbet habe, ersteres erfordert Wasser
und Feuer, letzteres aber Salz zu seiner Arbeit.
Ubrigens ist die Sublimation auch ein vorläuffi-
ger Versuch, zu erfahren, wie man die Ertze im
Rösten behandeln solle.

Zum §. 424.

Die Präcipitation ist eine bey dem Schmeltzwesen höchst nützliche Sache, allein sie bewürcket daselbst keine Vererbung, sondern, da die
Metall-Theilgen durch den Niederschlag nicht
aus der Feuers-Glut erlöset werden, so fliessen
sie zusammen, und werden ein förmliches Metall. Das, woraus sie niedergeschlagen werden, ist meistentheils ein Gemenge von Schwefel und Schlacken, der beste Niederschlag, dabey
ist das Eisen, welches entweder in metallischer
Gestalt, vorsetzlich mit Zusetzung Hammer-
schlags ꝛc. zufällig durch die abgenützten Poch-
Eisen darzu kommt, oder es findet sich als eine
Eisen Erde im Kieß ꝛc. dabey ein. Eine Veränderung der Gestalt zu einer desto leichtern Verbindung muß ich hier anführen, welche sich bey
denen Hüttenwercken zuträgt, ohngeachtet sich
selbige

selbige so wenig, als obige hieher schicket, aber auch sonst unter keinen einzigen Nahmen in diese Abtheilung zu bringen ist. Selbige ist die Beschickung des Kupffers auf denen Seiger-Hütten. Man nimmt daselbst das Kupffer, wie es noch mit überflüßigen Schwefel angefüllet, und daher in seinen Theilen noch sehr offen, und etwas anzunehmen geschickt ist, und versetzet es mit Glöth. Hier sind beide Metallen in einer fremden, ihnen nicht eigenen Gestalt, beide gehen deswegen weit eher zusammen in eine Verbindung, das Kupffer kann auch ein mehreres von seinem Schwefel ablegen, weiln die Glöthe desselben mehr annimmt, als wenn sie Bley, und schon mit einem Theil Schwefel versehen wäre, und da das Kupffer seinen Schwefel also leichter loß wird, so lässet das Silber in demselben den Schwefel noch eher und leichter fahren, daher denn die Seigerung geschwinder, und mit mehrern Ausbringen von statten gehet.

Zum §. 426.

Wer bey den alcalischen Solutionen noch ein anderes Mittel, als ein Saures anzubringen weiß, wird in dieser Arbeit einen besondern Weg, die Metalle zu zerlegen, erfinden können; Es kommt alles darauf an, daß die Metalle, welche in der Auflösung eines ihrer Theile sind beraubet worden, denselben, oder etwas anderes fremdartiges nicht wieder annehmen, im ersten Fall arbeitet man vergebens, im andern aber unreinlich und verworren.

Zum §. 431.

Bey denen metallischen Arbeiten ins Grosse, kommt so leichte nicht ein Saltzmachen vor, ausser wenn man die Alaun- und Vitriol-Wercke hierher rechnen wollte, dabey das Rösten, Abschwefeln, der Zutritt der Lufft die Haupt-Umstände sind, auf welche man muß Achtung geben. Unterdessen, da der Herr Verfasser von einigen Saltzmachenden Auflöß-Mitteln redet, so kommt es nicht uneben, vom Ertz-Beitzen hier etwas anzuführen. Die Alten haben eigentlich gar nichts davon gewußt, Ursach, weiln sie nichts als reiche milde und weichflüßige Ertzte gewonnen, die strengen und unartigen Anbrüche aber unberührt gelassen haben; In neuern Zeiten, da man alles, was nur halbwege gut ist, mitnehmen müssen, hat die Noth angetrieben, auf Mittel zu sinnen, wie man die Unart bezwingen möchte, allein, so lange wir noch gutes und schlechtes bey einander haben, und also eines dem andern forthülfft, möchte die Noth, und auch der Ernst nicht so groß werden; Sollten aber in künfftigen Zeiten,

ten, die recht eigentlichen weichflüßigen Ertzte sich
abschneiden, so würde ein Naturforscher, der der=
gleichen Ertzt=Beitzungen mit Bestand angeben
könnte, sehr lieb und werth gehalten werden. Es
ist wahr, alles, was bisher hiervon angegeben
worden, ist unzulänglich und unordentlich; die
Ursache hiervon mag seyn, daß man noch nicht
eine rechte Erkenntnis der Ertzte und Minera=
lien gehabt; ietzo, da es in diesem Stücke mehr
und mehr Tag zu werden beginnet, möchte et=
was zuverläßlicher diesfalls können gesprochen
werden. Die Mineralien, welche bey den Ertz=
ten befindlich, und/doch mit selbigen nicht kön=
nen zu gute gemacht werden, sind Erd=Hartz,
oder bituminöse Wesen, Schwefel, Vitriol in
denen wieder verwitternden Ertzten, Arsenic mit
seinen Arten. In wieferne nun selbige das
Ertzt=Beitzen nöthig haben, wollen wir mit we=
nigen sehen: Die bituminösen Säffte schaden
denen Ertzten in so weit, weilen sie nicht flüchtig
sind, nicht so gleich und leicht verbrennen, son=
dern sich und das Feuer lange im Ertzt erhal=
ten, dadurch solches zu einer Asche oder Kalck
verbrennet wird, also bringt hier das Feuer mehe
Schaden als Nutzen. Der Schwefel ist zwar
nicht so arg, aber, er macht doch, wie bekannt,
viel Schlacken, und wo er gar zu häufig ist, erfor=
dert er auch viel zu seinem Niederschlag, verur=

sacht

sacht also ein grosses Hauffwerck, und daß das
gute Metall sehr weit darinnen zertheilet wird,
wo also der Schwefel gar zu überflüßig, kann
man ihn nicht wohl in die Beschickung mit neh=
men, will man ihn durchs Rösten vorher fort=
treiben, und das Metall dabey ist sehr zart, so
gehet beides zugleich fort, auch veranlasset der
Zutritt der Lufft eine Vitriolescirung.　Also
möchte das Ertzt-Beitzen hier wohl auch dienlich
seyn.　Der Vitriol ist vollends im Schmeltz=
Feuer denen Ertzten sehr schädlich, machet sie
strengflüßig, frißt ihnen die Fettigkeit aus den
Kohlen vor dem Maule weg, und giebt eine weit
schlimmere Schlacke als der Schwefel selbst; im
Rösten läßt er sich auch nicht völlig verjagen, son=
dern sein strenger Todten=Kopff bleibet zurücke,
und hier ist das Ertzt-Beitzen nöthig und nützlich.
Der Arsenic scheinet endlich, als wenn er mit
dem Feuer am ersten zu verjagen wäre, es ist
aber schon bekannt, daß dieser Vogel, wenn er
zu gähling mit dem stärksten Feuer angegriffen
wird, fein säuberlich darinnen sitzen bleibet, sich
auch nicht verbessert, sondern vielmehr das gute
Metall noch verschlimmert. Sollte es nun nicht
der Mühe werth seyn, zu versuchen, ob diesem
Vogel die Federn nicht könnten abgebrühet wer=
den? Was nun die Auflös-Mittel zu der Bei=
tzung dieser Arten anbetrifft, so sollte es wohl bey

so

so vieler chimischen Erkenntniß nicht schwer fallen, auch ohne meine Anregung dergleichen auszufinden; Dieses wäre um so viel besser, da manchem sonst eine allgemeine Lehre im Wege stehet, bey diesen oder ienen ausserordentlichen Vorfall, auch etwas besonders zu erfinden und anzugeben. Und, offenhertzig zu reden, wird ein General-Proceß nichts nützen, wenn er nicht an einen gescheiden Kopff kömmt, der selbigen zu ändern und anzuwenden weiß, verstehet er aber dieses, so kann er auch die allgemeinen Grund-Sätze selbst ausfündig machen. Doch, damit ich im Hauptwerck nicht so gar leer abscheide, so melde, daß ein hurtiger und fleißiger Kopff bey der ersten Art den Alaun, bey der andern die Schwefel-Leber, bey der dritten das schlechte Wasser, bey der letzten aber, den Mercurium sublimatum nicht vergessen, sondern recht betrachten und in Obacht nehmen soll. Dieses alles will mehr sagen, als wenn ich von Laugen, Saltzen, Kälck ꝛc. von sauern und süssen nach der Länge vieles hergeschrieben hätte, welches alles gantz gut, aber ohne Application nichts nütze ist.

Zum §. 432.

Die Lehren, welche hier der Herr Verfasser wegen der Mercurification giebt, sind schön und gründlich; ich kan und will mich hierüber nicht

S s   weiter

weiter herauslassen, machen solches mehr zur Alchimie, als dem Berg - und Schmelzwerck gehöret. Ein Vorurtheil aber bey dieser Sache kann
ich nicht ungetadelt lassen, nehmlich, was meynet, ein Mercurius aus den Metallen müsse allezeit in laufender Gestalt erscheinen, und wo man
solche nicht siehet, da glaubt man auch nicht, daß
ein Mercurius da sey. Gewiß, diese schädliche
Einbildung hat verhindert, daß mancher, der einen Mercurium eines Metalls in seinen Händen
gehabt, selbigen doch nicht gekannt hat, und ich
muß mich hierüber erklären, weiln es nicht allein
zur Alchimie, sondern auch zu Untersuchung derer Grund-Wesen in denen Metallen gehöret.
Erstlich, so ist auch in dem gemeinen Quecksilber
die laufende Gestalt etwas zufälliges; denn
Pomet erzehlet, daß bey Bereitung des Quecksilbers aus seiner Minera ein aschengraues Pulver sich finde, welches aber das pure Quecksilber
ist, und sobald als es ins Wasser kommt, seine
laufende Gestalt erhält, ist also sehr wahrscheinlich, und alle pflichten nur hier bey, daß einige
Wäßrigkeit in das Quecksilber übernommen werde, ia, die Alkimisten wollen eben diesen Wasser-
süchtigen wiederum austrocknen und heilen. Da
es nun was zufälliges ist in dem gemeinen Quecksilber, wer wollte denn davon auf die Mercurios
der Metallen eine Folge machen? Zum andern
ist

ist bekannt, daß ein weit wen ger Theil eines Me=
talls, eine gute Menge Qveckſilber aus ſeiner
laufenden Geſtalt bringen könne, wenn es mit
ſelbigem vermiſcht wird. Ein Theil Gold kann
10. bis 12. Theile Qveckſilber ſchon ziemlich in
ihren Lauff hindern, und 4. bis 6. Theile deſſel=
ben, werden von ienem einem Theil gantz hart
und trocken gemacht. Nun muß doch in dem
Mercurio der Metallen was mehrers, als in dem
gemeinen Qveckſilber verborgen ſeyn ſollen, die=
ſes muß ſonder Zweifel metalliſch ſeyn, und alſo,
eben, wie ein Metall ſelbſt, das Lauffen des Mer=
curii verhindern können. — Da nun von Seiten
des Mercurii die Wäßrigkeit des gemeinen
Qveckſilbers fehlet, ſo kann das metalliſche
in ſelbigen, auch in einer ſehr kleinen Qvantität,
die laufende Geſtalt, welche ohnedem geringer
iſt, vollends binden, und iſt alſo wahrſcheinlich,
daß, da bey dem Gold und gemeinen Qveckſil=
ber 1. Theil 10. Theile unbeweglicher machen kann,
hier 1. Theil 100. Theile, wo nicht vertrocknen,
doch zu einer halb trocknen, kleberigten, ſchmie=
rigten Geſtalt bringen möchte.

Die vierdte Abtheilung.
Von der natürlichen Aneignung.

§. 435.

Bey dem Verbindungs-Wercke wird
gemeiniglich darauf aller Fleiß und
Mühe gewendet, daß man die beiden zu verbindenden Dinge vor erſt in den
allerreinſten Stand, der von allen übrigen Dingen geſchieden ſey, zu bringen
ſuche.

§. 436. Dieſes mag wohl von denen
Alchimiſten, beſonders aber ſolchen, welche
nur Träume, Erſcheinung und Grillen in
ihrem Kopffe haben, hergekommen ſeyn,
welche nehmlich beſtändig ſchreien: Scheide das Reine von dem Unreinen, den Seen-
gen von dem Fluch, die Principia von den
faulen Waſſern und der verdorbenen Erde ꝛc. daher es aber auch gar zu ſehr in die
Medicin ſich eingeſchlichen hat. *

§. 437. Es iſt ſolches zwar wohl in
dem groſſen philoſophiſchen Wercke ein
Grund-Satz, darwider nichts einzuwenden, und es ſoll auch bey denen geringern
Verbindungen nicht aus der Acht geſetzet
werden; Allein, es iſt doch auch zu be-
dau-

dauern, daß solches, der nach Grund=Sä=
tzen und zu folge vernünfftiger Ursachen
einzurichtenden Chimie, welche gewiß viele
Wahrheiten erfindet, so sehr im Wege ste=
het, als ob man darüber, wie über einen
allgemeinen Leisten, alles Leder könne und
solle schlagen.

§. 438. Nemlich, es sollte doch auch ein
fleißiger Naturforscher einmahl es versu=
chen, und ein drittes Wesen zusetzen, es
sey nun, daß er etwas incorporiren, oder
kräfftiger machen, oder verbinden, oder
auf eine Art, wie es hin seyn mag, bear=
beiten wolle, so würde er befinden, daß
dadurch die Vereinigung, die sonsten zu
bewerckstelligen unmöglich ist, auf solche
Weise erhalten werde.

§. 439. Und ehe man auf einen Zusatz
bedacht ist, sollte nicht einer vorher sich er=
kundigen, ob nicht das, was er verbinden
will, schon irgendwo in den Werckstätten
der Natur also zu finden sey, da es in ei=
nem solchen Stande, welchen er sich zu ma=
chen vorgenommen, oder in einer andern
versetzten und natürlich verbundenen Be=
schaffenheit, vielleicht über alles Vermu=
then, weit geschickter zu seinem Vorhaben
ist, damit er also sich nicht unnöthige Mü=
he,

he, und was schon da ist, vom neuen erst
mache?

§. 440. Ja, man soll vielmehr wissen,
daß es weder der Kunst möglich sey, noch
auch in unserm freyen Willen bestehe, das,
was man vereinigen will, vorher zu incorporiren; maßen bisweilen solche einander einverleibte Dinge erfordert worden, welche allein die Natur und gar keine
Kunst darreichen kann, und die, wenn sie
einmahl durch die Kunst von einander geschieden worden, weder mit bösen noch
guten Worten in ihren natürlichen an-
gebohrnen Stand wieder zu bringen sind,
wie wir bey dem roth-gültigen Ertzt, welches durch keine Kunst kann gemacht werden, erfahren.

§. 441. Diese Lehre ist gemeiniglich
in den chimischen Schulen bey Seite gesetzet worden, und muß daher desto mehr
eingepräget werden. Eigentlich gehöret
dieses zwar nicht zu der Aneignung, und
daher nenne ich auch selbige eine gantz entgegen gesetzte Aneignung, die nichts weniger als eine solche ist; Es kann auch nicht
hier also verstanden werden, als ob diese
Aneignung durch einen Zusatz geschähe, indem

dem die Hand-Arbeit des Künstlers nichts
dabey thut.

§. 442. Es wird dadurch nichts anders als der Gebrauch einer Materie verstanden, wie sie in ihrem natürlichen Zustand ausgewircket, unrein, und zusammengesetzet ist; und solchergestalt zur Vereinigung gehöret, darbey schön geschickt
und durch die Natur selbst angeeignet ist.*

§. 443. Doch muß ich abermahls, und
wenn ich auch darüber heischer werden sollte, sagen, daß diese Wahrheit an und vor
sich selbst, aus überflüßiger Scheidungs-
Weißheit, vergessen worden, und daher so,
wie sie auch anderswo mit beizubringen,
dieses Orts anzuführen sich gar sehr wohl
schickt.

§. 444. Das Vitriol-Oel verweigert
beständig die Vereinigung mit dem Brand-
deweln; Allein, weit williger überläßt es
sich demselben, wenn es nicht in einem ab-
geschiedenen, sondern noch rohen und versetzten Stande, nemlich der gantze Vitriol
selbst, darzu genommen wird. Hier rede
ich aber nicht von dem zur Beyhülffe gebrauchten Wein-Eßig, der sonst auch sein
Lob verdienet: Auch mag damit nicht
verwirret werden das Oleum vini, welches
durch

durch Hülffe des Vitriol-Sauern, aus einer grossen Menge des Spiritus vini, in die Enge zu bringen und zu machen ist, doch muß dabey das Vitriol-Saure würcklich und recht versüsset seyn.

§. 445. Desgleichen, wenn man das Vitriol-Saure als eine beständig, zeitig und reiff machende Sache brauchen will, so wird man gantz was anders erfahren, wenn man dieses Saure, so, wie es im Schwefel annoch stecket, nehmen, das ist, den Schwefel selbst darzu gebrauchen wollte.

§. 446. Daß der Schwefel Kupffer und Eisen flüchtig mache, habe ich in der Kieß-Historie gemeldet, wie geschicht das aber? Gewiß am wenigsten, wenn man den Schwefel mit dem Metall zusammen setzen wollte; Viel eher gehet es von statten, wenn beide noch in den Banden, wie sie mit einander ausgebohren werden, beisammen liegen, und mit einander einen Kieß ausmachen; Mit einem Worte: Wenn man einen Kieß selbst nimmt.

§. 447. Und mit dem Arsenic kömmt nicht eben das heraus, ob man ihn in seiner entblößten Gestalt, oder in seinem rohen und mineralischen Ansehen, als einen
Kieß,

Kieß, oder dergleichen etwa nehme. Denn/ man glaube mir nur sicherlich, die Kreide wird vermittelst des Arsenics silberigt, doch, wenn ein Ertzt des Arsenics, beson= ders weisser Kieß, darzu genommen wird.

§. 448. Mehr Exempel * beizubrin= gen, will die Kürtze der Zeit, da der Buch= drucker sehr antreibet, nicht verstatten; und ich halte es auch nicht vor nöthig, da sich dergleichen in der Verbindung des Sil= bers mit dem Spiritu des gemeinen Koch= Saltzes deutlich zeiget, als welches eben der Versuch ist, der zu diesem Tractat die erste Anleitung gegeben hat, und auch da= von die letzte Absicht ist. Es ist selbiger gar eine wichtige Uberzeugung, daß eine rohe und von Natur schon incorporirte Mate= rie, bey Verbindungen, die sonst sehr schwer, oder gantz und gar nicht angehen wollen/ sehr wohl könne gebraucht werden.

§. 449. Ohnlängst war ich über das roth-güldige Ertzt gerathen, nicht zwar den beschrienen Spiritum lunarem, da selbst nie= mand weiß, was er ist, draus zu machen/ sondern die Eigenschafften dieses Ertztes, sie möchten nun seyn was sie wollten, zu erforschen. Wie ich nun gewohnet bin, ohne alles Vorurtheil zu versuchen, und

T   also

also das Verhalten einer Sache, auch gegen solche Dinge, da es einem puren Theo-
retico ungeschickt scheinen möchte, durch
einen blinden Zufall zu erlauren; Also
brachte ich bemeldetes Ertzt, nach denen
andern Sauern, auch zu den Spiritum
des gemeinen Saltzes, wie solcher nemlich
vermittelst des Eisen-Vitriols gemacht
wird; Diesen Vitriol, damit ich nichts
ungemeldet lasse, hatte ich aus dem Böhmischen Gallmey-Stein, welcher alaun-
häfftig ist, vieleicht zu andern Dingen zu
gebrauchen gemacht. Und siehe da, ich bekomme daraus ein Saltz, welches ins Bley
in dem Scherbel eingetragen, nicht etwan
eine Spuhr, sondern würcklich einen ziemlichen Theil Silber gab. Ich, der ich in
Zweifel war, ob ich nicht vieleicht, mir
unwissende, einen Irrthum begangen hätte, wiederholte dieses Experiment mehr
als einmahl, und nahm nicht nur von
neuen dergleichen gantz auserlesenes Ertzt
darzu, sondern ich machte auch zu dem Ende frischen Spiritum Salis Communis, und
dieses verrichtete ich mit der allergrößtem
Vorsicht, und dadurch wurde ich endlich
auf die Gedancken gebracht, daß ich wider die insgemein angenommene Meinung
alaub-

glaubte, daß das Silber auch mit benel-
deten Sauern könne verbunden werden.

§. 450. Aus den vielen Verſuchen, welche aber mir nicht gleich gut von ſtatten
giengen, wenn ich ſelbige zuſammen nehme, will ich folgende Art, dieſes zu erfahren, empfehlen.

§. 451. 1) Nehmet des roth-güldigen
Ertztes, welches ſchön roth und durchſichtig iſt, davon ein Centner gemeiniglich
124. Marck Silbers hält, wie dergleichen
in Joachimsthal, zu Johann-Georgenſtadt
und zu Ehrenfriedersdorff bricht.

2) Zerreibet ſelbiges zu einem gantz
zarten Pulver, welches gar nicht mehr
gläntzet, und ihr werdet ſehen, daß hierdurch die Farbe an ihrer Schönheit vieles
verliehre.

3) Gieſſet hierauf den Spiritum des
gemeinen Saltzes, welcher aber gut ſeyn
muß, zwantzig Theile, ſo werdet ihr die
durch das Reiben verdunckelte Farbe, wie-
derkommen ſehen.

4) Digeriret dieſelbige in einem ſolchen Feuers-Grad, daß binnen einigen
Stunden das Auflöſe-Mittel oder der
Spiritus Salis auf die Helffte, und noch
drüber, verrauchet ſey.

T 2　　　　5) Laſ-

5) Lasset es durch ein Filtrum von
guten Lösch-Pappier, das auch wohl gedoppelt genommen ist, durchlauffen, und
gebet Acht, daß nichts vom Ertzt selbst mit
durchgehe, und also dadurch der Versuch
nicht verfälschet werde.

6) Dünstet die Solution, welche sehr
lauter und helle, auch einer lichten Saff-
ran-Farbe seyn muß, vollends bis zur
Trockenheit ab.

7) Traget das erhaltene Saltz in vier
Centner Bley, und treibet es nach der
Kunst auf einer Aschen-Capelle ab, so werdet ihr zum wenigsten 10. Marck Silber
erhalten.

8) Auf das übrig gebliebene Ertzt giesset so viel oder so offt von besagten Spiritu,
bis alles Silber ausgezogen, und durch
die Capelle von euch zu gute gemacht ist.

§. 452. Unter andern habe ich auch
hier mich mit folgenden Fragen abzugeben
nicht vergessen, ob durch diese saltzmachen-
de Art mehr oder weniger Silber, als sonst
ordentlicher Weise, aus dem Ertzt erhalten werde? Wohin denn der Arsenic komme? Wohin das Eisen, welches zugleich
darinnen ist, gerathe?* Ich bin aber durch
die Verschiedenheit der Versuche so zweiffelhafft

felhafft gemacht worden, daß ich Bedencken trage, ein mehrers von dem roth-güldigen Ertzt hier beizubringen, da ich über dieses die ausführliche Beschreibung derer Ertzte zu einem besondern Wercke mir vorbehalten will.

§. 453. Unterdessen sehe man wiederum ein Exempel, da die Verbindung zugleich mit einer Veränderung der Farbe geschiehet, und ich nicht weiß, ob ich nicht sagen solle, daß die Farbe hier das Zeichen der Verbindung sey.

§. 454. Man sehe auch das Wesen des Arsenics, welcher zwischen dem Metall und dem Saltze das Mittel hält, und also zur Verbindung des Saltzes mit dem Metall beides eine angeeignete und aneignende Eigenschafft hat. Der Arsenic ist sowohl saltzig, welches aus seinem Etzen und Fretzen, welches das allerstärckste ist, erhellet; als auch metallisch, welches desselben regulinische Gestalt deutlich genug beweiset; Und doch ist er weder Saltz noch Metall, sondern nimmt von beiden Theil, und schicket sich zu beiden.

§. 455. Was also das Saure des gemeinen Saltzes unmittelbar gegen das

nach den Eigenschafften gar zu weit entfernet ist, dieses thut und vollführet der
Arsenic, als eine Mittels-Person, der von
beiden ein naher Bluts-Freund ist.

§. 456. Sehet nun die wunderbare
und würcklich hermaphroditische Art des
Arsenics! Sehet ein Exempel, welchem
nach mehrere Versuche bey denen Verbindungen mit solchen anzustellen wären! Bemercket endlich, wie nothwendig es sey, den
Satz zu machen: Wenn einige Dinge sich
nicht auf ordentliche und gemeine Art wollen mit einander verbinden lassen, so kann
man daraus nicht schliessen, als ob die Verbindung solcher Dinge auf andere Weise
ebenfalls unmöglich sey.

Anmerckungen.

Zum §. 436.

In diesen, und folgenden §§. ziehet der Herr
Verfasser ziemlich auf die Alchimisten, oder
vielmehr prätendirten Alkimisten loß; ich mag
mich in diese Straff-Predigt nicht mengen, da
dieses so geschlagene Leute sind, aber vor die ehrlichen Hüttenleute kommt es eben recht, eine Anmerckung mit beizufügen. Ich habe gemercket,
daß viele unter ihnen, mit allerhand dergleichen
alchi-

alchimistischen Sätzen eingenommen sind, und
daß dieses zu ihren und ihrer Wissenschafft grossen
Schaden geschehe. Sie sollen demnach gewarnet seyn, solchen Meinungen, die ihnen in ihrer
Arbeit nicht einen Strohhalmen helffen können,
ferner nicht nachzuhengen. Dergleichen möchte
etwann seyn das Sprüchelgen von denen drey
Anfängen, Saltz, Schwefel und Mercurio, denn,
obgleich diese wahr seyn, so sind sie doch viel zu
weit von denen Dingen, die bey dem Berg- und
Hüttenwerck vorkommen, entfernet, sie haben so
vielerley und verschiedene Gestalten, die leicht
kein Hüttenmann in seiner Arbeit zu sehen be-
kömmt, der alsdenn, weiln er keine andere weiß,
auf das gemeine Saltz, Schwefel und Queck-sil-
ber verfällt, sich damit wenigstens in Gedancken
zermartert, alles dahin ziehet, und darüber die
Erkenntniß mancher wichtigen Wahrheit versie-
het. Er nehme demnach lieber davor eine
schmeltzliche glaßachtige Erde, deßgleichen eine
unschmeltzliche kalckigte Erde, den Schwefel, den
Arsenic, das spießigte und das schmierigte Wesen,
das Berg-Hartz, und das verwitterte vitriolische
Wesen, als die Bestand-Theile derjenigen Cörper an, die ihm unter die Hände kommen, und
wo er mit seiner Betrachtung und Überlegung
anfangen soll. Auch hüte sich ein Hüttenmann,
vor dem rothen und grünen Löwen, vor dem geflü-

gelten und ungeflügelten Drachen, vor dem Adler und der Kröte, vor dem grauen Wolff und
dem Fuchse, und was dergleichen mehr ist, denn
ein Hüttenhoff ist kein Löwenhauß, oder da man
fremde Thiere zum Ansehen aufbehält, auch ist
das Schmelzen keine Kampff-Jagd. Dergleichen Dinge sind Gleichnüsse, welche sich mit genauer Noth auf dasjenige schicken, davon sie gesagt werden, geschweige, daß ein solches, ausser seinen Schrancken noch weiter zu gebrauchen wäre.
Auch sind der männliche und weibliche Saamen,
der chimische Ehestand ꝛc. solche Benennungen,
welche von Entstehung der Metallen gantz falsche Vorstellung in das Gehirne bringen. Das
obere und das untere, das wäßrige und das feu-
rige lassen sich zwar noch eher hören, aber warum, es sind sehr allgemeine Begriffe, welche zwar
überall ihre Deutung finden, doch zu keiner besondern Erkenntnis führen können. Und so ist
es auch mit dem reinen und unreinen, davon der
Herr Berg-Rath hier weitläufftig handelt.

Zum §. 451.

Dieses ist vielmehr ein natürlich angeeigneter Stand, als eine würckliche Aneignung, so,
wie wir in voriger Abtheilung gesehen, daß die
Veränderung der Gestalt, auch nur ein angeeigneter Stand, keinesweges aber ein Aneignungs-

Mit-

Mittel sey. So lange wir nicht die Mineralien aus dem Grunde erkennen, ist es nicht möglich, eine Eintheilung von der natürlichen Aneignung zu machen, man müste sie denn unterscheiden, daß selbige entweder von Seiten des würckenden, oder am andern Theil des leidenden sey, und welches einerley, entweder in dem, das übernommen wird, oder in dem, welches etwas annimmt, sich finden lasse, nach der Würckung aber, theils den Eingang, ein andermahl aber den Zusammenhalt beförderte.

• Zum §. 446.

Dieses sollte einen wohl aufmercksam machen, theils, daß man bedächte, wie die Klage über die Flüchtigkeit der Metallen nicht ungegründet, und eine rechte Figirungs-Kunst wohl zu wünschen wäre; theils, das vom Hrn. Berg-Rath in seiner Kieß-Historie pag. 489. angeführte Experiment des Agricola zu glauben und zu verstehen; theils, kann man daher auch wohl das Silber in Verdacht nehmen, daß es in gewissen natürlichen Umständen kein Haar besser, als das Kupffer sey.

• Zum §. 447.

In diesem Versuch zeigt und erzeigt sich der Arsenic dergestalt, daß man würcklich sagen kann,

kann, was er ist, nehmlich ein Anfang der Metallen. Warum muß aber Kreide hiezu genommen werden, welches eigentlich ein Mineral des
grossen Welt-Meeres ist? Gewiß, es lehret uns
dieses mehr, als mancher sich einbilden wird, und
muß ich nach der Fruchtbarkeit der Wahrheiten, die daraus erhellen, diesen Versuch neben
das Becherische Eisen-Experiment auf den Thron
setzen, von welchem künfftig die Grund-Mixtion
der mineralischen Cörper wird geoffenbaret werden. Grosse Klumpen Silber giebet zwar dieser Versuch nicht, aber einen Haufen wichtiger
Wahrheiten, welche zu einer besondern Ausführung dereinst dienen werden. Indeß kann hier
nachgelesen werden, was Herr Stahl in seinem
Bedencken vom Schwefel pag. 249 - 253.
anführet.

Zum §. 448.

Einige dergleichen, die der Herr Berg-
Rath nachgehends in seinen Anmerckungen zu
Respurs Mineral-Geist bekannt gemacht, muß
ich hier anführen. Da ist nun die Vermischung des Bleies mit dem Eisen, welche geschiehet, wenn man das Bley in seinem Ertzt, nehmlich Bleiglantz nimmt; pag. 268. 209. Die
Vermischung des Eisens mit dem Glaß-
Ertzt ist nicht nur eine besondere Art der Jugut-
machung

machung des Erßtes, sondern zeiget würcklich
auch eine natürliche Aneignung an. Die Ver=
einigung des Arsenies mit Qveckfilber geschiehet
auch nur in natürlichem angeeigneten Stande,
nehmlich, wenn man das Qveckfilber mit roth=
gülden Erßt amalgamiret. pag. 297. Der
Spiesglas=König verbindet sich mit dem roth=
gülden Erßt sehr feste, welches er weder mit dem
Silber noch Arsenic thut, und das vermittelst
des Eisens, pag. 213. Mehrere kann ein gelehr=
ter Liebhaber in einem grössern Werck des Hrn.
Berg=Raths zu finden sich versprechen.

* Zum §. 452.

Ich habe mich ebenfals über diese Fragen
sehr aufgehalten, und da ich wohl wuste, daß we=
der Eisen alleine, noch Arsenic, wenn man sie in
dem Sauren des Koch=Salßes auflösete und zu
einen Salß anschiessen liesse, ins Bley getragen
Silber geben könnten, so versuchte ich es mit Ei=
sen und Arsenic zusammen genommen. Dem=
nach nahm ich Eisenfeil und Arsenic zu gleichen
Theilen vermischt, that es in einen Schmelß=
Tiegel, lutirte denselben, und, nachdem er wohl
getrocknet, setzte ich ihn in Kohlen ganß bedeckt,
die ich von oben nieder anzündete: ich ließ dem
Wind=Ofen wenig Zug, daß also das Feuer ei=
ne halbe Stunde ganß gelinde war, und der Tie=

gel

gel gar nicht glüete, die andere halbe Stunde
mehrete ich das Feuer, und es giengen weiße
Dämpffe durch das Lutum aus dem Tiegel; wie
selbiger braun zu glühen anfienge, giengen sie
häufiger, wie leicht zu erachten, welches ich aber
nicht lange abwartete, sondern den Ofen zumach-
te, Kohlen aufschüttete, solche nach und nach verkühlen, und endlich gar erkalten ließ. Des folgenden Tages machte ich den Tiegel auf, fande
darinnen eine schwartze zusammen gesinterte Materie, und nachdem ich sie gewogen, wuste ich,
daß bey nahe die Helffte des Arsenics im Rauch
weggegangen. Mit dieser schwartzen, rußigten,
lockern und zerreiblichen Materie schritte ich zur
Auflösung in Spiritu Salis communis, ich that
selbiges in ein etwas abgekürztes Scheide-
Kölbgen, welches ich in einem Schmeltz-Tiegel
mit Sand, und über Kohlen gesetzet hatte.
Die Auflösung gieng gut von statten, wie es
aber ein wenig zu heiß wurde, und das meiste
schon eingetragen war, so stiegen braunrothe
Dämpffe aus selbiger in die Höhe, welche wie
von Salpeter-Sauern sahen und rochen, dabey
fiel mir ein, was der Hr. Hoff-R. Stahl an einem
Orte auf gleichen Schlag gedencket, und ich versuchte, ob sich diese Dünste mit einem Wachs-
stock anzünden ließen, es geschahe solches, und,
nachdem ich es etliche mahl probiret, so fuhr die

Flam-

Flamme, da ich es zu grob machte, unter sich
ins Scheide-Kölbgen, bis auf die Ober-Fläche
der Solution, und in so weit hielte ich es gnug
zu seyn. Nachdem mäßigte ich das Feuer, und
ließ es also mit einem Korck leichte verstopfft ein
paar Stunden arbeiten, darauf aber erkalten.
Wie es kalt, und also genauer zu betrachten war,
sahe ich oben auf der Solution einen schwartzen
rußigten Gäscht stehen, der auch, weiln dieselbe
etliche mahl etwas im Glase aufgestiegen war,
sich an die Seiten des Glases angeleget hatte
und gantz trocken war; Unter dem Ruß war die
Solution helle und klar, von einer leichten Zim-
metfarbe; am Boden befand sich etwas von dem
unaufgelösten Eisen- und Arsenic-Gemenge,
gröblich, und schwartz-gläntzernde, wie Pech-Blen-
de, unter demselben aber noch ein gantz zartes
schwartzes Pulver. Die Solution hatte einen
dritten Theil reichlich, von der Wäßrigkeit des
Saltz-Sauren durch die Ausdünstung verlohren, das Eisen und Arsenic-Gemenge war fast
gantz, und kaum, daß der sechste Theil noch am
Boden übrig war, aufgelöset, die am Boden liegende zarte Erde, und der rußigte Schaum be-
trugen auch noch nicht einen sechsten Theil, und
also hätten reichlich zwey Drittel in der Solution sich aufgelöst befinden müssen, allein sie waren nicht da, und nach allem Wiegen, Uberlegen
und

und ausrechnen kaum die Helffte, oder drey
Sechstheil. Die Solution schwächte ich darauf mit Waſſer, damit ich ſie durchs Filtrum
bringen konnte, und da ſetzte es auch noch bräun-
liche Erdtheilgen, es war aber hierdurch die Solution grünlicht worden, welche ich abdünſten,
und zu Saltz anſchieſſen ließ.

Dieſes Saltz hatte ſeine beſondere Art, erſtlich ſchoß es hin und wieder Putzenweiß am
Glaß an, hernach ſo war die Geſtalt, als ob ein
iedes kleines Cryſtallgen deſſelben ein Pfriemen
wäre, deſſen beide Flächen oval nach denen
Schneiden herum lauffen, die Spitze aber davon oben abgeſchliffen, oder verkürtzet wäre;
Dieſe Cryſtallgen ſtanden nun hier ein Fleck, und
da wieder einer beiſammen, etwas ſchieff über
einander geſchoben, und machten in einem Putzen zuſammen, bald die Figur aus, wie die ſilber-
nen Schwamm-Büchsgen Augspurger Arbeit,
welche ſo rundlich gekerpelt ſind, waren auch
überdieſes innwendig hohl. Ich wollte gerne
dem Leſer eine deutlichere Beſchreibung geben,
aber in ſolchen Sachen iſt es nicht wohl möglich;
ich könnte ſagen, daß ſie faſt ausgeſehen hätten,
wie eine gewiſſe ſelbſt gewachſene weiſſe Arſenic-
Stuffe, die ich bey einen vornehmen Paſſagier
geſehen, allein dergleichen Stuffen ſind ſehr ſelten, und alſo möchte mein Leſer keine zu ſehen,

                            und

und folglich auch keinen Begriff davon bekom=
men. Was die Menge betraf, welche ange=
schossen, so habe ich nach gemachter Rechnung
befunden, daß aus der gantzem Eisen und Arse=
nic Masse, wie selbige aus dem Tiegel genommen
wird, nicht mehr als der vierdte Theil also an=
schiessen kann, welcher, weiln er hohl, in seiner
crystallischen Substantz nicht viel Wasser zu ha=
ben scheinet. Ein Sechstheil habe ich überdie=
ses zarter Erde am Boden des Glases gefun=
den, noch ein Sechstheil fehlte mir in der Be=
rechnung bey der Solution, und also sind fünff
Zwölfftheil, das ist, noch nicht die Helffte in dem
feuchten Saltz=Gemenge, nach der Crystallisi=
rung übrig geblieben, die ich auch austrocknete,
weiln sich aber das Saltz=Saure mit einverlei=
bet hatte, ein mehreres befand. Nun folget der
Schluß von diesem Versuch, zum ersten, die Cry=
stallen ins Bley getragen, gaben kein Silber,
und ich zweifle, ob sie gar eingegangen sind, weiln
sie anfänglich nicht recht dran wollten, nachge=
hends mir zu geschwinde und zu viel Schlacken
machten, ich hatte über dieses nicht einen gros=
sen Vorrath, und konnte also die Probe nicht
wiederhohlen. Zum andern, das feuchtige Saltz=
Gemenge verhielt sich besser, ich nahm klein ge=
schabt Bley, noch einmahl so viel als des Sal=
tzes, that es zusammen in ein dicke Gläßgen, setz=
te

te es in einem Tiegel mit Sande, und gab nach
und nach bis zum Schmeltzen Feuer, das Gläßgen hatte ich wohl verwahrt, und mich schon dahin gesetzt, daß es mir aller Augenblicke die Stücken um Kopff herum schmeissen würde, allein,
es geschahe nicht, und ich nahm es nach der Erkaltung aus, so war das Bley calcinirt, und sahe weißgrau, das Gläßgen aber über und über
trübe: Das calcinirte Bley brannte ich mit
Wachs ab, trug es in vier Schweren Bley, bekam auch etwas Silber, aber nicht so viel, wie
der Herr Berg-Rath, sondern scharff gerechnet,
nach Abzug des Bleikorns, auf den Centner vier
Loth. Zum dritten, der rußigte Gäscht war und
blieb Ruß, und wenn ich ihn auf eine glüende
Kohle warf, so zeigte er etwas brennliches. Zum
vierdten, die zarte Erde am Boden des Glases
war eine Eisen-Erde, welches ich durchs Aus-
glüen, und mit dem Löth-Röhrgen erfahren.
Besondere Anmerckungen über einen eintzigen
Versuch zu machen, ist nicht dienlich, so viel ich
aber aus der Entzündung des Spiritus Salis
communis schliessen kann, so bestehet die Aneignung darinnen, daß dieser aus dem Eisen und
Arsenic, folglich auch wohl aus dem Ertzte erstlich ein brennliches Wesen in sich nimmt, dadurch
eine Aehnlichkeit mit dem Salpeter-Spiritu
oder Scheidewasser, und zugleich die Geschick-
lich-

lichkeit erhält, das Silber aufzulösen. Der Arsenic mag wohl einen Zuwachs an Silber geben, denn er ist, wie wir schon gehöret, silberentzend. Das Eisen kann sich bey dem Versuch mit dem Ertzt nicht so verrathen, denn es ist nur eine Erde, und nicht so zusammen gebrandt, daher auch flüßiger, und gehet mit dem übrigen des Arsenics und dem Bley in eine Schlacke.

* Zum §. 455.

Und nach dem Zeugnüß des Herrn Verfassers selbst ein starckes Phlogiston hat.

Anhang.

Um den übrigen Raum des Blats
nicht leer zu lassen, wird mir er-
laubet seyn, ein und das andere,
wie es mir vor die Hand kömmt, beizufügen.

§. 457. Ein rothgüldig Ertzt, wenn es
auch noch so rein und mit andern Geschicken
nicht vermenget ist, so man es in einem verschlossenen Geschirr glüet, und den Arsenic
davon treibet; doch, daß das Feuer nicht zu
heftig, und das Gefäß nur dunckel-glüend
sey, wird es nachdem von dem Magnet
sichtlich angezogen, also, daß wir auch hier
über alles Vermuthen erfahren, wie ebenfalls in diesem Ertzt die eisenartige metallische Erde eine Herberge habe, welche sonst
fast überall und in allen Ertzten zu Hause ist.

§. 458. Wenn einer also durch die
Kunst aus dem Silber ein roth-güldig Ertzt
machen wollte, so müste er zugleich, nebst
dem Arsenic, Eisen zu seinen Versuchen
nehmen; oder er könnte auch das Eisen,
wie es schon in einem Ertzt mit dem Arsenic verbunden ist, hierzu sich erlesen: Doch
sollte er, wenn es auf die ersten mahle nicht
von

von statten gienge, deswegen nicht müde
werden. *

§. 459. Um ein trocknes flüchtiges saures Saltz zu erhalten, als darum ich zu verschiedenen mahlen angegangen worden, so digerire man einen Theil des besten Scheidewassers, mit zwey Theilen des Spiritus Tartari, einige Tage lang, und endlich vermehre man das Feuer.

§. 460. Neulich ist mir eine Lasurblaue Erde zugeschicket worden, die da schwammigt, leicht, und ungeschmack ist, und bey Schneeberg, fast auf der obersten Fläche des Erdbodens oder am Tage, gefunden wird, aus welcher durch die Retorte eine urinhafftige Feuchtigkeit ausgetrieben worden, welche mit dem Sauern gar hefftig sich erhitzet und aufwallet, und folglich ein flüchtiges alcalisches Saltz in sich hält. Im übrigen ist solche Erde eisenschützig, welches der Magnet, wenn solche ausgeglüet worden, zeiget.

§. 461. Es werden nicht selten von gantz unbekannten Leuten Briefe an mich überschicket, um in einen Brief-Wechsel mit mir zu kommen, oder sonst etwas von mir zu verlangen, vor welche aber nicht das Post-Geld gezahlet ist; Diese wollen doch

U 2   so

so gut seyn, und auf Abschlag des rück=
ständigen Brief=Geldes mir diese Frage
auflösen:

**Was ist bey denen Chimisten die
geometrische Proportion? ***

Anmerckungen.

* Zum §. 458.

Der Herr Verfasser zielet hier auf den weißen
Kieß, Mißpickel, oder in Freyberg so ge=
nannten Kobold, doch könnte der Scherben=Ko=
bold mit Eisen bereitet, auch versucht werden.

* Zum §. 461.

Da ich mir die Freyheit genommen, diesen
gantzen Tractat mit Anmerckungen zu begleiten,
so wäre es wohl unverantwortlich, wenn ich diese
letzte Aufgabe, welche noch darzu sehr dunckel
ist, mit Stilleschweigen übergehen wollte. Ich
hätte zwar einen guten Vorwand hierzu, und
könnte sagen, daß ich niemahln an den Hrn. Berg=
Rath einen Brief ohne entrichtetes Postgeld zu
übermachen, die Unhöfligkeit begangen hätte, al=
lein diese Entschuldigung möchte mir bey ver=
ständigen Leuten nicht viel helffen.   Es bleibet
dieses doch eine Frage, die von einem gelehrten
Manne vorgeleget worden, und also werth ist,
daß sie auch von einem, der vielleicht nach dessen
Todte

Todte gebohren, untersuchet werde, wenn er auch sein Lebenstage keinen Briefwechsel mit ihm gehabt hätte; und ich will mich an selbige machen, nicht, daß ich glaubte, weder der Frage, noch dem Leser ein völliges Gnüge zu leisten, sondern nur durch meine Gedancken Gelegenheit zu mehrerer Uberlegung und Erkenntnüs zu geben. Ein geometrisches Verhältnüs befindet sich zwischen zwey Zahlen, wenn ich den Gehalt der einen, durch die andere Zahl aussprechen kann, z. E. wenn ich sagen kann, die Zahl 6. ist dreimahl so groß als 2, oder die Zahl 2. ist ein dritter Theil von der Zahl 6. Es muß daher die kleinere Zahl, wenn sie vergrössert wird, der grössern gleich werden, oder die grössere der kleinern gleich seyn, wenn man sie zertheilte. Ferner, wenn zwischen zwey Zahlen ein geometrisches Verhältnüs ist, und zwischen zwey andern ist eben dieses geometrische Verhältnüs, so heißt die Gleichheit dieser Verhältnüsse, eine geometrische Proportion. So viel wird nun genug seyn, diese Frage zu verstehen, und ich mag nicht weltläufftig seyn, mehrers von der geometrischen Proportion anzuführen, weiln das übrige, ohne umständliche Application sich nicht so deutlich offenbaren möchte. Nun habe ich zu Anfang dieses Tractats in einer Anmerckung gezeiget, daß ein Chimist mit denen Cörpern, in so ferne sie Aggregate

U 3　　　　　　　sind,

ſind, nichts zu thun habe, ſondern dieſes vor die
Mathematicos gehöre, ſonſten wäre auf dieſe
Art, und da ich die Miſchung mit der Zuſammen=
häuffung fein unter einander mengen wollte, die
Frage gleich beantwortet, wenn ich ſagte, wie
ſich die Anfangs=Theilgen in einen kleinern Ag=
gregat gegen einander verhalten, alſo verhalten
ſich eben dieſelbe in einen gröſſern Aggregat auch
gegen einander; welches wohl wahr, aber die
Frage lächerlich aufgelöſet wäre, indem dieſes zu
wiſſen, und zu ſagen, man eben keinen chimiſchen
Verſtand braucht. Es müſſen alſo, nicht nach
denen Theilen der Cörper, ſondern nach ihren
Eigenſchafften die Verhältnüße geſucht, und aus
denſelben die geometriſche Proportion erkannt
werden. Daß aber die Eigenſchafften können
gemeſſen und gezehlet werden, brauchte ich wohl
heut zu Tage nicht zu beweiſen, da es ſchon von
allen Gelehrten angenommen, und von Tag zu
Tage durch mehrere Verſuche deutlich gemacht
worden, einer aber, der dergleichen Sachen un=
erfahren, ſelbige entweder lernen oder es glau=
ben muß. Allein, es wird doch einem ieden
gantz vernünfftig ſcheinen, daß z. E. die Härte
eines Cörpers, als des Eiſens ſtärcker ſey, als
die Härte des Bleies, desgleichen, daß die Flüſ=
ſigkeit eines Cörpers, als z. E. des Waſſers,
die Flüßigkeit des andern, nehmlich des Queck=
ſilbers

silbers übertreffe. Nun kan einerley Eigenschafft
in verschiedenen Cörpern, die etwan zu einerley
Geschlechte gehören, sich befinden, aber in einem
verschiedenen Grade; Ein Exempel wird es deut=
lich machen. Die Bestandwesen der Metallen
sind gleichartig, und befinden sich in allen Metal=
len, also auch ihre Eigenschafften, die sie mit sich
bringen, der Unterscheid aber derselben bestehet
in einer mehrern Reiffe, Digestion, innigern Mi=
schung, (auch wohl mehr, oder weniger Anzahl,
das aber hierher nicht gehöret,) und also ist auch
eine Art eines Bestandwesens in seinen Eigen=
schafften bey einem anders, als bey dem andern.
Solches Bestandwesen wird dort nach seiner Ei=
genschafft, mit eben dem Bestandwesen und seiner
Eigenschafft hier, welche in verschiedenen Gräden
sich zeiget, in ein Verhältnüs gesetzet, und man
kann z. E. sagen, dasjenige, was die Weichheit
und Geschmeidigkeit im Bley machet, stehet mit
dem, das dieses in Silber verursachet, in dem oder
ienem Verhältnüs. Nehme ich nun ein solches
Bestandwesen besonders an, und sehe, wie es sich
nach verschiedenen Graden durch alle Metallen
verhält, so kann ich diese Grade unter und gegen
einander setzen, und dieses ein geometrisches Ver=
hältnüs nennen, denn der geringere Grad der Rei=
fung 2c. ist in dem grössern drey= viermahl enthal=
ten, der grössere also dreimahl so starck, als der ge=

U U 4   ringere,

ringere, und dieſer hingegen das Drittel aus dem groͤſſern. Wenn ich nun mehrere, oder alle Beſtandweſen der Metalle in eben ſolche Betrachtung ziehe, und auch ſolche Verhaͤltnuͤſſe entdecke, ſo iſt zwiſchen zweien und mehrern dergleichen Verhaͤltnuͤſſen, eine geometriſche Proportion. Waͤre alſo dieſes nach der Theorie bewieſen, doch, damit ich den gantzen theoretiſchen Kunſt-Sack nur gleich ausſchuͤtte, ſo laufen da hinaus alle Exaltationes der Materien nach ihren Graben, und alle Staffeln, die eine Materie in ihrem Wachsthum bis zur Vollkommenheit durchgehen muß. Es gehoͤret alſo mehr in die Natur-Lehre uͤberhaupt, als vor die Chimiſten, doch, da die Vaͤter derſelben, nehmlich die rechten Alchimiſten, dieſes zuerſt entdecket, und bald nach den ſieben Planeten, bald nach denen Geſtalten, Eintraͤnckungen, Farben ꝛc. verglichen und benennet haben, ſo iſt es bisher denen Chimiſten, als ein beſonderes Erbtheil geblieben. Mit Verſuchen kann ich dieſes ietzo nicht beſtaͤtigen, ſondern muß es denenienigen, welchen eigentlich dieſe Frage aufgegeben worden, uͤberlaſſen.

Ende des erſten Tractats.

Der andere Tractat.
Von dem
Ursprung der Steine
überhaupt,
Durch Bemerckungen, Versuche, und
daraus folgende Schlüsse kürtzlich
entworffen.

Die erste Abtheilung.
Von denen natürlichen Umständen,
welche bey denen Steinen bemercket
werden.

§. I.

Da wir gegenwärtig die Beschaffenheit der Stein-Erzeugung erklären wollen, so ist vorher nöthig, daß wir dasjenige, welches bey diesem Wercke in der Natur vorgehet, und bisher ist angemercket worden, hier beibringen; Wir

U 5 wollen

wollen nichts bey Ermangelung der voraus zu setzenden Wahrheiten, erdichten,
sondern uns nur auf das, was wir selbst gesehen und erfahren haben, verlassen, weun
dieses allein die richtigen Gründe zu einer wahren Natur-Lehre darreichet, und
nothwendig muß bemercket werden, ehe
wir die würckenden Ursachen, derselben
zureichenden Grund, ihre Anzahl, und
Ordnung in der Würckung, genau bestimmen können.

§. 2. Wenn ich nun alle hierher gehörige Natur-Geschichte, die ich sowohl selbst
in den zwantzig Jahren, als ich im Meiß-
nischen Ertz-Gebürge wohne, durch genaue
Betrachtung der innerlichen Beschaffenheit des Erd-Bodens, da ich selbst auf
Stolln, Zech- und Gruben-Gebäuden an-
gefahren, Gänge und Klüffte gesehen,
fleißig gegen einander halte; Ferner auch
das, was ich über Tage von innländischen
und fremden Dingen über das Meer und
aus dem Feuer zusammen gesammlet, be-
sehe; Endlich auch derselben chimische Untersuchung durch Zerscheiden und Zusammensetzen, mit und ohne Feuer und Auf-
löse-Mittel versuchet habe; So will mir
daraus gar klärlich erhellen, daß die Steine
nicht

nicht auf eine einzige und einerley Art erzeuget worden, oder auch noch ietzt erzeuget werden.

§. 3. Diese erste Wahrheit ist um so viel
wichtiger, ie mehr dieienigen, welche selbige nicht erkennen, sich alle Mühe geben, die
Stein-Erzeugung ohne Unterscheid auf einen Fuß zu setzen; die sich aber hierdurch in
unendliche Schwürigkeiten einlassen, und
denen, welche in der Natur-Lehre nicht aus-
gedachte, sondern geschehene Dinge, nichts
aus eines andern Kopffe, sondern etwas
vor die Augen haben wollen, Gelegenheit
geben, eine scharffe Untersuchung über solche Meinungen anzustellen.

§. 4. Der Schöpffung haben wir zwar
nicht zusehen können, und ich will auch bis
dahin nicht zurücke gehen. Es ist aber
sehr wahrscheinlich, daß der Schöpffer nur
die Hervorbringung des ersten Grund-
Wesens, nach seinem fest gestellten Rath-
Schluß, so und nicht anders bewürcket habe, hernach aber gantz und gar, nach des
ersten Grund-Wesens Eigenschafften, und
wie solches zum Ausgebähren geschickt gewesen, von einem Grad zum andern fort
geschritten sey, dabey er weder das hinder-
ste zur vörderst gekehret, oder etwas, das
in

in die Ordnung gehöret, unterlaffen, und
also diesen Erdboden erschaffen habe, der
nach der erſten Scheidung der Waſſer,
nicht felßigt wie iego, ſondern weich und
lucker geweſen, und nur nach und nach ſo.
harte geworden iſt.*

§. 5. Wenn man den Spruch des Tha-
letis: Alles iſt aus dem Waſſer (erſtan-
den) also erkläret, daß alles aus einer zarten flüßigen Materie auch noch iego erzeuget werde, ſo wird wohl niemanden, auſſer
der in rechter grober Unwiſſenheit ſtecket,
unbekannt ſeyn, daß die ſteinharten Dinge, als Knochen, Schild-und Muſchel-
tragende Fiſch-Arten, die Schaalen der
Nüſſe und Kern-Früchte, die ſehr feſten
Hölzer, aus einen Saamen oder Eyen,
welche beiderſeits ſehr zarte, milchichte,
klebrigte, und öhligte Weſen ſind, ihren
Urſprung haben.

§. 6. Ich will nicht anführen, daß man
dieſes auch ſonſten von dem allerdünnſten
Waſſer verſtehen könne, nehmlich, daß aus
ſolchen eine erdhaffte ſteinwerdende Materie abgeſchieden werde, und zuſammen rin-
ne, da auch ſo gar die Waſſer aus der Lufft,
welche doch die allereinfacheſten ſeyn, zu einem grünenden Schlamme werden, wie
solches

solches ein ieder aus meinem Versuche, der
gantz gewiß ist, ersehen kann. Nehmlich,
er nehme den reinsten Schnee, welcher bey
stiller Witterung nur erst gefallen, und
mit keinem andern Staub vermenget ist,
sammle denselben in ein gläsernes Gefäße,
ohne daß ein ander Werckzeug oder Gefäße
dabey gebrauchet werde, als welche, wenn
sie aus vegetabilischen, animalischen und
auch theils erdhafften Materien verfertiget sind, offt unvermerckt etwas, das sich
mit ienem vermischet, bey sich führen, hebe
es in einen großen weiten Recipienten
auf, und setze es den Sommer über in die
Sonne.

§. 7. Hierher gehöret gleichfalls die so
genannte Stern-Schneuze, eine helle aus
dem Lufft-Waffer zusammen geronnene
Masse, aus welcher mir, mittelst und nach
der Destillation, eine brennliche Kohlen-
Erde (nicht eine salpeterhafftige) zurück
geblieben ist, und wie ich selbst erfahren,
zu einer Asche worden, auch sich verglaset
hat, oder wie einige wollen, sich in das
Gemenge des Glases hat einverleiben laf-
sen. Cordatus Menzelius versichert,
daß ihm bisweilen diese durchsichtige Lufft-
Gallerte, wie er es nennet, in Italien vor
seinen

seinen Füssen nieder gefallen sey, welches
artig anzusehen gewesen. †

§. 8. Unterdessen ist es doch denen fleiß-
sigen und emsigen vergönnet, daß sie in
die schon eingerichtete Werckstatt der Natur sehen, von derselben einige Beyspiele
nehmen, und auf ihre Fußtapffen genau
acht haben können, welche sowohl deutlich
vor Augen stellen, als auch mittelst richtiger Schlüsse zeigen können, auf was und
wie vielerley Art und Weise der höchste
Werckmeister Felsen und Steine werden
lasse, als welcher nicht wie die Thoren sprechen, in seinen Wercken unerforschlich, oder
iemahls müßig ist.

§. 9. Wir wollen vorerst sehen, wie er
dene Theilgen, welche sehr zart, leicht und
ohne Zusammenhalt sind, in einen genau
verbundenen, harten und schweren Cörper zusammen gehen, nehmlich zu einen
Steine werden, und dieses finden wir ohne Zweiffel an dem Stein-Sinter, oder
Tropffstein. Sein Bestandwesen zeiget,
daß er von einer kalckigten oder wenigstens
kalckartigen Eigenschafft und Aehnlichkeit sey, dergleichen der selenitische Stein,
oder

† S. Ephem. Acad. N. C. D. II. an. 9. obs. 73.

ober der bey den Bergleuten bekannte
Spat ist.

§. 10. Er wird erzeuget, indem das durch
sein Gestein lauffende Wasser, solches auflöset, oder vielmehr nur ablecket und abspüh-
let, selbiges als den zartesten Staub mit sich
offt weit wegführet, da es sich aber wiederum von dem Wasser absondert, und in
eine Masse, welche zuletzt ein gantz fester
Stein wird, zusammen setzet.

§. 11. Dergleichen zeiget sich nun vorerst an Mauern und Oefen, welche mit lebendigen Kalck aufgemauert sind, dieser
ist zwar von einen lockerern Gewebe, nehmlich gantz blättrigt, und lässet sich zerreiben,
welches man unter andern an unserer grossen Wasserleitung der Halß Brücke wahrnehmen kann: Hernach findet man denselben vornehmlich in alten Gruben-Gebäuden, und in denen natürlichen Hölen,
dergleichen die beruffene Baumanns-Höle
ist; und hier ist er um so viel fester, ie mehr
solcher von der obern Tage-Lufft, und ihrer
fliessenden Bewegung entfernet, und es
gar nicht vermuthlich ist, daß allda lebendiger Kalck, oder gebrannter Kalckstein
mit unter seyn sollten.

§. 12.

§. 12. Daß der Stein-Sinter gar nicht von der Schöpffung herzuleiten sey, sondern in viel spätern, und auch wohl nur letzt verstrichenen Zeiten entstanden sey, zu dessen gnüglicher Erzeugung auch ein oder zwey Mannes-Alter gnug seyn möchten, solches wird einer, der es mit Augen gesehen, nicht weiter in Zweiffel ziehen; vielweniger, wenn er in alten Stollen und Strecken, auf den Sinter mehr als eine Art Ertztes, z. E. Bleiglantz, Schwefel-Kieß angewittert findet: Und zwar ist dieses Ertzt nicht etwan andrer Orten gewonnen oder abgesondert, und nachmahls hier wieder angeschwemmet, und gleichsam aufgeleimt worden, sondern es ist aus der Witterung, als aus einem Dampff darauf angeschossen, hat daher seine geschliffnen Eckgen, und seine ihm eigene Gestalt, ja es hat sich wohl über solches Ertzt wieder neuer Sinter angeleget: Welches ich denenienigen, welche sich in die Grube zu fahren fürchten, aus meiner kleinen Mineralien-Sammlung vor Augen legen kann.

§. 13. Da nun die von Bergleuten abgesunknen Schächte, und getriebnen Strecken von den erst erschaffnen, oder durch Zufall entstandnen Hölen und Klüfften in

der

der Erde ſehr unterſchieden ſind, indem ſie
ſich, wenn auch davon gar keine Nachricht
vorhanden, durch deutliche Zeichen und
Merckmahle, welche denen Wänden und
Firſten eingehauen ſind, gnungſam verrathen, und alſo zeigen, daß die Menſchen mit
ihren Händen und Werckzeuge hier eher
geweſen und gearbeitet haben, als dieſes
Sinter-Gewächſe hat werden können:

§. 14. So kann niemand ſich einbilden,
als ob der würckſame Geiſt, welcher im
Anfang auf denen Waſſern ſchwebete,
Stolln und Strecken ſelbſt möchte getrieben haben. Und wie nun, da wir ſelbſt
wiſſen, daß ein Bergmann einſtmahls
einen alten Fahr-Schacht alſo verſintert
gefunden, daß man ſelbigen, um durchzu-
kommen, mit Schlegel und Eiſen wieder
eröffnen müſſen? *

§. 15. Zum andern giebt die Betrachtung derer Steine, oder derer Sachen,
welche zu Stein geworden, und unter-
ſchiedlich gebildet ſind, in dieſen unbekan-
ten finſtern Dingen nicht wenig Licht;
Darunter ſind nun vornehmlich der Hornſtein, Kalckſtein, Schieferſtein und Sand-
ſtein, welches nicht Dinge von einem Ge-

X   ſchlechte

ſchlechte ſind, und alſo iedes beſonders
müſſen unterſuchet werden.

§. 16. Auch iſt wieder der Hornſtein
nicht einerley, ein anderer wird in Gängen
gewonnen, und iſt öffters ein rechter wahrer Jaſpis, einen andern findet man in
Stücken auf den Feldern, wird von Herr
Büttnern.† Corallenſtein genennet, und
iſt auch in der Kreide befindlich: Dieſer gehöret eigentlich hierher; er hat ſeinen Nahmen davon erhalten, daß ſeine Subſtantz
dem Horne eines Thieres, in Aehnlichkeit
des Gewebes und Zuſammenhalts, gleich
kommt; einiger maßen hat ſelbiger etwas
von einem kreidigten Weſen in ſich, und
heißt, Feuerſtein, Flintenſtein.

§. 17. Dieſer Stein hat die Meer-Mu-
ſcheln, wie einen Kern in ſich verſchloſſen,
welche bisweilen darinnen locker ſind, bisweilen auch feſte anliegen; Vornehmlich
findet man auch darinnen die Stacheln
oder Pfriemen, von denen See-Igeln oder
See-Aepffeln, †† die man ſonſt Stern-
Steine

† S. M. Dav. Sigm. Büttners Coralliographiæ,
ſ. Diſſert. de Corallüs foſſilibus, in ſpecie de lapide corneo, 4to Lipſ. 1714. 10. Bogen und
4. Blatt Kupffer.
†† S. Ephem. Acad. N. C. D. II. an. V. obſ. 71.

Steine nennet, welche bald gantz und uns
verletzt, bald zerbrochen, bald gequetzscht
sind; Auch, doch gar selten, die davon ab-
zusondernden Uberbleibsel der Schaale haben. Diese haben dergestalt die Bildung
von solchen Meer-Geschöpffen, daß man sie
allerdings vor die würcklichen Originale,
keinesweges aber nur vor nachgemahlte
oder ähnliche Dinge halten kann, am wenigsten aber kann geglaubet werden, daß
sie mir so von ohngefähr durch einen Zufall
geworden wären.

§. 18. Nehmlich diese Dinge sind fremde, und nicht in diese Steine gehörige Sachen, das ist, sie sind durch Zufall in diese
Steine gekommen, und müssen von selbigen, als was anders und besonders wohl
unterschieden werden, ob sie gleich mit ihnen, nach einem gewissen Umstande ihres
Wesens und Beschaffenheit, nehmlich, daß
sie Meer-Geschöpffe sind, überein kommen.
Wie wolte man sich aber vorstellen, daß diese Dinge von den Steinen hätten können
umfasset und eingeschlossen werden, wenn
dieser Behälter allezeit so hart und verschlossen, wie er ietzo gefunden wird, und
nicht ehedem weich und biegsam gewesen
wäre? Und wer wird also wohl leugnen,

X 2 daß

daß die Stein-Erzeugung auf eine gewiſſe
Art hier geſchehen ſey? *

§. 19. Es verſtattet zwar ietzo die Zeit
nicht, mich weit weg in die groſſe Menge
der gebildeten Steine und ſteingeworde-
nen Dinge zu wagen, oder gar zu iener
Noachiſchen Uberſchwemmung zurück zu
gehen; Doch kann ich nicht umhin, denenienigen, welche die ſpielende Natur vor ihren Gott, und es ſich vor eine Ehre halten,
daß ſie die Glaubwürdigkeit der Moſai-
ſchen Erzehlung in Zweiffel ziehen wollen,
ihre grobe Unwiſſenheit in denen Dingen,
welche in der Natur-Lehre zuerſt müſſen erkannt werden, bey aller Gelegenheit vor-
zuwerffen.

§. 20. Nehmlich ein Spiel der Natur,
es mag nun ſolches wie es nur möglich iſt
gefunden werden, ſtellet nichts weniger als
eine ordentliche Zeichnung vor; ſondern
man bringet etwan nur eine Aehnlichkeit,
die noch ſehr gezwungen iſt, und in der puren Einbildung beſtehet, heraus, alſo, daß eine Sache nur, wie in kleinen (en mignature)
gemahlt, daran zu erſehen iſt: Und hier iſt
der Stein, welcher eine Bildung wie kleine
Bäumgen auf ſich hat, zwar allezeit das
erſte und öffterſte, was eingewendet wird,

aber

aber auch der allerelendeste Gegenbeweiß;
Zu geschweigen, daß solcher Saltigen-
Stein, als ein solcher, niemahls etwas von
dergleichen Cörper in sich führe, und also
hier nicht einmahl ist einen Winckel gestellet zu werden verdienet.

§. 21. Drittens der Kalck-Stein, und zugleich sowohl der alte, als auch der neuere
sehr häuffige Marmor-Stein, welcher mit
Meer-Muscheln und Schnecken, mit Knochen, Fischen und derselben Gerippen in der
gantzen Welt angefüllet ist, bezeiget nicht
nur in mehrern Exempeln, sondern auch
weit klärlicher, was der Horn-Stein nur einigermaßen angedeutet hat.

§. 22. Denn in selbigen sind die Schaalen der See-Geschöpffe nicht so selten, an-
bey aber nach der Beschaffenheit ihres Ele-
ments, und mit den schönsten Perlen-
Glantz offt gantz unverändert zu sehen, daß
einer blind, oder der allereigensinnigste
Mensch seyn muß, welcher leugnen will,
daß diese mit denen See-Geschöpffen nicht
gleicher Art, und folglich nur durch einen
Zufall an die Oerter, wo sie ietzo ausgegraben werden, hingebracht und begraben
wären.

X 3 §. 23.

auch wider ihren Willen ein Mahler ist,
mit dem ihr zugetheilten übernatürlichen
Pinsel, der härter als ein Eisen seyn muß,
doch nur auf dieienige Art Tafeln ihr Ge-
mählde gebracht, von denen ganz ausgemacht ist, daß sie ehedem weit zärter gewesen sind; oder, wenn es ein blosser Zufall seyn soll, wie denn das gekommen sey,
daß dieselbe die Kieselsteine und dergleichen
härtere Arten, welche doch noch ein Künstler mit seinen Werckzeugen bearbeiten kan,
so gar mit ihrem Griffel unberühret gelassen habe.

§. 28. Ich kann dieses Ortes nicht umhin, einer ganz neuen Entdeckung zu gedencken, nehmlich eines vortrefflich schönen
Schiefers, welcher die Bildung eines vierfüßigen Thieres mit einem Schwanze, das
vielleicht ein Affe seyn könnte, deutlich vorstellet, und zu Dreßden von dem Herrn
Hof-Rath Trier aufbehalten wird: Es ist
selbiger aus einem Kupffer-Flöz zu Glücks-
brunn, nicht weit von der Zache, die bey
Altenstein ist, in Sachsen-Meiningischen
Landen gelegen, in vorigem Jahre ausgegraben worden. Dieses ganz besondere
Stücke, welches von der allgemeinen Uberschwemmung einen vollkommenen Beweiß
ableget,

abjaget, hat wider diejenigen, welche immer noch vorgeben, als ob die Exempel der versteinerten vierfüßigen Thiere fehlten, der berühmte Herr Swedenborg in seinem unvergleichlichen Wercke, welches schon unter der Presse ist, beschrieben und im Kupffer vorgestellet.

§. 29. Fünfftens soll der Sand-Stein austreten. Daß dieser vorher Gries und Sand gewesen, solches wird man vors erste aus den gleichfalls vielen tausenden eingesenckten Thieren, Gewächsen, auch einigen Mineralien, als welche nicht darinnen gezeugte Cörper sind, und ihren Stücken leicht ersehen.

§. 30. Wem aber vors Zweite ein solcher Sand-Stein, welcher aus gantz kleinen Körnergen, die an Größe einander gleich wären, hierinnen nicht so deutlich scheinen sollte, der sehe sich nur etwas genauer um, so werden ihm nicht selten solche Steine vorkommen, welche dergleichen Körner, die hin und wieder grösser, und auch nach ihren Alter verschiedentlich sind, haben, und die man bisweilen so deutlich sehen kann, daß man bey denen jüngern den steinmachenden Leim, wie in dem Mercel

X 5   den

den Kalck zwischen dem Sande unterscheiden kann.

§. 31. Auſſer denen Beweiß-Gründen, welche dieſer mit dem Horn-Kalck und Schiefer-Stein gemein hat, beweiſet ſeine Zuſammenſetzung auch dieſes noch, daß der Sand-Stein, ie mehr er aus der Tieffe gegen den Tag, und der Ober-Fläche zukommt, erſtlich an ſeiner Härte abnehme, und nicht ſo recht nicht zuſammen halte, endlich aber und am Tage ſelbſt mit ein Sand ſey.

§. 32. Da nun alſo der Sand-Stein ſchon aus kleinen Steinigen, ob ſie gleich gemeiniglich ſehr klein, und der andern Erde nicht unähnlich ſeyn, beſteht: Dieſe aber keineswegs eine rechte Erde, in genauem Verſtande genommen, ſind, die rechte Erde hingegen aus ſehr harten klebrigten und ſchlammigten Theilgen beſtehet, wann man ſelbige aufs nächſte vergleichen will: Dieſer Schlamm auch nicht, ſondern eine gantz andere Urſache iſt, dadurch die Steiner und Steingen zu einem Sand-Stein zuſammen verbunden werden. So iſt eine Anmerckung hieraus zu machen, welche uns nachgehends den Weg zu einer beſon-

besondern Art der Steinwerdung bahnen
wird.

§. 33. Sechstens wäre auch aus der
Historie der rothen Corallen etwas hie=
her zu ziehen, allein, da ich darinnen gantz
unbekannt bin, so will ich dieses andern,
und vornehmlich denen, welche in diesem
Baum=Garten des Meeres mehrers ge=
sessen haben, überlassen.

§. 34. Es sind dieses kalckigt=saltzige Ge=
wächse des Meeres, welches die Spuren
des flüchtigen Saltzes, und die saltzig bitter
Erde, als welches durch das Feuer aus ih=
nen gebracht wird, gnugsam bezeigen, und
also nach der Materie gar leicht aus denen
Sachen, welche in dem Meer=Wasser be=
findlich sind, können hergeleitet werden.

§. Doch solches könnte einem nicht
so unförmlich vorkommen, da die Eigen=
schaft des Meer=Wassers sich dazu schicket;
desto mehr aber möchte einem fremde schei=
nen, daß der berühmte Lemery in denen
Corallen wenigstens in denen, welche er zu
Pulver gerieben, nicht undeutliche Zeichen
des Eisens durch den Magnet entdecket
hat: † Ich sage, es möchte so scheinen, aber
es

† S. Histoire de l'Académie royale des Sciences
a Paris, l'an 1711.

es iſt es nicht würcklich, da wir erfahren,
daß das Eiſen überall, ia nach eben deſſelben
Meinung auch in der Pflantzen-Aſche zu
Hauſe iſt. *

§. 36. Wohin denn auch derſelben ſatt
rothe Farbe zielen, aber nicht eben ausgedeutet werden kann, welche ſey denen
Steinen gemeiniglich eine Antzeige dieſes
Metalls iſt; Und welches noch wahrſcheinlicher, die grüne Tinctur aus den Corallen,
die vermittelſt ſaurer Dinge gemacht wird,
und, nachdem das meiſte abdeſtilliret, zuletzt wie eine Solution des Vitriols ausſiehet, welches eben dieſer fleißige Unter-
ſucher ſehr wohl angemercket hat.

§. 37. Allein aus dieſen allerſeit noch
nicht offenbar, wie ſelbige formiret worden.
Es iſt mir aber in eben dieſen Nachrichten
des Grafen Marſigli Verſuch vorgekommen, welcher die erſt friſch geſammle-
ten Corallen, nachdem er ſie in ein Gefäß
voll See-Waſſer geſetzt, durch die austrei-
benden Röhrgen mit ſeinen Augen wachſen
ſehen, über dieſes einen milchigten Sſafft
in ſelbigen wahrgenommen, und endlich
ein brenntzlichtes Oel, vielleicht, weiln ſie
unrein geweſen, abdeſtilliret hat, welches
aber

aber die rothen Corallen nicht geben wollen. †

§. 38. Es kommt ferner Tavernier darzu, welcher, nachdem er die Meinung des Pisonis, Marggrafens und anderer, daß die Corallen im Meere weich wären, und erst in der Lufft erhärteten, verworffen hat, zwey hierher gehörige höchst merckwürdige Umstände, die er selbst gesehen, anführet; nehmlich: Erstens, daß die Corallen bisweilen einen milchigten Safft von sich gäben, aber nur alsdenn, wenn sie in einem gewissen Monathe gesammlet würden. Zweitens, daß sie nicht nur auf dem Grunde und Felsen im Meer, sondern auch auf solchen Dingen wüchsen, die da hinein nicht gehören. Z. E. auf einem menschlichen Hirn-Schedel, auf der flachen Seite eines Schwerdts, und welches er selbst in Händen gehabt, auf einem Schieß-Gewehr. ††

§. 39. Endlich fallen mir auch ähnliche Fälle bey, welche die Möglichkeit vor den Ursachen der Zeugung derer Corallen erleutern. Das erste ist das unter der Erden

† S. Hist. de i' Acad. roy. des Scienc. a Paris l'an 1708. p. 130.
†† S. Taverniers Reise-Beschreibung, p. 139.

den befindliche Baum-Gewächse, oder der
so genannte Beinbruch, welcher inwendig
hohl und röhrartig ist, und zur Massel in
Schlesien wächset. † Dieses ist nicht sowohl, wie es einigen geschienen, ein frei-
denhafftiges, als vielmehr mergelartiges
Gewächse, etwas mit Sand vermischt, hat
seine ordentliche Wurtzeln, Stamm und
Aeste, und wächset aus der Tieffe von
drey Lachtern in einen sandigten Boden
zu Tage aus. *

§. 40. Das Zweite ist der Beinbruch
in der Marck-Brandenburg, welcher bey
Sonneburg aus dem Sande wächst, und
mir überschicket worden, welcher aber, da
er nicht sowohl von erdenen, davon doch
hier die Rede ist, sondern von einem bitter-
saltzigten Wesen Theil nimmt, nicht eben
hieher zu gehören scheinet.

§. 41. Zum Siebenden giebet uns der
Turcsis, ein Edelstein unter denen versteinerten Knochen, einen offenbahren
und vortreflichen Beweißthum. Dessen
Abkommen von denen Animalien hat der
berühmte Herr Reaumur sehr gelehrt erwiesen, da er selbigen in der Provintz Lan-
guedoc

† S. Herrmanns Maslographie, p. 182.

gieboe in Franckreich gefunden. † Er ist
zerbrechlich, wie selbiger anführet, henget
sich wie ein Bolus an die Zunge an, bestehet
aus lauter übereinander liegenden Blättern, welche rundlich ausgebogen, oder
bäuchigt sind, und nicht nach geraden Linien liegen, eben wie der Talck- und Schieferstein.

§. 42. Hierzu setze ich nun noch, daß er
fast wie ein Elffenbein, fest an einander
hält, und also eine Art des Glattschleifens
annimmt, auf der dichtern und festern
Seite bäuchigt, auf der andern aber hohl
und schwammigt, dabey offt rauch und von
ungleicher Fläche sey; überhaupt ist er wie
ein Knochen in seinem Gewebe gebauet,
auch von den Eigenschafften derselben nicht
weit entfernet, daher er auch schon von einem, der sich Gui de la Brosse nennet, in
seinem Buch von denen Pflantzen unter
dem Titul von denen Thier-Hörnern beschrieben worden ist. *

§. 43. Ja es werden gantze Zähne von
grossen Thieren, welche wie eine Faust so
groß seyn, daselbst ausgegraben. Weiter,

† S. Memoir. de l' Acad. roy. a Paris l'an. 1715.
p. 230. 243. seqq.

ter, so wird derselbe im Feuer grösser, läst
sich fast recht calciniren, und verlieret darinnen seine Farbe, wenn er dieselbige von
her hat; und ist dahero weit geringer, als
der orientalische Türckis, welcher hier beständiger ist, in soferne aber iener die Farbe noch nicht hat, so bekommt er durch das
Feuer eine blaue.

§. 44. Ich habe an verschiedenen aus-
gegrabenen Knochen und Zähnen aus verschiedenen Ländern solches nachzumachen
versucht, besonders mit einem Stück eines
Elephanten-Zahns, der mir aus Burs-
land, welches nahe bey Siebenbürgen lieget, zugeschickt worden, und habe zwar
eine blasse Türckisfarbe bekommen, aber
das Bestandwesen des Steines ist alsdenn
weit lockrer, und gar nicht so steinhafftig
gewesen.

§. 45. Daß Achtens nicht wenige Arten
vom Holtz, vornehmlich von Erlen, Bu-
chen und Eichen in einem darzu dienlichen
Erdlager versteinert worden, wird wohl
niemanden unbekannt seyn, welches ich
auch in einem besondern Buche † weitläufftig erwiesen habe.

§. 46.

† Ist des Herrn Autors Flora saturnizans.

§. 46. Ja das Holtz gehet noch weiter,
und wird ein metallisches Wesen; unter
vielen Exempeln muß der Eisenstein, welcher ohnweit Berg-Gieshübel auf den
Böhmischen Gräntzen häuffig gegraben
wird, einen Beweiß geben, als welcher das
äusserliche Ansehen der Bäume mit ihren
Stämmen und Aesten, ihre fäßrigte und
denen Bäumen völlig gleichkommende Gestalt mit allen übrigen Umständen genau
vorstellet, daß selbige nicht vor Abschriff-
ten, sondern vor Original-Documente zu
halten sind: welches auch sonst der berühmte Herr Liebknecht in einer besondern
Schrifft bezeiget. †

§. 47. Ob aber die zu Stein geworde-
nen Höltzer eine Sache seyn, dergleichen
man in kurtzen durch einen Versuch erfahren könne, ist noch nicht so gar deutlich, und
ist die Erzehlung noch zu untersuchen, da
ein Pfahl von einem gewissen Holtze, wenn
man selbigen in eine beniemte See in Irr-
land stecke, dreierley Gestalt und Eigenschafft

† S. Herrn D. J. G. Liebknechts Discursus
de diluvio max. occaſ. inventi & in mineram
ferri mutati ligni, Gieſ. 1714. 8vo. und desselben Specimen Haſſiae subterr. Gieſ. 1730.
4to in Sect. II. & III.

schafften alsdenn erhalten soll, nehmlich, so
weit er in dem Grunde der See stecket,
wird er metallisch, so weit er im Wasser
stehet, wird er zu Steine, und über dem
Wasser in der Lufft bleibet er ein Holtz, und,
welches einen sehr starcken Glauben erfordert, dieses geschiehet in einem Jahre. †

§. 48. So viel weiß man wohl, und ist
gar deutlich, daß das Holtz im Wasser ordentlicher Weise verfaule, und nirgends
als nur in dem sandigten und sumpffigten
Grunde, zu Stein werde; eine übergezo-
gene steinerne Rinde aber, welche vielleicht
die guten Leute verführet hat, uud in kurtzer Zeit geschehen kann, ist weit von einer
Versteinerung unterschieden.

§. 49. Neundtens giebet der Stein in
denen Menschen und Thieren, eine
Sache, die sonst sehr öffters von witzigen
und begierigen Liebhabern untersuchet
wird, uns zu unserer Betrachtung folgende Umstände an: Er wird erzeuget aus einer gantz hellen dursichtigen Feuchtigkeit,
wie ein gesunder Urin ist, selbige ist 1) saltzig, 2) hat sie zweierley Saltz, nehmlich
ein

† S. Voyages de Monconnys, Svite de la secon-
de Partie. p. 45.

ein wesentliches, und das gemeine Koch-
Salz, 3) führet sie was kalckigtes bey
sich. *

§. 50. Nach seiner äusserlichen Gestalt
ist ein solcher Stein blätterigt und rundlich, und ich wolte wünschen, von einer kie-
selsteinartigen Härte; welches letztere dem
um die Gelehrsamkeit hochverdienten
Bartholino, † bey Beschreibung eines
Steines, aus einem Menschen entfallen
seyn mag, doch daß er in der Uberschrifft
fast darzu setzet, wodurch er sich gewiß vor
einer schärfern Nachfrage, den Leser aber
vor allem Irrthum verwahren wollen.

§. 51. Auch wünsche ich die kieselartigen
Steine aus keiner andern Ursache, als
weil solches bisher eine unerhörte Sache
ist, und daher eine neue Wahrheit entdecket, die Lehre von der Stein-Erzeugung
aber nicht wenig dadurch erleutert werden
könnte, da ich im übrigen die elenden Umstände derer, welche am Steine kranck sind,
und gnug mit ihren Kälckstein-Brüchen
auszustehen haben, sehr betaure, und so
viel weniger ihnen gar Stein-Gruben von
Kieselsteinen wünschen wollte.

Y 2 §. 52.

§. 52. Zehendens wären die sogenannten Donner-Keile bey der Historie der
Stein-Erzeugung eine recht schöne und
wohl zugebrauchende Sache, wenn nur einmahl ein dergleicher, er möchte sonst, wie
er könnte, beschaffen seyn, iemanden gewiesen würde, der ungezweiffelt vor einen
solchen, welcher aus der Lufft, und in denen Stürmen und Wettern gezeuget
wäre, könnte gehalten werden.

§. 53. Alle, die ich selbst besitze, gefunden
und gesehen habe, zeigen die Merckmahle,
entweder als würckliche Belemniten, oder
so genannte Pfeil-Schoß-und Alp-Steine,
oder es sind Berg-Crystallen, oder es sind
gemachte Keile, welche auch manchmahl einen Angriff haben, und denen Alten als
Gewehre im Kriege, und als Ehren-Zei-
chen bey ihren Todten-Töpffen gedienet
haben. Und sind aus Hornstein, Schiefer der Dächer, schwartzen Marmor, Pro-
bier-Stein, oder einem ieden festen Steine, wie man ihn der Orten haben können,
verfertiget. *

§. 54. Eilfftens ist der Kieselstein, von
dem möchte man wohl fragen, wer ist deine Mutter? Es ist dieses der allgemeinste
Stein, und also darinnen vielen andern
vor-

vorzuziehen, daß er in allen Landen, so
viel ich erfahren können, in Menge zu finden ist; so gar ist er auch in denen Felsen,
da immer ein Körngen mit einem Fels-
stückgen neben und über einander wech-
selsweise stehet, eingemenget und darzwischen gesetzet; Ja er ist auch, doch gar selten allein, als ein Gebürge zu befinden,
wie sich denn dergleichen nicht weit von
hier bey dem Städtgen Frauenstein sehr
prächtig zeiget, von Außland aber, daß da
ebenfalls ein solches seyn soll, mir erzehlet
worden ist. Uberdies, und was das meiste, ist er der Ertzt-Gänge bester, und fast
allgemeiner Zechstein.

§. 55. Wie vielmehr nun an der Erkenntnüs desselben gelegen sey, erhellet
zwar aus dem, was ietzt gesaget worden,
aber so viel weniger sichtliche Umstände sind
von demselben bekannt, welche zu genauer
Erforschung seiner Geburt uns nach Wun-
sche den Weg zeigen können.

§. 56. Dieses eintzige weiß ich gewiß,
daß in denen neuern Zeiten keine Merckmahle, keine neuen Vorfälle, und keine
Versuche und Erfahrungen von dessen Entstehung verhanden sind; Dahero ist es
ziemlich klar, daß man dessen Ursprung denen

Y 3

nen ältesten Zeiten, und solchen damahls
gewesenen Umständen zuschreiben müsse,
dergleichen iezo nicht weiter vorfallen, und
also auch von uns nicht können deutlich erkannt und eingesehen werden.

§. 37. Ich vermuthe, daß er aus einer
metalladigen Materie mag entstanden
seyn, weil der Mergel an und vor sich im
Feuer harte wird, also, daß man damit
Feuer schlagen kann, welches einen kieselartigen Zustand andeuten könnte.

§. 38. Allein, sollte hierbey das Feuer,
als das wesentlich wirckende seyn? Ich
kann es nicht glauben. Der Kiesel ist zwar
glasachtig, welches man, wenn er recht
rein und crystallisch ist, offenbar siehet;
allein das Feuer, wie es zur Verglasung
der Cörper nöthig, ist in den innern Gegenden des Erdbodens, und in der Werck-
statte der Natur nicht zu finden, ausser
was die höllischen feuerspeienden Berge
sind, welche aber durch Zufall erst geworden, und deren Feuer nichts zeuget, sondern alles zerstöhret; Und was von der
Natur gemacht, und vor andern der Hitze
dazu benöthiget gewesen, ist nicht nach
und nach auf eine mercklliche Art hervor
gebrochen, nicht aber gleich fertig her getreten,

ten, wie ich, als weit zuverläßlicher, solches
erachte.

§. 59. Zwölfftens weiß ich von denen
Edelsteinen, besonders denen kostbarsten,
zwar dieses als gantz gewiß, daß sie mir
gantz und gar nicht zugethan sind, und ich
daher mit der gefährlichen Bewahrung
solcher Schätze verschonet bin, aber desto
weniger habe ich die meinigen, welche etwa
dahin zu zehlen sind, mit den Versuchen
verschonet. Eigentlich wäre dieses eine
Sache, vor die reichern Naturforscher, da
sie ihren Fleiß und ihre Arbeit anwenden
könnten, allein sie scheuen sich, und alle stecken zwischen Thür und Angel, wenn die
Edelsteine und das Gold, der Ordnung
nach, zum Feuer sollen, bleiben auch beständ-
dig an ihren Circuln, Winckeln und Waagen, welche sonst nicht zu verachten sind,
angebunden.

§. 60. Herr Boyle, der überhaupt
vieles Lob verdienet, ist der erste, und einer
von denen, dem ein Edelgestein aus seinem
Cabinet nicht so lieb gewesen, daß er ihn
nicht dem Vulcano gegeben hätte; Dieser
hat aus denen meisten durchsichtigen Steinen ausgehende Dünste durch den Geruch
vermercket, und versichert, wie die meisten

N 4 Dia-

Diamanten in einem Augenblick dahin könnten gebracht werden, daß sie häuffige und scharfriechende Dünste von sich gäben.

§. 61. Ich habe aber, ohngeachtet ich mit allen fünf Sinnen bey meinen Versuchen Schildwacht stehe, noch keinen crystallischen oder auch durchscheinend gefärbten Stein iemahls finden können, welcher etwas flüchtiges von sich gezeiget, zu welchem Ende ich nur kürtzlich einen wahrhafften Topas, wie solcher in hiesigen Landen bricht, im Feuer zermartert habe, aber nichts von ihm erfahren können. ...

§. 62. Auch kan vorhergehendes keineswges aus denenjenigen Umständen, da der geriebene Diamant electrisch, und wie ein Agtstein anziehend wird, desgleichen, da er mit einem etwas heissen Wasser ein Licht im Finstern geben soll, erwiesen werden, welche Versuche aber im übrigen sehr merckwürdig sind. †

§. 63. Gleichfalls kommt dieser Meinung die Erzehlung des Borrichii nicht zu statten, wenn dieser gantz gute Mann Smaragde, Rubinen, Saphire und Perlen, mit destillirten Wasser zerstossen, gerieben

---

† S. Boyle de gemmarum origine, p. 34-35.

rieben und bemercket hat, daß es in dem
gantzen Zimmer wie Veilgen gerochen. †
Denn, weil die destillirten Wasser ölig,
und vor sich selbst wohlriechend, die Perlen
aber saltzigte Cörper sind, so haben selbige
da sie mit einem spirituösen Auflöß-Mittel gerieben, und in einem verschlossenen
Zimmer aufbehalten worden, in einen
flüchtigen Stand gesetzt, und zu Hervorbringung eines besondern Geruchs erreget werden können.

§. 64. Tavernier †† erzehlet, daß ein
Holländer aus einem zerspaltnen Diamant acht Grän einer grasigten Materie,
die unrein und faul gewesen, heraus genommen, welche, ob sie gleich eine grasigte und
also diesfalls fremde Materie ist, doch hier
nicht hat können eingeschlossen werden,
wenn nicht dieser Edelstein vorher weich,
ja gar fliessend gewesen wäre.

§. 65. Eben derselbe gedencket, daß bey
den meisten Diamant-Steinen, wenn sie
zerspalten würden, aus dieser Fläche etwas
heraus schwitze, das die Steinschneider öffters mit dem Schnupfftuch abwischten,

Y 5 wel-

---

† S. Acta Hafniensia. Vol. V. obs. 37.
†† S. desselben Reise-Beschreibung, p. 137.

welche Anmerckung des Hrn. Boyle seine
von denen Ausdünstungen derer durch-
scheinenden Steine gehabte Meinung zu
bestärcken scheinet. *

§. 66. Ferner saget er, † daß die, welche aus dem Sand oder der Erde ausgegraben würden, etwas von der Farbe deß-
selben Erdbodens an sich hätten. Dieses
letztere wiederhohlet auch Boyle aus dem
Frantzösischen Tractat eines ungenannten,
nehmlich, daß die Diamanten, die in Felsen
gebrochen würden, meistentheils schöner,
die aus reiner und etwas sandigter Erde
nichts geringer wären, die aber aus fetter,
schwartzer oder anders gefärbter Erde kä-
men, unrein, und die gar in schlammigten
und wäßrigten Erdreich gefunden würden, schwärtzlich schienen. •

§. 67. Robert von Berqven, †† den
ich nach der bey Boylen angegebenen pa-
gina, vor den ungenannten Frantzosen halten könnte, wenn der angeführte Text nur
besser übereinstimmete, bestätiget es, daß
die Diamanten von der Farbe ihres Erd-
reichs

_____

† S. bemeldetes Buch, p. 135.
†† S. Berqven Merveilles des Indes orientales
   & occidentales, p. 9.

welchs etwas an sich genommen hätten, welches vornehmlich in einer Verminderung ihres Lichtes bestehe, und dieselben daher bald eißigt, (glaeieux) * bald matt und wolckigt, (sourd) bald mit eingemengten rothen Sand-Stäubgen, gefunden würden, und wären sie ausser denenjenigen, welche blaß-grün, heufärbig, (couleur du foin) und dergleichen schienen, alle nach dem Schneiden und Schleifen noch gantz rauch, und von keiner rechten Polite.

§. 68. Ich solte als ein gleiches Exempel den Topas hier anführen, weiln er aber zur Zeit noch unbekännt, und erst neulich von mir untersuchet worden ist, auch seine besondern Umstände hier beiträget, will ich ihm zu Ehren eine besondere Nummer machen.

§. 69. Dreizehendens, der Topas, ein Edelstein aus unsern kalten Indien, und eine Zierde unsers Landes, wird im Voigtlande bey dem Thal Tanneberg, auf einem Berg, der Schneckenberg genennet, in denen kleinen Drusen eines Felsens, welcher aus der Erden hervor raget, mitten unter Berg-Crystallen und Mergel-Erde gebrochen.

§. 70.

§. 70. Er hat nicht gantz ein cryſtalliſches Anſehen, ſondern eine etwas gelbligte Farbe, die aber wie der ſchönſte Wein bisweilen ausſiehet; er iſt durchſcheinend; hat eine priſmatiſche eckigt geſchliffene Figur; ſein Gewebe iſt blättrigt wie der Diamant, Smaragd ꝛc. und alſo hat er einen ſchönen Schein, und kann gar leicht vor einen Diamanten angeſehen werden.

§. 71. Seine Mutter oder Geſtein, darinnen er ſündig iſt, hat man vor ſandigt ausgegeben, allein es iſt einer gantz andern Eigenſchafft, nehmlich, es dienet, ſeinen Topas ſelbſt zu ſchleiffen, welches doch der härteſte Kieſel nicht hat ausrichten können; Es iſt rauh, nicht ſowohl, daß daran die kleinen Theilgen auf der Fläche heraus ſtünden, ſondern vielmehr, wegen der denen Theilgen allein eigenen Geſtalt, welche Topasartig iſt, und wenn ich nicht ausgelacht werde, will ich einmahl ſagen, was andern ſonſt auch frey iſt, eine beſondere Mitleidenſchafft zwiſchen dem Geſtein und Topas ſelbſt zu haben ſcheinet.

§. 72. Nun iſt zwar nicht eben ſo ſchwer, durch Nachdencken zu erforſchen, woher dieſer Edelſtein ſeine Materie erhalten, nehmlich aus dem Stein, in welchem er ſtehet,

het, und mit dem er nach den natürlichen
Eigenschafften überein kommt; daß seine gelbe Farbe von der um ihn herum ge-
henden gelben Mergel-Erde herzuleiten
sey, zeigen dieienigen, welche nicht so schöne Wein-gelb sehen, denn daselbst ist auch
der Mergel viel weißlicher.

§. 73. Allein, welches hier ein Haupt-
Umstand, wohin kommen wir nun mit
den Berg-Crystallen, welche gantz nahe
und öfters um den gantzen Topas um und
um stehen, ia selbigen berühren, nach ihrer
Art aber von diesem Edelstein gantz unterschieden sind, und zu was vor Ursachen
soll man hier seine Zuflucht nehmen? Solte auch wohl ein Baum süsse Feigen und
saure Speierlinge zugleich tragen?

§. 74. Ich bekenne, daß ich dieses noch
nicht einsehe, und ist mir gnung, daß ich
vor andern, die gar nichts davon wissen,
doch etwas erkenne. Ich werde im Ver-
folg dieser Schrifft ein und anderes beibringen, welches zu Erklärung dieser wichtigen Frage einiges Licht, und vielleicht
mehrers, als ich selbst mir vorstelle, beitragen wird.

An-

Anmerckungen.

Zum §. 4.

Von der Schöpffung hier ausführlich zu handeln, möchte wohl vor eine Anmerckung zu weitläufftig seyn, doch aber auch davon zu schweigen, könnte beides zu einer unrechten Ausdeutung dieses §. als auch zu einen falschen Begriff Anlaß geben. Daß bey dem grossen Schöpffungswercke sogleich auch Steine mit entstanden seyn, läßt sich nicht so gantz und gar verneinen: Denn, da theils die Steine eine gewiß sehr innige und genaue Mischung haben, die innigste Mischung sehr öffters in einem Augenblick vollkommen geschehen kann, so ist zum Beweiß nichts mehr nöthig, als daß wir auch begreiffen lernen, wie die anfänglichen Theilgen zur Steinmischung nahe zusammen kommen, und einander berühren konnten. Dieses aber wird nach denen hydrostatischen Grund-Sätzen sogleich deutlich; vermöge dieser, muß sich das schwere sencken, es müssen sich gleich-schwere und dabey gleich-grosse Cörper mit gleicher Geschwindigkeit sencken, es müssen endlich schwerere Cörper, die aber von einem grössern Umfang sind, mit andern, die leichter, aber nicht nach ihren Flächen so groß und räumigt sind, sich in gleicher Geschwindigkeit sencken. Nun wird wohl

wohl niemand sagen, daß die anfänglichen Theilgen zur Steinmischung so ungleicher Art sind,
daß einige Stein-schwehr, andere Feder-leicht
wären; vielmehr zeiget ihre feste Mischung, daß
sie in unterschiedlichen Eigenschafften, die zu mehrerer Aneignung dienlich sind, und also auch in
der Grösse und Schwere, zumahl, gegen die Animalien und Vegetabilien gerechnet, einander
ziemlich gleich sind; Und hieraus ist die richtige
Folge, daß die steinmischenden Theilgen, vermöge ihrer gleichen Schwere, in der Erde bey der
Schöpffung einerley Ort einnehmen, zusammen
treten und sich vermischen müssen. Wenn aber
der Herr Verfasser sagt, daß der Erdboden lucker und weich gewesen, so ist dieses nach eben diesen hydrostatischen Grund-Sätzen wahr; denn
nach solchen hat sich die luckere und leichte Erde
am langsamsten, und nachdem sich schon alle
steinmischende Theilgen im Grund versencket
hatten, endlich aus den Wassern abgesondert,
und also auf die Ober-Fläche unserer Erd-Kugel
angesetzet. Ferner hat auch der Herr Berg-
Rath recht, wenn er behauptet, daß sich diese
weiche Erde nach und nach verhärtet: Der Fluch
GOttes, welches nicht ein Menschen-Wort ist,
muß in einer Einführung eines schädlichen natürlichen Wesens in die Mischung unsers Welt-
Gebäudes bestanden haben, zumahl, da sich solcher

cher auf natürliche Dinge, als die Verderbung
der obern Garten-Erde, und der Pflantzen-Gewächse derselben erstrecket; Die allgemeine Uberschwemmung, und wahrscheinlicher weise die Einmischung einer dunstigen Atmosphäre eines Cometen in unserm Lufft-Creis können hierzu nachgehends noch mehr Ursache gegeben haben, ja,
die ungleiche Mischung der Theile, welche durch
die Sündflut verursachet, und nach derselbigen
also geblieben ist, kann zu einer Zerstöhrung
und Auswitterung aus dem innern Grund der
Erde so viel beitragen, daß wenigstens noch täglich die Ober-Fläche der Erden härter und stein-
achtiger wird.

Zum §. 6.

Hier führet der Hr. Berg-Rath zwar einen
Versuch an, da aus dem Schnee-Wasser eine
erd-und steinwerdende Materie sich absondere,
welcher auch von mir mehr als einmahl nachge-
macht, und die Wahrheit davon befunden worden, nichts desto weniger will er in seinen Anmerckungen zu Respurs Mineral-Geist pag.
103. dieses wieder in Zweifel ziehen. Ich sehe
aber nicht, wie dem ehrlichen Respur sein §. 10.
pag. 92. gegebener Satz zur Last geleget werden
könne, denn er zeiget erstlich eine Ordnung in der
Zeugung an, nehmlich aus dem Wasser soll ein

Saltz

Saltz, aus diesem aber etwas hartes, als ein
Stein werden, welches gar nicht ungereimt, sondern vielmehr zu mehrerer Erklärung gantz geschickt ist; Uber dieses scheinet Respur Gleich-
nißweise zu reden, welches auch sonst aus den
übrigen Umständen sich also ergiebet.

Zum §. 8.

Der Herr Autor schreitet demnach in folgenden §§. zu denenjenigen Umständen, welche
wegen Erleuterung dieser zwey Sätze sind bemercket worden, nehmlich, ob die Steine auch
nach der Schöpffung erzeuget worden, und auf
was vor Arten solches geschehen sey. Er bindet sich also an keine andere Ordnung, als nur
daß er dasjenige, was in Ansehung des ersten
Satzes noch am öfftersten zu bemercken vorfällt,
zuerst nimmt, das undeutliche aber bis zuletzt
verspahret. Es muß daher der Sinter, welcher
noch täglich neue Proben seiner Erzeugung giebt
vor allen andern voran stehen; Der Horn-
Kalck und Schieferstein bezeigen, durch die in
ihnen versteinerten und abgedruckten Sachen
daß sie vor dem weich gewesen, und nachgehends hart und zu Stein geworden sind; Sand-
stein ist auch noch ein sichtlicher Beweiß, daß er
aus kleinen Steinigen zusammen bestehe; Die
Corallen und Beinbruch machen durch die Aehn-

3   lichkeit

bringe, oder ob der Kalckstein, der wegen seiner
blättrigten Gestalt im Wasser leichte ist, dem
Saltze zu solchen Anschiessen beförderlich sey, kann
aus dieser Erfahrung alleine noch nicht ausgemacht werden. Unterdessen, wenn ja in dem
Unterscheide der Tage-Lufft von den unterirrdischen Wettern eine Ursache zu suchen wäre, so
kann ich selbige doch nicht auf die fliessende Bewegung der erstern legen, denn diese ist beyden
gemein, und gewiß bey der unterirrdischen Lufft
noch stärcker: Vielmehr bestehet der Unterscheid
in der Wärme und Kälte; denn daß die Tage-
Lufft wärmer sey, wird wohl keiner, der beyderley
empfunden, leugnen, daß sie durch ihre Wärme
den Sinter geschwinder austrockne, ist eine gewisse Sache, daß die zu geschwinde Austrock-
nung die feste Verbindung hindere, wird wohl
auch niemand zweifeln, der nur aus der Erfahrung weiß, daß die Studen, wenn sie im heisse-
sten Sommer gewelsset worden, den Kalck von der
Decke gerne fallen lassen. Nechst dem Hebel und
die Natur in dem Sinter eine sehr geschickte Art
an, wie wir durch die Zerlegung die Beschaffenheit der festen Steine besser erkundigen können.
Ich gestehe zwar gar gerne, daß eine Zersinte-
rung nicht bey allen Stein-Arten angehen möchte, allein ob selbige ausser dem Kalckstein, Marmor und Alabaster, nicht auch bey dem Horn-

stein,

stein, Schiefer und Sandstein zu bewerckstelligen
wäre, muß ich wegen der Aehnlichkeit nothwen=
dig schliessen. Vielleicht zeiget uns die kreidenhaf=
tige Rinde an dem Hornstein schon etwas dergleis
chen, der Schiefer möchte es unter rechter Vor=
bereitung auch nicht abschlagen, und der Sand=
stein muß es geschehen lassen, in so ferne der
Grund seiner Zusammenleimung auf einen
kalckigten Wesen beruhet. Alsdenn würde die
Versinterung der Steine, wenn sie mit der Ver=
erdung der Ertzte, davon ich bey dem Tractat von
der Aneignung gehandelt, recht zusammen gehal=
ten würde, ein grosses Licht von dem Wesen der
mineralischen Cörper geben. Beides gründet
sich auf einander, und kann dasjenige, welches
zu Versinterung einer Stein = Art geschickt ist,
auch gebraucht werden, ein Ertzt, das in der=
gleichen Gestein bricht, zu verwittern, ich finde
alsdenn leichter dessen Bestand=Theile, wenn ich
das überflüßige steinartige von ihm abgesondert
habe. Ich habe zwar die Versinterung der Stei=
ne noch nicht so versuchen können, weiln ich, da
ich mich zum Dienste eines Landesherrn widmen
will, erstlich das, was einen Nutzen bringen kann,
vorzunehmen vor rathsamer geachtet, unterdes=
sen aber läßt mich die Erfahrung bey der Ertzt=
Verwitterung auch hieran keinesweges zwei=
feln. Drittens, bekräfftiget der Sinter die Mei=
nung,

3 3

mung, welche der Herr Verfasser von deren Ertz-
Muttern hegete, nehmlich, daß selbige zwar nicht
allezeit zu den Bestandwesen der Metallen in
dem Ertzte etwas beitrügen; aber doch weich, lucker und empfindlich seyn müsten, wenn ein Ertze
auf selbigen anwittern solle. Es ist daher meines Erachtens nicht ungereimt, zu fragen, ob nicht
vor ieder Ertz-Erzeugung eine solche Versinterung des Gesteines vorher gehen müsse? Wenigstens etwas dergleichen ähnliches, zumahl bey
denen Ertzten, die in und mitten unter ihren häu-
figen Zechstein gefunden werden, zu vermuthen,
könnten uns noch viele Umstände treulich anrathen. Endlich, so ist es zwar der Wahrscheinlichkeit gemäß, daß der meiste Stein-Sinter aus
abgespültem Kalckstein entstehe, allein, ob aller
daher zu vermuthen sey, wollen die bisherigen
Erfahrungen noch nicht zureichen. Wie, wenn
theils Wasser von ihrem ersten Ursprunge aus
den tieffsten Abgründen der Erden dergleichen
zarte Erde mit sich brächten? Wie, wenn man
selbige vor unvollkommne Saltzqvellen erkennen
müste? Und sollte auch wohl diese zarte kalckigte
Sinter-Erde, denen Saltzqvellen anders, als von
ihrem ersten Ursprunge her einverleibet seyn? ich
nehme daher Gelegenheit, ein dem Sinter ähnliches Wesen in dem Saltzstein, der sich in den
Pfannen ansetzet, zu entdecken; und vielleicht
wer-

werden auch dadurch andrer Orten, als wo Bergwercke sind, Arten von Sintersteinen künfftig erkannt werden; vielleicht lernet man daraus erkennen, was eigentlich dem Sinter abgegangen.
S. Basil. Valent. von Weinstein pag. 107.

* Zum §. 16. 17. 18.

Der Hornstein würde zu Entdeckung vieler
nützlichen Wahrheiten uns eben sowohl als der
Sinter dienen können, wenn wir nur von selbigen eine vollständige Natur-Historie hätten. Ich
achte den Fleiß gelehrter Männer, besonders des
Herren M. Büttners zwar sehre hoch, aber ich
wollte wünschen, daß solche Naturforscher, welche an und bey dem grossen Welt-Meere wohnen,
sich um diesen Stein und zugleich um die gantze
Natur-Geschichte verdient machen wollten. Die
Ursache hiervon ist, daß dieser Stein wohl sonder Zweifel ein im Meer, und vielleicht aus dem
Meer-Wasser erzeugtes Wesen ist. Dieses er-
giebt sich aus den Umständen, daß man ihn am
häufigsten bey dem Meer, und in der Meer-Erde
der Kreide findet. Und, ob ich wohl mit Hrn.
M. Büttnern nicht davor halten kann, daß er
der eigentliche Grund und Boden der Corallen
sey, maaßen selbige nicht allein auf Hornstein
aufgewachsen gefunden werden, so ist doch wegen andrer Folgen das, was der Herr Magister
Z 4 an-

anführet, sehr wohl zu mercken. Es ist also
zwar wahr, der Hornstein ist ursprünglich aus
dem Meere, aber seine eigentliche Materie, daraus er wird, seine Lagerstätten, seine verschiedenen Arten nach der Farbe, Härte, und Gewebe,
sind noch nicht bekannt. Würde dieses aber ins
Licht gestellet, so könnte man doch auch nachdem
sehen, ob denn alles würcklicher Hornstein sey,
was die Bergleute also nennen; mir will daran
zweifeln, weil ich bey verschiedenen auch verschiedene Zusammenwebung der Theile wahrgenommen, der rechte Hornstein ist allezeit in
Bruch rundlich, also, daß das eine Stücke bau-
chig, und das andere hohl ist, allein bey vielen
so genannten Hornsteinen habe ich befunden, daß
sie schiefrigt, täfflig und gleich = blättrigt sind.
Allein, daß auch rechter Hornstein bey uns mitten im festen Lande gefunden werde, auch alle
Merckmahle, daß er daselbst erzeuget worden, haben könne, leugne ich gar nicht, ich hoffe vielmehr,
wenn der Hornstein in und am Meere wird erkannt seyn, er uns einen Weg aus dem Wasser in die Erde möchte zeigen können.

Zum §. 20.

Die Dendriten oder Bäumgensteine sind
zwar, als ein einzelnes Zeugnüs, zum Beweiß
eines allgemeinen Spielwercks der Natur unzu-
läng-

länglich, doch möchte im übrigen ihre genauere
Betrachtung nicht undienlich seyn. Wenn wir
sie recht eigentlich besehen, so siehet der Theil des
Steins, der das Bäumgen vorstellet, öffters,
ja gemeiniglich wie zerfressen und ausgewittert,
manchmahl läßt sich auch recht ein Staub oder
Mulm heraus kratzen; es wäre also die Baum-
zeichnung vor eine Verwitterung eines Steines
zu halten. Der Umstand, daß sich dergleichen
Bäumgen-Zeichnung allezeit an einer Seite des
Steines, wo selbige loß oder klüfftig ist, anfänget, daselbst am häufigsten ist, aber gegen die
Mitten zu sich immer mehr und mehr verliehret, scheinet meine Meinung zu bestärcken, indem die Ursache zur Verwitterung ein fremdes
und von aussen hinein würckendes Wesen zum
Grunde hat. Ferner habe ich Dendriten gesehen, da das Bäumgen wie von Bleiglantz ein-
gelegt, und so schön anzusehen war, als ob es gediegen wäre: Hieraus könnte man vermuthen,
daß bisweilen an die Stelle der verwitterten
Steine eine Ertzt-Erzeugung vorgienge; ja es lie-
se sich hieraus etwas von der Art und Beschaffenheit eines solchen Gebürges schliessen, welches
man aus der ordentlichen Ursache von Entstehung
der Klüffte und Gänge nicht deutlich erklären
kann. Und wer weiß, ob nicht dieser oder jener
Berg, nach seinem gantzen Innbegriff, einen Den-

Z 5   driten

driten vorstellet, nur können wir nicht durchsehen
und denselben davor erkennen. Hierüber möchte sich mancher lustig machen, aber man antworte mir erst auf die Frage, wie kommts, daß man
in denen recht eigentlich harten Steinen keine
Bäumgen = Zeichnung findet, daher denn in denen meisten Edelgesteinen selbige fehlet, in den
Jaspis und orientalischen Granaten habe ich selbige gefunden, es könnte auch in solchen, die ihnen
gleich sind, dergleichen zu sehen seyn, aber in Diamant, Rubin, Saphier rc. möchte wohl das
Bäumgen wegbleiben.

• Zum §. 24.

Nehmlich der Hornstein scheinet eine, ihres
Uberflusses oder auch andrer Ursachen wegen,
aus dem Saltze des Meer-Wassers ausgeschie-
dene Materie zu seyn, der Kalckstein aber kommt
der Erde des Koch-Saltzes sehr nahe, so, wie das
Koch-Saltz dem Meer-Saltze, und dieses seinem
Hornsteine verwandt ist. Die verschiedene Vorbereitung aber dieser Saltz-Erde, ehe sie zu Stein
wird, hat von weiten das Ansehen, als ob sie
hauptsächlich darinnen bestehe, daß sich der Hornstein, in Gestalt eines gallrigten Schleims, aus
dem Meer-Wasser absondere, in den stillen Buch-
ten zu Grunde setze, und daselbst zu einen Steine erhärte, worzu der Umstand, daß er mitten
unter

unter denen Corallen-Gewächsen gefunden wird,
als ob er gantz dieselben bedecket und in sich genommen habe, nicht wenig Wahrscheinlichkeit
beiträget. Der Kalckstein scheinet dargegen, als
ob er aus einem stillstehenden, faulenden Meer-
Wasser sich abgesondert habe, und also, da dieses schon in eine Gährung gegangen, mit mehrerer Abscheidung des klebrigten und fettigten
Wesens, das sonst darinnen stecket, als eine zarte Erde zu Grunde gegangen, und endlich zu
Stein geworden sey, deßwegen er auch, aus
Mangel der fettigten Bestand-Theilgen, die Festigkeit des Hornsteines nicht erhalten hat. Ubrigens daß beide Arten etwas vom Saltzwesen in
sich behalten, zeiget unter andern die schöne und
frische Erhaltung der darinnen versteinerten
Dinge.

* Zum §. 25. 26. 27.

Von dem Schiefer, sowohl dem Kupfer-
Schiefer, als demjenigen, welcher zu denen Dächern auf die Häuser gebrauchet wird, haben wir
schon mehrere Erfahrung, als von andern Steinen. Daß solcher ein Schlamm gewesen sey,
welcher sich im Wasser nieder und auf den Grund
gesencket, zeiget sein flözartiges oder horizonta-
les Lager; daß er auch nur als etwas frembdes
dem Wasser eingemischt gewesen, siehet man
dar-

daraus, daß er sich gar bald, und vor vielen andern Dingen zuerst aus dem Wasser abgeschieden
hat. Also sehen wir, daß er in den Mansfeldischen Bergwercken weit eher zu Grunde gegangen, als in die dreißig Arten andere Steine und
Erden, ia, er lieget daselbst unter dem Kalckstein,
welcher doch nach der Wasserwage schwerer, als
der Schieferstein ist. Wenn ich dieienigen Berg-
arten, welche im Mansfeldischen über einander
liegen, bey Handen gehabt hätte, würde ich selbige alle schon längst durch die Wasserwage untersuchet, und ohne Zweifel gar viele darunter
gefunden haben, die nunmehro nach ihrer innerlichen Schwere, weit schwerer als der Schiefer
sind, und doch über demselben liegen. Will man
hier nun nicht ein Paradoxon hydrostaticum
glauben, so muß man nach der höchsten Wahrscheinlichkeit schliessen, daß die Erde, welche den
Schlamm und nachgehends den Schiefer vorgestellet, schon als eine solche dem Wasser eingemischet worden, und daher als ein dichter Cörper
zuerst zu Boden gefallen, das darüber liegende
Gestein und Erdreich aber, erst im Wasser durch
Mischung erzeuget sey, und folglich später seine
Dichtigkeit, Schwere und Niedersincken erhalten habe. Vielleicht ist diese Erde vor der grof-
sen Ueberschwemmung die Garten-Erde gewesen,
welches die häufige Vorfindung der Schiefer, und
das

das Kräuterwerck in denselben nicht undeutlich
zu erkennen giebet. Würde diese Vermuthung
durch mehrere Entdeckung bestärcket, so könnte
man die Vortreflichkeit des erstern Erdbodens
vor der Noachischen Uberschwemmung hieraus
beurtheilen, maßen der Schiefer, da er auf Kupffer oder Bley sich als eine gute Ertzt-Mutter bezeiget, überdieses blättrigt, zart und fettig ist,
anfänglich eine weit mildere Erde muß gewesen
seyn, als unsere jetzige Erde auf der Ober-Fläche
ist, welche meistentheils sich eisenschüßig er-
weiset.

Zum §. 28.

Das vom Herrn Hoff-Rath Ertel justähn-
dige seltene Stücke eines gebildeten Schiefers
hat der Herr Berg-Raths-Assessor Schwe-
denborg, in seinem sehr schönen und gelehrten
Regno subterraneo, und dessen dritten Theil,
pag. 168. 169. beschrieben, und auf einer sehr
saubern, grossen und kostbaren Kupffer-Platte
vorgestellet. Es ist dieses Werck in Dreßden
durch Hm. Friedrich Hekels Verlag 1734. in
drey saubern Folianten herausgekommen, und
wegen der recht vollständigen Abhandlung besonders hochzuachten. Der Herr Berg-Rath Henkel mercket gegenwärtig an, daß dieses ein Exempel der versteinerten und abgebildeten vierfüßigen

gen Thiere sey, welches noch immer von den Un-
gläubigen zum Beweiß erfordert worden; Hier
ist nun der Beweiß, ich nehme mir aber die Freiheit eine Ursache zu geben, warum die vierfüßigen,
oder überhaupt alle größern auf der trocknen Erde so lebenden Thiere, nicht so leichte in Steinen
gebildet vorkommen. Die grossen vierfüßigen
Thiere, und auch die Menschen sind eben, wie
einige der größern Meer-Geschöpffe, als See-
Hunde rc. wegen ihrer Schwere, in der allgemeinen Ueberschwemmung gar bald, und vielleicht zu-
allererst gestorben, und zu Grunde gegangen.
Die kleinern Fische haben noch länger im Wasser
leben, oder, wenn sie auch so gleich wegen Verderbung des Wassers sterben müssen, doch weiter
niedersincken können, diese findet man daher oben
in den allerersten Schiefern, und die Erfahrung
lehret, daß, wenn man etwas tiefer kommt, die
Fisch-Bildungen aufhören: Wollte man nun
von jenen auch mehrere Exemplare haben, müste
man sonder Zweifel sehr tieff in die Erde kommen, weiln selbige in einer so grossen Uberschwemmung, wahrscheinlicher Beurtheilung nach, ziemlich tieff hinein erweichet und aufgelöset worden.
Gegenwärtige Seltenheit aber kann durch einen
Zufall im Niedersincken seyn aufgehalten worden, als welches wohl bey einigen, aber nicht bey
allen möglich ist. Uberhaupt ist die Erhaltung
der

der gebildeten und versteinerten Dinge, wie im
Horn-und Kalckfteine dem Saltze, also hier der
Fettigkeit des Schiefers zuzuschreiben, die dabey
gewesene Kälte aber hat verhindert, daß die Fäulung nicht vor der Versteinerung einbrechen, und
diesen vortrefflichen Beweißthum der Nachwelt
entziehen können. Es wird nicht so gleich klar
seyn, ob eine so grosse Kälte bey der Sündflut gewesen sey, ich will aber dieses zu bescheinigen nur
anführen, daß bey einem so hoch stehenden Wasser, wie hier angegeben wird, die Sonnenstrah-
len, wenn selbige auch nicht durch einen Cometen
aufgehalten worden, doch nicht so tief in solchen
Abgrund wircken können, das Wasser aber, je
grösser, allgemeiner und anhaltender ein Regen
ist, desto kälter auf die Erde, noch heut zu Tage
falles folglich, auch damahls vermuthlich gefallen
sey. Ubrigens bin ich zwar mit des vortrefflichen Newtons, Herrn Whistons und Herrn
Heyns Meinung von der Ursache der Sündflut
durch einen Cometen einstimmig, nur kann ich
nicht begreifen, warum das Meer nicht auch vor
der Sündflut gewesen seyn soll, da doch die versteinerten Meer-Geschöpffe zeigen, daß sie vor
derselben da gewesen, und also auch ein Meer zu
ihren Behalter nöthig gehabt haben, auch theils
so beschaffen seyn, daß sie in keinem kleinen und
süssen Wasser leben können. Doch kann wegen
der

der Menge der lebenden Menschen, der nöthige
Platz auf der Erd-Fläche gar bald gefunden
werden, wenn man dem Meere engere Gräntzen
setzet, der Erd-Kugel aber einen grössern Diameter und also auch mehr Fläche giebet, welches,
daß es also gewesen, nicht nur wahrscheinlich ist,
da noch heut zu Tage eine luckere Erde, wenn
selbige gestoßen und geschlemmet wird, und sich
nachgehends zu Boden setzet, einen viel geringe-
ren Raum, als vorher, einnimmt.

Zum §. 2.

Diejenigen Dinge, welche die Sandkörner-
gen zu einem Sandstein zusammen verbinden,
müssen nicht eben vor eines oder einerley gehalten werden. Nach deren meisten Bemerckungen
ist es bey vielen offenbar ein laterartiges Wesen,
bey einigen ist es auch etwas saltzigtes, bey einigen etwas Mineralisches, wie solches der Herr
Verfasser in seiner Kieß-Historie von zerbrochnen
Qvartzen in Drusen, die der Kieß wieder zusammen geleimet, pag. 364. anführet. Bey letztern kommt hauptsächlich die Eisen-Erde in Verdacht, welche zu einer genauen Verbindung, auch
bey dem künstlichen Kutten und Lutirung, ihre
Dienste thut; selbige scheinet auch in denen
braunen, braun-rothen und schwärtzlichen Steinen ein Bestandwesen und Ursache von der
Härte

Härte und Festigkeit deßelben zu seyn. Ich
kann hieran nicht weiter zweifeln, nachdem ich
im Sande und an dem Ufer der Bäche, Stücken
von Eisen gefunden habe, welche gantz in einen
Rost aufgelöset, und zugleich recht aufgeqbollen
schienen; in diese hatten sich Sand, und auch etwas größere Sortigen so feste eingesetzet, und
auf einander gehäuffet, daß ich sie nicht so leicht
loskratzen könnte. Im Bruch war solches Eisen
noch etwas frisch, aber um und um wie mit einer rostigen Sandstein-Rinde bedecket. Diesen
zu folge machte ich einen Versuch, that nach dem
Gewichte Eisenfeil 1. Theil unter 3. Theile
Sandpulver aber zusammen in ein Gefäße, und
begoß es fleißig mit Wasser; nachdem es noch
nicht ein halb Jahr über, nehmlich von der
Helffte des Sommers, bis zu dem ersten Froste
also gestanden, besorgte ich, es möchte bey gröf-
sten Froste das Gefäße zerspringen, als ich aber
deswegen nachsehen wollte, siehe, so war es schon
geschehen, dabey ich aber mehr auf das aufschwel-
lende Gemenge, als auf den Frost selbst, der
eben nicht so starck war, die Schuld legen müste.
Ich nahm also die Schwüle von Eisen und Sand
Klumpen weg, in Meinung, dieses Gemenge
in ein ander Gefäß zu bringen, als ich aber solches heraushebeln wollte, war es so hart, daß ich
es mit einem Meißel und Hammer, oder berg-

A a   män-

männisch, mit Eisen und Schleget zerschen müs=
ste.　Hier war ich also von der bindenden und
zusammenleimenden Art des Eisens überzeuget,
welche auch im Feuer sich erhielte, maßen ich
Stückgen von diesem Gemenge, welches ganz
schwarz aussiehet, zwischen glüende Kohlen
geleget, darinnen es aber keine Verändrung,
als nur eine rothe Farbe angenommen hat. Es
ist also, zumahl bey dem rothen und sehr gelben
Sandstein, eine mit unterlauffende Eisen=Erde
zu vermuthen, besonders, wenn er, wie gemei=
niglich, fester, und auch im Feuer unveränderlich
vor den weissen ist.　Und zeiget nicht die Noth=
wendigkeit, alle Jahre den Acker aufzupflügen
deutlich, wie sehr unser kalter eisenschüßiger Bo=
den zur Verhärtung geneigt sey?

Zum §. 35.

Darff ich mir schmeicheln, so glaube ich, daß
durch vorstehende Anmerkung dasjenige, was
von dem Eisen in Corallen gemeldet wird, etwas
erleutert werde; Denn, da die bindende Eigen=
schafft des Eisens bekannt ist, so erhellet auch,
warum es ein Bestandwesen von Corallen, und
auch von mehrern festen Meer=Gewächsen ist.
Es ist, wenn man nur untersuchen wollte, in an=
dern etwan noch häufiger zu finden; ich will eine
Stelle anführen, welche überhaupt zur Coral=

len=

ten Historie gehöret, weil sie von einem ähnlichen handelt. Ein gelehrter Medicus Prosper Alpinus, welcher auf Kosten der Republic Venedig, sich lange in Egypten aufgehalten, schreibet in seiner Historia Ægypti naturali, welche zu Leyden 1735. in 4to heraus gekommen, im dritten Buch, und dessen achten Capitel, pag. 151. In mare rubro vocato nascuntur procerae arbores, quae extra aquam extractae coralliorum modo lapideam duritiem nanciscuntur, adeo, vt caudices cum totis ramis lapidescant, coloreque nigro cernuntur; qui nullius apud eas gentes vsus existunt. Zu teutsch: Zu dem so genannten rothen Meer, wachsen grosse Bäume, welche, so bald sie aus dem Wasser heraus gezogen werden, nach Art der Corallen, wie ein Stein erharten, so gar, daß die Stämme mit allen Aesten gantz zu Stein werden, und an Farbe schwartz aussehen; Es werden diese Bäume von denen Einwohnern zu nichts gebrauchet. Ob nun wohl Alpinus einem Irrthum, oder vielmehr übel erklärtem Umstand beizupflichten scheinet; nehmlich, daß die Corallen unter dem Wasser weich wären, und erst in der Lufft erharten, so ist doch seine Erzehlung in übrigen gantz deutlich, und ihm, da er so lange daselbst sich aufgehalten, auch in Beschreibung anderer natürlichen Dinge grossen Fleiß bezeiget, gar wohl zu

Aa 2   glau-

glauben. Wir sehen hieraus, daß es nicht nur
Corallen-Sträucher, sondern auch Bäume giebt,
welche, weil sie grösser, auch nicht so zart, folglich in keinem solchen Werth und Achtung sind.
Das Eisen sollte in diesen schwartzen und gröbern
Gewächse wohl auch mercklicher zu entdecken
seyn, wenn nur Egypten nicht so weit, und die
Gelegenheit, etwas daher zu bekommen, ein wenig leichter wäre.

Zum §. 39.

Wenn wir eine Vergleichung und Aehnlichkeit zwischen dem Corallen-Gewächse, und dem
Masselischen Stein-Gewächse anstellen wollen,
so befinden wir, daß beides wächst, beides, wenn
es in seinem Wachsthum durch Zutritt der äus-
sern Lufft gestöhret, erhartet; beides ist röhrär-
tig, beides hat ein Marck und eine Blume; beides ist eisenschüssig, welches an dem Masselischen
Gewächse die eisenfarbige Glasur, und das glän-
tzen am Bruch beweiset. Wenn wir aber sonst
nur eine Möglichkeit sehen wollen, daß steinartige Dinge sich, so zu sagen, ausdehnen und vergrössern, das ist, wachsen können, so finden wir
an denen Muscheln und Schnecken-Schaa-
len, ein zwar weit hergehohltes, aber doch gewiß der Möglichkeit gemäßliches Beispiel.

* Zum

Zum §. ad. 42. und 44.

Der Herr Berg Rath will, daß man die Anmerckung über das Museum des Mafcardi, im
7. Cap. nachlesen solle, daselbst wird von einem
Stein Bena, dessen auch schon der Theophra-
stus Ereslus gedencket, gemeldet, daß er ein gläu-
tzender Stein, und wie ein Zahn von einem Thiere sey; Bena è una pietra lucida, comme il
dente animale &c. Ferner setzet der angeführte, de la Brosse in dem Buche de la nature,
vertu & utilité des Plantes, a Paris, 1628. 8vo,
pag. 421. hinzu: C'est une pierre en figure
comme la Corne, de consistence de pierre,
qui mise au feu par degrez donne la vraye
Turcoise, elle est nommée Licorne minerale,
parcequ' elle ressemble a la Corne d'un Ani-
mal, & qu' elle est singuliere contre toutes
fortes de venins. Zu teutsch: Dieses ist ein
Stein an Gestalt wie ein Horn, in der Festigkeit
aber als ein Stein, wenn man ihn ins Feuer leget, so wird er nach und nach wie ein wahrer
Türckis, derselbe wird das mineralische Einhorn
genennet, weiln er sich mit dem Horne eines
Thieres vergleichet, und auch ein besonderes
Mittel wider alle Arten von Gifft ist. Daß
übrigens der im 44. §. gemeldete Versuch dem
Herrn Verfasser nicht von statten gegangen, mag
wohl die Ursache seyn, daß die Steine, welche

am festesten, zusammen halten, eine blättrigte
Gestalt ihrer Theile haben; und folglich auch
solche Zähne und Knochen müssen erwehlet werden, die in diesem Umstande denen Steinen gleich
kommen, dergleichen die Back=Zähne und, die
nicht so dicken Knochen sind. Ein Elephanten=
Zahn aber, und alle spitzige Zähne, desgleichen
die grossen Knochen, haben eine offenbarlich läng-
fäserigte Gestalt ihrer Theile, dadurch denn
das rund blättrigte feste Gewebe gehindert, und
zugleich wegen der Dicke nach einer geraden Fläche gerichtet wird, folglich im Feuer lucker werden muß.

Zum §. 49.

Der Herr Autor siehet bey dieser Beschreibung auf seinen Versuch, dadurch er in gesunden Urin eine Art crystallischer Steingen entdecket hat, denn auf die andere Stein=Erzeu-
gung in menschlichen Cörpern kann diese Beschreibung nicht völlig gezogen werden, da bey
denen am Stein krancken Personen der Urin,
meistentheils vor dem Anfall der Kranckheit, sehr
trübe und molckigt ist, auch, so bald der Stein
fort, oder doch aus denen engsten Gängen heraus gehet, abermahls so ein steinwerdender
Schleim hinten nach folget. Sonst ist der Umstand bey denen am Stein krancken Personen,
daß

daß sie sich durch **Erkältung**, besonders des Rückens, und der Theile, wo der Stein sich erzeuget, solches Ubel zuziehen, oder doch vergrössern, der wichtigste, welchen man in der Natur-Geschichte der Steine zu einen Beweiß gebrauchen kann, denn hieraus, wenn die übrigen Umstände zutreffen, der Satz, daß die Steine sehr geschwinde und augenblicklich, nächstdem aber durch eine mitwürckende Kälte erzeuget werden, zu schliessen wäre.

Zum §. 52. und 53.

Da bey den Donner-Keilen viel Aberglauben mit unter gelauffen, so ist es kein Wunder, daß Einfalt und Betrug sich mit eingemischet, ich habe aber doch bey einem neuern Schrifftsteller, dessen Buch und Nahmen mir ietzt gar nicht beyfallen will, eine sehr merckwürdige Erzehlung diesfalls gelesen. Es soll, nehmlich ein Thon-Gräber, als er bey seiner Arbeit in der Thon-Grube gewisse Merckmahle erblickt, gesagt haben, wenn man hier tieffer graben würde, so würde man einen Donner-Keil finden, er sähe es, wie er hier rein gefahren sey, und habe dergleichen schon mehrmahlen aus der Erfahrung; Als man hierauf diesen Merckmahlen und Spuren weiter nachgegraben, so habe man würcklich dergleichen gefunden ꝛc. Dieses alles vor aus-

neh=

nehmend, gewiß anzugeben, wäre sehr unbeson=
nen, es nützen aber dergleichen Nachrichten, um
künfftig bey vorfallenden Gelegenheiten besser
Achtung zu geben.

Zum §. 54. 55. 56.

Ist der Kiesel zu hart oder zu schlecht, daß
ihn die Naturforscher nicht so fleißig untersuchet
haben, das weiß ich nicht, so viel ist mir bekannt,
daß man bey wenigen weniges, bey den meisten
gar nichts davon angemercket findet. Bey sol=
chem Mangel will ich doch, so viel ich kann, von
meiner eigenen wenigen Erfahrung beibringen:
Vors erste habe ich bemercket, daß, ausser dem
vorigen zu Frauenstein angegebenen Berge von
Kieselstein, derselbe zwar häuffig, aber in sehr
kleinen Stücken gefunden werde; die meisten
sind in der Grösse von einer Nuß bis auf eine
Faust; findet man sie etwas grösser, so haben
sie gemeiniglich durch und durch so viel Riße oder
Klüffte, als auch ein andrer wett, mürber Stein
nicht zeigen wird. Diese Riße machen, daß der=
gleichen Steine sich nicht wohl in Tafeln, oder
andere Figuren schneiden lassen, und einer, der
nur zu einem mittelmäßigen Geschirre die Grösse
hat, und unversehrt ist, ist schon eine Selten=
heit. Die Klüfftgen in denen Kieseln, desglei=
chen die äusserliche Fläche, sind meist mit einer

einer

einer eiſenſchüſſigen Materie, als wie mit einem
Eiſen-Roſte angefüllet, doch ſcheinet ſolche mehr
von auſſen hinein geſintert, als darinnen erzeuget zu ſeyn. Zerſchläget man einen Kieſelſtein,
dergleichen ich in meinem Leben wohl vieltauſend
ſchon zerſetzet habe; ſo findet man, daß ſelbige
im Bruch blättrigt, aber auch dabey ſcharff ſind,
gegen die Mitte, oder dem innerſten Kern zu, iſt
der Kieſel allezeit härter, reiner und durchſichtiger, vergeſtalt, daß ſich dieſer Korn allezeit von
dem übrigen weichern und mattern Geſteine des
Kieſels unterſcheidet; in theils Kieſeln habe ich
zwey, drey und mehr ſolche Kerne neben einander gefunden, zwiſchen deren ieden das übrige
matte Geſtein des Kieſels inne lag, und hatte es
das Anſehen, als ob ein ſolcher gröſſrer Kieſel
aus ſo viel kleinern zuſammen geſetzet wäre, etwan, wie einige mererformige Steine aus vielen kleinern Kugeln zuſammen geleimet ſind.
Wenn die Kieſelſteine geſchliffen werden, ſind ſelbige durchſichtig, noch mehr aber, wenn nur derſelben Kern alſo bearbeitet wird. Hieraus nun
die Folgen von der natürlichen Beſchaffenheit
dieſer Steine zu ziehen, will ich nicht bis in die
dritte Abtheilung verſparen, ſondern hier gleich
beibringen. Weiln der Kieſelſtein durchſichtig,
und gantz rein iſt, ſo muß ſelbiger vorher in flüßiger Geſtalt geweſen ſeyn; Denn die Durchſich-

tigkeit setzet eine gleiche Ordnung, Lage und Gestalt derer Theile voraus, welche ausser einem
flüßigen Stande nicht zu erhalten ist... Da der
Kiesel so ritzig und klüfftig ist, zeiget er von einer
besondern Sprödigkeit, die Sprödigkeit aber
kommt von einer sehr gählingen Erhärtung und
Erstarrung her, wie wir solches an denen Spring-
Gläsern oder Glaß-Tropffen, die ins Wasser abgelöschet werden, auch an allen Gläsern, die gar
zu geschwinde erkühlen, sehen können. Der innerste Kern ist eben aus der Ursache heller, nehmlich auch fester als das äusere, wenn dieser nicht
so geschwinde erstarret ist. Daß der Kiesel in so
kleinen Stückgen gefunden wird, zeiget ebenfalls
von seiner allzugeschwinden Erstarrung, daraus
ein Zerspringen in kleinere Stückgen entstanden
ist. Und hieraus wissen wir nun zweierley gewiß, daß der Kiesel flüßig gewesen, daß er zu geschwinde und gähling erstarret ist; das dritte
schliesse ich daraus, daß er, wenn er in seinen ersten Wesen nicht gehindert worden, zu einen vollkommnern reinen Cörper würde geworden seyn.
Endlich muß ich wahrscheinlich eine Ursache angeben, warum es schwer hält, etwas mehrers von
ihm zu erfahren: Ist die Materie, woraus der
Kiesel entstanden, noch in der Natur vorhanden,
so wird sie doch nicht in ihrem Wege zur Vollkommenheit so gähling gehindert, folglich wird sie

gantz,

gantz was anders als ein Kiefel, und es kann
ſelbige nicht in eine Vergleichung mit dieſem geſetzet und erkannt werden. Die Verhinderung
und alſo die Erſtarrung zu einen Kiefel muß von
einem gantz auſſerordentlichen Zufall in der Natur herrühren, und darum ſagt der Herr Verfaſſer gantz recht, daß man von der Erzeugung
des Kiefels keine Exempel habe. Von der Aehnlichkeit läßt ſich, wenn alle übrige Umſtände zutreffen, etwas ſchlieſſen, aber, wo ſelbige man-
geln, iſt es ein ſchlechter Beweiß, und darum
will ich auch weiter nichts melden, als, daß die
Anlegung eines Eiſen-Roſts eine Vermuthung
giebt, daß der Kiefel eine liebreiche Ertz-Mut-
ter ſey, welche die Kinder gerne in ihre Arme
nimmt, hält und trägt, aber ſelbige wegen der
Trockenheit zu ſäugen nicht vermag.

Zum §. 60 : 65.

In dieſen §§. diſputiret der Herr Autor wider die Meinung des Herrn Boyle und derer
andern Hrn. Engelländer, welche vorgeben, daß
die Edelgeſteine und beſonders auch der Diamant etwas flüchtiges in ſich hätten, das durchs
Feuer könne fortgetrieben werden. Ich bin zu
wenig, dieſe Frage zu beantworten, maßen mir,
eben wie dem Hrn. Verfaſſer die Gelegenheit
mangelt, die Verſuche, die gegentheils angegeben
wer-

werden, nachzumachen. Da die neueren von
nichts, als von Brenn-Spiegeln reden, so hat
auch wohl Boyle dergleichen gebrauchet; und
also hätte doch der Hr. Berg-Rath recht, daß das
chimische und Küchen-Feuer hier nichts ausrichten können. Unterdessen will ich doch einen
Haupt-Versuch anführen, welchen die Hrn. Engelländer in ihren Philosophical-Transacts N̄o.
386. p. 976. 977. beschreiben. Sie haben nehmlich einen Diamant durch einen Brenn-Spiegel,
der etliche 40. Zoll in Diameter gehabt, gebrannt,
und selbiger hat sieben Achttheil von seiner
Schwere verlohren. Dieses ist viel, aber doch
nicht unglaublich, wenn man nur den Unterscheid
des Sonnen- und Küchen-Feuers recht gründlich
einsiehet.

Zum §. 66.

Hierbey fällt mir das Diamant-Boord, dessen mit keinem Worte gedacht wird, ein. Dieses
bestehet ebenfalls aus Diamant-Steinen, welche
aber dunkel, schwartz und trübe aussehen, etwas
weit grössere Härte, als die guten und reinen Diamanten selbst, haben, und daher zum Schleifen derselben gebrauchet werden. Was soll ich aber von
selbigen sagen? Unreife Diamanten kann ich
sie nicht nennen, dieses ist ein Gleichnus, das
nichts erkläret, soll ich meynen, daß sich fremde
Erdtheilgen in ihre Substanz mit eingemischet,

so

so stehet mir die Härte entgegen, doch diese kann
mich nicho abhalten, meine Gedancken zu entdecken. Mein Leser erinnere sich, was ich vorher
von den Kieselsteinen gemeldet habe, daß selbige
wegen einer zu gählingen Erstarrung spröde sind;
Hier ist der Diamant-Boord, in selbigen hat sich
eine fremde undurchsichtige Erde eingemischt, diese hat ihn an seiner Vollkommenheit gehindert, er
ist also geronnen und erstarret, ehe er ein vollkommener Diamant geworden, folglich ist er zu balde,
und zu gähling erstarret, dieses bringt ihm eine
Sprödigkeit, und eine so grosse Härte, daß er auch
selbst seinem Bruder Abbruch thun kann. Es folget nicht, alles, was vollkommen und innigst gemischt ist, also, daß seine Theile so viel näher und
fester an einander stehen, ist auch um so viel härter: Das Gold ist weicher als Eisen und Kupffer, die reiffen Früchte sind milder als die unreif-
fen, und die Härte ist überhaupt ein Erfolg der
Kälte, wie die Wärme die Weichheit und Flüßigkeit gegentheils verursachet. Es ist also der Diamant-Boord ein zu geschwind erhärteter Diamant, darzu die Ursache in einer äusserlichen Hin-
derung zu suchen, wie anderseits bey den vollkommnen Diamanten die Festigkeit aus einer wesentlichen Vereinigung, da die Theile von innen
herauswärts congeliret sind, entstanden. Wahrscheinlich ist es auch, daß der Diamant-Boord
eine

eine Mutter von reinen Diamanten seyn kann, oder
dem eine solche Masse, von außen durch die Kälte
gedrückt, zu gähling erstarret, dadurch aber auch
also gehärtet wird, daß der innere Theil ge-
mächlicher zu seiner Vollkommenheit ungestöret
gelangen kann. Also wären der Kiesel und der
Diamant in gewissen Umständen einander ähnlich, wie es denn auch würcklich solche kleine Kieselsteinen giebt, die dem Diamant-Boort dergestalt ähnlich sehen, daß auch ein Kunstverständi-
ger damit betrogen werden kann, welche aber übrigens den Nutzen in Schleifung der Diamanten
nicht haben.

* Zum §. 67.

Von diesem Fehler der Diamanten giebt der
aufrichtige Jubelier p. 63. 64. eine ganz deutliche Nachricht folgender maßen: Noch finden
sich andere Steine, welche zwar weiß, aber nicht
poliret werden können, weil sie etwas in sich haben, gleichsam wie die Aeste im Holtz, so wegen
der grossen Härte nicht zum Glantze zu bringen
seyn, und leiden die Scheiben im Poliren grosse
Noth davon. Die Spielung dieser fäuligen
Steine ist eisigt, und gelten sie kaum ein Drittel
von andern Steinen ihrer Grösse. Ein in diesem
Stück erfahrner Jubelier hat mir gesagt, daß dergleichen Fehler sich manchmahl nur an einem Fa-
cite eines Diamants befinde.

Die

Die andere Abtheilung.

Von denen Versuchen, welche die Stein-Erzeugung erklären.

§. 75.

Nun will ich aus der grossen Werck-statt der Natur mich weg begeben, es sind zwar noch mehrere, aber nicht leicht wichtigere und deutlichere, als angeführte Umstände daselbst zu bemercken, allein ich kann mich ietzt nicht länger dabey aufhalten, und gehe demnach zu dem Ort, wo etwas durch die Kunst, es mag nun seyn wie es will, nachzumachen versucht wird.

§. 76. Hier habe ich vor allen Dingen untersuchet, woraus das Bestandwesen der Steine, und ob es aus einer einzigen oder aus mehrern Materien bestehe; Hernachmahls, was vor Art und Weisen bekannt sind, dadurch iemahls etwas, das man könnte vor einen Stein halten, gemacht worden.

§. 77. Es wäre zu weitläufftig, die Versuche von allen und ieden Steinen zu erzehlen, es würde uns auch derselben vollkommenste Erkenntnüs hierbey nicht so viel helffen, z. E. wenn man wüste, daß das Ruf-
sische

sische Frauenglaß aus einer kreidigten Materie, die ein flüchtiges Salz hält, bestehe
und dadurch, zur Wissenschafft und Beweiß-Gründen, von der Art ihrer Erzeugung, vielweniger aber zur Arbeit, und
dem Machmachen zu gelangen.

§. 78. Endlich habe ich mir auch einen
Fechter-Streich vorbehalten wollen, damit ich dereinst eine weitläufftige Beschreibung der Steine, oder auch ein reales Mineral Lexicon, verfertigen könne. Denen
Klugen und Bescheidenen wird gnug seyn,
folgendes zu vernehmen, und wie sie es zu
ordentlichem Lehr-Satzen gebrauchen sollen
daraus zu ersehen.

§. 79. Erstlich habe ich versuchet, ob
ich aus Betrachtung der äusserlichen
Gestalt, die innere Beschaffenheit des
Steines ersehen könne, aber mit schlechten Erfolg.

§. 80. Die dreieckigte Figur des Diamants, welche Boyle † bemercket, wäre
gewiß ein sehr schlechtes Kennzeichen von
einen solchen Fürstenguter den Edelgesteinen, da er anders Steine sich an die
Seite muste setzen lassen. Z. E. die Müssel

† S. Boyle de Gemmis, p. 4.

die vor sich also gestaltet sind, den bekannten Jßländischen Crystall, der im Feuer in
lauter dreieckigte Stücken zerspringet, die
dreieckigten Kieselsteine zu Anhold in der
Ost-See. †

§. 81. Der Jubelier, welcher den offt
belobten Engelländer, der ihn dießfalls be-
fragte, solches versichern wollen, daß er bey
Ermangelung der Gelegenheit die Härte
des Steins zu untersuchen, auf diese Figur
als ein Zeichen Acht habe, und hieraus einen wahren Diamant von andern Steinen unterscheiden könne, würde jämmer-
lich betrogen worden seyn, wenn er auf diese unerhörte Figur trauen, und dergleichen
Steine kauffen wollte. *

§. 82. Hernach habe ich einen wesentlichen Unterscheid in ihrer eigentlichen an-
gebohrnen Schwere zu entdecken gesucht, und befunden, daß die gantze Schaar
der Edelgesteine schwerer als der Spat, der
Bononische Stein, und andere dergleichen,
die in der Schwere einen Vorzug und
Gleichheit haben, sey. *

§. 83.

† S. Jacobæi Museum Reg. Daniæ, P. I. Sect. 7.
n. 50.

Bb

§. 83. Was hilfft aber nun das Besehen ihres Gewebes, da die Flöße eben sowohl wie der Diamant, Aquamarin, und
Topas eine blättrigte Gestalt haben? Was
hilfft endlich die Gestalt der kleinsten Theilgen, da bey denen Edelsteinen nicht anders
als bey dem Frauenglaß, die Blätter oder
Tafeln in noch kleinere Blättergen, und
diese in weit kleinere Cörpergen sich ver-
lieren, welche man weiter nicht zerspellen
kann, und auch also aus solchen bestehen?

§. 84. Ich bin daher zu der chimischen
Zergliederung der Steine geschritten, dabey Wasser, Feuer und Salße die Werckzeuge sind.

§. 85. Das Wasser ist wohl das ge-
schickteste und beste hierzu, aber nicht in
der Gewalt eines Künstlers, also damit,
wie die Natur thut, zu arbeiten, wie wir
bey dem Stein-Sinter sehen, der durch keinen Fleiß kann ausgedacht, und nachge-
macht werden. *

§. 86. Das Feuer ist auch wohl ziemlich hierzu geschickt, und lehret vielerley
Unterscheid, allein ohne einen Zusaß thut
es nicht viel, mit einem Zusaß aber macht
es einen in der Beurtheilung zweiffelhafft. *

§. 87.

§. 87. Endlich sind die Saltze zwar nicht zu verachten, welche ebenfalls einigen Unterscheid und Gleichheit der Steine zeigen, allein dabey, wie die Steine gezeuget werden, können sie, als unzuläßliche, auch öffters falsche Zeugen, nichts beweisen. *

§. 88. Daß der Theophraſtus Ereſius schon zu seiner Zeit die Steine mittelſt des Feuers untersucht, oder wenigſtens von ohngefehr ihr Verhältnüs darinnen beobachtet, und also den beſten Weg zu ihrer Erkenntnüs erwehlet habe, müſſen wir zu unserer Schande von selbigem leſen. † Er hat nehmlich solches auf die allereinfältigſte und vernünfftigſte Art gethan, welche ein ieder auch willig und gerne annehmen sollte, wenn er auch noch so sehr von denen abentheuerlichen auflösenden Höllen-Waſſern vorher eingenommen wäre, die zwar eine Sache verderben, aber nicht ordentlich aus einander legen können. Es redet derselbe von zweierley Arten, nehmlich von schmeltzlichen und unschmeltzlichen, von verbrennlichen und unverbrennlichen Steinen, dabey aber zweierley zu erinnern iſt. *

Bb 2 §. 89.

† S. Theophr. Ereſium de Lapidibus, p. 4.

§. 89. Erstlich, daß die unschmeltzliche
Eigenschafft der Steine nicht anders, als
nur nach einer gewissen Vergleichung und
Verhältnüß, davon könne verstanden werden; maßen in dem größten Feuers Grad,
nehmlich in denen durch grosse Brenn-
Spiegel zusammen gefaßten Sonnen-
Strahlen, welches aber dem guten Manne damahls gantz was unbekanntes war,
nichts so hart, nichts so rauh ist, welches
dadurch nicht bezwungen wird.

§. 90. Zweitens, daß unter den Steinen und Edelgesteinen wenige, ia unter denen reinsten, fast gar keine gefunden werden, welche durch das Küchen-Feuer allein
erweichet werden; Doch ist hier der Granat, Hyacinth, Malachit, Isländische
Achat, auch unter den saltzigten der Bims-
stein, und unter denen hartzigten der Schiefer zu denen Dächern ausgenommen.

§. 91. Hier kann ich wiederum nicht
verschweigen, daß hierzu ein Wind- oder
Zug-Ofen, wie der Glaßmacher ihre sind,
ia wohl noch ein stärcker erforderlich sey,
sonst wird man den Granat, welcher seine
Farbe im Feuer behält, nur gantz trübe,
oder wie mit einer Haut überzogen, welches ein Zeichen, daß er dem Fließen nahe

gewesen, desgleichen den Hyacinth, Bims-
stein und Schiefer, so, wie es Boylen er-
gangen, noch nicht bezwungen, auch wol,
gar unversehrt daraus wieder erhalten.*

§. 92. Was die Verbrennlichkeit und
Unverbrennlichkeit der Steine anbelanget,
darzu eben kein so starckes Feuer nöthig, ia
solches bisweilen gar schädlich ist, so ergiebet sich daher ein Weg, dadurch man zu der
Erkenntnüs des ersten Unterscheids derer
Steine gelangen kann. Es sey demnach
das Brennen und Rösten der Steine, welches auch wiederum nach denen Graden
muß vorgenommen werden, der erste Versuch, ehe man zu denen feurigen und hitzigen Schmeltz-Oefen eilet.

§. 93. Gleichwie aber in einer, so dunckeln und schweren Sache auch überflüßige
Hülffs-Mittel nicht schaden können, wenn
sie nur mit rechter Vorsicht angebracht,
und scharffsichtig beurtheilet werden, so
kann man auch zur Noth uneigentliche
Mittel brauchen, und ich habe daher nicht
unterlassen, die scharffen Scheide-oder
Höllen-Wasser, und etzenden Saltze mit
zur Hülffe zu nehmen.

§. 94. Hieraus habe ich zum wenigsten
eine Bekräfftigung von dem Unterscheid

Bb 3 des

des steinigten Bestandwesens erhalten;
denn, da das Saure alle verbrennliche oder
kalckartige Sachen ergreiffet, das Alcali
hingegen die unverbrennlichen Dinge lieber annimmt, so habe ich wohl gesehen, daß
man diese beiden Saltze nicht ohne Unterscheid bey denen Steinen gebrauchen könne, sondern ein iedes nach seiner Eigenschafft, mit dem, was ihm am schicklichsten
ist, am ersten zusammen gehe.

§. 95. Auf solche Weise kann auch ohne
vorhergehendes Rösten, oder, wenn der
Stein schon zu einen Pulver gerieben, und
daher schwer zu erkennen ist, derselbe allein
aus der Würckung des sauern oder alcalischen Saltzes, nach seiner Art und Beschaffenheit erkannt werden.

§. 96. Der berühmte Boerhave schreibet, daß er ein Auflöß-Mittel gehabt, das
aus groben Rocken-Brode gemacht werde,
und die härtesten Steine in der Hand, ohne
diese zu verletzen, aufgelöset habe: † Allein
ich muß, mit Erlaubnüß dieses grossen
Mannes, es in so weit einschräncken, daß
nicht alle Steine, sondern nur die kalckartigen dadurch aufgelöset werden, wo ich
mich

† S. Boerhave Chymiam, üt. 5. p. 262.

mich nicht gäntzlich irre, indem ich die Beschaffenheit des Auflöß-Mittels, die Materie, daraus es gemacht, und den Umstand,
daß es in der Hand, welche wohl die blosse
hohle Hand seyn wird, könne verrichtet
werden, zusammen nehme; da denn nichts
scharffes, sondern etwas gantz gelindes hierunter vermuthet werden kann.

§. 97. Ubrigens sind diejenigen, welche
den Helmont † hier lesen, zu erinnern, daß,
wenn dieser schreibet, der Kalckstein werde
eher als andere Steine aufgelöset, er nicht
gewust habe, daß auch unter denen andern
Steinen kalckartige zu befinden, oder es
auch Steine giebt, die aus gantz kleinen
Staub des Kalcksteines zusammen gewachsen sind, und also so leicht als der Kalckstein
selbst, können aufgelöset werden.

§. 98. Ich bin eben nicht so gähling, daß
ich mich hier übereilen, und alles nach den
Regeln des Paracelsi, nur in zwey Theile
abtheilen, und was sich nicht so schickte, mit
Haaren herzu ziehen wollte, vielmehr habe
ich nur von denen Umständen, die mir im
Feuer und Auflöß-Mitteln hierbey zu Gesichte,

† S. Helmont, de Lithiasi, Cap. I. 10.

ſichte, und übrigen Sinnen gekommen, die
vornehmſten und deutlichſten alle zuſammen geſammlet; und nach ſolcher habe ich
die Steine neben einander aufgeſtellet, halte auch davor, daß dieſes ihre natürliche
Ordnung ſey; und bekümmere mich im
übrigen gar wenig um die Eintheilung,
nach der Gleichheit und der Rang-Ord-
nung, die man in den Schulen machet, als
welche in dieſem Theile der Gelehrſamkeit
allzuvorzeitig und ſehr ſchädlich ſind.

§. 99. Indem ich nun alſo in einem
kurtzen Innbegriff nach der Erfahrung
alles zuſammen genommen, und überleget habe, ſo ſage ich, und das vor gantz
gewiß, daß die Steine nach ihren Beſtand-
weſen in einerley Feuers-Grad befunden
werden, als 1) Feuer-beſtändige, 2) im
Feuer erhartende, 3) welche ſich zu einen
Staub zerreiben laſſen, 4) und die im
Feuer ſchmelzen.

§. 100. Die im Feuer beſtändig ſind,
behalten ihre Farbe, wie der Rubin, Smaragd, Chryſolith, oder ihr Gewebe und Zuſammenhalt, dergleichen ſind alle Steine,
ausgenommen die Kalckſteine, und die von
ſolcher Art ſind; (Man wolle mir hier nicht
entgegen ſetzen, daß die Steine, wenn ſie
gähling

gähling in ein starckes Feuer kommen, zer
springen,) oder sie behalten ihre Schwere,
und voriges Gewichte; daher gehören alle
kieselsteinartige, sie mögen nun crystallinisch, oder auch gefärbt seyn; Unter den
Edelsteinen ist der Diamant, Rubin, Smaragd, Saphir, Topas und Chrysolith; ja,
wenn sich nicht bey dem Versuch etwas, das
selbigen verfälschen kann, mit eingeschlichen, so sind mir die Kieselsteine, die im
Wasser gefunden werden, im Feuer schwerer worden; ich werde aber dießfalls den
Versuch nochmahls anstellen. Endlich bleiben alle, die ihr Gewichte behalten, auch in
ihrer vorigen Größe und Gestalt.

§. 101. Welche im Feuer härter werden, bey denen müssen ihre Theilgen viel
näher zusammen treten, sich genauer verbinden, und also auch, nach der äusserlichen
Gestalt, nicht mehr so groß, sondern einge-
krochen seyn. Dergleichen ist aller Mer-
gelstein, der Serpentin, der fettigte Stein,
der zum Waschen, Wälcken, Baden und
Putzen gebraucht wird, der federhaffte
Amianth, wie der von Dannemor in
Schweden, und von Topschau in Steyer-
marck, welche Amianth-Steine dergestalt
erhärten, daß sie, wenn sie recht starck im

Bb 5   Feuer

Feuer gebrannt sind, mit einem Stahl
Feuer schlagen, welches auch Sunberg
von Dannemorischen gedenckt, von welchem er sagt,daß er zwar in dem Schmiede-
Feuer durchglüend,aber nicht ausgebrannt
werden könne.†

§. 102. Ja die Mergel-Erde selbst, und
zwar nicht etwan nur eine Art derselben,
welches ich an meinen Schmeltz-Tiegeln,
die aus unsrer Tiegel-Erde gemacht werden,erfahre, ingleichen die Terra Sigillata,
daraus die Thee- und andere Gefäße gemacht werden, bezeigen ein gleiches. Was
der berühmte Borrichius aus dem Pelle-
pratio erzehlet, daß die Thon-Erde von der
Mündung des Amazonen-Flußes, unter
dem Wasser sehr weich sey,in der Lufft aber
eine Härte, wie ein Kieselstein bekomme,
das muß man, wie ich glaube, nicht so gar
scharf von einem rechten eigentlichen Kieselstein verstehen, sondern nur von einer sonst
sehr harten Masse.††

§. 103. Zu Staub, oder daß sie doch
leicht können in solchen zerrieben werden,
wird

† S. desselben Differtation de Metallo Dannemo-
rensi, p. 19.

†† S. Acta Hafnienf. Vol. V. p. 191.

wird im Feuer der Kalck: und Alabaster:
Stein, das Rußische Frauen-Eis, und dergleichen, auch der meiste Stein-Sinter.

§. 104. Im Feuer zerfliessen, der ge-
grabene Schiefer zun Dächern, der Bims:
stein, die Zwickauischen Frucht-Steine, der
Granat, doch mehr der Orientalische, als
der Böhmische, der Orientalische Hyacinth,
der Malachit, und, welches zu verwundern,
der Jßländische Achat.

§. 105. Hieraus kann man auch nur
obenhin ersehen, wie Seyn und Schein,
die Ordnung der Steine, nach ihren Wesen, von denen, welche nach der Gestalt,
Nahmen, Farben und Einbildung gemacht
werden, unterschieden sind; Und wie dergleichen schlechte äusserliche Prahlereyen
einer gründlichen Erkenntnüs hinderlich,
dahero aus der Natur-Lehre gantz und gar
auszutilgen sind.

§. 106. Denn wer hätte wohl durchs
Besehen, Beriechen, Abwägen, Ausmessen,
Auszirckeln, und durchs Microscopium:
gucken, jemahls erfahren können, daß der
Jßländische Stein allein ohne Zusatz in einem Wind- oder Zug-Ofen fliesse, wenn ich
solches nicht wider mein Vermuthen erfahren hätte.

§. 107.

§. 107. Denn, ob schon dessen Nahme
hier etwas anzeigen könnte, so muß ich doch
solchen, da ich von dem Besehen rede, ietzt
bey Seite setzen, aber dem Ansehen nach,
siehet dieser Stein einem Achat also gleich,
daß man ihn mit keinem Nahmen geschickter, als mit diesem belegen könnte, oder
man müßte ihn, wenn man wollte, zu denen Bastardt Topasen rechnen. Der Achat
aber hält noch fester, als ein Kieselstein im
Feuer aus, ja er läßt sich fast eher calciniren, als daß er fliessen sollte; und der Bastardt-Topas fliesset nicht ohne den Zusatz
eines alcalischen Saltzes, weil er crystall-
artig ist.

§. 108. Und, ist Saul auch unter den
Propheten? Der Granat-Stein unter denenienigen Edelgesteinen, welche im Feuer
bestehen? Und wie? Ist das Norwegische
so beruffene Frauen-Eis, welches man so
gar mit den Fingern zerkratzen kann, unter
der Zahl derienigen Crystallen, die Feuer
schlagen?

§. 109. Ein gewisser Amianth von Dannemor, welcher Taro soffkis genennet wird,
lässet sich also im Feuer durchbrennen, daß
er kleiner wird, und hernach wie ein Hornstein Feuer schlägt; ein anderer, der Stein-

Korck

Korck genennet, und der mir zugeschicket
worben, fließt allein ohne Zusatz in eine
schwartze Masse, welches wohl niemand so
gleich glauben, und ihm ansehen sollte. *

§. 110. Wie, wenn ich einen blaulichten
Hornstein vorzeigte, welcher sich in der
schichtweise liegenden Waldenburgischen
Töpffer-Erde, aber gar selten, finden
lässet, und ein ordentlicher Feuerstein ist,
wie er in die Küche gehöret, welcher auch
ohne Zusatz im Feuer fliesset? Ist dieses
nicht von einem Hornstein, wenn man ihn
nur so ansehen will, als welcher im Feuer
unverändert bleibt, eine gantz widersprä-
chende Sache?

§. 111. Wie betrüglich endlich es sey,
wenn man sich auf die Farben verlassen will,
muß ein ieder fleißiger Naturforscher selbst
aus seinen Versuchen angemercket haben;
andere können es aus des berühmten Hrn.
Hiärne Experimenten, da die Farben
durch die Præcipitationes unendlich sich
verändern, ersehen; † Oder, wenn die Farben ein wesentliches Kennzeichen allezeit
angeben sollen, mögen solche doch eine Ursache vorbringen, warum die Corallen, welche

† S. Hiärne Actor. chym. append. p. 140.

che bey einem, dem Ansehen nach gesunden
Menschen, ihre rothe Farbe verlohren, bey
einem zur Geschwulst geneigten, selbige wieder bekommen haben? wie solches der Herr
Lentilius ein Naturkündiger, auf dessen
Aufrichtigkeit man sich verlassen kann, erzehlet. † Und wer kann alle bey den Steinen eingeschlichene Vorurtheile erzehlen?

§. 112. Vielmehr ist hier nöthig, daß
man frage, wie doch die Steine nach diesen
erkannten und angeführten Umständen
können und sollen benennet werden; Aber
in Wahrheit, wir können zu diesen annoch
gar finstern Zeiten, nicht viel anders, als
nach der Gleichheit und Aehnlichkeit dererselben mit denen Erden, welche uns bekannt
sind, solches einrichten.

§. 113. Denn die Steine bestehen aus
denen Erden, als ihren nächsten Materien,
sie sind mit Erde umgeben, ia es ist gantz
offenbar, daß mehr als einmahl Steine
aus denen Erden, welche vorher schon da
gewesen, erzeuget worden sind.

§. 114. Wenn man zwar die entfern-
tern Materien betrachtet, so findet man
wohl, daß sie aus Wassern oder flüßigen
Wesen

† S. Ephemer. D. II. an. 4. obf. 158.

Wesen hergekommen sind, doch kann man
sich nicht vorstellen, daß die Natur von solchen, als denen zärtesten Materien, so gleich
zu denen dichtesten, nehmlich steinigten
Cörpern fortschreite, ohne daß vorher aus
den zärtesten eine Mittel-Substantz, nehmlich eine Erde werde, welches aber nicht
hierher, sondern ins folgende gehöret.

§. 115. Eine in der genausten Bedeutung so genannte einfache Erde, ist, nach ihrem Bestand-Wesen, wie ich selbiges durchs
Feuer und Wasser untersuchet habe, und
so viel ich dabey sehen können, entweder
mergelartig oder kreidenhafftig.

§. 116. Die Mergel-Erde ist entweder ein reiner Thon, wie der Töpffer-Thon,
und die Porcellan-Erde, oder sie ist eisenschüßig und sandartig, wie die Ziegel-Erde,
oder sie ist erdhartzig, wie die sumpffigten
und schlammigten Erden sind; von letztern
aber muß man auch die fette Dünger-Erde,
die nicht nur durch Feld-Arbeit, sondern
auch von Natur dergleichen ist, wohl unterscheiden. Beiderley Art ist gar offt blätterigt, talckartig, glimmerigt, und wird, wenn
es Mergel-Erde ist, in denen Bergwercken
Silber-Gur genennet.

§. 117.

§. 117. Die kreidenhafftige Erde wird fast allein an der Kreide, welche aus dem Meer ihren Ursprung hat, ersehen, eine rechte wahre Kreide, welche an einem Orte, der vom Meere weit entlegen ist, gegraben wäre, ist gar selten zu finden, bisweilen kommet eine talckartige vors Gesichte; übrigens ist dergleichen in dem fertigen Gemenge, daraus der Alaun gemachet wird, mit eingemischt.

§. 118. Thon und Leimen sind zwar die allergemeinsten Erden, aber sehr selten allein und rein, meistentheils entweder unter einander selbst, oder mit Sand, oder mit Gries, oder mit Glimmer, welches eine Art kleiner Steingen ist, bald mit eisenschüßigen Bolus, bald mit Stein und Ertz-Gemenge, bald mit dem, bald mit jenem, bald mit allen zusammen vermischt, und angehäufft, und kann ich andere mehr, als ietzt erzehlte, dabey nicht finden.

§. 119. Ferner ist hier zu mercken, daß das unterschiedene Verhältnüs derer einfachen Erden, gegen das Feuer und die Saltze, mit der Steine ihrem Verhältnüs, sich gantz und gar gleich bezeige: Nehmlich, einige widerstehen dem Feuer, und zerfallen wohl gar in eine Erde, andere fliessen

im

im Fewer, dabey man etlichen ein gantz klein
wenig Alcali zusetzen muß: Erstere sind also auch mit denen sauern Saltzen zu vereinigen, letztere hingegen mit denen alcalischen, dabey erstere zwar auch in die alcalischen eingehen, aber es darff nur sehr wenig und gar nicht viel genommen werden,
die letzten aber vermischen sich mit den sauern Saltzen gantz und gar nicht. *

§. 120. Sollte ich nun nicht durch diese
Gleichheit bewogen werden, daß ich vor
dienlich hielte, man solle die Steine vor allen Dingen in mergelartige und kreidenhafftige eintheilen?

§. 121. Aber, was nun alsdenn zu thun,
da wir sehen, daß noch Steine übrig sind,
welche weder unter die mergelartigen noch
unter die kreidenhafften gehören, auch unter denen einfachen Erden nicht eine solche,
die ihnen ähnlich ist, haben, ich auch zu einer
bloßen Mitleidenheit meine Zuflucht nicht
nehmen möchte? Dergleichen sind die aus-
erlesensten Edelsteine, welche sich weder zerbrennen, noch leicht in einen Fluß bringen
lassen, welche auch das saure sowohl als das
alcalische Saltz verachten.

§. 122. Ich muß es gestehen, die Feder
stockt, alleine, ob einem andern es besser flieſ-

Cc   sen

sen möchte, kann ich mit vielen aufrichtigen
und erfahrnen Männern auch kaum glauben, welche mit mir es vorietzt bey einer
Meinung werden bewenden lassen, die so
gut als möglich wahrscheinlich ist.

§. 123. Bey einer solchen eingeschränck-
ten Sache, kann man nicht weitläufftig
seyn, drum will ich nur kürtzlich melden:
Die Steine, welche weder kreidenhafftig
noch mergelartig sind, haben entweder ein
drittes Bestand-Wesen aus diesen beiden
Erden, in unterschiedener Proportion,
Kochung und andern verschiedentlich be-
stimmten Umständen erhalten, oder müssen aus denen ersten Wässern selbst, daraus
diese Erden geworden sind, unmittelbar
entstanden seyn. Ersteres ist denen Sinnen begreiflich, bey dem letztern aber redet
man von einer unbekannten Erde und
Sache; jenes will ich weiter nicht untersuchen, dieses aber zu lehren geziemet einem Naturkündiger nicht. Es lese sich
hier ieder aus was ihm beliebt, ich will
lieber auf eine ehrliche Art meine Unwissenheit bekennen, als mit einer metaphysischen
Allwisserey prahlen.

§. 124. Unterdessen will ich etwas deut:
licher reden, und so lange, bis andere und
bessere

beſſere Meinungen erwieſen werden, vor
wahrſcheinlich angeben, daß das eigent=
liche Beſtand=Weſen der Steine, 1) mer=
gelartig, 2) oder kreidenhafft, 3) oder ei=
nes aus beiden gemiſchten Mittel=Weſens,
4) oder metalliſch ſey.

§. 125. Mergelartig iſt es im Talck,
Polir=oder Waſch=Stein, Serpentin, und
einigen Fruchtſteinen, gleichfalls in einigen
Amianthſteinen, ferner in Kieſelſteinen,
Cryſtallen, hieſigen Amethyſten, im Ba=
ſtardt=Topas, und in allen und ieden, welche
vor andern leicht und ordentlich zu Glaß
ſchmelzen, von denen ſauern Salzen aber
nicht angegriffen werden.

§. 126. Kreidenhafft iſt es in Kalck=
ſteinen, Alabaſterſtein, Spat, Stein=Sin=
ter, einigen Arten Glimmer, Frauen=Eis,
Spiegelſtein, Türckis, Corallen, in den
Steinen der Menſchen und Thiere, in
Schwammſtein und dergleichen, als wel=
che unter allen am ſchwerſten, vor ſich allein
gantz und gar nicht, mit einem Zuſatz
aber mehr oder weniger zu Glaß werden;
Sie zerfallen vielmehr in eine Erde, doch
auch nicht alle auf gleiche Weiſe, und ſind
alſo nicht alle aus dieſem kalckigten Weſen

Cc 2. allein

allein und reine, sondern mit fremden un-
tergemischten Dingen zusammen gesetzt.

§. 127. Oder das Bestand-Wesen ist
gleichsam ein Mittel-Ding zwischen beiden vorhergemeldeten Erden, nehmlich aus
beiden gemischt, wie in Diamant, Rubin,
Smaragd, Saphir, Topas, Chrysolith,
Carneol und Opal.

§. 128. Oder ist endlich metallisch, dergleichen der Blutstein, wo das Eisen so sichtlich vorsticht, daß man es eher vor ein Ertz,
als einen Stein halten sollte; ferner, doch
in einem weit geringern Grade am Hyacinth, Granat, Malachit, der Kupffer hält,
und Lasurstein zu befinden.

§. 129. Die beigesetzte Materie, oder
die anderen Eigenschafften, welche sich in
denen Steinen neben bey mit befinden,
sind 1) saltzigt, 2) ölig, 3) metallisch,
4) saltzig-schwefligt.

§. 130. Die saltzigte Eigenschafft befindet man in Corallen, dem meisten Stein-
Sinter, Belemniten, Schweinstein, Bims-
stein, Rußischen Frauen-Eiß, den Steinen
der Menschen und Thiere, dem Bezoar-
stein, welcher allezeit blättrigt, und also
nicht nachzumachen ist.

§. 131.

§. 131. Die öligte Eigenschafft erkennet man in Steinkohlen, in den Steinen, daraus der Alaun gemacht wird, in dem Schiefer zun Dächern, welcher etwas settig ist, in den Corallen aber, welches wohl zu mercken, wenn sie noch gantz frisch aus der See erst gekommen sind, und dergleichen. †

§. 132. Die metallische Eigenschafft ist erstlich sehr häuffig im Granat und Hyacinth, ein wenig sparsamer im blauen Stein-Sinter, welcher mit einem küpffrigten Wasser vermischet ist, und in den Corallen, wo man es durch den Magnet erfahren kann; †† Doch ist sie noch gantz dünne, durch den gantzen Cörper ausgetheilet, und so zart darinnen, daß man sie fast wahrhafftig und in der That durchs Feuer austreiben kann, welches ich bey dem Jaspis, daraus sie, wie Becher meldet, ††† kann sublimiret werden, ferner bey dem Carneol, Amethyst, Bastardt-Topas und Türckis erfahren.

Cc 3 §. 133.

† De petites parcelles de bitume flottante voy. Hist. de l'Acad. roy. l'an. 1710. p. 70.

†† S. Hist. de l'Acad. roy. l'an. 1713. p. 46.

††† S. Becher. Phys. subterr. L. I. S. 3. c. 4. p. 151.

§. 133. Diese ist auch durch Auflöß-
Mittel auszuziehen, dergleichen zun rothen Corallen, ohne Feuer, ausser dem
Anis-Oel, kaum ein besscres zu haben ist;
Die sauern Säffte aus denen Vegetabilien,
als aus Honig, Wachs rc. weil solche allein
vor sich, wenn sie im Feuer concentriret
worden, eine Farbe bekommen, sind hier
betrüglich: Ubrigens muß man des Herrn
Boyle Spiritum aeruginis, weil es von
diesem glaubwürdigen und angesehenen
Mann herkommet, gelten lassen. †

§. 134. Die saltzig-schwefligte Eigenschafft ist endlich auch in Steinen neben
bey befindlich, welches mir ein mergelarti-
ger Stein bewiesen; Dieser hatte gantz und
gar kein Schwefel-Ertzt in sich, und doch
bekam ich von solchem, aus einer töpffern
Retorte getrieben, einige Tropffen einer
alcalisch schwefligten Feuchtigkeit, welche
wie die Schwefel-Leber roche.   Hierher
gehöret des berühmten Herrn Wedels Anmerckung, da er eine Silber-Müntze bey einen Bononischen Stein in einem Schran-
cke lange liegen lassen, welche durch die Ausflüsse desselben wie von einem Schwefel-
Dampff

† S. Boyle de Gemmis, p. 29. & 18.

Dampff angelauffen ist, wie er solches unter der Uberschrifft: de Sulphure matrice lucis, erzehlet. † Ferner sind auch hierher die Schwämme zu zehlen, welche man essen kann, und die bey Neapolis aus dem Luchsstein wachsen, wie solche vom Matthiolo, Cardano und Volkammern †† sind bemercket worden. *

§. 135. Nachdem ich nun die Steine in ihre Theile dero Bestand-Wesens zu zerlegen gesucht, so bin auch dahin gerathen, daß ich Steine zu machen versuchet habe; Allein dieser Weg ist leider sehr ungebahnt, und mit Dornen verwachsen, um so viel eher aber zu betreten, ie mehr man Gewißheit daraus erlangen kann, und die Zertheilungs-Kunst uns nur die Möglichkeit lehret.

§. 136. Die gemeine Art Steine zu machen, ist bisher das Glaßmachen. Es geschiehet solches, erstlich durch das gemeine Küchen-Feuer, entweder allein, oder mit einem alcalischen Zusatz, dadurch endlich auch die kreidenhafften und mittlern Erden in einen steinmäßigen Cörper gebracht

Cc 4　　　　werden,

† S. Ephem. A. N. C. D. I. an, 1678. obs. 167.
†† S. D. II. an. 3. obs. 216.

werden, oder, welches eigentlicher wahr ist,
dem ordentlichen Glaß-Gemenge in weniger Quantität eingemischt werden.

§. 137. Zum andern geschiehet es durch
die Sonne, mittelst der Brenn-Spiegel,
welche ohne Zusatz alles in einen Fluß bringet, und die Theile in eine genaue feste verwickelte Masse, die weit dichter als vorher
ist, zusammen treiben kann, welches man
alsdenn ein Glaß nennet.

§. 138. Allein, wer wollte sich überreden lassen, daß eines von diesen Arten, welche zwar durch die Kunst möglich und ähnlich sind, auch also in der Natur sich befinde.
Wo ist denn da der Wind-Ofen? Wo das
Alcali? Wo ist der Brenn-Spiegel, oder
ein Brenn-Glaß da? und wo wollen wir
denn mit so vielen andern Steinen hin,
die nichts weniger als durch Feuer gemacht zu seyn scheinen, welches an ihnen
das weit lockere Gewebe, die geometrische
Figur, ihre in sich habenden Dinge, und
viel andere Umstände anzeigen? und ist
wohl zu mercken, daß ihre besondere Man-
nigfaltigkeit ein Merckmahl gebe, daß sie
auf gantz andre und vielerley Art entstanden sind. *

§. 139.

§.139. Die Steinwerdung, welche durch eine Verhärtung geschiehet, ist nicht so künstlich, und der Natur gemäßer, welche bey denen thonigten Erden, Bolus-Erden, Steinmarck und dergleichen, nach Wunsch von statten gehet, also, daß diese wie ein Jaspis so hart werden, und Feuer schlagen.

§. 140. Allein, auch dieser Versuch gehet nicht ohne würckliches Feuer an, und wer hat iemahls an denen Orten der Erden, wo die mergelartigen Steine, dergleichen der Jaspis sonder Zweiffel ist, gefunden werden, ein solches, ausser denen Irrwischen, gesehen, gerochen, oder empfunden? Oder, wenn man mir einreden wolte, daß ein solches Feuer, welches in erstern Zeiten da gewesen, nachgehends verloschen, so ist man mir die Zeichen eines solchen Brands, welche da herum doch hätten übrig bleiben müssen, anzuzeigen gehalten, welches aber wohl unüberwindliche Schwürigkeiten machen möchte.

§. 141. Unter allen ist mir, im nassen Wege, das beste Beispiel einer Stein-Erzeugung durch das Zusammensetzen vorgekommen, nehmlich aus dem Urin, welches eine erdigt saltzigte Feuchtigkeit ist, durch

Cc 5 eine

eine unerkenntliche und langsame Ver=
dünstung desselben; Es ist solches mir von
ohngefehr und wider alles Vermuthen ge=
schehen; Denn also ist es in denen chimi=
schen Arbeiten beschaffen, daß offt die
schwersten und wichtigsten Dinge, indem
man etwas anders, ia wohl gar nichts ge=
wisses sich vorgesetzt hat, erhalten werden,
besonders, wenn man selbige der Zeit über=
lässet; Und also muß man allezeit, um eine
Erfahrung zu erlangen, oder eine Anmer=
ckung zu machen, die Leim=Ruthe ausge=
steckt seyn lassen.

§. 142. Ich habe diesen Versuch schon
anderswo angeführet, † er gehöret aber
hauptsächlich hierher. Nehmlich, ich habe
den Urin von einem iungen Menschen, der
da Bier tranck, wie solcher früh von ihm
gegangen, bey sechs Pfunden zusammen
genommen, in einen weiten Kolben gethan,
so ist der Bauch desselben halb damit ange=
füllet worden, den Kolben, welcher einen
langen Hals, und eine enge Mündung hat=
te, habe ich mit einem Korck=Stöpsel ver=
wahret, eine Blase drüber gebunden, und
ihn

† S. Herrn Berg=Rath Henkels Kieß=Historie,
p. 356.

ist also auf den Sims in meiner Stube an
einen lauligt=warmen Ort gesetzet.

§. 143. Meine Meinung war hierbey
auf nichts besonders gerichtet, und ich wol=
te nur sehen, was durch eine lange Zeit hier
auszurichten möglich wäre, ia, wo ich mich
recht besinne, ob auf eine solche Art ein we=
sentliches Urin=Saltz heraus komme, und
ob es von dem andern, welches durch vieles
Einkochen bis zur Honig=Dicke gemacht
wird, unterschieden sey?

§. 144. Nach vier Jahren, denn so
lange hatte ich dieses Wasser vom Auf=
gang mit seinem Gefäße unberühret stehen
lassen, bemercke ich settigte Tropffen, die
am Halse hiengen, und eine Anzeige eines
flüchtigen Saltzes sind, an dem Boden des
Glases eine gelbigt weise Erde, welche der
Urin sonst auch hat; vornehmlich aber eine
weisse Erde, welche sich nicht weit von oben
herunter im Bauche des Glases gantz
dünne angeleget hatte, nächstdem, meisten=
theils oben auf dem Wasser, um und um
an denen Seiten des Glases, länglichte
prismatische Crystallen, so groß bald als
Haber=Grütze, welche an beiden Enden
ungleichseitig spitzig zulieffen.

§. 145.

§. 145. Was die flüchtige Erde betrifft, so könnte ich zwar, weilen derselben sehr wenig, weiter keinen Versuch damit anstellen, ich habe aber deswegen gemeinet, daß sie vor eine Erde, und kein Saltz könne gehalten werden, weiln ich daran bey offenstehenden Gefäße nichts flüchtiges durch den Geruch empfand, und, wenn es ein Saltz gewesen, solches sich nicht so lange Zeit in einem Gefäße, das nicht zugeschmeltzt, und doch eines Fingers breit ausgedunstet war, hätte erhalten können: Ubrigens könnte solche besonders der Meinung des Helmonts, daß die Steine aus einer Dunst entstehen, einiger maßen zu statten kommen.

§. 146. Was aber die crystallischen Steingen anbetrifft, so kann man nun diesen meinen Versuch, welcher wahr, gewiß, deutlich, und, so viel ich weiß, der erste in seiner Art ist, zu der Erzeugung der Steine anwenden.

§. 147. Ein ieder hätte gleich wie ich gemeinet, daß die Crystallen nicht erden- sondern saltzhafftig wären; Aber keineswegs: Sie sind vielmehr gantz und gar steinern, haben keinen Geschmack und Geruch, sind in eckigter Gestalt, halb durch- sichtig,

sichtig, und knirschen unter den Zähnen wie
Frauenglaß, lassen sich zerbrennen, lösen
sich auch in siedend heissen Wasser nicht auf,
und fliessen nicht im Feuer.

§. 148. Ich habe nachgehends diese Arbeit, oder nur diese Gedult zu wiederhohlten mahlen gehabt, und eben es also befunden, nur, daß statt eines halben Quentgens,
ich kaum einen Scrupel solcher Steingen
zusammen bekommen habe. *

§. 149. Einen andern Versuch, der
hierher gehörte, weiß ich nicht, ausser daß,
wenn man Wasser auf gebrannten Stein-
Sinter, Carlsbader-Stein, und dergleichen giesset, selbiges so offt als es filtriret
wird, eine Erde fallen lasse, zu einen offenbaren Zeichen, daß das Wasser nicht nur
die Erde auflösen, sondern auch in sich behalten, und also mit fortführen könne, um
einen neuen Stein daraus zu zeugen.

§. 150. Es ist zwar hier durch Brennen die Erde zubereitet, und dieses kann
man nicht glauben, daß es auch also unter
der Erden geschehe, allein die Natur hat
daselbst auch noch andere Hülffs-Mittel,
dadurch sie dasienige, was die Kunst bey einem frischen Kalckstein nicht vermag, doch
auf andere Art verrichten kann.

§. 151.

§. 151. Unter andern schreiben du Clos, Kenntmann, Blegny und Boyle, ieder eine Art Steine zu machen vor, darunter aber keine, auſſer die, ſo du Clos anführet, einiger maßen Natur-gemäs und thunlich ſeyn möchte, oder, wenn ich es recht ſagen ſoll, die wenigſte Abweichung von der Natur hat.

§. 152. Der erſte hat den Sand von Stampe genommen, mit Spiritu vini, wel-cher mit Weinſtein-Saltz, und dem flüchti-gen Saltze aus dem Eßig gemiſcht war, an-gefeuchtet, und verſichert, daß ſolcher zu Stein geworden. †

§. 153. Der andere giebt an, daß man in einem kupffern Keſſel Holtz mit Hopffen kochen, und ſolches hernach in einem Kel-ler unter dem Sande drey Jahr vergraben liegen laſſe. ††

§. 154. Der dritte will, daß man Holtz oder Knochen mit Vitriol, Alaun, Stein-ſaltz, ungebrannten Kieſelſteinen, gelöſch-ten Kalcke, welches alles mit weiſſen Eßig
ſoll

† S. Zanichelli Lithographiam duorum montium Veronenſium, p. 8.

†† S. Kenntmanni Nomenclaturam rerum foſſi-lium, p. 39.

soll angefeuchtet werden, und gar ein scharf-
beissendes Mengsel ist, nur vier Tage zusammen beitze. †

§. 155. Der vierdte sagt, daß man einen guten Theil Muscaten-Nüsse mit frisch
gebrannten Alabaster vermische, selbige in
ein Tüchlein zusammen binde, und in ein
Becken mit Wasser auf den Boden lege,
und also nur eine halbe Stunde, ia nicht
einmahl so lange liegen lasse; welches er,
daß er es einige mahl gethan und gesehen
habe, versichert. ††

§. 156. Ich, der ich dem Glauben dieser ehrlichen und fleißigen Männer nichts
benehmen will, besorge nur, daß sie entweder durch andere betrogen worden, oder
sich selbst betrogen haben. Nehmlich, was
hat der zweite nicht vor ein Mengsel, das
aus allerley zusammen gesetzt, und metal-
lisch-salzig-erdisch ist, um daraus einen
Stein zu machen, und dieses wider alle
Natur; Der dritte hat ein Holtz, daß durch
den anhengenden Sand hart und rauch
worden; Der vierdte aber nimmet eine
Musca-

† S. Dlegny Zodiacum med. gall. an. 2. sept.
obs. 2.
†† S. Boyle Philosophiam natural. §. 4.

Muscaten-Nuß, die mit einer Alabaster-
Erde überzogen worden, vor etwas ver-
steinertes an.

§. 157. Ich will geschweigen, daß der
berühmte Herr Bromell † den zweiten
dieser Versuche zweimahl, den dritten dreimahl, den vierdten sehr öffters, ohne glück-
lichen Erfolg gearbeitet habe, welches dieser geschickte Mann leicht voraus sehen können, aber doch nichts unversucht lassen
wollen.

§. 158. Lullius befielet, daß man aus
denen Mineralien steinmachende Wasser
destilliren, und dieselben in Formen von
Wachs giessen, hernach die also gefüllten
Formen in ein Härtungs-Wasser legen
solle; eine vortrefliche Erdichtung einer
Stein-Erzeugung!

§. 159. Wie abgeschmackt es endlich
sey, aus kleinen Diamanten und Granaten, wenn man selbige zusammen schmel-
tzet, grössere zu machen, wird sogleich daraus deutlich, daß jene blättrig sind, diese
aber in eine schwartze Masse zusammen
fliessen. ††   §. 160.

† S. Acta litter. Suecinæ, an. 1727. p. 336.

†† S. Henkels Anmerkung zu Respurs Mineral-
    Geist, p. 413.

§. 160. Und also mercken wir endlich
hier im vorbeygehen an, wie man eine
gründliche Erkenntnüs derer natürlichen
Cörper nöthig habe, wenn man ungeschickte Arbeiten vermeiden wolle.

Anmerckungen.

• Zum §. 79. 80. 81.

Die Bemerckung der äusserlichen Gestalt wolte ich lieber, als einen natürlichen Umstand,
zu denenjenigen Betrachtungen und Erfahrungen zehlen, welche mir in der Natur, ohne Kunst
zu beobachten sind, und nach gegenwärtiger Eintheilung in die erste Abtheilung gehören. Hiernechst kann ich nicht verhalten, wie ich glaube,
daß die Untersuchung und Erkenntnüs der äusserlichen Gestalt auch ihren Nutzen habe, nur
muß man nichts weiter, als es sich dehnen läßt,
ziehen wollen. Ich will demnach kürtzlich von
der Figur der Steine handeln, und selbige vorerst beschreiben, daß sie sey eine ordentliche und
abgemeßne Stellung und Zusammenfügung der
Theile eines gantzen Cörpers. Sie theilet sich
ein, in die Figur des gantzen Cörpers oder Steines überhaupt, das ist, diejenige, welche von allen Theilgen zusammen genommen gemacht wird;
und in die, welche ein jedes Theilgen allein be-

Db   trach-

trachtet, besonders hat. Was die Figur des gantzen Steines anbetrifft, so setze ich billig hier bey Seite alle diejenigen Steine, welche entweder eine von andern Dingen angenommene Bildung haben, die entweder eingedruckt ist, als an denen Fischen-Muscheln-und Kräuter-Steinen zu ersehen, oder, da sich der Stein nach einen Modell geformet, als da sind die Belemniten, Meer-Igel ꝛc. Ferner gehe ich vorbey die Steine, welche wegen einer Aehnlichkeit mit andern Dingen vor gebildet gehalten werden, und bald einen Apffel, Birne, Citrone, Finger, Absatz und Leisten vorstellen. Beiderley Arten sind diese Figuren nur zufällig, und können nichts von ihrem Wesen, nichts von ihrer Erzeugung, nichts von ihrer Verwandschafft zeigen. Es bleiben also nur die Steine übrig, welche entweder besonders geordnete Flächen haben, und die, deren Flächen einen besonderen Unterscheid anzeigen. Die ersten mit denen besonders geordneten Flächen sind alle die, welche von Natur drusigt sind, nehmlich Ecken, Kanten und Spitzen haben. Sollte nicht diese Figur werth seyn, daß sie untersuchet, bemercket und unterschieden werde? Der Herr Berg-Rath Henkel hat in seiner Kieß-Historie schöne und merckwürdige Gedanken über die Figuren der Kiese gehabt, auch hin und wieder aus denselben, von dem

Be=

Bestandwesen und der Art derer Kieße geschlof=
sen; kan man aber glauben, daß in der Natur
einerley Umstände bey verschiedenen Dingen
bald etwas anzeigen, bald aber gar umsonst seyn
sollen? Die crystallinische Figur der Saltze und
der Steine haben mit einander eine gantz beson=
dere Aehnlichkeit, bey den erstern ist es ein un=
zerstöhrliches Kennzeichen ihres Wesens, und
behält der saure Spiritus eines Saltzes, so offt
er auch abgeschieden, und mit einer ihm gleich=
artigen Erden anderweit verbunden wird, alle=
zeit, und so bald er wieder zu Crystallen anschief=
sen kann, seine ihm eigne Gestalt. Bey dem
andern nöthiget mich die Aehnlichkeit, eben die=
ses zu vermuthen, ia, ich kann es getrost als wahr
angeben, da ich unten, bey Gelegenheit der cry=
stallischen Steingen aus dem Urin, ein besonde=
res Experiment diesfals anführen werde. Ob
ich nun gleich diesen Haupt=Satz: Die crystalli=
sche Gestalt der Steine ist ein wesentlicher Cha=
racter derselben, mit Bestand der Wahrheit,
und gantz gewiß setzen kann, so will ich doch fol=
gende Sätze nur vor wahrscheinlich ausgeben,
weiln sie sich nur auf die Aehnlichkeit gründen,
die aber um so viel wichtiger hier ist, da dieselbe
schon in einem Haupt=Satze richtig und wahr be=
funden worden. 1) Je gröber die Materie
bey denen Saltzen sind, ie dicker und grösser

Db 2   schieß

schieffen ihre Cryftallen an; alfo auch ie gröffer
die Zincken und Drufen bey cryftallifirten Steinen find, ie gröber find vermuthlich die Mate=
rien zu ihren Beftand-Wefen. Von Saltzen ift
diefes bey der Reinigung des Vitriols und
Alauns offenbar, und wenn man recht groß an=
gefchoßnen Salpeter haben will, fo nimmt man
Alaun dazu, der offenbar eine gröbere Erde und
Saures zum Beftand-Wefen als der Salpeter
hat: Von Steinen findet man ein Exempel,
wenn man die Stollpifchen cryftallförmigten
Steine gegen die Berg-Cryftallen, diefe gegen
die Topafen, Amethyften rc. hält, welches aber
nach der Menge, und dem, was am meiften ge=
fchiehet, zu verftehen ift. 2) Ein langfpießig=
te, fpillte, und hoch angefchoßne Figur derer
Saltz-Cryftallen, zeiget von einer fchwachen
Verbindung des Sauern mit der Erde, oder ei=
ne groffe Zartheit der Erde, oder, daß deren zu
wenig da ift; wie folches der Salpeter und Sal=
miac beweifen. Gegentheils eine kurtz zufam=
mengefaßte, niedrige Figur derer Saltz-Cry=
ftallen, deutet auf eine gantz genaue Verbin=
dung, derer zum Saltz-Cörper erforderlichen
Wefen; und diefes findet man im Koch-Saltz,
auch bisweilen bey Reinigung und anderweiti=
gen Cryftallifirung des Vitriols. Diefes nun
auf die Steine zu deuten, möchten die gar fehr
läng=

längligten Crystallen von nicht so gut und fest
gemischten Steinen zeigen, als die, welche etwas
kürzer sind; und daher giebt es nicht so grosse
Diamanten, als Berg-Crystallen.　　3) Der
Versuch, welchen Kunckel in seinem Laboratorio chym. p. 166. da der Salmiac mit Salpeter-Sauern vermischt zu Crystallen, die auf der
Spitze roth sind, anschiesset, dienet zum Beweiß,
daß das zärteste und reineste derer Saltze sich besonders an die Spitze bey Crystallisirung der
Saltze setzet. Ein gleiches sehen wir bey denen
crystallischen Steinen, darunter nur den Topas
anführen will, welcher allezeit an der Spitze am
schönsten, hellesten, und folglich auch am zärtesten befunden wird, wie denn die Steine, die
aus der Spitze geschliffen werden, vor die besten
gehalten werden, ja, manchmahl an einen gantzen Crystall nichts, als die Spitze zu gebrauchen
ist. Der Mutzschner Stein-Kugeln, welche
Amethysten-artige Steine in sich haben, und
mit dem Kieß, welchen Barba im 15. Cap.
des ersten Theils p. 46. anführet, zu vergleichen
wären, anietzo zu geschweigen. 4) Die Saltze,
besonders das Sal Jovis und Saturni zeigen, daß
sie eine fremde und metallische Erde in sich, und
mit in die Crystallisation nehmen können; Eben
dieses findet man an dem Basaltes, oder Stolpischen Steine, welcher offenbar Eisen in sich hat,

Dd 3　　　　　　　　　　an

an dem Granat, welcher zum wenigſten Zinn
hält, und iſt mirs erlaubt, die Zinn=Graupen
mit in dieſer Betrachtung unter die Steine zu
mengen, ſo können ſie als ein Beiſpiel hier die=
nen. 5) Die Saltze nehmen in ihre Cryſtallen mancherley Farben an; Von Steinen wird
dieſes einem ieden zur Gnüge ebenfalls bekannt
ſeyn. 6) Je feſter und genauer das Saure
im Saltz nach ſeinem gantzen Beſtand mit der
Erde verbunden iſt, ie weniger Seiten haben
die Cryſtallen, welches das Koch=Saltz, das un=
ter allen ordentlichen Saltzen das innigſt=ge=
miſchte iſt, zur Gnüge beweiſet, maßen es nur
vier Seiten, die andern aber alle mehrere zeigen;
In Steinen möchte dieſes bey genauerer Be=
trachtung auch zutreffen, und, da die dreieckigte
Figur unter allen die wenigſten Seiten hat,
könnte doch der angeführte Jubelier nicht eben
Unrecht haben, nur wäre zur Deutlichkeit nöthig
zu wiſſen, ob er, wie vermuthlich, bey dem Ein=
kauff der rohen Diamanten, dieſes Zeichen beobachtet habe. Um aber einen Einwurff zu vermeiden, muß ich erinnern, daß die Cryſtalliſirung von der Natur, entweder vollkommen zu
Stande gebracht werde, wie alle druſigte, eckigte und ſpitzige Steine zeigen, oder aber, wenn zu
viel fremde Erde in das ſteinwerdende Gemenge
eingemiſcht iſt, in unvollkommnen Stande er-
harte.

harte. Letztere sind diejenigen Steine, welche nur einen besondern Unterscheid an ihrer Fläche vor andern zeigen, und hieher gehören alle, welche zwar nicht crystallisch gewachsen sind, aber doch sehr schöne, helle und rein ihre Flächen schleiffen lassen, mit einem Wort, die Steine, die eine schöne Polite haben, als da sind Achat, Chalcedon, Egypten-Stein, und die rechten Marmora. Der Grund ihres Spiegels, den sie im Schleiffen erhalten, rühret eben von demjenigen Wesen her, welches, wenn es nicht durch andere Einmischung gehindert ist, zu crystallischen Steinen wird, und dieses Wesen ist crystallisch zu nennen, wenn man auch davon gantze Steine, und Stein-Arten antreffen sollte, die nicht drusigt und eckigt gewachsen wären; Dergleichen der Diamant selbst, und der Kieselstein sind. Es ist und bleibet aber die Polite eine Eigenschafft des gantzen Steines, ob sie gleich von dessen kleinern Theilgen mit herrühret, und ihre Erkenntnis und Betrachtung nützet auch in der Natur-Geschichte. Nehmlich, es ist die verschiedene Härte der Steine, wenn man sie gegen einander legt, hieraus zu erkennen, es ist der Ueberfluß der crystallischen Materie dadurch zu entdecken, und, wenn andere Arten der Versuche darzu genommen werden, so bestätiget einer den andern, und viele geben dienliche An-

Dd 4

met-

merckungen zu gewiſſen und wahrhafften Folgen.
Was endlich die Geſtalt der Theilgen in denen
Steinen anbelanget, ſo iſt ſelbige auch nicht zu
verachten, wenn man doch erſiehet, daß die
rundblättrigten Theilgen feſter zuſammen zu
halten geſchickt ſind, auch ſolches, wenn ein dien=
liches Verbindungs-Mittel zwiſchen ihnen liegt,
würcklich verrichten: Es muß hier eines das an=
dere befördern und erklären. Findet man den fe=
ſten Zuſammenhalt, ſo kann man kühnlich auf
das Daſeyn beider Dinge ſchlieſſen; findet man
aber die blättrigte Geſtalt, und doch keine Fe=
ſtigkeit, ſo iſt ein Mangel der leimenden Flüßig=
keit offenbar; findet man einige Feſtigkeit, und
doch keine blättrigte Geſtalt der Theilgen, ſo ſie=
het man die Urſache, warum dergleichen Steine
nicht vollkommen feſt zuſammenhaltend werden
können. Die blättrigte Geſtalt iſt über dieſes
auch noch unterſchieden, und theils flach und
taffelartig, dergleichen auch die zerfreßnen Fen=
ſter-Scheiben zeigen, theils rundlich, die denn
auch zum feſten Zuſammenhalt eigentlich gehö=
ren, wie ſolches bey dem 44. §. von mir angemer=
cket worden. Blättrigte Theilgen machen über
dieſes breitere Flächen, ie breiter aber die Flä=
chen ſind, ie weniger derſelben können an einem
Cörper ſeyn, woraus denn auch eine Urſache er=
folgt, daß die feſteſten cryſtalliſirten Steine die
wenig=

wenigſten Seiten haben. Wo die Theilgen in andern Steinen nicht blättrigt ſind, werden dieſelben eckigt und ſcharff befunden, darunter aber noch mancher Unterſcheid zu ſehen, aus deren Erkenntniß und Vergleichung auch noch manche Wahrheit könnte entdecket werden, wenn es nur vor Privat-Perſonen nicht zu koſtbar fiele; ich muß dieſes auf andere Zeit und Umſtände verſchieben, und wünſchen, daß einem andern oder mir beſſere Gelegenheit hierzu gemacht werde. Wer indeſſen ſich hierinnen weiter umſehen will, der leſe, was der Herr Verfaſſer in ſeiner Kieß-Hiſtorie von pag. 154 ‒ 181. dieſfalls abhandelt, desgleichen was in des Herrn Swedenborgs Regno ſubterraneo, T. II. p. 215. 218. 267. ſeqq. & Tab. XXII. XXVIII. XXXI, XXXII. XXXIII. XXXIV. XXXV. theils aus der Schrifft des Herrn Reaumur angeführet und vorgeſtellet wird: Es handelt dieſes zwar alles von der Geſtalt und denen Theilgen einiger Metallen und Ertze, wie weit aber eines das andere erleutern könne, will ich dem Urtheil und Fleiße eines Liebhabers überlaſſen, ich weiß, daß eines das andere erkläret, kann aber ietzo nicht weitläufftiger ſeyn, da ich ſo ſchon die Gräntzen eines beyläufftigen Gedanckens verlaſſen habe.

* Zum §. 82.

Was die Abwägung der eigentlichen Schwe=
re, durch. die Wasserwage anbetrifft, so meldet
der Herr Verfasser, daß er in dieser Art Versu=
che keinen sonderlichen Unterscheid entdecken
können, welches auch gantz wohl zu glauben,
theils, weiln ein Versuch selten eine Wahrheit
lehret; als welche durch Vergleichung mehrerer
und mehrerley Arten, durch Schlüße zu erfinden
ist, theils, weiln die bekannten Arten von Waf=
serwagen noch nicht so empfindlich gemacht sind,
daß der Unterscheid ausnehmend ins Gesichte
fallen kann. Uebrigens bezeiget der Herr Berg=
Rath hier und an etlichen andern Orten seiner
Schrifften, als ob er mit denen mathematischen
Untersuchungen der natürlichen Cörper, in so fer=
ne selbige in chimische Bearbeitung genommen
werden, nicht recht zufrieden sey; allein, dieses
kann nur demjenigen so vorkommen, der den
Herrn Berg=Rath nicht selbst gekannt, er war
ein Freund von der Mathematic, und wenn er
in chimischen Dingen selbiger keinen Platz ge=
statten wollte, so geschahe es in der Meinung,
daß durch mathematische Betrachtungen, die
chimischen Wahrheiten nicht hintan sollten ge=
setzt werden. Mein Wünschen ist gegentheils
schon längst dahin gegangen, daß die Chimie
und

und ihre Liebhaber, sich besser mit der Mathematic bekannt machen möchten, und dieses wenigstens in so weit, als es zu Untersuchung des Mineral-Reichs, und zur Aufnahme der Bergwercks-Wissenschafften, gehöret, denn mit denen übrigen Stücken der Chimie habe ich nichts zu thun. Eine solche Verbindung dieser Wissenschafften müste aber nicht etwan nur per libram & lancem geschehen, das Abmessen, Abwägen und Abzirckeln derer Cörper, ist nicht das Wesentliche in der Mathematic, wiewohl auch dieses, wenn es in die Chimie eingeführet würde, manche Probe in der Berechnung richtiger heraus bringen könnte. Die mechanische Erkenntnüs der geistlichen Kräffte, die Art des Druckes und Stoßes, die richtige Entdeckung der Hindernüße hat die mechanische Philosophie vor allen voraus, welches aber nicht einmahl alle, die mechanisch philosophiren wollen, verstehen, geschweige, daß die, welche darwider streiten, solches einsehen können. Da aber auch dieses noch zu hoch ist, so will ich nur sagen, was ein vernünfftiger Chimicus von denen Mathematicis lernen kann und soll. Er kann aber an ihren Exempeln ersehen, wie er richtige, zureichende, und deutliche Versuche anstellen soll, an welchen diejenige Wahrheit, darum selbiger hauptsächlich vorgenommen wird, vor allen andern

dern

dern Umständen hervor leuchtet: Daraus fol=
get ein rechter Gebrauch eines ieden Versuches,
maßen, wenn man im Voraus weiß, warum er
angestellet wird, nicht leicht ein wichtiger und
nöthiger Umstand dabey unbeobachtet entfallen
kan; andern theils aber auch keine Wahrheit
weiter, als sie würcklich in ihrer Natur abzielet,
durch übersonnene Grillen, Einbildungen, und
leere Schatten der Aehnlichkeit, kann gemiß=
brauchet und geschändet werden.   Wenn man
sich hierinnen nur ein wenig geübt, so wird man
mit besserm Grunde verschiedene Versuche mit
einander vergleichen lernen, auch worinnen die
Gleichheit bestehe, welcher Umstand hierbey
wohl oder gar nicht zu beobachten sey, beurthei=
len können.   Dadurch denn noch mehr, und zu=
sammen gesetzte Versuche entstehen, und vorige
bey guten Erfolg bestätigen, ia unvermerckt in
Erfindung nützlicher Dinge und Erkenntnüs der
Wahrheit einen unvermerckt weiter bringen, als
alle Grillen und schlaflose Nächte.   Besonders
kann eine gute Application hier in Exempeln er=
weisen, wie man die würckende Krafft, sie mag
nun, nach derer Chimisten Meinung, gleich eine
Seele oder Geist seyn, durch die erkannte Wür=
ckung nach Zahl und Maaß bestimmen könne:
Ferner, wie eine solche Krafft durch die innigste
Mischung vervielfältiget, und auch durch die
Zeit

Zeit multipliciret werde. Viele haben das er=
ftere eingefehen, weiln fie aber das letztere nicht
gewuſt, auch die geometriſche Proportion in der
Chimie nicht angewendet, folglich die Würckung
der Krafft mit der Zeit nicht zugleich berechnen
können, fo ſind fie in ihren Verfuchen müde,
und in der Beurtheilung irre gemacht worden.
Was ich hier fchreibe, iſt noch von keinem gefagt,
vielweniger bey dergleichen Dingen an= und aus=
geführet worden. Wie viel redet man nicht von
Niederfchlägen, wer weiß aber recht mathema-
tice den Unterfcheid der Niederfchläge zu beftim=
men, die That felbft iſt am Ende gleichförmig,
aber die Art der Würckung iſt unterfchieden:
Bald verdünnet nur ein Niederfchlag das gantze
Gemenge, fo muß das Schwere fo zu Boden
fallen; Bald greifft er hauptfächlich dasjenige,
was foll niedergefchlagen werden, an, und nach=
dem es durch etwas beigemifchtes aufgebläfet,
und nach feinen córperlichen Innhalt gröffer,
folglich auch nach der Gravitate fpecifica leichter
geworden, nimmt er diefe Hindernüs weg und
in fich, fo muß das Schwere auch vor fich nieder=
fallen; Bald hat in dem Gemenge das Schwe=
re eine genäue Cohäfion mit dem leichtern, und
beides hält einander, iſt nun ein Niederfchlag
vorhanden, der diefe Cohäfion trennet, fo ge=
het das Schwere auch zu Boden; Bald darff

aus

aus dem Gemenge einem Stücke nur etwas benommen werden, so wird es leichter als der andere Cörper, und gehet hier ein Niederschlagen
ohne einigen Zusatz von statten; Endlich kann
einem unvollkommenen Cörper ein solcher Niederschlag beigemischt werden, der sich innigst mit
ihm verbindet, und ihn, da er vorher nicht so
schwer war, die eigentlich zur Ausscheidung
dienliche Schwere giebt, davon aber noch nicht
viel bekannt ist.   Die mathematische Erkenntnüs andrer Dinge, die bey den metallischen Arbeiten, auch manchmahl wider unsern Willen, zutreten, muß um so viel nöthiger seyn, ie weniger
man ausser dem die Ursache des Fortgangs oder
Hindernüs beurtheilen kann, das Errathen aber
hierbey nichts thun möchte.   Hierunter befindet sich z. E. die Lufft, und ich muß ihre Eigenschafften wissen, wenn ich nur den Unterscheid
zwischen abdestilliren, und abdünsten einsehen
will.   Die Schwere des Wassers und aller
Flüßigkeiten, wie sie sich durch die Höhe multipliciret, muß ich wissen, wenn z. E. eine Extraction
von mir vorgenommen wird; man versuche es
nur, nehme einerley Materie und Auflöß-Mittel, auch in einerley Qvantität, einen Theil thue
man in ein enges und hohes Glaß, mit einem
kleinen Boden, den andern in ein weites Glaß,
mit einem flachen und breiten Boden, und sehe
den

den Unterſcheid in der Würckung.　Es iſt hier
nicht nöthig, daß man es allezeit mathematiſch
abmeſſe und abzirckle, das wäre lächerlich, ein
durch die Verſuche geübter Verſtand, weiß ſchon
wo es hängt, und kann ſeinem Augenmaße gar
wohl trauen.　Nur bey dem Abwiegen und Berechnen muß man recht genau, und mit mathematiſcher Aufſicht verfahren, ſo wird man auch,
wenn in der Summa etwas fehlet, wiſſen, wo
es zu ſuchen iſt, und nicht allezeit die Schuld auf
das Verſchmieren legen dürffen, welche Ausflucht
bisweilen nicht undeutlich von der Art der gantzen Arbeit zeiget.　Auch iſt wegen der Waagen
noch mancher mathematiſcher Vortheil zu gebrauchen, deſſen Accurateſſe alle ietzige Probir-
Waagen übertrifft. Endlich iſt aus allen dieſen,
und noch mehr dergleichen Bemühungen zu ver-
hoffen, daß, wie fleißige Liebhaber die Sachen
ſelbſt beſſer einſehen lernen, ſie auch nachdem
ihre Erfahrungen beſſer beſchreiben, und zu keinen irrigen Begriffen fernerhin Anlaß geben werden, welcher Vortheil, wenn auch ſonſt nichts
erhalten würde, allein gnung iſt, die Aufnahme dieſer Wiſſenſchaften, und eine Hochachtung gegen die Mathematic zur Danckbarkeit
zu veranlaſſen.

* Zum

Zum §. 85.

Es wundert mich, daß der Herr Verfaſſer
den Becheriſchen Verſuch, dadurch ſo gar die
Kieſelſteine aufgelöſet und zerleget werden, und
der wegen ſeines einfächtigen Verfahrens billig
hoch zu ſchätzen iſt, weder hier noch an einem
andern Orte dieſer Schrifft mit keinem Worte
erwehnet hat. Es iſt derſelbe in Becheri Phyſ.
ſubt. p. 127. n. 12. 13. mit ſeinen merckwürdigen
Umſtänden nachzuleſen, und der Herr Hoff=
Rath Stahl hat ihn in Spec. Becherian. p. 123.
124. nochmahls zu genauerer Betrachtung em=
pfohlen.

Zum §. 86.

Will man einigermaßen im Voraus wiſſen,
wie und was vor Feuer man bey Unterſuchung
der Steine gebrauchen ſoll, ſo kann man durch
die Erwärmung derſelben eine geſchickte Anwei=
ſung bekommen. Denn unterſchiedene Steine
werden in einerley Wärme und Zeit nicht gleich
warm, nehmen auch nicht alle den höchſten Grad
der Wärme an, welches denn von der Dichtig=
keit, Gewebe und Schwere zu urtheilen Gele=
genheit giebt. S. Herrn Cantzl. Wolffs Ver=
ſuche, im II Th. das 8. Cap. überhaupt, beſon=
ders aber den 110. §.

Zum

• Zum §. 87.

So ungerne ich mich vor einen Laboranten, Chimisten und Affter-Alkimisten ansehen lasse, auch daher zu dergleichen Vermuthung durch meine eigene Worte nicht leicht Anlaß gebe, so muß ich doch hier etwas sagen, welches auch dergleichen Liebhabern dienlich seyn kann; ich will aber dabey hoffen, daß man diesen unverlangten Characteur, da man mir keinen bessern geben will, auch sparen wird, und beides von diesen, als auch, was ich im ersten Theil von Mercuriis Metallorum erinnert habe, nur so viel glauben, daß ich zwar durch einige allgemeine bekannte, und gantz unchimische Versuche die Wahrheit erkannt, aus solcher Erkenntnüß aber, wie selbige weiter anzuwenden sey, nur durch Uberlegung geschlossen habe. Der Herr Berg-Rath redet hier von denen Auflöß-Mitteln der Steine, er erkennet keine andern, als frembartige, und beklaget, daß man denen Versuchen mit selbigen nicht allerdings trauen dürffe. Er hat überflüßig Recht, und muß man diese Klage von denen Steinen, auch bey allen andern Metallen und Mineralien durchgängig gelten lassen. Eine innigste Auflösung, Zerlegung und Ausscheiden der Theile, kann man durch etwas frembartiges nimmermehr nur vermuthen, geschwei-

ge erlangen. Dieses haben schon viele erkannt,
sie sind demnach auf gleichartige und freundliche
Auflöß-Mittel gefallen, allein, siehet man die
Gleichartigkeit, die Freundschafft, ia, wie etliche
wollen, die Verwandschafft recht genau an, so
ist es nur eine Aehnlichkeit, keines weges aber
eine Gleichheit. Ich verwerffe die Schlüsse von
der Aehnlichkeit nicht, wenn sie aus mehr als einem Umstande hergenommen, und durch die er-
folgte Würckung bestätiget werden, allein ersteres mangelt gar sehre, und das andere gantz und
gar. Z. E. Weil der Wein durch die Sonnen-
Hitze recht gut wird, und auch dem Menschen
wohl bekommt; Weil das Gold von der Sonnen den Nahmen und Einfluß hat, in Weinbee-
ren manchmahl gewachsen befunden wird, und
dem Menschen auch sehr dienlich ist; So folget,
daß Gold, Wein und Mensch eine geheime Na-
tur-Verwandschafft haben, daß der Wein und
Urin das Gold auflösen, daß das aufgelöste
Gold den Menschen stärcke. Herrliche Grund-
Sätze! Vortrefliche Folgen! Wann aber nun
die, wegen einer Aehnlichkeit so genannten
Freundschafftlichen Mittel, noch keine so nahen
Freunde sind, sollte man sich nicht um andere
und bessere bekümmern? Ich halte demnach davor, und dieses aus der Erfahrung, nicht aus
einer leeren, hinder den Ofen ausgeheckten Grille,
daß,

daß, wenn man Cörper Natur-gemäß, nach ihren
Bestand=Theilen untersuchen will, folgendes
dabey zu beobachten sey: Erstlich, muß zu einem
jeden Cörper das Mittel zur Auflösung und Zer=
legung aus ihm selbst gesucht und genommen
werden; Zweitens, muß man dieses zu erhalten,
keinen Zusatz darzu brauchen; Drittens, mag
dieses nun flüßig oder trocken seyn, so muß man
doch zusehen, daß es so viel möglich einfach und
nur ein Bestand=Theil eines Cörpers sey;
Viertens, muß man mit diesem Mittel zur Auf=
lösung, den gantzen, frischen, und unversehrten
Cörper versetzen, so folget daraus nothwendig,
daß ein Ubergewichte eines Bestand-Theils ge=
gen die andern da seyn, das Band und der Zu=
sammenhalt also getrennet, und die verlangte
Wahrheit entdecket werden müsse. Diese wird
sich in der Folge gewiß finden, man verfahre
nur weißlich, und wie man den Anfang mit einem
mathematischen Grund-Satze gemacht, so bleibe
man auch im Fortgange dabey, es muß das En=
de zu glücklicher Stunde erfolgen. Dieses sind
kurtze, aber wichtige Sätze, sie werden aber
lange Zeit brauchen, erkannt zu werden, wir ha=
ben sie noch weit mehr Zeit selbige zu erfinden
gekostet.

*Zum §. 88.

Theophraſtus Ereſius ſchreibet alſo: Unter allen dieſen Unterſcheiden (der Steine) iſt der wichtigſte, und der am meiſten zu bewundern iſt, dieſer, daß einige Steine flüßig werden können, andere aber nicht, und kann man hiervon ein beſonderes Merckmahl aus der Beſchaffenheit ihrer Flächen haben, in wie ferne dieſelben ſich bearbeiten laſſen.   Denn einige ſind geſchickt, etwas darein zu graben, oder daraus zu drechſeln, oder ſelbige zu ſchneiden; einige aber werden gar nicht durch die eiſernen Inſtrumente bewältiget, einige kaum mit genauer Noth und vieler Mühe. S. Fer. Imperati Hiſt. natur. L. 22. c. 1. Ich habe nicht umhin gekonnt, dieſe ſchöne Stelle, welche meine Meinung, die in der Anmerckung zum 79. 80. 81. §. iſt vorgetragen worden, ſehr beſtätiget, gantz herzuſetzen, indem daraus erhellet, daß auch vor dieſen aus der Figur der Theilgen, (welches in den Worten ab aſſignatione laterum ſehr ſchön ausgedruckt wird), von den Eigenſchafften der Cörper geurtheilet worden: ich will aber nicht zum Uberfluß und Eckel hierbey etwas weiter erinnern.

* Zum §. 91.

Der Herr Autor meinet, daß zu dieſen Verſuchen ein groſſes Feuer nöthig ſey, welches ich auch

Fig. IV.

Fig. VI.

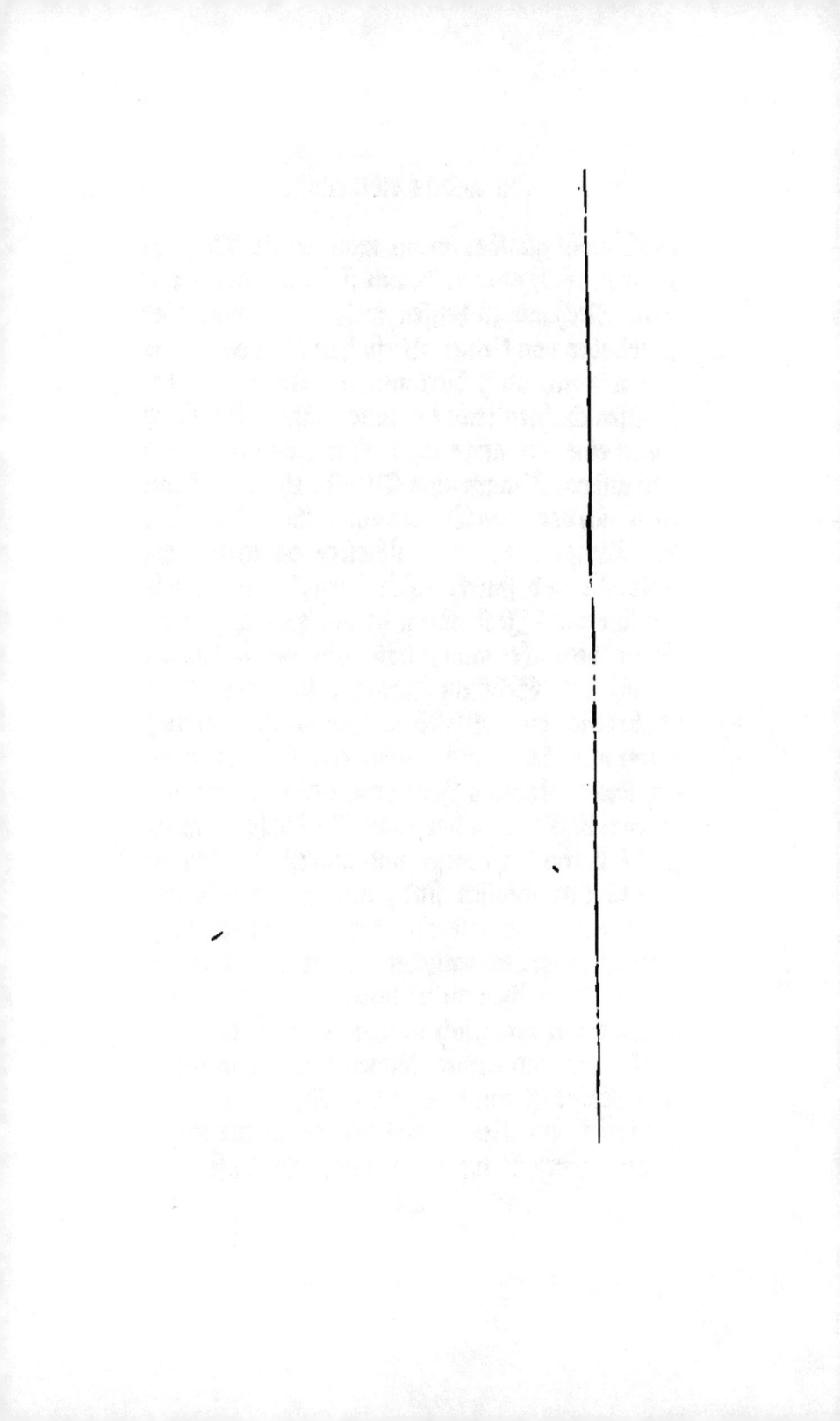

auch wohl glaube, wenn man grosse Versuche
machen will, oder in kleinen sich nicht durch eine
gute Mechanic zu helffen weiß.   Damit aber
Liebhaber von kleinen Versuchen nicht abgeschre-
cket werden, auch hierinnen zur Auffnahme der
Wissenschafften etwas zu unternehmen, so will ich
ihnen eine Art angeben, welche dabey und auch
bey andern Dingen ihre Dienste thut.   Man
stelle sich vor allen Dingen ein Löth=Röhrgen mit
der Lampe vor, man überlege dabey die geschwinde und starcke Würckung, welche durch
ein so kleines Instrument hervor gebracht wird;
ferner bedencke man, daß bey denen kleinen
Glaß= und Schmeltz-Arbeiten, statt des Löth=
Röhrgens ein Blasebalg gebraucht werde;
wenn man beides recht besonnen, so wird man
sich leicht folgendes Instrument können fertigen
lassen: Lasset einen doppelten Blasebalg machen,
f. F. I. daran der oberste und unterste Boden A
und C unbeweglich sind, und also durch die
Schienen c. c. c. aus einander erhalten werden,
beide auch ihre ordentlichen Blasebalgs=Ventile
haben.   Zwischen diesen beiden muß der mittelste Boden B beweglich seyn, und durch den Angriff F auf und nieder können beweget werden.
Die Röhre ist von E bis e doppelt, und iede hat
oben in E ein Ventil, das sich, wenn die Lufft
heraus gedruckt wird, aufthut; An diese dop-

Ee 3   pelte

pelte Röhre stecket eine einfache D. d. an, welche
vorne spitzig zulaufft; und eine engere Oeffnung
hat; Die Länge von E bis D zusammen gesteckt, muß eine halbe Elle, oder einen Schuh
wenigstens betragen. An diese Röhre D. E.
bringet mittelst einiger Bänder eine andere an,
in der Gestalt G. H. J. daran müssen die Oeffnungen G und J nebst dem obersten Qveerschnitt
bey i in einer horizontalen Linie mit einander
stehen, wenn die Röhre des Balges auf 45.
Grad erhöhet wird; In H ist diese Röhre also
zu machen, daß man sie aus einander nehmen,
aber auch wieder feste zusammen stecken kann,
damit man desto geschicklicher den Tacht durch
die Röhre G. H. J. ziehen könne. Endlich henget an dem untersten Boden C eine Lampe
an, die nach eben der Mechanic, wie die ietzt bekannten blechernen Lämpgen, gemacht ist, daran
ist L. M. ein länglicht viereckigtes hohles Gefäße, darinnen das Oel behalten wird, es hat
in i eine Oeffnung, dadurch das Oel hinein gefüllet werden kann, um und um aber ist ein Ränd-
gen g, damit das Oel bey dem Eingießen
nicht überlauffe, maßen die Seite g i bey dem
Eingießen horizontal gehalten wird, außer dem
das Corpus L M nicht gantz angefüllet würde.
Der andere Theil der Lampe N, ist wie ein
Schnabel von einem Kahn gestaltet; die Seiten
davon

davon müssen sehr hoch gemacht seyn, damit
bey veränderter Richtung des Blasebalgs kein
Oel heraus lauffe, am Boden ist ein Hälter, wie
bey andern Lampen zum Tacht angelöthet, daran die Röhre G fest gestecket wird.   Die Lampe wird feste an dem Boden des Blasebalgs
angemacht, damit sie ia nicht schwäncke, es ist
hierzu eine Hülse mit einer Schraube dienlich,
wenn an der Lampe eine breite Schiene angemacht, selbige da hinein gesteckt, und mit der
Schraube befestiget wird. *F. IV.* Alles muß daran
tüchtig und gut, besonders aber die Röhren E. e
D d, G H J, starck gemacht, und mit Schlage-
Loth gelöthet werden.   Die Vorrichtung zum
Gebrauch geschiehet bey diesem Instrument also:
Die Lampe wird vorerst mit Oele gefüllet, nechstdem wird ein starcker Tacht, welcher von Baum-
wollnen Garn eines kleinen Fingers dick gemacht, aber nicht scharff gedrehet seyn soll, durch
und durch mit Oele geträncket, und durch den
Theil der Röhre, G H mit dem gebognen Drath
F. III. gezogen, welches folgends auch durch den
Theil H J geschiehet; Hierauf werden die Röhren in H zusammen gestecket, auch die Oeffnung
G in die Lampe an den Tacht-Hälter gestecket,
dadurch der Tacht gehet, der Ueberrest von selbigen aber in dem Schlffgen N. liegen kann; Endlich wird die Lampe in K feste gemacht. *F. III.* ist

Ee 4   wie

wie ein Drath zu Ausräumung der Tabacks=
Pfeiffen gemacht, und hat ein Häckgen, den Tacht
zu fassen, *F. II.* ist ein Zängelgen, den Tacht in J zu
putzen und auszuziehen. Dieses Instrument
zum Steinschmeltzen zu gebrauchen, so nehme
man einen etwas grossen Tiegel, der einen star=
cken Boden hat, sprenge ihn um und um ab, daß
nur ein Rand an dem Boden nach Proportion
des Steines von gleicher Höhe bleibe. Diesen
Tiegel setzet auf einen Tiegel=Fuß in einen Wind=
Ofen, der aber nicht eben groß, auch von keinem
überflüßig starcken Zuge seyn darff; schüttet
den Ofen voll Kohlen, und gebt Feuer, bis der
Tiegel vollkommen und recht weiß glüet: Wenn
ihr dieses sehet, so nehmet den Stein, den ihr
schmeltzen wollt, und den ihr vorher bey dem
Ofen, oder auch sonst wo, wohl abgewärmet habt,
damit er nicht zerspringe, legt ihn in Tiegel, und
blaset mit dem neugefertigten Blasebalg, da der
Tacht in J brennend seyn muß, wohl und ge=
schwinde zu, also, daß die Flamme nicht steche,
sondern nur flächlings treibe, so werdet ihr mit
Verwunderung sehen, wie leicht und bald einige
und die meisten Steine in kleinen Feuer zu be=
zwingen sind. Die Richtung des Blasebalgs
muß man aus der Erfahrung lernen, über 45.
Grad selbigen in die Höhe zu heben, möchte nicht
dienlich seyn, aber unter 45. Grad sticht die
Flam=

Flamme nicht so, darauf man denn hauptsächlich sehen muß, und wird einer, der sich im Löthen
wohl geübet, auch hier eher den Vortheil finden,
welcher in einen rechten Zusammenhalten und
Niederdrucken der Flamme des Tachts auf den
Stein beruhet, auch bald und gähling geschehen muß, ehe der Stein des Feuers gewohnt
wird.

Zum §. 100.

Daß die Kieselsteine im Feuer schwerer worden, wäre ein schöner Versuch vor diejenigen,
welche mit Herr Boylen davor halten, daß die
Theilgen des Feuers eine Schwere haben, und
also einen Cörper, in den sie sich einlegen, auch
in seinem Gewicht vermehren können. Allein,
wenn dasjenige, was ich von der Sprödigkeit
der Kieselsteine zum 54. §. angeführet, und daraus die zu gählinge Erstarrung erwiesen habe,
von uns recht überleget wird, so möchte eine Ursache bekannt werden, warum die Kieselsteine
im Feuer schwerer geworden. Nehmlich, was
zu gähling erstarret und erhartet, kan sich nicht
also genau und feste in seinen Theilen zusammen
geben, als was langsam nach und nach dichte
und feste wird; Wenn aber ein dergleichen er-
harteter Cörper in ein Feuer gebracht wird, daß
derselbe wieder erweichet, so setzen sich die

Ee 5

Theile

Theile nach und nach vollends zusammen, der
Cörper wird dichter, und in seinem Umfange auch
kleiner; Dieses verursachet nach allen bekannten
und angenommenen mechanischen und hydrostatischen Grund-Sätzen ein mehreres Gewichte
des Cörpers. Sollte über dieses auch dergleichen Zusammenfügung und Verengerung, in denen kleinsten Theilgen des Cörpers, besonders
vorgehen, so ist die Würckung, oder die vermehr-
te Schwere nicht doppelt, sondern vielfach stärcker, und kann also gar wohl so viel betragen,
daß es auch einem geschickten Naturkündiger in
die Augen fällt.

Zum §. 99 = 104.

Ueberhaupt von dem Bezeigen derer Steine
im Feuer zu reden, so machet das Feuer, wie ich
schon vorher gedacht, die Dinge, die darein gebracht werden, nach ihrer Beschaffenheit flüßig
oder flüchtig, nicht, daß dadurch erst solche Eigenschafft in die Cörper eingeführet werde, sondern, daß dieselben nur in solchen sich also veroffenbaren. Es muß also in denen Steinen, die
im Feuer fliessen, schon ein solches flüßiges Wesen enthalten seyn, das aber sich in seiner eigentlichen Gestalt zu zeigen, verhindert ist; Da die
Verhinderung durch die Wärme des Feuers gehoben wird, so kann sie in nichts als einen Mangel

gel gnugfamer Wärme beftehen: Aus beiden
Umftänden können wir fchliessen, daß diese Steine entftehen, wenn eine flüßige Materie aus
Mangel der Wärme unflüßig wird.　Ift eine
Materie gar fehr flüßig, fo muß ein fehr hoher
Grad der Kälte hinzu kommen, wenn fie erharten foll, wie wir folches an dem Wasser, da es
würcklich gefchiehet, und an der Lufft, da es wegen der gar zu grossen Flüßigkeit nicht gefchehen
kann, erfehen.　Wenn aber eine Materie nicht
fo gar flüßig ift, fo bringt der Mangel der Wärme in felbiger gar bald eine Geftehung zu Wege.
Hieraus fiehet man, daß die flüßige Materie in
den Steinen entweder an und vor fich felbft
fchon dicklich ift, oder durch eine trockne Materie, mit der fich die flüßige innigft vermischet,
dicke gemacht worden fey, oder endlich fich in fo
weniger Qvantität in die trockne eingemenget
habe, daß die Theilgen der flüßigen, bey erfolg-
ter Flüßigmachung durchs Feuer, nicht fo nahe
zusammen rinnen, fich berühren, und in flüßiger
Geftalt uns vor die Augen kommen können. Ich
halte, daß diefes alles gantz deutlich und richtig
gefchlossen fey, und will hieraus nun weiter folgern.　Ift die Materie an fich felbft dicklich,
oder ift die flüßige, durch eine innigfte Mischung
mit der trocknen, dicklich gemacht, diefes ift bey
diefer Betrachtung einerley, gnug, daß nur eine
gewif-

gewiſſe zureichende Flüßigkeit in die Stein=Mi=
ſchung mit eingegangen; und daraus ſind die
Steine entſtanden, welche vor ſich im Feuer
flieſſen. Iſt der flüßigen Materie weniger, aber
doch innigſt mit dem trocknen gemiſcht, ſo finden
wir, daß ſolche Steine im Feuer dauern, aber
nicht flieſſen. Wenn aber der Feuchtigkeit we=
nig, und dieſe auch nicht innigſt mit der trocknen
Erde des Steines gemiſcht iſt, ſo gehet ſelbige
im Feuer fort, und die trockne Erde des Stei=
nes zerfällt in einen Staub. Wegen des Feuer=
Grades muß ich hier erinnern, daß nach mei=
nem wenigen Urtheil, denen Verſuchen und der
Wahrheit kein Gnügen geſchiehet, wenn wir al=
les dieſes nach einer Stärke der Hitze beurthei=
len wollen. Das Feuer macht flüßig, der Fluß
iſt eine Geſtalt der Dinge, die zu einer genauen
Verbindung ſehr dienlich iſt, wenn alſo ein Feuer
gebraucht wird, das ſo ſtarck iſt, daß es flüßig
macht, ſo muß eine gantz andere Würckung er=
folgen, als wenn ich nur ein gantz gelindes, aus=
trocknendes Feuer anbringen wollte. Dieſes ge=
ſchiehet auch in denen Steinen, da das trockne
und flüßige nicht ſonderlich und genau verbun=
den ſind: Denn iſt vors erſte die flüßige Mate=
rie ſehr ſparſam in einem Steine enthalten, und
man giebt ihm nur recht gähling und ſtarckes
Feuer, ſo kann man ihn erhärten, und, wo nicht

zum

zum Fluß, doch zum grinsen bringen, giebt man
ihm aber schwächer Feuer, so treibt man die
Feuchtigkeit fort, und behält einen Kalck, ist
das Feuer aber gar zu schwach und ungleich, so
bekommt man gar nur eine todte Erde. Der
Kalckstein, mit seines gleichen, kann diesen Satz
erleutern, wir haben auch davon zwey grosse und
tägliche Experimente: 1) im Kalckbrennen wird die
Feuchtigkeit durch das schmauchen, welches ein
gelindes Feuern ist, meistentheils, und zwar die
dünneste zuerst fort getrieben, alsdenn giebt man
ein gähling starckes Feuer, welches die wenige
dickliche Flüßigkeit figiret, und einen guten Kalck
macht; 2) wird aber dieser Umstand nicht recht
beobachtet, und man treibt alle Flüßigkeit davon, ehe man mit der grossen Hitze kommt, so
wird auch kein guter Kalck, auch wohl manchmahl eine pure Erde daraus. Das dritte Experiment kann ich vor mich nicht machen, sonst ich
wohl auch Mittel und Wege finden wollte, den
Kalckstein zum Fluß zu bringen. Vors andere,
wenn die flüßige Materie zwar gnugsam, oder
auch im Ueberfluß in einem Steine befindlich, aber
nicht mit der trocknen Erde genau verbunden
ist, so kann und muß der Grad des Feuers gantz
andere Würckungen thun. Denn hier würcket
ein gelindes Feuer zwar auch eine Ausdünstung
der flüßigen Materie, aber, weiln derselben zur

Gnüge

Gnüge verhanden, so kann selbige nicht so gar
alle fort getrieben werden, da sich denn die übri=
ge durch den Fluß mit der trocknen Materie fe=
ster vereiniget, und also härter wird, auch ein
schönes und reinliches Ansehen bekommt; wollte
man aber bey dergleichen Stein-Arten ein zu star=
ckes Feuer geben, so würde man was Schlacken=
artiges erhalten, das zwar auch hart genug, aber
nicht so schön und rein wäre; Ich glaube, daß ich
gnug von dem Verhältnüs der Steine zum
Feuer gesagt, welches andere wohl noch, als
Grund-Sätze von ihren künstlichen Handgriffen,
zum Geheimnüs machen würden, es ist aber
von mir in der Absicht geschehen, den Leser zu
versichern, daß ich die Versuche der Steine
durchs Feuer hoch halte, daß ich auch daraus
nützliche Wahrheiten zu entdecken vor dienlich
halte, ich muß aber auch zugleich bekennen, daß
ich es nicht thun, und die Arten der Steine nach
ihren Verhältnüs in einen Feuer-Grad eintheil=
len würde. Noch eins, was meynen sie wohl,
meine Leser, sollte auch wohl das Zerspringen
der Steine, wenn sie in eine gählinge Gluth kom=
men, uns von deren Natur etwas besonders
entdecken können? Mancher möchte wohl den=
cken, dieses sey ja nur zufällig, und könne durch
eine langsamere Erwärmung vermieden werden;
ich gebe den Zufall in Ansehen unsers Endzwecks
uns

und unserer Ueberlegung zu, allein, warum ist er
nur bey etlichen, und nicht bey allen Dingen?
Also springt auch der Diamant im Feuer entzwey, wenn man ihn zu geschwinde damit angreifft, der Böhmische Granat aber bleibet gantz,
man kann, wenn dieser in einen Kasten eines
Ringes gesetzt ist, an und bey selbigen löthen,
und andere Feuer-Arbeiten vornehmen, ohne,
daß man ihn, wie den Diamant, aus den Kasten
zu nehmen nöthig hat, ia, man kann auf den
Granat selbst emailliren, welches gewiß viel und
so gar alles sagen will, was man nur in diesem
Stücke von Feuer-Beständigkeit fordern kann,
welches denen, die das Emaillir-Feuer wissen,
deutlich seyn wird. Hiervon wollte ich nun gerne einen zureichenden Grund angeben, da ich
aber zuerst mit Schrifften in der Welt auftrete,
und weder das Vertrauen, noch den Ruff auf
meiner Seite habe, so will ich es nur vor eine
Vermuthung verkauffen: Je reiner, subtiler und
flüßiger eine Materie ist, (dieses Dreies folget
aus einander) ie geschwinder, krässtiger und stärcker dehnet sie sich durch die Wärme aus, was
derselben widerstehet, und sich nicht ausdehnen
lassen will, muß zerspringen; Es scheinet also,
als ob zwey verschiedene Materien im Diamant
wären, es scheinet, als ob Herr Boyle und die

Herrn

Herrn Engelländer oben angeführten Versuch
betreffend, recht hätten.

Zum §. 106.

Wenn wir die natürlichen Cörper untersuchen und erkennen wollen, müssen wir keinen eintzigen, auch nicht den geringsten Umstand vorbey
lassen; Denn vors erste ist zu vermuthen, daß
auch der, welcher manchmahl am schlechtesten
scheinet, uns zu Entdeckung einer wichtigen
Wahrheit wenigstens den Weg zeigen könne;
Zum andern gehören sie alle zu einer umständli-
chen Natur-Geschichte der Dinge, und können,
ohne selbige unvollkommen zu lassen, nicht über-
gangen werden. Ich erinnere aber nochmahls,
daß man nichts weiter, als es selbst von der Natur bestimmet ist, in der Folge erstrecken solle;
Es ist nicht rathsam, von einem Umstand auf den
andern zu schliessen, also kann ich nicht von der
Farbe auf den Schmeltz-Fluß, und von der
Schwere auf den Geruch schliessen; Folglich gehet es auch nicht an, daß, da ich in einem Cörper die Farbe und den Fluß gefunden, ich bey
einem andern Cörper, wo eben diese Farbe ist,
auch eben die Flüßigkeit im Feuer folgern sollte.
Und also hat der Herr Verfasser recht, wenn er
verneinet, daß man aus der Farbe, Gewicht ꝛc.
den Schmeltz-Fluß errathen könne: Er ist aber
auch

auch so aufrichtig, und gestehet, daß er die Flüs=
sigkeit des Isländischen Steines nicht durch
Folgen und Schlüsse entdecket, sondern auch un=
vermuthet erfahren habe: Dieses ist Trostes ge=
nug, wer weiß, was ein andrer durchs Microsco=
pium unvermuthet entdecket. Wenn wir der=
gleichen Entdeckungen und Umstände werden
gnug haben, so können wir alsdenn sehen, was
überflüßig und daher zu verwerffen ist, jetzt wol=
len wir noch zusammen sparen, und nicht von ei=
nem Umstand auf den andern, aber wohl von
vielen Umständen auf das Bestand=Wesen
schliessen. Dieses ist die Regel, die ich mir bey
Untersuchung der natürlichen Cörper vorgesetzt,
und bisher noch immer wichtige Wahrheiten da=
durch entdecket habe.

• Zum §. 108.

Der Herr Verfasser mercket hierbey an, daß
Herr de la Hire das Norwegische Frauen=Glaß
unrecht vor einen Talck halte, weiln aber der
Talck nicht wie das ordentliche Frauen=Glaß
kalckartig sey, so müste man ihn eher vor mergel=
artig achten, im übrigen greiffe er sich schlüpfftig
wie Seiffe an, sey auch gantz und gar nicht durch=
sichtig. S. Histoire de l'Acad. roy. l'an. 1710.
p. 160. & 454.

Ff • Zum

* Zum §. 112 - 119.

Der Herr Autor handelt hier beiläufftig von denen Erden und ihren Arten, er theilet diesel= ben in dem weitschweifigsten Verstande, in Mer= gel = und Kreiden-Erden, und dieses ist in der Ab= sicht, wie es hier gebraucht, gar thunlich, ausser dem aber würde die Natur=Geschichte von de= nen Erden sehr dunckel bleiben, wenn wir nicht weiter gehen wollten. Einfache Erden müssen in besondern Verstande genommen werden, sonst kann man sich leicht verirren. Es sind aber einfa= che, theils, die gantz allein und rein gefunden werden, theils die, aus denen man nicht so leicht einen andern Cörper ausscheiden kann, theils, die auch nicht durch fremdartige Eigenschafften, Wässer und Säffte verändert sind. Es wird iedes sehen, daß hier gar viel gefordert wird, er= steres und drittes wird selten gefunden; bey dem andern folget noch nicht, wenn ich nichts aus= scheiden kann, so ist auch nichts darinnen; bey dem andern und dritten ist auch nicht der Schluß zu machen, wenn ich was abscheiden kann, so ge= hört es nicht darein. Der Mergel und die Kreide möchten wohl vor einfache Erden zu achten seyn, ob aber der Leimen nicht eben so gut als diese ei= ne dergleichen Stelle bekleiden könne, mögen geschicktere Männer ausmachen. Uebrigens re=

redet

bet der Herr Berg-Rath nur hier davon, wie
solche Erden bey der letzten Ausarbeitung der
Natur befunden werden, und sich im Feuer ver=
halten; allein, ich glaube, eben in diesen hohen
Alter kommen sie zur Stein-Erzeugung wenig
oder gar nicht, und wenn auch solche erstorbne
Mütter noch Kinder gebähren sollten, würden
sie doch sehr mager, ungestalt und unfreundlich
aussehen. Daß aber diese Erden mit den Stei=
nen einige ähnliche Umstände haben, wird wohl
niemand, der nur wenige Versuche damit ange=
stellet, leugnen können. Dieses kann ietzo so
viel, als zum Anfang nöthig ist, seine Dienste
thun, wenn künfftig die Erden, nicht nur nach ih=
ren Geschlechtern, sondern auch nach den Arten
des Unterscheids, nach den verschiedenen Gra=
den der Reinigung, Kochung, innigsten Mi=
schung ihrer Theilgen, und was sie dabey über=
all vor Gestalten annehmen, werden bekannt
seyn, wird man auch mehr von diesen auf die
Steine, besonders aber auf die Edelgesteine,
schliessen können. Welche Untersuchung ein gros=
ser Monarche, durch Vorschiessung der Kosten,
wohl noch befördern könnte, da bisweilen vor ei=
nen nicht so gar kostbaren Stein mehr gegeben
wird, als dieser gantze Handel kosten kann. Es
ist mir zwar auch bey meinen wenigen Versuchen
eine Art, dadurch die Erden können erkennet

wer=

werden, vorgekommen, selbige aber hier zu be=
schreiben, möchte gar zu weitläufftig fallen, in=
dem hier mehr, als bey allen Mineralien und
Steinen, Vorsicht und Beobachtung der Um=
stände nöthig ist. Es gehet damit zwar auch
gantz einfächtig zu, man brauchet auch keine ge=
künstelten Auflöß=Mittel, allein hier ist keine
bloße Auflösung, die unendlich fortgehet, son=
dern der Meister muß auch endlich den Zweck sei=
ner Arbeit erlangen, damit er einmahl einen
Schluß machen, und ausruhen kann. Alle Ver=
witterung, und Versinterung der Mineralien
und Steine läufft auf eine Vererbung hinaus,
will man nun hier nicht behutsam seyn, und im=
mer weiter auflösen, so wird endlich alles zu
nichts, drum muß man umkehren, damit nicht
der Weg der Wahrheit verfehlet werde.

* Zum §. 120=134.

Ueber alle diese Sachen kann ich mich nicht
weiter heraus lassen, der Herr Verfasser hat nach
seiner Erfahrung durchs Feuer geschrieben, er
hat auch nichts weniger, als ein Systema zu
schreiben, in willens gehabt, und also muß es
dabey sein Bewenden haben. Sonst möchte
das ächte und rechte Bestand=Wesen der Stei=
ne nur eins, die beigemischten Dinge vielfältig,
und unter denen, die im 124. §. angegebnen Be=
stand=

standwesen mit zu finden seyn, die beigesetzten
Materien im 129. §. aber nur verschiedene Gra-
dirung und Gestalten der Kalck und metallischen
Erden seyn, ich bin nur durch wenige Versuche
auf diese Vermuthung gebracht worden, und
also schreibe ich nicht eher hiervon gewiß, bis ich
und meine Tagebücher recht steinreich seyn
werden.

* Zum §. 138.

Ich muß hier wieder eine allgemein angenommene Meinung erinnern, daß man doch ja
das Feuer recht kennen, und seine Würckung
richtiger messen lerne.   Wenn wir in einem Versuche, und durch Kunst etwas nützliches, und
das eine Wahrheit in der Natur zu entdecken
geschickt ist, gesehen und erfunden haben, so
kommt hernach allezeit der Zweiffel hinten nach,
aber wo finden wir ein solches Feuer in der Natur, und da dergleichen niemand gesehen, so vernichtet dieser Zweiffel alle unsere vorige Arbeit,
und alle wahrhafftige Folgen bleiben auf einmahl zurück.   Es ist aber ein Vorurtheil, wenn
wir einen kleinen Tiegel mit sehr wenigen Golde, auffen herum aber einen grossen Hauffen
Kohlen, und diese alle glüend sehen, daß wir
alsdenn meynen, dieses gantze Feuer sey nöthig,
das wenige Gold zu schmeltzen, also, daß es über

und

und über in daſſelbige würcke. Allein, das Gold
hat ſein Gewebe, und kann nicht mehr als einen
Theil derer Feuer-Theilgen, ſo viel zum Fluß
nöthig ſind, in ſich nehmen, die Menge derſelben kann nicht ſonderlich viel ſeyn, weiln das
Gold dadurch nicht angehäufft, und in ſeinen
Gantzen gröſſer wird. Worzu iſt nun alſo das
groſſe Feuer nöthig? zur Antwort dienet, die
Theilgen des Goldes liegen ſehr dichte an einander, daher hält es ſchwer, daß die Feuer-Theilgen eindringen können, und alſo iſt das groſſe
Feuer nöthig, daß die nächſte Hitze um den
Schmeltz-Tiegel herum von der andern mehr entfernten Hitze gedrücket, und in ihrer Krafft ein-
zubringen geſtärcket werde. Dieſes findet in
allen Cörpern, die ſchwer ſchmeltzen, und groſſes
Feuer brauchen, ſtatt, wenn wir aber nur zweierley annehmen, entweder, daß die Materien,
ſo lange ſie von der Natur ausgearbeitet werden, nicht ſo dichte ſind, oder ein ſchwaches Feuer,
wenn es anhaltend, und durch keinen Zutritt einer fremden Materie unterbrochen wird, in einer
längern Zeit eben ſo viel, als ein ſtarckes in einer
kurtzen Zeit würcken könne, ſo ſehen wir, wie eine Würckung auf verſchiedene Art könne erhalten werden. Beides iſt bey denen mineraliſchen
und ſteinartigen Cörpern zu vermuthen, denn,
ſo lange ſie nicht vollkommen ſind, können ſie
auch

auch nicht so dichte seyn; und da sie nicht in kurtzer Zeit, wie die Biltze wachsen, so hat das innere Feuer Zeit gnug, seine Würckung nach und
nach zu vollbringen: Kommt nun beides zusammen, so kann die Würckung so starck und
noch stärcker seyn, als wir mit allem unsern Küchen-Feuer nicht ausrichten können. Wollte
einer aus guten Hertzen den Einwurff machen,
wenn das Feuer auch noch so schwach wäre, müste man es doch brennen sehen, so antworte ich
gantz kurtz, die würckliche Glut und Flamme
des Feuers kommt nicht allein von Feuer, sondern auch von der Lufft her, welche die Feuer-
Theilgen zusammen drückt, in selbige durch entgegen gehende Bewegung würcket, und sie also
sichtbar machet, ist aber etwas anders vorhanden, das zwar das Feuer auch beisammen hält,
aber sich ihm nicht entgegen beweget, so siehet
man es nicht, ia man fühlet es nicht einmahl,
welches ich aus Erfahrung und Versuchen schreibe. Wer da will, lese in denen Caprices d'Ima-
gination, Lett. VII. p. 98. 101. 102. zwey merckwürdige Exempel von zwey Weibs-Personen,
da die eine zu Paris, die andere zu Cesennes
todt, und innerlich zu Aschen verbrandt, gefunden worden. Man überlege auch, was der Herr
Swedenborg in seinem Regno subterraneo, im
andern Theil, p. 30. von dem Anwärmen der

Ff 4 hohen

hohen Oefen zum Eisenschmeltzen, umständlich
beschreibet, so wird man von dem Daseyn eines
Feuers ohne Flamme versichert werden. Wollte einer auch hierdurch noch nicht gnugsame
Ueberzeugung erlangen, so wäre ich zwar zu einen
nähern Beweiß nicht eben verbunden, weiln es
aber ein Grund-Satz zur Erkenntnüs und Erleuterung der Geschichte in der Natur ist, so will
ich nur noch so viel anführen: Man wird doch
wenigstens einen unterschiedenen Grad der Zartheit des Feuers zugeben, ie zärter das Feuer ist,
ie kleiner ist desselben Flamme, und wo es am
zärtesten ist, da kann es so verborgen seyn, daß
man weder Licht noch Flamme siehet. Ein
Strohwisch, eine Pech-Fackel, eine Oel-Lampe,
ein Inselt-Licht, und eine Wachs-Kertze möchten
dieses so ziemlich deutlich machen; ich will aber
noch einen bessern Versuch angeben: Nehmet
einen Stein, hölet denselben aus, daß man ein
Thermometer hinein setzen kann, leget diesen
Stein im Sommer etliche Stunden in die Sonne, wann er genugsam erwärmet, so nehmet ihn
weg, setzet ein richtiges Thermometer in die Hölung desselben, und sehet, wie hoch selbiges steige,
dieses mercket; Auf den Winter heitzet eine Stube ein, so starck, als es nur möglich, ia, daß die
Lufft in selbiger weit wärmer, als mitten im
Sommer ist, und ihr keinen Athem darinnen hohlen

len könnet, leget in diese Stube auf einen Tisch,
der nicht zu weit, und nicht zu nahe vom Ofen ist,
eben diesen Stein, habt auch eben dasselbe Ther=
mometer in selbiger Stube, laßt den Stein
noch einmahl so lange in der Stube liegen; als
er in der Sonne gelegen hat, und erfahret her=
nach durch das Thermometer den Grad seiner
angenommenen Wärme, so werdet ihr sehen,
daß er von dem groben Küchen=Feuer, ohngeach=
tet es stärcker gewesen, nicht so viel Hitze als von
der zarten Sonnen = Wärme annehmen können.
Es könnte noch mehr beigebracht werden, ich
halte aber, es ist an diesen gnug, die Grund=Sä=
tze von der Mechanic und Baukunst des Feuers
sind einiger maßen hier gewiesen worden, im
übrigen aber beruhen selbige nur noch in der Ein=
sicht einiger gelehrter und erfahrner Männer, in
eine förmliche Wissenschafft sind sie noch nicht
zusammen gebracht, davon wohl die Ursache
seyn mag, daß man sich die Versuche hierzu sehr
schwer vorstellet, da doch alles leichte, und in ei=
ner Stube zu zeigen ist, was nur zu Erleuterung
dieser gantzen Wissenschafft dienen kann. Uebri=
gens hat wohl sonder Zweiffel der Herr Berg=
Rath recht, daß das Feuer zu der Stein=Erzeu=
gung nicht also würcke, wie bey dem Glaßmachen,
oder Ziegelbrennen, ia es kann gar einen sehr
geringen Theil an der Ausgeburt dieser unter

Ff 5   irrdi=

irrdiſchen Geſchöpffe nehmen, und muß vielleicht
der Kälte hier den Vortritt laſſen. Welches,
wenn es auch nicht bey allen geſchiehet, doch bey
vielen gar wahrſcheinlich iſt, und daher die von
Herrn Verfaſſern angeführte groſſe Mannigfal-
tigkeit der Steine eine beſondere Betrachtung
verdienet.

* Zum §. 141=148.

Faſt ein gleicher Erfolg iſt mir in einem Verſuch vorgekommen, welchen ich daher umſtändlich beſchreiben will. Ich hatte nehmlich einſtmahls unterſchiedliche Gedancken von der Vitrioleſcirung des Kieſes, und von denen dabey
angegebnen Urſachen, welche ich dadurch deutlicher erfahren wollte, wenn ich verſuchte, ob
nicht dem Kieß, durch ein gelindes Abnehmen
ſeiner zur Vitrioleſcirung dienlichſten Theile, daſ-
ſelbe gantz und gar zu vertreiben ſey. Daher
nahm ich eine recht ſtahlderbe Stuffe von gelben
Kieß, welche auf Lorentz Gegendrum gebrochen,
und mit keinen andern Geſchicken vermenget
war; ich zerſetzte dieſelbe, aber auf einen höltzern Stock, mit einem recht harten höltzernen
Kleppel, damit keine Eiſen-Theilgen von einem
Fäuſtel oder Hammer daran ſich abreiben ſollten; Aus dieſer groſſen Stuffe nahm ich den
mittelſten und innerſten Theil heraus, damit zu
mei=

jetzigem Versuch gar nichts, das schon einiger=
maßen von der Lufft angegriffen seyn möchte,
kommen könnte; deßwegen gab ich auch bey dem
fernern Zersetzen Acht, daß unter den Kieß nichts
von mir genommen wurde, welches nur ein wenig
bunt angelaufen, oder lasiret war; dieses wird
auch bisweilen inwwendig mitten in Stuffen er=
funden, und ist ein Kennzeichen, daß die Stuffe
klüfftig sey, nehmlich gantz unsichtliche Ritze habe.
Wie nun das Mittelste des Kieses besehen, noch
in kleinere Stüffgen zersetzet, und überall stahl=
derb, und ohne fremde Geschicke befunden wor=
den, wickelte ich diese kleinen Stückgen in ein
starck Leder, und schlug sie mit dem hölzernen
Kleppel vollends zu Mehle; that hierauf dieses
in ein Nonnen=Gläßgen, und goß Lauge von
reiner Pottasche gemacht darauf. Weiln ich bis=
weilen Pottaschen=Lauge gebrauche, mache ich sie
mir in Vorrath also: ich solvire die Pottasche
in nicht gar zu vielen abgekochten und wieder ver=
kühlten Fließ=Wasser, diese Solution lasse ich
nach und nach geschehen, und begnüge mich, daß
ich sie alle Tage ein paarmahl umrühre; Nach
acht und mehr Tagen gieß ich sie ab, durch ein
Filtrum, in ein Glaß, welches ich wohl vor der
Lufft verwahre, und laß sie also stehen, das über=
bliebne in Filtro und in der ersten Flasche muß
noch starck nach Saltze schmecken: Wenn diese

Lauge also ein drey bis vier Wochen geſtanden, ſo finde ich, daß ſich Cryſtallen am Glaſe ange= ſetzet, welche, wie bekannt, einem Tartaro vitrio- lato gantz gleich ſind, auch hat ſich etwas Erde am Boden geleget: Demnach gieß ich es ab, durch ein Filtrum, in ein ander Glaß: Ferner gieſſe ich zu dieſer Solution noch den vierdten oder dritten Theil abgeſotten und wieder ausgekühl= tes Fließ=Waſſer, ich habe mein Merckmahl an dem Geſchmack der Lauge, welcher nicht zu ſcharff ſeyn muß. Alſo laſſe ich die Lauge wiederum vor der Lufft verwahret, doch daß das Glaß nicht voll iſt, einen Monath ſtehen, ſo ſetzet ſich eine flockigte weiſſe Erde zu Boden, manchmahl ſchleſ= ſen auch noch einige Cryſtallen an, eckigt wie Kü= chen=Saltz; ehe gebrauche ich nun die Lauge nicht, bis ſich alle Erde geſetzet, und, wenn ich zu= letzt ſie wieder abgegoſſen, keine binnen vierzehen Tagen mehr zum Vorſchein kommet. Ich habe dieſes umſtändlich beſchrieben, denn es iſt an der- gleichen Handgriffen gelegen, und keiner ohne gnugſame Urſache dabey beobachtet worden, die aber meiſtentheils denen Laboranten und Koh- lenbläſern verborgen ſind. Weiter in meinem Verſuch fortzufahren, ſo ließ ich dieſes Gläßgen mit dem Kieß und der Laugen, ein Viertel=Jahr alſo, mit einem Korck=Stöpſel verwahret, ſtehen; endlich kam der Winter heran, und ich ſetzte es auf

mei=

meinen Stuben-Ofen, da es denn, wegen des ungleichen Einheitzens bald warm bald kalt war;
meistentheils schüttelte ich es alle Tage einmahl
um; Endlich kommt es, daß ich auf einige Tage
verreise, und da wird gar nicht eingeheitzet, ich sehe bey meiner Wiederkunfft nach meinen andern
kleinen Versuchen, und kriege dieses Gläßgen auch
in die Hände, und siehe, es schwamm ein kleiner
Crystall, der in kleinen nicht anders, wie eine dru-
sigte Stuffe in grossen gestaltet war, in dem Wasser herum, hatte um sich herum noch einige kleinere Crystallgen stehen, und kurtz, es sahe wie ein
Drußgen aus, davon die Basis an der Ober-
Fläche des Wassers hang, die Spitzgen aber un-
terwärts nach dem Boden zugekehret waren. Ich,
der ich auf das Vitriolesciren aussen war, besahe
nur gantz genau dieses Ding, ob und warum es
doch keine Farbe hatte, setzte es auch in der Meinung auf den Ofen, daß noch mehr solche Vitriol-
Crystallen anschiessen, und ich einen Versuch weiter damit machen möchte; alle Morgen sahe ich
darnach, und es wollte nichts mehr kommen; endlich, da das Crystallgen immer einerley Figur hatte, und auch allezeit mitten im Glase schwamm,
so wunderte ich mich, daß es nicht einmahl anders
anschiessen sollte, ich sahe demnach darnach, als
einmahl das Gläsgen recht heiß war, und siehe, es
hatte sich das Crystallgen nicht solviret. Hieraus

aus schöpffte ich einen Argwohn, ob auch würck=
lich dieses Crystallgen saltzartig sey, ich machte
also das Gläsgen auf, und suchte es mit einem
breitgeschnittnen Feder-Kiel heraus zu fischen, so=
bald ich aber mit der Feder daran rührete, so fie=
len die Crystallgen aus einander, und zu Boden,
ich muste also iedes besonders herauslangen, und
bekam neun Stück von verschiedener Größe, das
gröste hatte die Länge von einem Zehntheil eines
Zolles, die kleinsten aber waren nur wie Nadel=
Köpffgen. Eines von den mittelsten nahm ich,
und tauchte es ins kalte Wasser, um die Lauge ab=
zuspühlen, nachgehends nahm ich es auf die Zun=
ge, so schmeckte es nach gar nichts, wollte auch
nicht zergehen, ich brachte es unter die Zähne, da
knirrschte es, aber nirgends war einiger Ge=
schmack abzugewinnen. Darauf that ich drey
von denen kleinsten in ein Gläßgen mit reinem
Wasser, ließ es nicht nur warm werden, sondern
gar sieden, und die Crystallgen blieben gantz.
Hierauf that ich eines in einen dunckel glüenden
Schmeltz-Tiegel, allein das war mir unter den
Händen weg, ich nahm ein anders an die Stel=
le, gab genau Achtung, und siehe es zersprang.
Um also den Versuch deutlicher zu machen, so
nahm ich den Tiegel aus den Kohlen, setzte ihn
auf den Ofen, bis er nur noch gantz leidlich warm
war, alsdenn that ich das gröste Crystallgen hin=
ein,

ein, und wanderte wieder mit zum Feuer, dieſes
blieb gantz, ohngeachtet der Tiegel nach und nach
dunckel-roth glüete, und weil ich verſichert war,
daß es nun ein Steingen ſeyn muſte, wollte ich
es nicht bis zum ſchmeltzen kommen laſſen, ſondern dieſes kleine Andencken aufheben.   Ich be-
ſahe es noch einmahl, als es aus dem Feuer kam,
und es ſchiene mir nicht ſo helle und durchſichtig,
wie zuvor, denn es hatte würcklich vorher einen
beſonders hellen Glantz, darnach wickelte ich es
in ein Papiergen, und hub es auf.   Die andern,
deren ich noch viere hatte, habe ich auf mehrere
Art verſuchet, zwey davon habe ich durch ein
Loth-Röhrgen und Flamme mit ein wenig Sale
Tartari geſchmeltzet, und es wurde ein glaßach-
tig Körngen daraus; zwey wollte ich mittelſt
eines Brennglaſes in der Sonne ſchmeltzen, allein es wurde nichts draus, und ſie zerfielen zu
Staub.   Endlich habe ich ohnlängſt das im Feuer
geweſene gröſte Cryſtallgen auch im Papiergen
zerfallen gefunden.   Mein Leſer nehme dieſes
Kinderſpiel nicht übel, die Natur iſt überall ernſthafft, wenn wir auch ſpielen, und ſpielet mit uns,
wenn wir noch ſo ernſthafft thun wollen.   Der
umſtändliche Verſuch kann übrigens ſelbſt von
dieſer Sache reden, und ich will weiter hierbey
nichts anmercken, als daß ich dieſen Winter
den Verſuch wegen andrer Hinderniſſe nicht
wieder-

wiederhohlen können; künfftig aber soll es
geschehen.

* Zum §. 151=157.

Man muß sich billig wundern, daß solche
grosse Männer nicht auf bessere Versuche bedacht
gewesen, um der Stein-Erzeugung nachzuahmen.
Die Verhärtung, als das Ziegelbrennen ist, hätte
ja eine Anleitung geben können, wie zwey und
mehrere Erden, wenn sie mit einander versetzet
werden, fester zusammen halten; Also gehet der
Thon mit dem Leimen, desgleichen mit dem Sande, der Leimen mit Hammerschlag und urinosischen Dingen in eine feste Masse zusammen. Des
Procellans billig zu geschweigen, so sind die bekannten Stein-Kütten und die, welche im Wasser
und Feuer dauern; bey diesem Geschäffte um-
ständlicher zu untersuchen; man kan hier durch
Abnehmen und Zusetzen, durch veränderte Proportion, die in denen Kunst-Büchern beschriebenen Recepte besser erforschen, und sehen, was
ein iedes beigemischte bey solchen Gemengen
thut; ich versichere, daß die Steinmacherey, ein
grosses Licht bekommen wird, und dauret mich
hierbey nichts mehr, als daß ich meines Orts
es nur bey den Wünschen muß bewenden
lassen.

Die

Die dritte Abtheilung.

Von dem, was man aus vorigen Anmerckungen und Versuchen schliessen könne.

§. 161.

Aus denen vorhergesetzten Anmerckungen und Erfahrungen wird nun nicht mehr schwer zu erkennen seyn, wie weit man vors erste in der Lehre von der Stein-Erzeugung gehen, nehmlich, daß man selbige nicht gantz und gar einsehen könne; Nächstdem, welche Arten derselben die vornehmsten sind; und endlich, was, bey denen noch unbekannten und entfernten Wegen der Natur, am meisten wahrscheinlich sey.

§. 162. Nehmlich, es ist 1) das Zusammenfrieren oder Gestehen, 2) das Zusammenwachsen, 3) das Aufwachsen, 4) die Crystallisirung, und 5) die Versteinerung. Auf diese Weisen, deren ich weiter nicht mehr oder weniger finden können, sind die Steine und Felsen theils entstanden, theils werden sie noch heut zu Tage also hervor gebracht.

G g §. 163.

§. 163. Die Zuſammenſrierung, oder,
daß eine Maſſe geſtehe und zu Stein wer⸗
de, ſtellet ſich uns dar im Hornſtein oder
dem Küchen⸗Feuer⸗Stein, als welcher
ſolche Dinge, die mit ihm gar nicht einer⸗
ley Art ſind, und welche vor ihm müſſen
da geweſen ſeyn, in ſich hält und umſchlieſ⸗
ſet, welche zwey Umſtände einem aufmerk⸗
ſamen Naturforſcher, von deſſen flüßiger
und klebrigter Subſtantz, ein gewiſſes
Zeugnüs geben.

§. 164. Hier muß ich dann mit geden⸗
cken eines Hornſteins, der mit denen Aeſt⸗
gen von weiſſen Corallen beſonders gezie⸗
ret iſt, und bey dem Dorffe Zeithayn ge⸗
funden wird; Es iſt ſonſt dieſes Dorff von
dem groſſen Campement, das unſer glor⸗
würdigſter Auguſtus, ein Muſter ho⸗
her Monarchen, daſelbſt gehalten hat,
bekannt. Selbigen Stein hat auch der
weit berühmte Herr von Heucher, Kön.
erſter Leib⸗Medicus, und Director von
denen Königl. Gallerien⸗ und Naturalien⸗
Cabinettern, vor einen ſolchen erkannt.

§. 165. Es gehöret auch hierher, daß
Edelgeſteine in Edelſteinen, Sand in Edel⸗
ſteinen gefunden wird, in ſo ferne nun ſol⸗
ches

ches Dinge von verschiedener Beschaffenheit sind, so kann man sich nicht vorstellen,
daß sie beide zugleich, und in einer Zeit sind
erzeuget worden, sondern es ist vielmehr
eines zu dem andern, das einschliessende zu
dem eingeschlossenen, ein Edelstein zum andern, oder auch ein Edelstein über den
Sand hinzu gekommen, und zwar in eben
einer solchen Beschaffenheit, nehmlich, daß
es weich gewesen, und mit der Zeit harte
geworden, wie solches von dem Hornstein
zur Gnüge gemeldet worden.

§. 166. Daß solche Substantzen gefunden werden, welche nicht blosses leichtes
Wasser, auch nicht dicke und dichte Cörper,
sondern ein klebrigt geronnenes Wesen
sind, beweisen zur Gnüge die stillstehende
Wasser, welche zu Schlamm werden, die
Sternschneutzen, die meisten künstlichen
Säffte, die durch die Gährung gemacht
worden, einige Solutiones der Metallen,
und gar viele von verschiedenen Saltzen.

§. 167. Aber es ist zu glauben, daß in
bemeldeten Steinen ein solches flüßiges
Wesen dabey gewesen, dergleichen unter
und über der Erden nicht mehr verhanden
ist, zu der Zeit aber, als der Erdboden noch
zärter und weicher war, ohne Zweiffel mag

Gg 2   da

da geweſen, oder von der allgemeinen Uberſchwemmung übrig geblieben ſeyn, nehmlich, ein gantz beſonderes, vor andern dichtes, mehr zuſammenhaltendes und ſchwe-
reres Weſen.

§. 168. Ja, ſo auch dergleichen Weſen
noch verborgen ſeyn ſollte, würde man es
doch nicht bekommen, oder, da man es hätte,
nicht bearbeiten können, maßen eine gewiſſe Ordnung der Arbeit, des Feuer-Grads,
eine richtige Abwechslung des warmen und
feuchten Temperaments, die Zeit, und vieles andere, welche in der Gewalt und Vermögen eines Arbeiters nicht ſtehen, hierzu
nöthig ſind, ehe wir einen Horn oder Edelſtein zu machen vermöchten.

§. 169. Der Hornſtein hat in denen
Feldern und ſandigen Erdlagen, wo er gefunden wird, die anfänglichen Materien
ſeines Beſtand-Weſens nicht erhalten,
auch iſt er daſelbſt nicht zuerſt zuſammen
geronnen, und hart geworden, weiln er
das, was er in ſich hält, dieſer Orten nicht
hat bekommen können, über dieſes die Ritze und Spaltung, die vorher an ihm geſchehen, auch ein deutliches Zeugniß von
ſeiner Härte, die er ſchon lange vorher gehabt, ablegen.

§. 170.

§. 170. Vielmehr ist derselbe von einem
gespaltenen Felsen, oder einer erbrochnen
Ader ausgestossen, und anders woher, bisweilen auch gar weit von seinem Ursprunge weggeführet, und fort gewelzet, und
daher manchmahl ein wenig an seinen
Ecken stumpff gemacht worden.

§. 171. Mit denen Edelgesteinen, welche theils wie Splittergen und Abgänge,
theils wie Steingen von ihrer eigentlichen
Grösse, in denen Bächen oder Sande gefunden, und ausgewaschen werden, hat es
eine gantz andere Beschaffenheit, wie solches die Umstände dabey nicht undeutlich
zu vermuthen geben.

§. 172. Denn diese haben in der Gegend und dem Erdreich, wo sie gefunden
werden, zum wenigsten nicht binnen einen
Felsen-Stein, sondern in denen Erdlagern,
sowohl ihre Materie, als auch ihr eigentliches Wesen ohne Zweiffel erhalten, welches
aus denen eingeschlossenen Sand-Körngen, und andern Dingen, die denen da herum sonst befindlichen Sachen gantz gleich
sind, eines theils erhellet, andern theils
wird es zur Gnüge offenbar, da ein Edelgestein in dem andern, als ein Diamant in einen Smaragd, ein Smaragd in einen Cry-

stall

ſtatt eingeſchloſſen iſt, auch ſelbige ziemlich
rund und auf ihrer Fläche etwas glatt ſind,
welches gewiß bey denen vornehmern Edel-
geſteinen, durch das bloſſe Fortweltzen und
Abreiben, nicht hat geſchehen können.

§. 173. Zum wenigſten habe ich nicht
geſehen, auch nicht erfahren können, daß
ein Diamant, Rubin, Smaragd, Saphir,
Opal, Topas, Hyacinth, Amethyſt und
Granat, oder auch ein Carneol, Jaſpis,
Achat, (doch des Herrn Borrichii Erzehlung von einem Achat, der Waſſer in ſich
gehalten, ohnbeſchadet, † und Calcedonier
zu finden ſey), in welchem man auch die ge-
ringſten wahrhafftigen Merckmahle von
Meer-Geſchöpffen vor Augen ſtellen könne.
Doch muß man vor letzten, nehmlich, dem
Calcedonier, nicht einen Hornſtein aus
dem Meer fälſchlich annehmen.

§. 174. Daher ich denn nun endlich die
Congelation beſchreibe, als eine ſolche Art
der Stein-Erzeugung, da weder vor ſich
noch durch das Feuer etwas erdenes aus
der gantzen Maſſe abgeſchieden, oder nieder-
geſchlagen wird, ſondern auf einmahl und
zu-

zugleich die gantze zusammenhangende Masse austrocknet. *

§. 175. Der Zusammenwachs in der Stein-Erzeugung wird hingegen beschrieben, daß er in einer Verbindung solcher Theilgen bestehe, die sich entweder aus dem Wasser absondern, oder schon würcklich beisammen da sind, ja, da Steingen und Felsen-Stückgen in eine dichte und feste Masse zusammen treten.

§. 176. Es sind daher hierunter begriffen alle Erden, welche in denen Wassern sich enthalten, dergleichen in denen beschrienen Feuchtigkeiten, die wie die Hefen gähren, Guren genennet werden, und in denen Bergwercken befindlich sind, zu sehen ist; Doch sind diese gewiß nicht mit der Feuchtigkeit innigst vermischt, sondern nur unter einander zerrieben und zertrieben, und gleichsam wie Brey; daher sie dann alsobald und ohne Bewegung einer warmen Lufft, welche sie ausdünstend machen könnte, auch an einem kalten Orte gestehen.

§. 177. Besonders aber muß man auch hier dergleichen Erden vermuthen, welche in denen Wassern, wie ein Saltz zerflossen und eingemenget sind, ohne, daß solche trübe werden, sondern helle bleiben, die auch

Gg 4   wohl

wohl durch das engste Filtrum mit gehen,
und nicht eher, bis ein Theil der Feuchtigkeit davon weggegangen ist, sich zeigen.

§. 178. Es wachsen aber vors erste diese aufgelößten Erden zusammen, indem
selbige wie kleine Flocken sich zeigen, und
endlich auf den Boden setzen, daraus denn
eine zusammenhaltende Masse wird, wie
solches bey dem Kalckstein, bey dem Stein-
Sinter und Tufstein, besonders denenienigen, welche schimmrigt und glimmrigt
sind, auch gleichfalls bey dem erdhartzigen
Mengsel zu sehen.

§. 179. Zum andern wachsen dergleichen Erden zusammen, welche in ein Wasser nur durch die Bewegung sind eingemenget worden, und also darinnen, wie
der allerzarteste Staub behengen bleiben,
aus dergleichen entstehen und werden
zum Exempel angeführet, das Steinmarck, und andere mergelartige Steine,
der Schiefer zu denen Dächern, und der
meiste Tufstein, welche denn nicht glin-
tzern, und ob sie gleich ziemlich dichte sind,
doch pulver- und staubmäßig aussehen,
vielleicht gehöret hierher auch ein gewisser
Kalckstein, der nicht gläntzt, sondern erd-
hafftig aussiehet.

§. 180.

§. 180. Es wachsen zusammen drittens die Sand-Körnergen zu einen Sandstein; vierdtens die Sand-Körner mit einer Erde, auch zu einen solchen; fünfftens, und nicht so gar selten der Sand mit Steingen, und etwas gröffern Steinen; und sechstens Edelgesteine mit Edelsteinen; Wo aber die überschwängerte Stein-Erzeugung, da nehmlich ein Stein an den andern nicht angewachsen, sondern dieser, indem er nach der ersten Art zusammen gefrieret, während der Congelation selbst über den andern gezeuget wird, auszunehmen ist.

§. 181. Die Steine haben ein einziges Verbindungs-Mittel hierzu nöthig, nehmlich, daß sich bey dem Zusammenwachs zwischen denen Fugen eine bindende Materie befinde; Was aber in der höhern Philosophie gelehret wird, daß man nehmlich nur zweye sehe, das dritte aber verborgen sey, dieses gilt vor allen andern auch hier.

§. 182. Die kalck-und harzigten Erden und was dergleichen Art ist, bringen schon selbst, was sie verbindet, mit, welches auffer der höchsten Zartheit, vors erste in der allersubtilsten Salzigkeit, als einer an und vor sich verbindenden Eigenschafft, bestehet, da also eine sich verwickelnde Beschaffenheit

Gg 5 der

der Theilgen, oder auch eine Figur derselben, wie Widerhäckgen, zu befinden ist.

§. 183. Wie nun die Mergel-Erden
an und vor sich nicht so recht von dem Wasser angenommen werden, so bezeigen sie
sich auch gegen einander selbst nicht angeeignet, also, daß sie, ohngeachtet sie sehr
zart, und recht dichte sich über einander am
Boden setzen, doch die eigentliche Gestalt
eines Steines nicht annehmen wollen;
Auch sind in der gantzem Welt keine Exempel iemahls bekannt, daß man den
Thon, wenn er auch eine Porcellan-Erde,
und also der weichste wäre, geschweige den
groben sandigten, bis auf diesen Tag versteinert angetroffen hätte.

§. 184. Und wenn auch bey der Mergel-Erde die innerliche Ungeschicklichkeit
der kleinen Theilgen nicht als eine Haupt-
Verhindernüs oder allein zu befinden wäre; So kömmt doch über dieses darzu, daß
die Mergel-Erde sehr hart und geschwinde
sich auf einander zu Boden setzet, und also
das dritte Verbindungs-Mittel, nehmlich
das Wasser, dieselbe nicht durchdringen
könne, daher denn auch eingeführet ist, daß
man das Wasser bald durch den Thon wo
behal-

behalten, anderswo aber auch abhalten
kann.

§. 185. Wenn nun ein Stein, und
z. E. ein Sandstein, nicht aus lauter
Sand-Körngen bestehet, sondern auch eine
darzwischen liegende Erde hat, wenn selbige auch nur gar wenig wäre; So ist der
Zusammenwachs nicht nur möglich, sondern auch wahrscheinlicher; Weiln diese
zwischen sich und dem Sande kleine Zwischen-Räumlein vor das durchgehende
Wasser läßt, auch selbige Erde selbst kleb-
nigt werden, und nach der Substantz der
kleinen Kieselsteingen, welche überall Meister spielen, und sie berühren, angeformet
werden kann.

§. 186. Endlich kommen auch solche
sandig-steinigte zusammen gewachsene
Cörper vor, deren Körner und Steingen
vor zusammen geleimte, oder wenigstens
vor solche gehalten werden, daß sie mit-
einander zugleich und zusammen entstanden sind; Allein ihre Verbindung ist so
dichte, daß man weder eine darzwischen
liegende Erde, noch einen gantz zarten Leimen, noch einig deutliches Ritzgen daran
ersehen kann.

§. 187.

§. 187. Wenn man selbige zerbricht,
so gehen die Steingen so gut in der Mitten,
als in ihrer Verbindung entzwey. Auch
stehet das ausgefüllte Zwischen-Räumgen
nicht matter aus, als das Steinlein selbst;
Ja, wenn man nicht deutlich die verschiedenen Steingen darinnen erblickte; So
könnte man dergleichen Stein vor einen
solchen, welcher aus gantz gleichartigen
Theilgen zusammen geflossen ist, mit allem Rechte halten.

§. 188. Hierüber wird dieses noch mit
andern Umständen bekräfftiget, daß nehmlich erstens dergleichen Cörper, ie mehr er
vom Tage nieder und tieffer in der Erde
liegt, ie fester er auch werde, gegen die Ober-
Fläche aber weit lockerer sey, und nicht so
zusammen halte, und endlich gar in einen
puren Sand verstellet sey; Hernachmahls
so wird auch dergleichen Stein nur Flöß-
weise in der Erde liegend angetroffen.

§. 189. Das, was dergleichen Sand-
Körnergen verbindet, muß sonder Zweiffel
sehr zart, weich und flüßig seyn, mit einem
Worte, Wasser, schlechtes Wasser, als welches doch allezeit etwas saltzigt und schlei-
migt ist, und wir daher so viel weniger zu
würcklichen Saltzen unsere Zuflucht zu nehmen

nen nöthig haben, es seyn nun diese
auere, alcalische, oder etzende zusammen
gesetzte Saltze, welche sich auch sonst nicht
wohl hierher schicken.

§. 190. Daß das Regen- und andere
Himmels-Wasser, ich will nur das vornehmste von meinen Versuchen mit selb-
en anführen, die zärtesten auflösenden
Theilgen in sich habe, und auch dergleichen
rennliche mit sich führe, belehrt uns die
behutsame Auseinanderscheidung des Re-
gen- oder Schnee-Wassers.

§. 191. Die Wasser aus der Erden,
so ferne sie reine sind, da doch aber würcklich keine reiner als unsere gebürgischen
Wasser zu befinden, welches wohl ein Me-
taphysicus nicht glauben möchte, das ist, in
so weit sie von aller saltzigten, kalckigten,
ertzigten und metallischen angenommnen
Eigenschafft gäntzlich befreiet sind, haben
doch vor sich eine bitterliche Saltzigkeit, die
sich nicht niederschlagen lässet, nicht zu Crystallen anschiessen will, sondern wie ein Honig, welcher ein wenig trocken wird, bleibet:
Allein es ist so ausgetheilet, und wenig darinnen, daß man um ein Gran zu erhalten,
offt vier Pfund Wassers zu nehmen hat.
Ein Wasser hat eine Mergel-Erde, welche
sich

ſich von ihm auflöſen ließe, in ſich vermiſcht,
ſondern ſolche hänget nur ſo darinnen in
flüßiger Geſtalt; vielweniger hat ſolche unſer gebürgiſches Waſſer.

§. 192. Alſo ſind auch die einfachſten
Lufft-und unterirrdiſchen Waſſer an und
vor ſich von einer bindenden Eigenſchafft,
die durch die beſtändig abwechſelnde Aus-
dunſtung und Eintränckung noch mehr
zunimmt.

§. 193. Hernach ſo bekommen ſie noch
mehr Kräffte, indem ſie immer weiter fort
durch verſchiedene Erden gehen, auf ſelbigen einige Zeit ſtehen bleiben, und werden
alſo andere ungeſchickte Erden zu verbinden aufs kräfftigſte geſchickt gemacht; Da
denn das bekannte Sprichwort: Gutta ca-
vat lapidem &c. wenn es nur nicht gar zu
grob verſtanden wird, hier eher als iemahls
auf eine ſehr beqveme Art ſtatt findet.

§. 194. Uberhaupt, das ſchlechte Waſſer verbindet nicht nur allein mittelſt ſeiner
klebrigten Theilgen, welche ſich nach und
nach anhäuffen, ſondern es greiffet auch,
als ein geſchicktes Verbindungs-Mittel,
alles, was man nur will, an, gehet in daſſelbige hinein, erweichet und zerbeiſſet es,
wenn es zumahl durch einen langen Auf-
enthalt

nthalt und unmittelbare Berührung
eschickter gemacht worden.

§. 195. Mit einem Worte, es eignet
ch die Cörper in ihrer Oberfläche an, und
iese vergleichen sich dem Verbindungs-
Mittel, daß manchmahl das Band gantz
nd gar unsichtlich wird, und auch vor das
rteste Spitzgen kein Ritzgen übrig blei-
et, sondern vielmehr aus zweien eines in
er That worden ist, welches ich an einem
ndern Orte † weitläufftiger ausgeführet
abe. *

§. 196. Das Aufwachsen, oder der
Pflantzen-ähnliche Wachsthum in Stei-
en wird fast nur eintzig und allein bey
enen Corallen bemercket, welche diese Art
er Stein-Erzeugung deutlich erleutern,
nd mit Recht Stein-Pflantzen genennet
erden könnten.

§. 197. Die äusserliche Gestalt dersel-
en beweiset dieses, da solche nach dem
Stamm, den Aesten, und kleinen Aestgen,
nd der Wurtzel, mit der Art derer Baum-
ewächse vollkommen und gantz gleich-
äßig überein kommen.

§. 198.

† S. den ersten Tractat von der Aneignung.
p. 54. §. 123. 135.

§. 198. Ferner die Eigenschafft ihres Wesens, die sowohl in selbigen durch Versuche entdecket wird, da sie vor allen andern Steinen am meisten saltzigt und hartzigt befunden worden, und sie daher zu dem Wachsthum geneiget sind, als auch aus der Beschaffenheit des Meeres, darinnen sie wachsen, geurtheilet werden kann.

§. 199. Drittens zeiget solches der innere Milch-artige Safft, welcher an denen äussersten Spitzen der frisch aus dem Meere genommenen Corallen heraus dringet.

§. 200. Vierdtens der Versuch des Herrn Grafens Marsigli, eines um die natürlichen Wissenschafften höchst verdienten Herrns, wie er solchen an die Königl. Academie der Wissenschafften zu Paris berichtet, der so überzeugend ist, daß wir uns nicht leicht deutlichere Exempel wünschen könnten, wenn wir die Zusammensetzung und Entstehung der mineralischen Cörper erkundigen wollten, bey der Stein-Erzeugung aber kein besseres vorhanden ist, indem man in diesen, so zu sagen, das Graß wachsen höret.

§. 201. Es hat nehmlich derselbe einige Aeste von frischen Corallen, wie solche nur aus dem Meere gefischet worden, in
ein

in Glaß mit See-Wasser angefüllet, ein
gesetzet, und nach etlichen Tagen einige
Bübelgen, oder, so zu sagen, Augen an der
Fläche der Rinde wahrgenommen; auch,
wie sich solche ferner ausgebreitet, gesehen;
welche denn auch Blüthen getragen, die auf
ihren Stielgen wie achteckigte Sterngen
gestanden. Damit er nun dieser Blüthen
desto gewisser würde, so hat er die Aestgen
aus dem Wasser gezogen, und alsdenn klar
befunden, daß die Knospgen nicht nur sich
wieder zugeschlossen haben, sondern auch,
bald sie wieder ins Meer-Wasser gesetzet
wurden, sich übermahl aus einander und
aufthaten. † Was ist deutlicher, als diese
Stein-Erzeugung? Soll ich noch etwas
hinzu setzen? etwann zu einem Licht das
andere? Dieses wäre in der That überflüßig.

§. 202. Ausser diesen sind mir gar keine
ausgegrabene Steine bekannt, welche unter den Titul dieser Stein-Erzeugung mit
Recht könnten gebracht werden. Es möchten einige mit dem Herrn Büttner †† den
Horn-

† S. Memoires de l'Acad. roy. a Par. l'an. 1708?
p. 130.
† S. Büttners Coralliographia subterr. c. 4.

Hh

Hornstein hier mit anbringen wollen; allein ich sehe nicht, wie man vor solche, welche aus der Erde herkommen, ein Zeugnüß aus dem Meer anführen könne.

§. 203. Wenn auch iemand sagen wollte, daß die versteinerten Höltzer nicht aus einem andern Reich in das mineralische übergenommen, und nur so versteinert worden wären, sondern auch selbige würcklich in der Erden wüchsen, so will ich dargegen die übrigen sehr bedencklichen Zweifels-Fragen, darein sich ein solcher verwickelte, vorietzo nicht berühren, sondern ich sage nur, und fordere mit allem Rechte, daß ein solcher Liebhaber, wenn er seine Meinung gnungsam bestätigen will, auch mit seinen Stücken und Aesten des versteinerten Holtzes, eben einen solchen augenscheinlichen Beweiß, wie der Herr Graf Marsigli gantz ausnehmend gezeiget, beibringen solle, welchen er aber bis auf die letzte Oster-Messe wird schuldig bleiben.

§. 204. Im übrigen giebet die Erzeugung des Beinbruchs, die ich vorher angeführet habe, und welche zwar mehr eines erdischen als steinernen Wesens ist, nicht undeutlich an, daß auch in der Erden ein Wachsthum oder Auswachsen der Steine
seyn

seyn könne, nur daß, da sie nicht also frey
sind, selbige zu der Vollkommenheit, wie
die Stein-Gewächse im Meer, nicht gelangen können.

§. 205. Doch würde ich sehr unrecht
thun, wenn ich die Glaß-förmige Aus-
witterungs-Röhre, so zu Massel gefunden
wird, hier weglassen wollte.† Paludanus
nennet dieselbe den röhrenartigen Beinbruch, der eine Eisen- oder Aschen-Farbe
hat. Es wächset dieselbe im May und
Junio, in einem gelben Sand-Boden,
aus einer Tieffe hervor, welche man nunmehro schon auf fünff Lachter befunden
hat, doch wegen des einschiessenden Sandes biß daher noch nicht auf den Grund
oder zur Wurtzel dieses Gewächses kommen können.

§. 206. Sie ist so starck als ein Kiel von
einer Schreibe-Feder, nach der Tieffe zu
aber wird sie noch dicker; Unter der Erden
ist sie weich, in der Lufft aber erhärtet sie,
und dieses so sehr, daß man damit, welches
mir gantz unglaublich scheinet, wie mit einem Kiesel ins Glaß einschneiden kann.

Hh 2　　Sie

---

† S. Herrmanni Maslographia, p.182. seqq. 191.
　& Tab. VIII.

Sie hat ein Marck in sich, welches in der
Spitze flüßiger als unten ist; Mit einem
Worte: Sie ist ein Stein-Gewächse, oder
ein gegrabner Corallen-Baum.

§. 207. Benneldeter Autor hat dieses
Gewächs mit Bley abtreiben und probiren lassen, und versichert, daß er aus denen Röhrgen drey und ein halb Loth Silber, aus dem Marck aber 8. Loth erhalten
habe, welches denenienigen, die die eigentliche natürliche Beschaffenheit der Silber-
Ertzte und ihrer Gänge, nach ihren Ge-
burts-Orten und Ertzt-Muttern eingesehen haben, nicht anders, als sehr wider-
sinnig vorkommen kann. Uebrigens hat
er sich fälschlich und ohne dringende Ursache eingebildet, daß das unterirrdische
Feüer dieses Gewächse austreibe.

§. 208. Allein, es wird doch ein ieder
sehen, wie dergleichen Exempel sehr selten
sind, und daher in der weitläufftigen Historie der Steine sehr wenig thun können.
Wenigstens wird dieses dem Helmont
in seiner unbedachten und machtsprecheri-
schen Meinung von der Stein-Erzeugung
nicht zu statten kommen, der einen steinmachenden Saamen, † welcher in einem
steiner-

† S. Helmont. de Lithiasi. C. I. 4.

steinernen Geruche, den man weder sehen
noch greiffen könne, bestehe, nebst noch vielen andern unsichtbaren Dingen sich ausge-
sonnen hat. Und ist ihm weder das noch ein
anders schwer angekommen, kühnlich vor-
zugeben, daß neue Kiesel und andere Steine in denen Brunnen und Bächen wüchsen,
er hätte aber sagen sollen, daß sie nur aus
der Erde ausgewaschen würden. †

§. 209. Der aufrichtige Boetius, ††
der von der Helmontischen selbst erdachten
Natur-Lehre gantz entfernet war, und der
sich um die Lehre von Edelgesteinen sehr
verdient gemacht, hat wegen des äusserlichen Ansehens der kleinen crystallinischen
Drußgen von der Ursache der Stein-Erzeugung sich weiß machen lassen, als ob die
Crystallen und Amethysten, so gar der
Marmor, welcher mit geschliffenen Ecken
gefunden, und bey uns der Stolpische
Stein genennet wird, wie Schwämme
aus ihrer Wurtzel wüchsen.

§. 210. Endlich, so ist es sehr wahrscheinlich, und wird es auch also ein jeder fleißiger
und erfahrner Naturforscher nicht anders
ein-

Hh 3

† S. bemeldeten Ort, 7.
†† S. Boet. de Boot, de Gemmis, p. 16.

einsehen können, daß weder die Edelge:
steine, von welchen es auch der berühmte
Herr Scheuchzer also urtheilet, darzu
ich aber setze, noch die Kalchsteine, die die
Bildhauer Marmor nennen, noch die Kie:
selsteine, sie mögen nun in Felsen, Flüssen,
oder Feldern gefunden werden, noch die
Crystallen mit ihren Arten, als den Ame:
thyst und Bastardt: Topas; noch die Fel:
sen, die da offt durch mancherley Lagen und
Arten der Steine unterschieden sind, noch
die abgebrochnen zerstreuten und zermalm:
ten Felß-Stücken, nicht heut zu Tage, auch
nicht nur neulich erzeuget, am wenigsten
aber aus einem eingebildeten Saamen er:
wachsen sind. *

§. 211. Durch die Crystallisirung
werden die dichten Theilgen, welche in
einem flüßigen Wesen aufs äusserste ver:
dünnet, ausgedehnet, oder aufgelöset sind,
in einen trocknen, harten und zusammen:
haltenden Cörper gebracht, welcher auch
daher gantz oder wenigstens halb durch:
sichtig, dabey aber auf geometrische Art
in seiner Gestalt ausgetheilet, nehmlich
würfligt, oder prismatisch, oder Kegel:
förmig, oder geblättert ist.

§. 212.

§. 212. Der Wort-Verstand von dem Crystall wird hier in weitschweifigerer Bedeutung genommen, indem nicht nur die eigentlichen so genannten weissen glaßichtigen Crystallen, sondern auch die angeschossenen, weichen, kalckartigen Steinen, die in denen Drußgen eine crystalliche Gestalt angenommen haben, darunter griffen werden.

§. 213. Von denen Saltzen und saltzichtigen Cörpern hat niemand gezweifelt, daß sie zum crystallisiren geschickt sind, aber von einer dergleichen Beschaffenheit der ernen Cörper, ist bisher kein Experiment, das etwas beweisen könnte, vorhanden gewesen, ohngeachtet man lange darnach geforschet, nunmehro haben wir solches aus dem Urin des Menschen, † welches von mir vorher ist angeführet worden, nun er hier noch zu beurtheilen ist.

§. 214. Vor allen Dingen wird durch die innerliche entstandene Bewegung, daß keinesweges die Lufft kann abgehalten werden, daß sie nicht diese Feuchtigkeit mit rühren sollte, der gantze Zusammenhang des Urins zerstöhret, und gehet davon zugleich,

Hh 4

† S. vorher den 142-148. §.

gleich, sowohl ein flüchtiges alcalisches Saltz,
als auch eine grobe kalckigte Erde in ziemlicher Menge weg.

§. 215. Diese bisher trübe gewesene
Feuchtigkeit, wird nun nach und nach wieder klar, und sonder Zweifel bliebe sie also
ohne weitere Veränderung, wenn es nur
möglich wäre, solche vor dem Zutritt einer
gantz dünnen Lufft, welche doch allezeit eine
Bewegung macht, gäntzlich zu verwahren.

§. 216. Dieser durchdringende Bewe-
ger verursachet, besonders, wo der Ort nicht
gantz kalt ist, daß von dem feuchten unvermerckt etwas davon fliehet, und also dem
trocknen, oder denen Cörpergen, die in dem
flüßigen enthalten sind, ihre Feuchtigkeit
und Behalter entgehet, daher solche denn
von diesen nicht weiter können gefasset und
behalten werden.

§. 217. Das sehr zarte erdene Wesen,
welches noch in dem Urin übrig ist, und bey
unserm Versuche zu Crystallen anschiesset,
ist noch mit dem Saltze gantz genau verwickelt, also, daß es sich durch das Feuer
nicht davon loßmachen lässet, wenn es auch
nur in dem schwächsten Grad, wie die Chimisten zum Abdünsten gebrauchen, gegeben würde; Wenn aber das Feuer gantz
sehr

ehr geringe und nicht stärcker, als die Wärme in unserer Lufft ist, so gehet es an, daß
ich diese zartesten Theilgen nach und nach
gantz verstohlens absondern, und zur Crystallisirung um so viel geschickter sind, je
angsamer sie von dem sie behaltenden
feuchten verlassen werden.

§. 218. Auf solche Weise können auch
diese kleinen Erdstäubgen, welche sich nach
und nach loßwickeln, sowohl wegen ihrer
Zartheit und höchsten Leichtigkeit, als auch
wegen der Dichtigkeit des gesaltzenen Wassers, darinnen sie schwimmen, nicht zu Boden fallen; Und doch stehen sie auch nicht
stille, sondern, weiln der Urin ein wenig innerlich gähret, und in der Bewegung noch
nicht aufgehöret hat, so schwimmen und
schwancken diese hin und wieder, bis sie an
etwas festeres anrühren, und an denen
Seiten des Gefäßes hengen bleiben.

§. 219. Wann sie nun endlich hier sich
mehr und mehr anhäuffen, so treten sie zusammen, und machen dichte, ungeschmack-
te, im Wasser unauflößliche, die also vor
ein Saltz zu halten sind, halb durchsichtige
und eckigte Cörpergen aus, die wegen letztern Umstandes unter die Crystallen müssen gerechnet werden.

Hh 5 §. 220.

§. 220. Daß diese steinerne Cörpergen ohne einiges Saltz oder Saltzigkeit aus dem Urin seyn solten, wird wohl niemand verlangen, aber sie werden doch dergleichen nicht anders, auch nicht in größrer Menge, als der Stein-Sinter und das Frauen-Eiß, bey sich führen, welche doch, ob sie gleich einiges flüchtiges Saltz bey sich haben, noch niemand aus der Zahl der Steine ausmustern wollen. *

§. 221. Es würde nicht umsonst seyn, wenn man dergleichen Versuche mit gleichen Feuchtigkeiten anstellte, die vornehmlich ein Saltz und eine kalckigte Erde bey sich führen, dergleichen das Wasser aus dem Carlsbade in Böhmen, unterschiedene Sauer-Brunnen, ia das Meer-Wasser selbst ist, oder man könnte auch mit künstlichen Mischungen, welche aber mit denen natürlichen eine Aehnlichkeit haben müsten, dergleichen versuchen.

§. 222. Es wird hierzu nöthig seyn, daß man eine kalckigte Erde, als ein Grund-Stücke darzu nehme. Ferner ein Saltz, welches sowohl das Band zwischen dieser Erde und dem Wasser, als auch das Mittel zur Crystallisirung wäre. Das gemeine Koch-Saltz würde besonders hier dienlich seyn,

seyn, als welches am nächsten mit der Beschaffenheit der Kalck-Erden zutrifft, im
übrigen aber aus dem Meer-Wasser und
dem Alcali des Brunnen-Wassers seinen
Ursprung nimmt, welches ich andern Orts
bewiesen; daher wird auch das ammoniacalische Saltz hier nicht ungeschickt seyn;
Und endlich wird eine genaue Proportion,
eine öfftere Wiederholung und Gedult nöthig seyn, denen nichts unerforschlich bleiben kann.

§. 223. Aus so bewanndten Umständen
solte es wohl nicht uneben seyn, zu schliessen,
daß diejenigen Steine, welche vors erste in
denen Drusen derer Gänge und Gesteines
befindlich, zum andern gantz und gar, oder
doch etwas durchsichtig sind, und drittens
geometrische Figuren, wie die angeschoßnen
Saltze eckigt und zugespitzt an sich haben,
eben wie unser beschriebner selenitischer
Urin-Stein entstanden, und gestaltet worden sind, und noch ietzt also entstehen.

§. 224. Unter diesen Steinen sind zuerst der Berg-Crystall, der gefärbte Crystall, als der Amethyst, und Böhmische Bastardt-Topas, nebst ihren Splittergen, welche durch das Wasser fort geschwemmet,
und an Ecken stumpff gemacht werden.

Hernach

Hernach die sogenannten Flöße, welche wie
Hyacinthen, Saphire, Amethysten aussehen; Ferner, der Glimmer und Frauen-
Eiß, welches ich in dem Kalcksteine, der
keinen Glantz hat, gefunden habe; Und
endlich der Spat, welcher, wo eine Hölung
ist, in aufrecht stehende Blättergen zusammen gehet.

§. 225. Daher ist der schwartze eckigte
Marmor-Stein, wie bey uns der Stolpische ist, hierher nicht zu rechnen; Denn, obgleich dieser ein eckigter prismatischer Stein
ist, so befindet man doch, daß er zugleich
gantz und gar undurchsichtig, recht grob-
erdisch sey, in Ansehen seiner Erde die Theilgen derselben nur neben einander liegen
und sich berühren, nicht aber fest in einander gewebet sind, und also den Haupt-Um-
stand und das rechte Zeichen einer Crystallisirung gantz und gar nicht haben.

§. 226. Welche sich dergleichen crystallische Steine, als ob sie aus einer Wurtzel
hervor gewachsen wären, einbilden, diese
werden vielleicht unter andern nicht berichtet seyn, daß man in denen Drusen der Ertz-
Gänge Crystallen finde, welche nicht einmahl mit einem Eckgen oder Spitzgen, vielweniger mit dem Fuß irgendwo angehenget,

get, sondern vielmehr überall loß und frey
sind, auch von nichts weiter, als daß sie neben einander liegen, gehalten werden.

§. 227. Auch ist es eine Sache, die noch
mehrmahlen muß untersuchet werden, daß
die wahren Crystallen in denen Kieselsteinen verborgen stecken sollen; Woferne aber
dieses wahr wäre, so könnte man weiter
nachforschen, ob nicht auch in andern Steinen, da z. E. in Jaspis so öffters Hölungen
angetroffen werden, solche vermeinte Aus-
gewächse gefunden würden, welche nehmlich in Ansehen ihrer Materie mit deß
Steine, oder dem Grund und Boden, auf
dem sie entstanden, einerley wären.

§. 228. Da auch endlich die Crystallen
in denen Drusen von dem Gestein nach ihrer Beschaffenheit gantz und gar unterschieden sind, und, ich will nicht sagen, in dem
Jaspis allein, sondern auch in Spat und
denen Flößen inne hengen, oder vielmehr
ihnen anhengen, so würde auch nicht so
leicht und gewiß zu begreiffen seyn, wie es
doch komme, daß die Birn-Bäume Aepffel
tragen, noch also weiter gelten, daß Gleiches
seines Gleichen erzeuge.

§. 229. Daß die metallischen Ertzte in
denen Gängen und Klüfften der Erden aus

einer

einer Dunſt erzeuget werden, beſtätiget
der Augenſchein mit mehrern; Von de=
nen Steinen iſt eben dieſes alſo auf gewiſſe
Maaße bekannt, und zwar nicht allein von
dem Stein=Sinter, davon ich vorher gemel=
det habe, ſondern auch von dem Spat, wel=
cher bald über ein Ertzt, bald über einen
Cryſtall angewachſen iſt.

§. 230. Doch ſind ferner hierbey dieſe
allereigentlichſten Umſtände wohl zu mer=
cken: Erſtlich, ſo lehret uns die Erfahrung,
daß die dampffartigen Erzeugungen nur
von einer Seite, wo der mineraliſche
Dampff hergewittert, ſich ſehen laſſen;
nehmlich, bey denen Cryſtallen, oder, wo
ſonſt an einen Klüfftgen etwas Geſtein her=
vor raget, da iſt allezeit nur eine Seite mit
der Stein=Erde wie mit einem Schnee oder
Mooß beſtreuet, und die andere iſt ledig
und frey:

§. 231. Vors andere, daß dergleichen
ſteinmachende Dünſte etwas, das ſchon da
iſt und hervor raget, es ſey nun cryſtalli=
niſch oder anderes Geſteine erfordere, da es
anhengen kann, nichts aber darzu, daß ein
Cryſtall ſolle erzeuget werden, beitragen.

§. 232. Am wenigſten kann bewieſen
werden, daß die Cryſtall=Entſtehung durch
ein

ein Aus- und Zusammenschwemmen geschehen sey, als daraus Steine werden, die entweder gar keine Gestalt haben, wie am Stein-Sinter zu sehen, oder sie werden schaalicht und schirblicht, davon die Steine aus den lebendigen Geschöpffen ein Zeugnüs geben, oder sie sind aus vielen Abgängen und Stein Splittergen zusammen geleimt, davon ich schon bey der Zusammenwachsung gehandelt habe.

§. 233. Ausser diesen bisher beschriebenen Arten, weiß ich keine, die noch übrig oder auch nur auszudencken wäre, dadurch ein Crystall könnte formiret seyn, ohne diejenige Art, welche die Crystallisirung selbst genennet wird. In dieser werden die dichtern, durchsichtigen und zartesten Cörpergen, aus der damit überfüllten flüßigen Feuchtigkeit, in eine an einander hengende und also durchsichtige Masse zusammen vereiniget, und als Steingen mit Ecken und Spitzen, und die alle einander ähnlich sind, vor Augen gestellet.

§. 234. Ich will mich hier nicht bekümmern, um die Ursachen, warum einige sechseckigt, einige prismatisch, einige Kegelformig, einige würfligt und einige geblättert

tert find, und die schon so viel muntere Köpfse bis auf den Schweiß zermartert haben.

§. 235. Das zu der crystallnen Stein-Erzeugung nöthige flüßige Wesen ist entweder gantz einfach, oder es ist aus verschiedenen ungleichartigen Theilgen zusammen gesetzet; Dergleichen nun muß an dem Orte, wo die Stein-Erzeugung geschehen, schon also da gewesen seyn, oder es ist nach dem erst, nach Verschiedenheit der Umstände des Orts, der Zeit, der Wärme, der Kochung, und der Dinge, die ihm neben bey sind, verschiedentlich bestimmet worden, und hat also aus sich ein oder mehrere Arten von Crystallen entstehen lassen.

§. 236. Diese Flüßigkeit hat oben den gantzen Raum eingenommen, so weit als nunmehr der Crystall mit seinem angewachsenen Quartz, oder die würfligten Flöße mit ihrer angeeigneten Stein-Mutter, oder die glänzenden Erhöhungen des Spats mit dem ihm gleichartigen Gemenge, reichet, und von uns in dem Orte angetroffen wird.

§. 237. Endlich ist solches alles wie eine Saltz-Crystallisirung vor sich gegangen, da aus einem Flüßigen nicht nur ein Saltz, auch nicht zu einer Zeit, nicht auf einmahl,

son-

sondern nach und nach entstehet, die grö=
bern dickern Theilgen, welche bald mehr
bald weniger sind, gehen zu Boden, und
machen eine ungestalte Stein-Masse, die
zärtern und durchsichtigern werden zu
Crystallen, und die allerzärtesten treten
als die Spitzgen auf solchen zusammen.

§. 238. Wo demnach die Mischung des
Flüßigen nicht zart gnung gewesen, und
nur grobe Theile in sich gehabt hat, so wer=
den dieselbe zusammen nur zu einen Stein,
der nicht so durchsichtig, sondern dunckel ist,
und bald durchgehends gleich, bald auch
mit abwechselnden veränderten Streiffen
und Adern erscheinet; maßen auch grobe
Steine mit Kiesel, Glimmer, Spat und
Schiefer gantz deutlich und zart also verse=
tzet gefunden werden, dabey es doch nicht
der Wahrheit gemäß scheinet, daß diesel=
ben schon vorher als abgesondert da gewe=
sen wären, und nur da zusammen verbun=
den worden.

§. 239. Gewiß, das Wasser kann nim=
mermehr in einen Stein verwandelt wer=
den, wie dieses einigen also gedeucht hat.
Ja es tritt dasselbige nicht einmahl in die
Vermischung und das Gebäude dieser
Steine mit ein, was auch hierwider der

Ji ansehn=

ansehnliche Einwurff wegen der Durch=
ſichtigkeit vorbringen möchte, dadurch aber
demienigen, was man bey der Unterſu=
chung befindet, nichts kan benommen wer=
den: Sondern man muß urtheilen, daß
alle Feuchtigkeit, welche nach der Cryſtalli=
ſirung übrig bleibt, entweder abgelauffen,
oder nach und nach ausgedunſtet ſey.

§. 240. Dieſe Meinung, welche an und
vor ſich ſelbſt höchſt wahrſcheinlich iſt, kann
deswegen um ſo viel eher angenommen
werden, da hieraus vor allen andern weit
klärer erhellet, wie es zugehen könne, daß
in einem und eben demſelben Geſtein gantz
verſchiedene Steine, z. E. der Cryſtall und
der wahre Topas, welches ich oben ange=
führet habe, neben einander geſtellet, und
gewachſen, als zwey gantz verſchiedene
Früchte auf einem Stamme gefunden wer=
den? So gar ſtimmet die Meinung mit
denen Exempeln, und dieſe mit iener über=
ein, daß der, welcher ſolche nicht annehmen
wollte, ein ſolches aus Verachtung oder
Hartnäckigkeit zu thun ſcheinen möchte.*

§. 241. Die Verſteinerung der Vege=
tabilien und Animalien wird endlich aus
folgenden deutlich. Aus der Erden wach=
ſen Kräuter und Bäume, welche doch er=
diſche

dische Cörpergen, die sonst zum mineralischen Reiche gehören, mit einsaugen. Auf
solche Art sind die Vegetabilien mit denen
Mineralien nahe Bluts-Freunde, davon
ich einen weitläufftigen und gründlichen
Beweiß in einem besondern Tractat, Flora saturnizans betitelt, hauptsächlich ausgeführet habe.

§. 242. Ferner verzehren die Animalien bemeldete Vegetabilien, und besonders
der Mensch genießet beides zugleich, nebst
denen Mineralien; Was endlich das meiste, so wird so mancherley Dinges in die
Animalien durch das getruckne Brunnen-Wasser, welches auch mineralisch ist,
und durch so vielerley Geträncke, welche
aus den unterirrdischen Wassern theils erzeuget, theils bereitet werden, eingemischt,
daß auch hiervon der Stein bey denen
Menschen ein Zeugnüs ablegen muß.

§. 243. Auch ermangelt es auf Seiten
derer Medicorum nicht, den menschlichen
Leib durch so viel eingeschluckte erdische
Pulver, welche noch besonders unauflöß-
lich sind, zu einer Versteinerung unvermerckt geschickt zu machen. Also wird alles in der Welt aus einer Veränderung zu
der andern gebracht. Also sind die Reiche

Jt 2 der

der Natur mit einer Blut-Freundschafft einander verbunden.

§. 244. Gleichwie nun alle Cörper in Ansehung ihrer dichten Theile Erde gewesen sind, also werden sie auch wieder zur Erde, und die gantz dichten und festen Theile derselben, welche so schon fast steinern sind, dergleichen besonders das Holtz, die Knochen, die Schaalen der See-Geschöpffe, derer Müsse und Kerne sind, nehmen die Eigenschafften und wesentliche Beschaffenheit derer Steine wahrhafftig an, und werden ordentlich versteinert, also, daß nicht das geringste Merckmahl von den Umständen ihres vorigen Natur-Reichs übrig bleibet, welches man durch die Sinne, oder durchs Feuer, oder durch andere tausend-Künsteleyen erforschen könnte.

§. 245. Daß diese Versteinerung würcklich geschehen sey, auch noch geschehe, davon liegen die deutlichsten Exempel uns vor denen Füssen, bey welchen, wie ich glaube, kein fleißiger Naturforscher mehr seyn kann, welcher daran noch beständig zweifeln wollte. Ja, wenn wir auch das, was geschehen, nicht vor uns hätten; so könnte doch die Möglichkeit hiervon aus dem, was

von

von der Verwandschafft derer Dinge gesagt worden, erkannt werden.

§. 246. Auch wird von der Art und
Weise, wie dieses zugehe, nicht viel gestrit-
ten, ausser, daß einige mit dem Boetio davor halten, wie nicht sowohl die Verhärtung und Verwandlung derer Theilgen
geschehe, sondern dieselben vielmehr gantz
und gar verzehret würden, an deren Stelle
eine schleimigte Mergel-Erde, oder eine andere steinwerdende Erde komme, welche die
durchfliessenden Wasser dahin brächten. †

§. 247. Diese Meinung aber wird besonders dreier Umstände wegen sehr schwer
zu behaupten seyn.   Denn vors erste ist
fast überflüßig bekannt, daß z. E. das Holtz
nicht im Wasser, sondern nur in einem
wässerigen Erd-Boden, der es bedecket, versteinert werde, in welchem man einen
würcklichen, beständigen und gnugsamen
Einfluß auf keine Weise sich vorstellen kann.

§. 248. Hernach so müste es doch öffters, ia es sollte fast allezeit zutreffen, daß
bey einem versteinerten Holtze die Ueberbleibsel von denen verfaulten Fäsergen gefunden würden.

Ji 3   §. 249.

† S. Boet. a Boot de Gemmis, p. 426.

§. 249. Endlich, und was das meiste, würde nicht eine solche Feuchtig..., welche auf allen Seiten das Holtz berühret, wenn selbige dicklich, wie ein Brey, oder leimigt, oder von einer dergleichen Art wäre, gleich anfangs die Röhrgen des Holtzes oder Knochens verstopffen? Wenn aber die Feuchtigkeit sehr dünne, und eine höchst zarte Erde darinnen aufgelöset wäre, wie wenig würde alsdenn in die versteinernde Sache eingebracht? Und wenn es endlich darauf hinaus lauffen sollte, wie nur immer ein wenig, und wieder ein wenig hier eingeführet, durch eine lange Zeit aber endlich die Versteinerung vollendet würde, so sage man mir doch nur, wo die pressende Krafft, welche zu einen anhaltenden Durchfluß nöthig ist, herzuleiten sey? Gewiß, in einer Sache, welche an und vor sich selbst noch dunckel ist, und wie es meistentheils zu geschehen pfleget, auf voraus gesetzten möglichen Umständen bestehet, schicket sich nicht wohl, noch mehr Möglichkeit auszusinnen, und Meinungen mit Erdichtungen zu häuffen. *

§. 250. Also habe ich versucht, ob ich die Ursachen von der Stein-Erzeugung geben könne, aber es ist nur ein Versuch, welches der-

derienige, der hierüber ein scharffes Urtheil
fällen wollte, mercken kann. Einiges
möchte nicht so gleich verstanden werden,
aber vielleicht aus einer gantz andern Ursache, da man entweder die gründliche Historie derer Mineralien nicht weiß, oder
man hat eine vorgefaßte und falsche Meinung, oder es henget einigen eine Nachläß-
ßigkeit an, vermöge der sie ein Buch nicht
ordentlich und mit Aufmercksamkeit lesen,
sondern in selbigen wie in Kothe herum zu
wühlen pflegen. Es wird von manchem
noch vieles hier verlanget werden, allein
ich selbst möchte noch mehrers hier zu bemercken haben. Je mehrere Erfahrung
einer haben wird, der dieses lieset, desto
mehrers wird er hierbey noch wissen wollen, aber wer sich von allen Fehlern frey
schätzet, zeiget einen viel grössern Mangel
der Erkenntnüs und Erfahrung. Einiges wird noch zweiffelhafft, einiges gar ir-
rig scheinen: Diesen vorzukommen, will ich
des geschickten Boetii Worte vor mich, und
als die meinigen anführen. Meine Meinung thut mir selbst noch keine völlige Gnüge, welcher aber von Irrthum mehr frey
zu seyn sich düncken lässet, der werffe auf
mich den ersten Stein.

An-

Anmerckungen.

Zum §. 163 = 174.

Der Herr Verfasser beschreibet im letzten §.
die Congelation oder Zusammenfrierung
gantz recht, nur mag er das letzte Wörtgen in
einem Verstande, wie es täglich von allen Men=
schen gebrauchet wird, genommen haben. Man
sagt nehmlich in vermischter Bedeutung, eine
Sache trockne aus, oder sie trockne ein, und sie=
het nicht darauf, wo eigentlich die Feuchtigkeit
hinkomme, sondern nur, daß die Sache trocken
wird und nichts feuchtes daran mehr zu spüren ist.
Der Lateiner redet hier deutlicher, indem eine
Congelation ein Zusammenfrieren eigentlich,
und nebst dem die ähnliche Gelieferung bedeutet.
Wie ich nun nicht sagen kann, daß das Wasser,
wenn es gefrieret, austrockne, so kann ich es
auch nicht von einer dergleichen Stein=Erzeu=
gung im eigentlichen Verstande aussprechen.
Ob aber nicht bey Congelation der Steine auch
einige Abdünstung der überflüßigen Feuchtig=
keit geschehe, will ich eben nicht leugnen, allein,
es kann auch meiner Meinung nichts schaden,
da auch bey der Gefrierung des Wassers eine
Ausdünstung, nach denen neuesten Versuchen,
angemercket worden, und derselben ohnerachtet
noch gnug Wasser übrig bleibet, das in die trock=
ne

ne Eiß-Gestalt sich verkleidet.   Da wir nun
sehen, daß das Wasser allein eine trockne Gestalt anzunehmen fähig ist, so können wir um
so viel eher glauben, daß eine andere noch dick-
lichere Feuchtigkeit sich unter trocknen Cörpern
sehr wohl verbergen, und ein gantzes Gemenge trocken werden könne, ohne daß alle
Feuchtigkeit ausdünsten und sich abscheiden
müsse.   Gehet aber nicht alle Feuchtigkeit davon, so muß sie vor der gäntzlichen Verhärtung
ein schleimigtes gallrigtes Gemenge mit denen
trocknen Theilgen machen, welches um so viel
eher zu vermuthen, ie inniger diese Bestand-
Theile gemischt seyn müssen.   Ob nun dergleichen Stein-Schlamm noch ietzo auf der Welt
zu finden, ist eine andere Frage, welche nicht
eher mit ia kann beantwortet werden, bis es
einer würcklich aufweisen und auch zeigen kann,
wie er daraus einen Stein mache, wohin der
167. und 168. §. zielen.   Ob aber nicht andere
weiche, innigst gemischte, gallrigte und zähe
Feuchtigkeiten, die eben nicht von der Natur
zur Steinwerdung abgezielet sind, auch zu einen Stein erharten können, will ich nicht verneinen, sondern ich muß es vielmehr aus natürlichen Vorfällen beiahen.   Der Herr Berg-
Rath führet in seiner Flora saturnizante p. 532.
aus des Happelii Schatz-Kammer p. 579. eine

Ji 5   Hi-

Hiſtorie an, daß man zu Aix in Franckreich ei=
nen verſteinerten Menſchen=Cörper gefunden,
deſſen Gehirne ſo ſteinharte geweſen, daß man
damit Feuer ſchlagen können; daß ich dieſes
glaube, veranlaſſet mich die in der Flora ſatur-
nizante p. 533. angeführte Geſchichte, da ein
gantz friſches Gehirne in einem, wenigſtens 150.
Jahr lang verſchüttet geweſenen Cörper, zu
Freyberg auf der ehernen Schlange gefunden
worden; Denn, wo die Natur erſt eine ſo lange
Erhaltung vor der Fäulung zeiget, ſo iſt der erſte
Grad zur Verſteinerung da, und die geringe
aber ſehr gleich anhaltende Kälte kann in vielen
Jahrhunderten endlich eine vollkommne Conge=
lation bewürcken. Es ſind alſo auch in künſt=
lichen Verſuchen dergleichen Dinge nicht zu ver=
achten, nur müſſen ſie nicht zu fettigt ſeyn, und
die im 166. §. erwehnten Solutiones der Metallen und Mineralien, welche einem gall=
rigten Anſehen nahe beykommen, möchten
auch hierzu, unter kluger Beobachtung aller
Umſtände, dienlich ſeyn, das meiſte ſind in die=
ſem Stücke die Handgriffe, welche man der Natur ablernen muß. Ich kann nicht umhin, dieſe
Anmerckung diesfalls mit einem Hiſtörgen zu
beſchlieſſen. Ein adeliches Frauenzimmer, wel=
ches eine Liebhaberin von der Chimie war, ar=
beitete auf den Stein der Weiſen. Sie hatte
daher

daher einen zubereiteten Vitriöl in eine gläserne Phiole gethan, selbige zugeschmeltzet, in einen Topff mit Sande gesetzt, und, damit es beständige Wärme, ohne viele Aufsicht und Mühe, haben möchte, so wurde der Topff auf den Heerd in der Küche dem Feuer von weiten gesetzt, welches da meistens Tag und Nacht brannte. Als ein Jahr verflossen, und die philosophische Geburt nun bald zeitig seyn sollte, ließ sich das Frauenzimmer ihre Phiole einstens bringen, um selbige zu besehen. Zum Unglück fiel ihr dieselbe aus der Hand, und die darinnen enthaltene Materie auf die Erde, mit Zerbrechung des Glaßes. Man kann leicht gedencken, daß die grosse Hoffnung nicht zugelassen habe, einen solchen Schatz lange auf der Erden liegen zu lassen; man lieff, holte ein ander Gefäß und ein Instrument, selbiges wieder einzufassen, allein es war so harte angewachsen, daß man es nicht aufraffen konnte; man brauchte einige Gewalt und es gieng nicht an; endlich muste man einen Meistel und Hammer nehmen, um selbiges loßzuschlagen, und das übrige konnte man durch kein Aufweichen mit Wasser von den Dielen loß bringen. Ob nun gleich diese Historie fast einen Ausgang hat, wie es Sendivogius im Gespräche von Sulphure erdichtet; so ist sie doch hier bey der Stein-Erzeugung merckwürdig;

la;

ia, iſt gleich nicht der Stein der Weiſen daraus
geworden, ſo iſt es doch ein Stein vor die
Weiſen.

Zum §. 175 = 195.

Eigentlich iſt dieſer Zuſammenwachs von
der vorhergehenden Congelation nicht unter=
ſchieden, ich muß dieſes erinnern um die Wür=
ckung der Natur deutlicher, den Gebrauch und
Nutzen der Verſuche aber weitläufftiger zu
machen. Der Herr Verfaſſer ſetzet bey dem Zu=
ſammenwachs kleiner Steingen, Sandes und
der Erden, zum Grunde, daß ſich darzwiſchen
eine klebrigte Materie ſetzen, dieſe Stücke zu=
ſammenbinden und damit erharten müſſe. Was
iſt nun hier vor ein Unterſcheid zwiſchen jenen?
Es erhartet hier eine klebrigte Materie und
dort auch, nur hier ſtecket ſie zwiſchen andern
Steingen und Erden, dort aber iſt ſie allein, da=
her kann hier in kleinern Theilgen die Wür=
ckung der Natur eher zu Stande gebracht wer=
den, als dort, da eine gantze Maſſe zu bearbei=
ten iſt. Der Nutzen aus dieſer Betrachtung
iſt, daß, da die Exempel von der Zuſammen=
leimung der Steine nicht ſo ſelten, als die von
der Congelation ſind, wir an dieſen eben das
ſehen, daraus beweiſen und ſchlieſſen können,
was uns dort die Natur zu verweigern ſcheinet.
Vielleicht iſt es uns auch gegeben, auf dieſen
Weg

Weg der Natur durch Versuche besser zu folgen;
ich habe schon von der bindenden Eigenschafft
des Eisens eine Bemerckung und einen Versuch
angeführet, wenn aber auch dieses nicht das ei=
gentlich klebrigte und verhärtende Wesen bezei=
gen sollte, so kann doch auf diese Art ein meh=
reres versucht werden.　Ich will einen Vor=
schlag thun, vielleicht erbarmen sich einige dar=
über, und wenn die Versuche an verschiedenen
und entlegenen Orten gemacht werden, so ge=
ben sie noch mehr Erleuterung, als wenn nur
wenige daran arbeiten.　Weiln doch der Herr
Berg-Rath das Wasser als ein Verbindungs=
Mittel so sehr nachdrücklich empfiehlet, ich auch
meines wenigen Orts unterschiedene Merck=
mahle davon habe; so wollen wir einen Kol=
ben oder anderes Glaß nehmen, das oben in
der Mündung enge ist, leicht verstopffet und die
Lufft abgehalten werden kann, im Bauch oder
Boden des Glases muß ein subtiles Ritzgen
seyn, daraus die Feuchtigkeit nicht tropffen,
sondern nur sickern kann; In ein solches Glaß
wollen wir Sand bis zur Helffte füllen, selbi=
gen aber vorher wohl waschen und schlemmen,
damit aller Staub davon komme, den Sand
wollen wir, so offt es nöthig, mit einerley Wasser
begiessen, und dabey in Acht nehmen, daß nicht
zu viel Wasser, auch nicht zu wenig auf einmahl

darzu

darzu komme, ersteres würde eine Fäulung, letzteres aber beständige Trockenheit verursachen;
Es wird also dienlich seyn, daß wir so viel
Wasser zugiessen, bis es über den Sand in die
Höhe gehet, das Glaß hierauf wohl vermachen
und dieses alles vier bis sechs Tage wiederhohlen.
Keine Unkosten und kein Zeit = Verlust ist hier
zu befürchten, und Wahrheiten müssen doch
entdecket werden, es gehe nun von statten, oder
nicht. Niemand wird so ungedultig seyn, daß
er es nicht ein halb oder gantzes Jahr abwarten könne: die Wärme möchte hierbey nicht so
nöthig seyn, und also dürffte man dem Glase
nicht einmahl in der Stube einen Platz vergön=
nen. Wäre man in diesem einfachen Versuche
glücklich, so könnte man weiter gehen, und sehen, theils, was die Saltze hierbey vor eine
Beförderung thäten, ob man in der Zeit oder
Festigkeit etwas erhielte; theils könnte man
auf Versetzung des Sandes mit Erden, Mineralien und Metallen dencken, da folglich die
verschiedne Proportion auch verschiedne Wür=
ckungen zeigen würde: Denn es ist so schon
bekannt, daß ein fetter Kalck nicht recht gut bin=
det, wenn er nicht viel und gnugsamen Sand
zugesetzt bekommt. Endlich würde man von
ohngefähr manche Aehnlichkeit und Gleichheit
einiger Erden mit denen Metallen hierunter ent=
decken,

decken, daran man sonst nimmermehr dencken
dürffte. Ich muß abbrechen, damit ich nicht
vor gar zu verliebt in mein Project angesehen
werde, dargegen will ich noch mit wenigen von
einer andern Art der Zusammenleimung gedencken. Nehmlich, es werden Erden gefunden,
die man durchgängig vor Erden hält, und die
doch sehr hart und feste zusammen halten, daß
man damit zur Noth einem so gut ein Loch in
Kopff werffen könnte, wie mit einem Steine.
Dergleichen sind die Kreiden, die gegrabnen
Farben-Erden, die fettigen Steine rc. Es sind
zwar einige darunter, die gantz mürbe sind, die
meisten aber haben eine rechte Steinhärte:
Diese können durch eine solche Zusammenleimung nicht entstanden seyn, wie selbige im 194.
§. beschrieben worden; Ursache, da dieses alles auf ein gelindes Durchwässern ankömmt,
diese Erden aber sehr zart sind, so müssen sie
entweder weit eher mit fortgeschwemmt werden,
oder sich so feste, daß kein Wasser mehr durch
könnte, auf einander setzen, als daß sich hier
ein zarter Schleim zwischen die Theilgen setzen
sollte. Es ist mir zwar keine Art bekannt, oder
nur vermuthlich, die sich recht hierher schickte,
und hat der Herr Berg-Rath das Niedersitzen
der Erden im Wasser im 184. §. selbst verdäch-
tig gemacht, ich glaube aber, daß hier die Ver-
steh-

steinerung derer Mergel-Erden verborgen stecket,
und ist noch eine Frage, ob dergleichen Erde in
Waſſern, wo kein Zutritt und Druck der Lufft
iſt, ſich ſo leichte wie ſonſten zu Boden ſetzet?

* Zum §. 196=210.

Wenn ich nicht eine Sache zweimahl ſchrei=
ben ſoll, ſo kann ich hier nichts weiter hinzuſe=
tzen, als daß auch die organiſche Structur der
Corallen, und die Gleichheit dieſes Baues in
allen Aeſtgen, nicht allein bezeige, daß ſie wach=
ſen, ſondern auch, daß dieſer Wachsthum gantz
mechaniſch zu begreiffen ſey. Die Höhe des
Meer-Waſſers, das über dieſen Gewächſen ſte=
het, kann endlich ſchon ſo einen Druck verurſa=
chen, daß der Safft in denen Röhrgen in die
Höhe ſteiget, ia dieſes zu erhalten iſt gnug,
wenn es nur mit dem Safft in denen Röhrgen
die Waage hält: Ferner, da das Meer-Waſ=
ſer um und um dieſe Sträuchergen umgiebt,
ſo hält es dieſelben, daß ſie in ihren Theilgen
nicht ſo ſchwer ſind, und ſich alſo dieſelben er=
heben können, welches ihnen ſonſt in der freyen
Lufft unmöglich fallen möchte. Ich wollte gerne
mehr meines wenigen Orts zu Erleuterung die=
ſes Natur-Wercks hinzuthun, da ich aber nichts
mehr weiß, ſo habe ich gemeinet, daß ich mich
bey denen Italiänern vor andern umſehen müſſe.

Bey

Bey dem Boccone habe ich etwas hierher ge=
höriges, wie ich mich erinnere, gelesen, da mir
aber selbiger nicht bey Handen, so habe ich des
Fer. Imperati Historiam naturalem aufgeschla=
gen. Hier finde ich im 2. Cap. des 27. Buchs,
daß die Corallen, wenn man sie ans Feuer
halte, in circulförmige Theilgen sich zertheilen
sollen, da immer eines das andere umgebe;
dieses ist eine sehr genaue Beschreibung, welche
uns deutlich die Aehnlichkeit dieses Gewächses
mit denen so genannten Jahren in Bäumen
vorstellet, und die man eben also sehen kann,
wenn man einen Baum qveer durch zersäget.
Ferner führet bemeldeter Autor im 3. Cap. die=
ses 27. Buchs verschiedene Arten derer Tuff=
steinigten Seegewächse an, welche nicht allein
Corallen=ähnlich sind, sondern auch, da sie weit
luckerer, das zum Wachsthum dienliche orga=
nische Gebäude noch deutlicher zeigen.

Zum §. 214=220.

Der Herr Verfasser beurtheilet nunmehro
seinen im 142=148. §. beschriebenen Versuch,
weiln ich nun daselbst aus meiner eignen Er=
fahrung einen ähnlichen Fall mit angemercket;
so kann ich nicht umhin, beiderseits Versuche
gegen einander zu halten, nicht, daß ich mich
hier an die Seite setzen wollte, sondern, weiln

Kk   ich

ich glaube, daß ohne solche Vergleichung die
Versuche keinen Nutzen haben. Im 214. §.
will der Herr Berg-Rath eine innerliche Bewegung des Urins zur ersten Arbeit der Natur
bey dieser Stein-Erzeugung setzen, dieses kann
nichts anders als eine Gährung seyn: Bey
meinen Versuch kann keine Gährung vorgegangen seyn, theils, da eine so bereitete alcalische
Lauge, wie sie von mir darzu gebrauchet worden, wenig oder gar nicht zu einer Gährung
oder Fäulung geschickt ist, theils auch der Kieß
dadurch nicht sonderliche Veränderung angenommen haben, geschweige in eine Gährung
selbst mit gerathen seyn würde. Ob ich nun
gleich bey dem Urin die Gährung nicht leugnen
will, so mache ich doch die Anmerckung, daß
selbige bey andern nachzuthuenden Versuchen
nicht allezeit nöthig sey. Im 216. §. wird eine
Ausdünstung angemercket, diese habe ich bey
mir auch, doch gar sehr wenig, befunden, ist
auch sehr wohl zu begreiffen, da bey jenem Versuch der Urin weit mehr Wäßrigkeit überflüßig
muß gehabt haben, als bey diesem die alcalische
Lauge gehabt hat. Endlich befindet sich ein
ziemlicher Unterscheid unter denen ausgebrachten Crystallen. Bey dem Herrn Berg-Rath
haben sie sich an die Seiten des Glases angesetzet, und sind also, nach denen hydrostatischen

Grund-

Grund = Sätzen, wenigstens in ihren kleinsten Theilgen, leichter als das Wasser gewesen: In meinem Versuch wurden die Crystallgen, mitten im Glase und an der Oberfläche des Wassers, schwimmende angetroffen, daselbst ist das Wasser allezeit etwas eingebogen, und, in Ansehen der Seiten des Glases, wo es anhengt, etwas tieffer, da nun meine Crystallen nach der Tieffe der Fläche sich gezogen, müssen sie nothwendig schwerer als das Wasser und auch als die Urin= Crystallgen gewesen seyn. Ueber dieses sind sie auch förmlicher, weiln sie würcklich ein rechtes Drusen = Stüffgen von etlichen helldurchsichtigen Zincken zusammengesetzt vorstelleten. Endlich sind sie auch beständiger als jene, da sie nicht so gleich im Feuer zu einen Kalck zerfallen sind, ob es gleich nach der Zeit, mittelst des Zutritts der Lufft geschehen: Dabey ich nicht leugnen kann, daß ich mir so viel Anmerckungen oder Vorstellungen gemacht, daß ich glaube, solche Crystallen bey künfftigen Versuchen, wo nicht auch grösser, doch gewiß dauerhaffter zu erhalten. Uebrigens einen theoretischen Zusammenhang meines Versuches auch zu geben, muß ich zwey Sätze im Voraus machen: Erstlich, das fixe alcalische Saltz nimmt die Gestalten aller sauern Saltze und ihrer Crystallen an; zum andern, der Kieß ist, gegen viele andere

Kk 2　　　　　mine=

mineralische Cörper zu rechnen, weit mehr ge-
öffnet und zu öffnen, also, daß er sowohl einen
Eingang verschiedener Dinge in sich verstattet,
als auch eine Auswitterung deutlich zeiget.
Ersterer Satz ist aus allgemeiner Erfahrung
klar, der andere ist desgleichen aus bergmänni-
scher Beobachtung bestätiget. Es hat also hier
der Kieß in das Laugen-Saltz ein Saures abgeleget, das ich nicht eben ein Vitriol- oder
Alaun-Acidum nennen, sondern vielmehr vor
ein steinmachendes Saures halten wollte: Die
alcalische Saltz-Erde hat dieses samt der ihm
eigenthümlichen Erde angenommen, und sich
davon formiren lassen; endlich ist in der Erkaltung die Crystallisirung erfolget.   Dieses ist
es kurtz und gut, was ich davon sagen kann.

Zum §. 225.

Es fällt mir beides sehr schwer, entweder
zu begreiffen, daß der Stolpische Stein nicht auf
die, denen Crystallen eigene Art, formiret worden sey, oder dem Herrn Berg-Rath diesfalls zu
widersprechen. Unterdessen wenn ich bedencke,
daß würckliche Crystallen zu finden sind, die
doch offenbar ein anderes erdisches oder metallisches Wesen eingemischt haben, davon auch der
Diamant selbst, als das reinste und festeste Crystall, nicht befreyet ist: Wenn ich dabey die Aehnlichkeit

lichkeit in denen Saltzen und die Gleichheit in
denen Erden betrachte, da die Saltze bisweilen
recht grobe Erden in sich halten, und dadurch noch
weit fester als sonst sind: Die Metallen aber,
außer denen edlern, alle in solcher vererßten Gestalt angetroffen werden, die da eine Crystallisirung, bisweilen mit einer vollkommenen Durchsichtigkeit, vorstellen: Wenn ich endlich erkenne,
daß die Durchsichtigkeit bey denen Crystallen
leicht durch einen Zufall gehindert werden, übrigens aber selbige von solcher Art seyn können,
daß deswegen die gantze Natur eines Crystalls
nicht zerstöhret werde: So sind dadurch alle zu
machenden Einwürffe gehoben, und ich muß sagen, daß der Stolpische Stein, wegen seiner priß-
matischen Gestalt, und festen Gewebes, vor einen
crystallisirten Stein zu halten sey.   Doch, wenn
es so wahr, als wahrscheinlich ist, daß die Grösse
der Crystallen von der Höhe des Wassers mit
abhenget; so möchte zu diesen Stolpischen Steinen eine ziemliche hohe Fluth nöthig gewesen
seyn, die in die allerersten Zeiten zurück zu setzen
wäre.   Scheinet gleich das Gewebe dieses Steines sehr grob-erdisch, so muß man die Grösse der
Theilgen auch nach der Grösse des gantzen Steines ermessen, zum wenigsten liegen sie nicht so lucker neben einander, sondern, da sie nicht kalckigt
sind, haben sie wegen ihrer glaßigten Erde Zu-

Kk 3   sam-

sammenhalt gnug, der durch die eingemengten
Eisentheilgen noch mehr befestiget wird.

• Zum §. 227.

Wenn einige vorgeben, daß die rechten Crystallen in Kieselsteinen gefunden werden, so ist
dieses eine Rede, die von denen Steinschneidern
herkommt, und also auch von selbigen muß erkläret werden. Ich habe darum viele befraget, einer
hat mich so, ein anderer anders berichtet, die besten Nachrichten lieffen auf dasjenige hinaus,
was ich vorher bey dem 54. §. dieses Tractats
von dem Kern der Kieselsteine angemercket, und
aus eigner Beaugenscheinigung erfahren habe.
Dieser Kern ist, wegen seiner Härte und Durchsichtigkeit, gegen das übrige des Steines vor
besser crystallisch zu halten, wird auch von den
Steinschneidern, wenn sie die äusseren Stücken
abgeschmissen, gut geschliffen, und dabey so gut,
und noch besser, als ein andrer Crystall, befunden.
Daß aber in einigen Steinen innwendig eine
Höhlung, und Crystallgen darinnen angetroffen
werden, kann ich aus eigner Erfahrung bezeugen,
maßen ich in dem Weißritz-Grunde bey Dippol-
diswalda, weisse alabasterhafftige Steine gefunden, die in ihren Klüfftgen eine röthliche Farbe
zeigten, deswegen ich sie denn aufschlug, und darinnen Hölungen antraff, da der Stein gantz zin-
ckigt

ckigt und geschliffen gestaltet, übrigens aber mit
einem rothen Staub, welcher etwas glintrigt und
blauligt, wie Zinnober aussahe, bedecket war.
Ich habe dergleichen unterschiedene gefunden
und aufgeschlagen, in Meinung, ein rechtes schönes Cabinet=Stücke zu finden, aber sie waren
alle klein und unansehnlich. Sonst sind mir noch
andere hierher gehörige Steine vorgekommen,
weiln ich aber selbige nicht in gantzen gesehen,
und selbst aufgeschlagen, so will ich sie nicht mit
anführen.

• Zum §. 234=240.

Nicht, daß ich die Sache völlig durch einen
Ausspruch entscheiden könnte, sondern nur, damit einige Gelegenheit zu mehrerer Untersuchung
gegeben werde, will ich dasjenige, was mir bey
der Crystallisirung merckwürdig vorgekommen
ist, hier anführen. Erstlich sind die Crystallen,
sowohl in ihrem Gantzen, als auch nach ihren
Theilgen schwere Cörper: Vors andere, sind die
Theilgen nicht so vom Anfange beisammen gewesen, sondern erst, da der Crystall entstanden, zusammen in eine Verbindung getreten: Drittens,
ehe sie in die Verbindung gerathen, haben sie sich
in einer flüßigen Materie enthalten. Das erste
ist an und vor sich klar und wahr, das andere müssen alle diejenigen zugeben, die nicht alles auf die

Kk 4 Schöpf=

Schöpffung schieben wollen, das dritte wird niemand leugnen, er müste denn ein Vacuum in seinem engesten Verstande glauben, oder wissen, wie
es möglich, daß ein dichter und trockner Cörper
sich durch einen andern gleichfalls dichten und
trocknen Cörper ohne einige pressende und dru-
ckende Ursache bewegen könne. Wenn nun die
Theilgen, die zu einen Crystall werden, sich in einer flüßigen Materie enthalten, und durch sabige
durchbewegen sollen, gleichwohl ietzo schwerer
sind, als die flüßigen Materien, deren keine andere, als Lufft und Wasser, man sich hierbey vorstellen kann, so müssen die Steintheilgen vor der
Crystallisirung nur eben so schwer, oder nicht
viel schwerer, als die flüßige Materie, gewesen
seyn. Dieses sich vorzustellen, wie es in der Natur möglich seyn kann, sind nur zwey Fälle vorhanden: Entweder die kleinen Theilgen sind blättrigt und in eine breite Fläche ausgedehnet, und
halten sich also wegen ihrer Figur, daß sie nicht
aus dem Flüßigen zu Boden fallen; oder sie sind
in ihrem Wesen selbst, mit einer noch dünnern,
flüßigen Materie vermenget, als die ist, in welcher sie schwimmen, diese dünnere blähet den Leib
derer Theilgen auf, und macht sie also größer,
als sie ausserdem wären, ie größer aber diese
Theilgen aufgeblähet werden, ie leichter werden
sie auch nach ihrer Gravitate specifica, und desto
mehr

mehr kommen sie dem Flüßigen, darinnen sie
schwimmen, in dergleichen Schwere bey, diese erhalten sie also wegen ihrer gleichen Schwere.
Wollen wir diese nothwendigen Umstände nicht
zugeben, so ist kein Weg vorhanden, wie solche
an sich schwere Cörper durch etwas leichteres beweget, und zusammen gebracht werden sollten.
Wie nun diese schwimmenden Crystall-Theilgen
aus dem Flüßigen sich wieder ansetzen, muß endlich aus den Grund-Sätzen der Cohäsion erkannt
werden.　Nach diesen hengt gleich schweres an
gleich schweres, oder überhaupt gleiches an gleiches am ersten und geschwindesten an einander
an;　Wenn also nur etliche wenige gleichartige
Theilgen einander berühren, so ergreiffen und halten sie einander weit fester, als ie das Flüßige sich
an sie hält, sie werden dadurch schwerer, und sin-
cken bisweilen zu Boden.　So aber die flüßige
Materie sich sehr häufig zwischen denen Stein-
Theilgen befindet, so kann sie zwar die Cohäsion
dererselben unter einander verhindern, allein, daß
dieselben sich nicht an eine andere schwerere Materie, die ihnen aufstösset, anhengen sollten, kann
sie nicht verwehren, ia eben dieses ist ein Mittel
zu leichterer Crystallisirung, wie man solches bey
dem Vitriol- und Zuckerkand-machen in gleichen
Fällen ersehen kann.　Es mag nun eines von
beiden, welches es sey, vorgehen, und die Crystall-

Theil-

Theilgen entweder unter sich selbst, oder an andere sich zusammen hengen, so ist, nach einmahl gelegten Grund-Stein, der Natur nicht schwer, das ansehnliche Gebäude des gantzen Crystalls aufzuführen. Da denn die Cohäsion derer gleichartigen Theilgen, die solches nicht allein wegen ihrer Schwere, sondern auch wegen ihrer Gestalt sind, sowohl nach der Schwere, als Gestalt statt finden, und also eine regulaire geometrische Figur heraus kommen muß. Aus diesem Grunde ist auch gar deutlich, warum zweierley Arten, die sich in einem flüßigen Wesen enthalten, doch nicht vermischt, sondern ein iedes in seiner Art besonders anschiessen. Es leidet nur die Zeit nicht, weitläufftig zu seyn, sonst könnte alles durch natürliche Exempel und deren Zeichnungen hervon erkläret werden. Auch kann ich ietzo nicht die Abweichungen der Natur von denen ordentlichen Crystall-Gestalten ausführen, die sich endlich auch nur durch Verschiebung und Wendung der geometrischen Figuren deutlich machen. Uebrigens wolle man nicht wegen einer Aehnlichkeit, sondern als eine schon zusammen geordnete Gleichheit die Crystallisirung der Saltze hier überlegen. Wir sehen, daß sie in einem flüßigen Wesen schwimmen müssen; daß des Flüßigen nicht zu viel seyn dürffe, wenn es die Cohäsion in der Crystallisirung nicht verhindern solle;

ſolle; daß die bey dem Vitriol zu ſchwer gewordne Erde, die ſich einmahl ausgeſchieden,
nicht weiter zum ſchwimmen und folglich auch
nicht zum cryſtalliſiren zu bringen ſey; daß
endlich, wenn eine Saltz-Solution zu ſehr und
bis zur Trockenheit gantz geſchwinde abgedün-
ſtet wird, die Theilgen nach ihrer Schwere zwar
zuſammenhengen und ſich auf einander ſetzen,
aber keine Cohäſion nach der Figur und ordentlich hier vorgehe.   Denn die Direction, welche
nach der Figur beides der flüßigen, als der dichten Cörper geſchiehet, wird durch Abſcheidung
des Flüßigen aufgehoben, daß ſich die dichten
Theilgen zwar überhaupt, aber nicht nach gewiſſen Gräntzen ihrer Figur berühren können.
Gleich ietzo beobachte ich bey einem gewiſſen
Verſuche, daß die Cryſtall-Erzeugung auch noch
auf andere Art, doch nach eben den Grund-
Sätzen der Natur, geſchehn könne.   Weil aber
ein Zeuge kein Zeuge iſt, ſo trage ich billig Bedencken, dieſen Verſuch anzuführen und daraus
gewiß zu ſchlieſſen.   Endlich wollte ich auch
noch zu bemercken überlaſſen, in wieferne die
Gährung die Cryſtalliſirung theils verändere,
theils gantz und gar aufhebe. Die Gährung
ſcheidet allezeit eine Erde aus, welche ſonſt
mit in die Cryſtallen gegangen wäre, und alſo
werden die Cryſtallen, welche auf eine vorhergehende

gehende Gährung erfolgen, allezeit reiner und
zärter, als sie sonst geworden wären; Hält aber
die Gährung zu lange an, so kann die Crystallisirung, wegen der gar zu häuffigen Ausscheidung der Erde, völlig gehindert werden, man
beliebe hier z. E. das, was der Herr Berg-
Rath im ersten Tractat. §. 192. und 193. p. 108.
109. vom Moste angeführet, nachzulesen.
Die Gährung kann endlich eine sonst zur Crystallisirung ungeschickte Masse durch die Aufblä-
hung und Verringerung der äusserlichen Schwere
der Theilgen geschickt machen, wenn man selbige
nur zu rechter Zeit anfangen und auch wieder
unterbrechen kann. Es sind dieses sehr dienliche Grund-Sätze, die derjenige, welcher auf
iedweden Stand der Cörper Achtung zu geben
und ihn einzusehen vermag, schon wird gebrauchen können.

* Zum §. 241-249.

Daß keine Fäulung bey einer Versteinerung
der Animalien und Vegetabilien vorausgehen,
oder auch dabey statt finden könne, möchte wohl
höchst wahrscheinlich seyn. Wir sehen erstlich
bey allen, was aus dem Thier-Reiche versteinert
ist, daß solches dergleichen Theile sind, die entweder gar keine Fäulung annehmen, oder doch
sehr schwer darein gehen, dabey man aber das,
was

was an sich selbst zur Fäulung mehr geschickt
ist, von dem, das durch den Zutritt oder Abscheidung einiges Wesens geschehen kann, unterscheiden muß. Die Knochen, Gräten und
Fisch-Schuppen verfaulen an sich selbst sehr
schwer und fast gar nicht, und daher werden
diese am meisten versteinert gefunden: Das
Gehirn, welches bey einem Verstorbenen so
bald in die Fäulung gehet, muß durch eine andere Ursache zur Versteinerung zugerichtet werden,
da es ausserdem sich, auch bey denen tobten
Cörpern, so ungemein frisch erhält, (s. vorher die Anmerck. zum 163. §.) auch man nicht
viel Nachrichten aufweisen wird, daß bey einem
lebendigen Menschen das Gehirne in die Fäulung gegangen, wie es doch sonst von andern
fleischigten und flüßigen Theilen unsrer Cörper
gar bekannt ist. Der Fisch-Rogen muß sich auch
vor der Fäulung lange gnug verwahren können,
welches auf die lebendige und erhaltende Krafft,
die hier noch in Gantzen beisammen ist, und
sich ohne Nahrung erhält, gar vernünfftig kann
ausgedeutet werden. Was die Vegetabilien
anbetrifft, so habe ich aus Betrachtung dieser
versteinerten Schau-Stückgen erkannt, daß
niemahls derjenige Theil des Holtzes, welcher
schon faul und morsch ist, vollkommen versteinert worden sey. Hierzu veranlaßte mich eine

An-

Anmerckung, welche ein fleißiger und geschickter Kenner dieser schönen, Wissenschafften mir
machte, als er mir ein Stückgen versteinert Holtz
zeigte, und mir dabey meldete, wie er es deswegen besonders achtete, weiln man darinnen
sähe, wie dieienigen Safft-Röhrgen im Holtze,
welche durch das Vergrösserungs-Glaß grünlicht aussehen, von denen Wasser-Röhren, die
da weißlicht sind, (s. Herrn Cantzl. Wolffens
Versuche, im 3. Th. §. 94.) in der Versteinerung einen sichtlichen Unterscheid erhalten. Ich
bitte diesen vornehmen Fremden um Verge-
bung, daß ich dessen gelehrte Bemerckung schon
zu unterschiednen mahlen hierinnen angeführet,
es geschiehet nicht meinetwegen, sondern zum
Nutzen dieser Wissenschafften. Es ist dieses
Exemplar eines versteinerten Holtzes im Durch-
schnitt beiläufftig anderthalb Zoll, hat in der
Mitten einen dunckeln Fleck, der noch nicht ein
halb Zoll im Durchschnitte ist, denn kommt das
Weisse des Holtzes in einem breiten Zirckel um
den dunckeln Fleck herum, und um diesen nochmahls ein schmahler dunckler Zirckel, und folgen diese Farben hier eben so auf einander, wie
sonst die Safft- und Wasser-Röhrgen in denen
Bäumen geordnet sind. Ich habe nachgehends
bey andern versteinerten Holtz-Stücken auf diesen Umstand Achtung gehabt, aber keines so

deut-

deutlich befunden, hingegen aber gesehen, daß
der breite weiſſe Zirckel, oder die Gegend, wo
er ſeyn ſoll, ausgefaulet und alſo nicht verſteinert geweſen. Weil nun die Röhrgen, welche
das Waſſer abführen, eher zur Fäulung geſchickt ſeyn, als dieienigen, welche den balſami-
ſchen Nahrungs-Safft denen Bäumen zubringen; ſo habe ich wohl gemercket, daß die Fäulung der Verſteinerung hinderlich ſeyn müſſe,
welches ich auch bey mehrerer Unterſuchung an
unterſchiedlichen Stücken deutlich geſehen, die
vor der Verſteinerung bald in der Mitten, bald
von der Seiten verfaulet geweſen, und auch in
ſelbigen Theile nur eine Vererbung oder gantz
lockere Verhärtung angenommen haben. Daß
endlich dieienigen verſteinerten Vegetabilien,
welche an und vor ſich zärter ſind, nehmlich die
Kräuter, Blätter, Früchte ꝛc. allezeit in ſolchen
Umſtänden gefunden werden, die uns deutlich
zeigen, wie die Fäulung auf eine gewiſſe Art gehindert, und alſo der Verſteinerung der Weg ge-
bahnet worden, ſolches will nur noch mit wenigen anführen. Denn entweder ſind die Kräuter, Stengel oder Blätter von einer ſolchen Beſchaffenheit, daß ſie etwas balſamiſches, öligtes
oder hartzigtes in ſich haben, dadurch ſie vor der
Fäulung ſehr wohl haben können verwahret bleiben, dergleichen der Wermuth, Thymian, Qven-
tel,

tel, Buxbaum ꝛc. sind; oder es sind solche Kräuter; welche nur in steinigten, trocknen Boden und
Erdreich wachsen, und daher nicht vieles wäßri-
ges Wesen in sich haben, auch solches nicht nach
ihrer Structur der engen Safft-Röhrgen, in sich
nehmen können, folglich auch nicht so leicht zur
Fäulung geschickt sind, als der Wiedertodt, unser Frauen Bettstroh, alle Farren- und Körfel-
Kräuter-Arten sind. Nächstdem befinden sie
sich in einem solchen Lager, da sie versteinert worden, das sie ebenfalls vor der Fäulung bewahren
können, theils, wenn es erd-hartzigt ist, dergleichen die Schiefer über denen Steinkohlen-Lagern
zum Beweiß gnug sind; theils, wenn es trocken
ist, und die faulende Feuchtigkeit nicht lange behalten kann, wohin denn die in denen Sandstei-
nen geschehenen Versteinerungen gehören. In
Summa es kann nichts, was versteinert werden soll, schon gefaulet haben, maßen hierwider
alle Umstände streiten, welche ich aber gegenwärtig nicht ausführen kann, sondern zu
einer weitern Abhandlung vorbehalten muß.

Besondere Untersuchungen,

Welche

Von dem Herrn Berg-Rath Henckel

in Lateinischer Sprache einzeln
mitgetheilet worden.

Erstes Stück.

Von einer arsenicalischen Mergel-Erde Schaben-Gifft genannt;

Nebst einer Warnung, den innerlichen Gebrauch derer Mergel-Erden in der Medicin
betreffend.

Weil die Gerichts-Obrigkeiten die Ehefrau des Verstorbenen, von welchem ich in voriger Bemerckung gehandelt, in Verdacht hatten, als ob sie ihren Mann mit Gifft vergeben hätte, und daher in dessen Wohnung

genaue

genaue Außsuchung thaten, fanden dieselben ein weiß-graues Pulver, welches, nach Außsage der Frauen, ein Gifft wäre, der von ihrem verstorbnen Mann gekauffet worden, um damit die Fliegen und ander Ungeziefer, besonders aber die Schaben, (welche man unrecht Schwaben nennet,) damit zu tödten. Es wurde mir dieses so gleich überschickt, daß ich dessen Beschaffenheit, Mischung, und Würckung untersuchen, besonders aber sehen sollte, ob es mit dem, welches ich, wie vorgedacht, in des eröffneten Cörpers Magen gefunden hatte, einerley sey. Ich habe dieses überschickte Pulver mit aller Aufmercksamkeit im Wasser und Feuer untersuchet: ich fand auch darinnen einen Arsenic, aber der nicht crystallinisch, nicht durch Menschen-Hände bearbeitet, auch nicht rein war, sondern vielmehr eine mergelartige oder thonigte Erde, welche mit den allerzärtesten, arsenicalischen Theilgen vermenget, und also nach der Gestalt und dem Gemenge gantz eine andere war, als die, welche ich in des Verstorbenen Cörper entdecket hatte. Ob nun wohl dadurch die Obrigkeit keine nähern Indicia wegen dieses gewaltsamen Todes und des gehabten Verdachts erhielte, und

uns

und die Untersuchung des gegebenen Pulvers nichts bey dieser Sache ausmachen konnte, so verdienet es doch, hier angeführt zu werden, theils, damit eines gemischten Cörpers Natur-Geschichte und eigentliche Beschaffenheit besser bekannt werde, theils, damit die Medici, welche bey dergleichen Untersuchung von Amtswegen gebraucht werden, hieraus eine Warnung nehmen, wie nöthig es sey, daß man bey dergleichen Vorfällen sich wohl vorsehe, vorsichtig unterscheide; und mit Unterscheid seine Bedencken gebe. Es hätte leicht einer, der seine Verrichtung obenhin treibt, sagen können, dieses Pulver ist mit dem, das man im Magen gefunden hat, einerley, theils, weil es den gemeinschafftlichen Nahmen des Arsenics führet; theils, weil bey der Sache selbst der scheinbare Umstand ist, daß zu eben der Zeit, eine solche arsenicalische Materie, die nicht eben so gemein, und bey allen Leuten anzutreffen ist, in der Behausung des Verstorbenen gefunden worden, wie man dergleichen in seinem Magen entdeckt hat. Allein, was hier vor ein Unterscheid sich befinde, wird aus folgenden erhellen: 1) Diese Erde ist der Farbe nach grau, blaulicht, weich; talckartig, schmierig, und also

eine grau-blaulichte fette Mergel-Erde;
2) ift fie widerlichen und etwas zufammen
ziehenden, doch aber nicht offenbar vitriolifchen Gefchmacks; 3) führt fie viele gantz
kleine, fteinigte Splittergen, wie klarer
Sand, bey fich; 4) die allerzärteften Theilgen, welche eigentlich die Mergel-Erde
find, und durchs Schlemmen von dem
übrigen Gemenge können abgefondert werden, machen, wenn man fie auf ein glüendes
Silber-Blech leget, einen fchwartzen Fleck
darauf, und riechen wie Hütten-Rauch;
5) Die Stein-Splittergen zerfprungen mit
einem Praffeln wie der Spat, wenn man
fie auf glüende Kohlen leget; 6) Wenn man
diefes gantze Erd-Gemenge auslauget, fo
giebt es dem Waffer einen vitriolifchen Ge-
fchmack; 7) So man aber diefe Erde in einem Scheide-Kölbgen über ein Feuer mit
einer Glut bringet, fo fteigen weiffe Dünfte
auf, welche fich oben wie ein weiffer Staub
anlegen, unten im Glaße aber in cryftalli-
nifcher Geftalt erfcheinen, und alfo den Ar-
fenic fichtlich zeigen.

Indem ich mit diefen Verfuchen umge-
he, wird mir gemeldet, daß diefes Pulver,
damit die Einwohner des Gebürges, ein
in ihrer Gegend bekanntes Ungeziefer, die

Schwa-

chwaben tödten, Schwaben-Gifft ge-
nnet werde, und weiln ich fleißig nach der
ahrheit von dieſer Erzehlung forſchte, ſo
uhr ich endlich, daß dergleichen Mergel-
de auf dem Beſcherten Glücke im
runde, gegen Dreßden zu gelegen, in
ien Gängen gefunden werde, welche
ht nur die Leute daherum in bemelde-
Abſicht brauchten, ſondern ſie würde
ch von einem Bergmann, der ſie da,
d anderwärts ſammlete, an weit ent-
ene Oerter weggetragen, und daſelbſt
ter eben dieſem Nahmen verkauffet.
Hieraus mögen nun ſowohl die Medici,
auch die unbefugten und verwegenen
uſcher in der Medicin urtheilen, wie ge-
rlich es ſey, ohne vorhergehende aller-
aueſte Vorſicht und Unterſuchung, die
neraliſchen Materien, beſonders, wenn
roch roh ſeyn, denen Krancken zu geben,
gleichen, wie die Erkenntnüs in der Ma-
a medica, ſowohl nach der Phyſic als
nerologie bey dem mediciniſchen Wiſſen-
ifften vor höchſt nothwendig zu achten
Ich will hier des gegrabnen rohen na-
lichen Zinnobers geſchweigen, wie man
igen in kleinen Stückgen hat, welcher,
rn er noch ſo rein zu ſeyn ſcheinet, doch
Ll 3　　　　　von

von Fremdartigen und Schädlichen nicht
allezeit befreiet ist; ich will auch nicht des
natürlichen gewachsnen Haar-Silbers gedencken, welches von denen Leuten hierum
vor ein besonders Mittel bey der Schwere-
Noth gehalten wird, das doch von der ar-
senicallischen Vermischung nicht rein und
vorsichtig genung abgeschieden ist: Die
Mergel-Erden, und das mergelartige
Steinmarck sind es, welches hier soll beurtheilet werden. Es sollen selbige ihr ver-
dientes Lob behalten, wenn sie bey rechter
Gelegenheit und in behörigen Gewichte genommen werden, dabey auch rein, von einem erfahrnen Medico untersuchet, und
folglich gesiegelt sind, denn sie haben eine
Krafft, die sauern und rohen Feuchtigkeiten in sich zu nehmen, die Bewegung und
Wallung zu besänfftigen, und die spannen-
de Krafft der Häutgen wieder herzustellen.
Allein sie behalten auch ihre Mucken, wenn
sie ohne vorgängige Untersuchung, ohne
Unterscheid und ohne Maße gebrauchet
werden. Sie beschweren den Magen, verstopffen die kleinsten Gänge in denen edlern
Eingeweiden, und hindern die zur Gesundheit dienlichen Ausflüsse der Natur. Wenn
also auch da, wo man sie noch so reine befindet,

et, eine besondere Vorsicht nöthig ist, wie
ielmehr muß man nicht zusehen, ob in deñ=
=lben etwas fremdartiges, oder wohl gar
ifftiges, wie eine Schlange im Grase ver=
orgen liege. Und in dieser Betrachtung
t zwischen Mergel und Mergel ein grosser
nterscheid. Dieses gebe ich zwar gerne
l, daß diejenige, welche am Tage auf der
ber=Fläche der Erden, in den obersten
rdgeschieben, in flachen Lande, in Sand=
=in= und Marmor=Brüchen, in Klapper=
er Adler=Steinen, kurtz ausser Ertzt=
=ängen und Klüfften gefunden werden,
nen andern nicht nur vorgezogen, son=
=rn auch allezeit frey von einer fremden
ädlichen Beimischung können geachtet
=rden. Aber, welche auf Ertzt=Gängen
=r doch nahe dabey gefunden werden, kön=
=n in Wahrheit dem, der solche braucht,
ne Sicherheit gewehren, und sich als
schuldige Mittel angeben; wovon dieses
=geführte Exempel, ob es gleich nicht so
te vorfallen möchte, einen Beweiß von
=Nothwendigkeit dieser Warnung giebt.
=nn es sind dergleichen Erden aus Ertzt=
=ngen, nicht nur bey denen Bergleuten
=b denen übrigen Einwohnern des Ge=
=ges im Gebrauch, sondern sie werden

Ll 4 auch

auch hin und wieder verführet und verkaufft, gleich, als ob es Birnen und Aepffel
wären, die sich sofort aus ihrer äusserlichen
Gestalt erkennen, und daraus von ihrer
Art und Beschaffenheit ungezweiffelt beurtheilen lassen: Da doch aus einer Beimischung, welche von ohngefähr anders woher rühret, die Mergel Erden eine gantz
andere Eigenschafft, als man ihnen ansiehet, annehmen können, und solches auch
würcklich thun, dergleichen bey der, die wir
ietzt beschrieben haben, durch eine Zerstöhrung und Verwitterung arsenicalischer
Ertzte und der durch Wasser erfolgten
Auslaugung zu vermuthen ist. †

Anmerckungen.

Diese Untersuchung scheinet zwar mehr aus
medicinischen als minerologischen Absichten gemacht zu seyn, allein der Weg die Wahrheit
zu entdecken ist einerley, nur, wenn es zum Nutzen der Minerologie eigentlich geschehen wäre,
würde der Herr Berg-Rath in diesen Stücken
noch weiter gegangen seyn. Unterdessen können
wir auch hieran lernen, daß das Auslaugen mi-
neralischer Erden eine sehr dienliche Arbeit ist,
das

† S. Vol. II. Act. Phys. med. obs. 156. p. 364.

s ſaltzigte Weſen in ſelbigen zu entdecken; ei-
ntlich möchte es zu Erfindung des Arſenics
chts thun, wenn ſelbiger allein darinnen befind-
h iſt, ſo ferne er aber in Geſellſchafft eines vi-
olischen Saltzes ſich dabey befindet, ſo kann er
ich auf dieſe Art offenbar werden. Dieſes iſt
n dem Auslaugen mit kalten Waſſern geſagt,
s, welches mit warmen, heiſſen oder auch ſie-
nden Waſſer geſchiehet, zeiget zwar gantz ande-
Umſtände, allein, da es nicht ſo naturgemäß als
s erſtere, ſo wollte ich einem fleißigen Unter-
cher letzteres nicht eher anrathen, bis er durch
ſteres ſchon eine mehrere Erkundigung eingezo-
n hat. Es iſt auch das Sublimiren des Arſenics,
ſonders aus einer rohen Erde, nicht zu rathen,
s man deſſen aus andern Vorfällen ſchon ver-
hert iſt, vielweniger iſt, wenn auf ſolche Art
chts erfolgen ſollte, zu ſchlieſſen, daß auch kein
rſenic vorhanden ſey, denn der Arſenic läßt ſich
n andern beigemiſchten Weſen halten und bin-
n, daß er alsdenn nicht aufſteiget. Aus dieſem
erſuche muß ich ſowohl, als aus vielen andern,
    mehrerer und reifferer Uberlegung anführen,
ie es doch komme, daß der Arſenic faſt allezeit in
nen Ertzten mit etwas Vitrioliſchen vermiſcht
id vielleicht gar gebunden ſey? Man wird hier-
is eine Erkenntnüs der Urſache von der ihm ſo
ft ſchuld gegebenen Unart erhalten, und viel-

Ll 5   leicht

leicht keinen so bösen Buben an ihm selbst finden, als er von vielen ausgeschrien wird. Übrigens kommt mir die Mergel=Erde vieler andern Um= stände wegen vor, als ob sie eine rechte Behausung und fast gar eine Ertzt=Mutter des Arsenics sey, die nur alsdenn dieses nicht seyn wird, wenn sie an einem Orte liegt, wo sie damit nicht angeschwän= gert werden kann, oder, da sie von der obern Tage= Lufft und der Sonnen=Wärme so ausgetrucknet worden, daß sie zur Empfängnüs nicht geschickt ist. Des Herrn Berg=Raths Meinung, daß in gegenwärtiger Mergel=Erde der Arsenic nur zu= und eingeschwemmet worden, bleibet dessen ohn= geachtet in ihrem Werth, maßen er solches aus de= nen Stein=Splittergen vermuthet hat. Wenn wir künfftig in mehrern Mergel=Erden allezeit Spat und Arsenic beisammen finden, hingegen den Quärtz nicht antreffen sollten, so könnte es zu mehrern Urtheilen und Wahrheiten Anlaß geben, davon aber im voraus ungewisse Vermuthung beizubringen, einem Naturforscher eine Schande wäre. Mit mehrerer Gewißheit könnte zwar noch vieles von dieser mineralischeu Erde ge= saget werden, allein es läufft nicht in die Me= tallurgie, und gehöret folglich nicht hierher.

Ande

Anderes Stück.

Von dem gegrabnen Bernstein im Churfürstenthum Sachßen.

Von Ihro Königl. Majestät, meinem allergnädigsten Herrn, ist mir in abgewichenen Jahre anbefohlen worden, daß ich den gegrabenen Bernstein, welcher bey Schmiedeberg, ohnweit Torgau in dem Amte Pretzsch gelegen, nur neulich entdecket worden war, untersuchte und dessen Natur-Geschichte und Beschaffenheit beschriebe; daher habe ich den Geburts-Ort selbst besehen, und die umliegende Gegend wohl betrachtet, ich habe auch selbst welchen ausgegraben, so viel ich wegen des einschiessenden sandigen Bodens, und da die getriebne Tage-Lösche auch einzugehen drohete, gekonnt habe: Ich habe dieses vor würdig gehalten, daß es nicht nur meinem Vaterlande zu Ehren, sondern auch die Mineral-Histoie zu vermehren, öffentlich bekannt gemacht, und daraus gründliche und nütz-liche Wahrheiten gefolgert würden.

Die Gegend, darinnen der Bernstein gefunden wird, ist eben, und nur ein wenig hier

hier und da angehöhet. Der Boden bestehet aus Tripsand, welcher grosse und kleine
Kiesel; auch öffters Hornsteine schichtweise
in sich hält, auf zwey, drey und mehr Lachtern tief lieget, doch aber an einigen Orten
sich also verliehret, daß eine andere Art
Erde, oder Erd-Geschiebe hervorstehet,
wie denn unter andern gegen Schmiedeberg zu, eine rothe Eisen-Erde, und auch
ein Schlich von dergleichen Eisenstein am
Tage gefunden werden. Das Erdlager,
welches darunter liegt, ist von mir sumpfigt,
bituminös, vitriolisch und alaunigt befunden worden; es gehet sehr weit in die
Länge und Breite fort, welches die Vitriol-
und Alaun-Siedewercke, die zu Schmiedeberg, Trossen und Düben angeleget, und
etliche Meilen weit von einander sind, bezeigen. Von dieser schwefligt-metallischen,
und schwefligt-kalckigten Erdlage kömmt
auch derjenige Vitriol her, welcher sich
oben in der sandigten Erdlage zeiget, oder,
welches besser, er wird von denen Anhöhen
durch die Tage-Wasser, welche ihn auflösen,
herab geschwemmet.

In diesen Sand werden besonders zwey
gantz deutlich unterschiedene Erdlagen
durchsuncken, welche zwar beide sandigt
sind,

ind, davon aber die oberste in gantz kleinen
Stückgen von einer holtzigten, oder doch
wie Holtz gestalten, bituminösen, schwärtz-
igten Substantz, wie sonst der alaunhäffti-
ge Erdboden gemeiniglich ist, bestehet; die
unterste ist eine graulich-grünlichte, vitriolische Erde, und das Misy derer Alten.
Diese beide Erdlagen steigen und fallen auf
gleiche Weise, wie es sonst von denen Flötzen
und flach fallenden Ertzt-Gängen bekannt
ist, nicht eben, daß sie sich sonderlich stürtzten,
aber sie fallen doch schief, daß das Hengende
und auch das Ausgehende offt gleich unter
dem Räsen gefunden wird; Ihr Fallen ist
vornehmlich vom Dorffe Groswick, gegen
Reinhardsdorff zu, und also aus dem Mit-
tag gegen Mitternacht.

Alle diese bemeldete flötzige Erdlagen
haben ohne Unterscheid in ihrem Liegenden, oder unten auf der Sohle, den Bernstein bey sich, so viel ich nehmlich (wegen bemeldeter Hindernüsse) selbige untersuchen
können: Es wird aber derselbe nur einzeln
und in Stückgen wie die Bohnen, selten
wie die Welschen-Nüsse groß gefunden, er
henget niemahls an einander, ist aber auch
nicht an seinen Seiten abgerieben, und in
übrigen also beschaffen, daß man schwerlich
glauben

glauben kann, wie er durch Uberschwem-
mungen hierher geführet sey, sondern es
scheinet vielmehr, daß dessen Erzeugung an
dem Orte, wo er gefunden wird, auch vor
sich gegangen sey.

Dieser Bernstein ist an Farbe meistentheils Hyacinth- und goldfärbig, selten aber
Milch-farben, dergleichen man in Preussen
Komst wegen der Aehnlichkeit mit denen
Kraut-Häupten nennet; Kurtz, es ist ein
wahrer Bernstein, welches mich 1) das
saure Phlegma, 2) das gelblichte Oel, 3)
das brenntzligte Oel, 4) das flüchtige saure Saltz, 5) und die überbliebene Asche
vermittelst der Destillation gnugsam gelehret haben.

Die sandigte vitriolische Erde stehet
sonder Zweifel mit denselben in einer genauen Verwandschafft, ob es aber die
Mutter oder die Schwester sey, ist noch
nicht deutlich genug. Die holtzigten Stückgen, welche bey dem Bernstein gefunden
werden, könnten allerdings, als deutliche
Zeugen des Pflantzen-Reichs, der vorgemeldeten Erde den Nahmen einer Mutter
mit vielem Scheine zweifelhafft machen,
und sich denselben zuschreiben; Da die Fettigkeit des Bernsteins nicht undeutlich einer

ner Pflantzen-artigen Beschaffenheit zu
seyn scheinet, und vor gewisser zu halten ist,
daß die hier verschütteten Holtz-Stückgen
eher, als der Vitriol und Alaun, vor dem
Bernstein schon da gewesen sind, auch endlich dieser unser Bernstein gleich in der
Nähe und neben dem Holtze, daß sie auch
einander berühren, nicht selten gefunden
wird.

Es findet also hier die Frage statt: Ob
der Bernstein mit dem Vitriol und Alaun
zugleich entstanden ist, oder ob eines von
den andern, nehmlich dieses Erdwachs von
bemeldeten Saltzen, unter welchen es sich
befindet, seinen Ursprung herleite? Denn,
wenn gleich zwey Dinge in der Erden bey
und neben einander gefunden werden,
oder, welches noch deutlicher, ob auch eines
in dem andern enthalten ist, so kann doch
hieraus noch nicht nothwendig geschlossen
werden, daß eines dem andern unterord-
net, oder von ihm abstammend sey, welches
ich schon offt nachdrücklich erinnert habe.
Wenn ich unterdessen hiervon etwas angeben sollte, so wollte ich wohl sagen, daß der
Kieß, mein unter allen Ertzten oberster und
hochgeehrtester Kieß, vor dem man allezeit
den Hut abnehmen sollte, auch hier der
Zeuge-

Zeuge=Vater des Bernsteins sey, maßen
dieser, in Ansehen sowohl seines Sauern,
als seiner brennlichen Erde mit dem Schwe=
fel nicht eine geringe Gleichheit und Aehn=
lichkeit zu haben scheinet. Es ist ia der Kieß
eben so von dem Vitriol und Alaun die
Zeugungs=Ursache, da er bey erstern nach
zweien Stücken, nehmlich nach dem sauern
und metallischen Bestand=Wesen, bey dem
andern aber nur nach seinen Sauern hin=
zutritt. Denn, gleichwie dieses in andern
und beiliegenden Dingen angemercket und
befunden wird, daß ein Baum verschiedene
Früchte, oder vielmehr eine Erde verschie=
dene Bäume träget, da nehmlich der Kieß
nicht nur Vitriol, sondern auch Alaun zeu=
get; Also kann es auch nicht so verwunder=
lich scheinen, daß das Schwefel=Saure
nebst desselben Fettigkeit, nachdem es durch
gewisse Umstände anders und anders be=
stimmet wird, in eine andere Art derer
gemischten Corper übergehe. Diese Mei=
nung könnte durch eine sehr merckwürdige
Stuffe nicht wenig wahrscheinlich und an=
sehnlich gemacht werden, es ist selbige zu
Hartzgerode in einem Ertz=Gange gefun=
den worden, welcher ein wahrhafftiges
Stücke weißlicher Bernstein angewachsen
ist,

l, das ich nebst andern in meiner Sammlung habe.

Auch darff mich kein Mensch davor ansehen, als ob ich vor den Kieß so sehre eingenommen sey, daß ich auf desselben Untüglichkeit, wie jener Artzt auf seine Pillen,
einen Eyd ablegen wollte; Nein, mir liegt
nichts daran. Da ich im übrigen von
dem Bernstein bey anderer Gelegenheit
geschrieben, daß derselbige gantz in Spiritu
Vini könne aufgelöset werden, und jemand
durch seinen dargegen bezeigten Zweiffel
mich zu einer billigen Vertheidigung aufgebracht, so werde ich vorietzt, um die Verwandtschafft des Bernsteins mit dem Vitriol-Sauern zu erleutern, angetrieben
öffentlich zu melden, daß dieses Vitriol-
Saure eben dasienige sey, welches bemeldete Auflösung befördern hilfft. Das übrige müssen die Handgriffe geben.

Endlich lasse sich es niemand ein Wunder deuchten, daß der Bernstein gegraben
werde, denn er ist ein wahrhafftes Mineral,
und schon überall bekannt, daß er an den
meisten Orten des festen Landes ausgegraben worden sey. Viel eher ist dieses einer
Untersuchung werth, woher derselbe an die
Meer-Küsten in Preussen komme und an

Mm ge

geſchwemmet werde, vornehmlich, wie es
zugehe, daß er flüßig ſey, durch was vor ein
Mittel er in dieſen Stand gebracht worden, da er ſonſt nirgends flüßig gefunden
wird, und doch der Preußiſche Bernſtein
durch die in ihm eingeſchloßnen Würmer-
gen und andere fremde Dinge gnüglich be-
weiſe, daß er flüßig geweſen ſey. †

Anmerckungen.

Voritzt will ich mich nicht mit denen natürlichen Beſchaffenheiten des Bernſteins aufhalten, es ſind ſelbige ſchon von vielen geſchick-
ten Männern, dem Bartholino, Hartmannen,
von Sanden, von Franckenau und Borello theils
nach unterſchiedlichen Abſichten berühret, theils
in kurtzen Abhandlungen beſchrieben worden.
Die neueſte und vollkommenſte Arbeit hiervon
iſt des Herrn D. Sendels Hiſtoria Succino-
rum, welche 1742. in Fol. ans Licht getreten,
darinnen beſonders die vortreffliche Sammlung,
welche ſich hier zu Dreßden in denen Königl.
Gallerien befindet, beſchrieben, und mit prächtigen Kupffern erleutert iſt. Die natürlichen
Betrachtungen hat bemeldeter Herr Doctor in
ſeiner Electrologie, die ſeit 1725. in eintzeln
Miſſis

† S. Vol. IV. Act. Phyſ. med. obſ. 81. p. 313.

Misſis ausgegeben worden, abgehandelt. Hieran
kann ſich ein Liebhaber vollkommen vergnügen.
Ich will vorietzt nur etwas aus der Sächßiſchen
Hiſtorie beibringen, welches die Natur-Geſchich-
te unſers Sächßiſchen Bernſteins erleutern kann.
Die Gegend, wo ſelbiger gefunden wird, iſt ſehr
ſandigt und doch auch theils moraſtig, alſo, daß
das Erbreich da herum mehr als einmahl gebrannt hat.   In Herrn Caſpar Schneiders,
Bürgemeiſters zu Dommitzſch, Chur-Sächß.
Chronicke, welche bis dato nur noch in Manu-
ſcript zu ſehen iſt, finde ich unter der Beſchreibung von Schmiedeberg folgendes: Anno 1669.
iſt beym trocknen Sommer ein Berg und Moraſt
hierbey, gegen den Diebeniſchen Wege und Dorff
Morſchwitz im Majo brennend worden, und hat
viel Wochen ſtarck gebrannt, dahero des Nachts
in beſchwerlicher Dampff und Geſtanck entſtanden, alſo, daß viele Leute davon groſſe Haupt-
Beſchwehrung bekommen, biß im Herbſt das
Feuer ſelbſt wieder verloſchen.   Anno 1680.
als die Peſtilentz hier und dar graſſirt, hat man
gedachten Berg, um Abwendung böſer Lufft,
wiederum angezündet. Ao. 1684. im Sommer
fieng der Anger zwiſchen der Stadt und dem
Dorffe Patzſchwig mit Feuer an, und brannte
theils Orten in die 2. Klafftern tief in die Erde ꝛc.
als es der Winter löſchte. Dieſes 1669. ent-

Mm 2   ſtandne

standne Feuer, hat M. Simon Fried. Frentzeln
zu Wittenberg veranlasset, eine Disputation da=
von A. 1673. zu schreiben. Er meldet in der vor=
gesetzten Historie, daß das Feuer vierzehn Tage
nach Ostern angegangen, und rechte Löcher und
Hölen in die Erde gebrannt habe; auch als man
durch Vorsorge des Stadt=Raths einen Gra=
ben gemacht, und aus dem nächsten Teiche das
Wasser dahin leiten wollen, um den Brand zu
löschen, so sey dieser dadurch nur noch stärcker ge=
worden, und das Feuer sey recht dem Wasser
entgegen und in den gemachten Graben gegan=
gen; das Zugegoßne und Regen=Wasser habe
mit Blasen und einem weissen Schaume auf die=
ser Erde gekocht; Die übrig gebliebene Asche ha=
be mancherley Farben gehabt; Wenn man in
diesem Feuer gestüret, so sey es in Flammen
ausgebrochen; und endlich sey ein unangeneh=
mer sauer=riechender Rauch darauf erfolget, der
denen Einwohnern in Schmiedeberg Kopff=
Schmertzen verursachet. In eben dieser Schrifft
wird aus P. Albini Meißn. Berg=Chron. p.
158. gemeldet, daß es daselbst auch vor dem 1590.
Jahre, desgleichen 1632. gebrannt habe. Mag.
Theod. Kirchmeyer, welcher eher hätte sollen
angeführet werden, hat in eben dem 1669. Jahre,
und da der Brand noch fortgedauret, ebenfalls
eine Disputation hiervon gehalten, er führet
auch

uch Albani Berg-Chronicke und zwar des
t. Tit. p. 188. an, welches auch richtiger, als
origes zutrifft, das Jahr 1590. setzet er, um
niger maßen eine Zeit zu bestimmen, weiln die
Berg-Chronicke nach seiner Meinung selbiges
Jahres zuerst gedrucket worden, es soll aber auch
ne ältere Ausgabe in 4to Wittenb. 1580. vor-
anden seyn. Gedachter M. Frenzel meldet
brigens zu Ende des 2. Cap. daß man diese
rde zu Dreßden mittelst der Chimie untersu-
het, und 1) daraus ein Schwefel-Oel destillir-
t habe, welches von einem nahe kommenden
rennenden Lichte die Flamme geschwinde ge-
nigen habe; 2) ein gewisser säuerlicher Spirt-
us sey auch daraus gebracht worden; 3) nach
em destillirten Oel sey ein Harz übrig geblieben;
Man habe ihm dieses zugeschickt, und dabey ver-
chert, daß man eben dergleichen bey Bearbei-
ung eines auf gewisse Art aufgeschloßnen Bern-
eins befinde. Diese Zeugen-Aussage ist nun
rntz gut, allein ich muß noch zwey andre dies-
alls anführen: M. Thom. Irrigius de mon-
um incendiis, Sect. I. c. 11. p. 140. erzehlet
ese Geschichte auch mit eben den Umständen,
ie sie Kirchmeyer beschreibet, allein er führet
uch den Leipziger Professor Langen de ther-
nis Carolinis an. Dieser schreibt in 2. Cap.
aß zu seiner Zeit und vor der Ausgabe seines

Buches;

Buches, also noch vor 1669. vor wenig Jahren bey einer besonders starcken Sonnen-Hitze, nachdem vorher ein kleiner Regen gefallen, von freien Stücken diese Gegend angebrannt sey rc. Wenn wir nun alle diese Nachrichten zusammen halten, so will zwar Albinus, daß das Feuer in älteren Zeiten durch Verwahrlosung entstanden sey; es ist auch dieses möglich, weiln, nach Schneiders Bericht, die Schmiedeberger die Gegend 1680. gutwillig wiederum angestecket haben; Allein des Prof. Langens, als eines guten Chimistens Aussage ist viel zu wichtig, als daß wir hierauf nicht unsre Betrachtung wenden sollten. Nach einem vorhergegangnen schwachen Regen soll die Sonnen-Hitze dieses Feuer einstmahls erreget haben: Was können wir hier anders, als eine Vitriol-Erde vermuthen? wo sollte aber diese wohl hergekommen seyn, wenn nicht ein Kieß, welcher verwittert, vorher da gewesen? Wenn wir auf einen calcinirten Vitriol Wasser giessen, so ist die Erhitzung so starck, daß man die Hände nicht am Gefäße leiden kann; Hier ist ein gleicher Fall, welcher durch die von M. Frentzeln angeführte Anstalt des Schmiedebergischen Stadt-Raths vollkommen erleutert wird. Allein der Vitriol möchte gleichwie der Kalck, manchen noch zu schwach scheinen, ein solches Feuer anzurichten, dieses ist auch richtig und giebt eben

eine

ine gar grosse Vermuthung, daß auch etwas fet-
iges, das im Brennen lange anhalten kann, müs-
e in und bey dem Vitriol gewesen seyn. Es muß
lso ein gantz besonders kiesigtes Mineral da her-
m befindlich seyn, welches mehr und stärckere
chwefeligte Fettigkeit, als andere Kiese, mit sich
ühret, es muß auch auf andere Art verwit-
ern, also, daß es seine Fettigkeit meistentheils
ey sich behält. Endlich giebt M. Frentzel mit
er Beschreibung von denen chimischen Stücken
ieser Erde, und daß man aus Bernstein der-
leichen bereiten könne, eine ungemeine Nach-
icht, welche nicht nur die Meinung des Herrn
Berg-Raths, daß der Kieß und Bernstein nahe
Anverwandten sind, sehr schöne bekräfftiget, son-
ern uns auch weiset, wie aufrichtig der Herr
Berg-Rath, am Ende dieser Untersuchung, die
Auflösung des Bernsteins, mittelst des Vitriols,
ns lehren wollen. Denn ein schlechtes Schwe-
el-Oel ist es nicht gewesen, davon M. Frentzel
edencket, ein solches könnte nicht wie Naphta
der Stein-Oel brennen, und also muß es zwar
ine mit einem Sauern verbundne Fettigkeit seyn,
ie sich aber von Sauern nicht also ergreiffen
assen, und erhartet ist, wie es in gemeinen
Schwefel geschiehet. Kurtz, es ist wahrscheinli-
her Weise die Verwitterung eingefallen, und hat
ie festere Verbindung entweder zerstöhret, oder

ver-

verhindert. Da ich ſo ein Liebhaber der Verſuche von der Verwitterung bin, werde ich
nicht unterlaſſen, dieſfalls einige anzuſtellen;
es verdreußt mich nur, daß ſolches noch nicht
geſchehen, und ich, meinem Leſer ietzt mehrere
Gewißheit hiervon zu geben, nicht das Vergnügen haben kann. Es wird ſonder Zweifel
durch genauere Uberlegung dieſer Umſtände auch
ein Weg bekannt werden, wie der Bernſtein,
durch eine Aneignung mittelſt des Vitriols,
auch in der Medicin mehrern Nutzen bringen
könne. Sollte ich mir aus dieſer Brand-
Geſchichte einen Weg vor einen vorzunehmen-
den Verſuch vorſchreiben, ſo würde ich ſuchen
den Vitriol und den Bernſtein, wo möglich,
trocken und ohne Zutritt der äuſſerlichen Lufft
zu verbinden, oder, ſo dieſes nicht möglich
wäre, doch nicht eher zur Ausſcheidung ſchrei-
ten, bis ich beide vörher zuſammen in einem
rothen, trocknen, erdiſchen Gemenge hätte, damit ich mich hierinnen der Natur ähnlich ver-
hielte. Allein, alles zu verſuchen, iſt vor eine
einzelne Privat-Perſon nicht möglich, gnug, ich
will Kieß und Bernſtein mit einander verwittern
laſſen, und hierzu finde ich auch ſchon eine gewiſſe
natürliche Aneignung zwiſchen beiden, da ich mir
denn einen guten Ausgang um ſo viel eher ver-
ſprechen kann. Dieſes läufft in mein Vorhaben,

en, das andere will ich denen Herren Medicis
berlassen. Ich weiß zwar wohl, daß auf
iese Weise die Erzeugung des Bernsteins selbst
och nicht entdecket wird, allein, man muß
och von denen Bestandwesen, von ihrer Mi-
hung, und wie sie alsdenn in gemischten
Stande aussehen, einige deutliche Begriffe be-
ommen; endlich lernet man immer nähere We-
e zur Erzeugung, und rohe Materien, die in
inem gantz unansehnlichen Zustand sich befinden, erkennen und gebrauchen, welches
überhaupt eine noch sehr verborgne
Wissenschafft ist.

Drittes

Drittes Stück.

Von dem wahrhafften Sächßischen Topas, welcher dem orientalischen nichts nachgiebt.

Dieser gantz gewiß unvergleichliche Edelstein machet einen Berg im Voigtlande, welcher der Schnecken-berg genannt wird, und bey dem Thale Täp-neberg, zwey Meilen von der Stadt Auer-bach lieget, sehr berühmt. Auf dem Gipf-fel dieses Berges, der sich nach und nach sänfftlingen in die Höhe hebet, stehet ein Felsen wie ein Thurm heraus, der da von seinem Fuß oder von der Erden an, die doch wegen der abgebrochnen Felsen-Stücken ziemlich hoch angeschüttet ist, ohngefähr ein 80. Schuch hoch ist, die unterste Breite desselben ist dreimahl so viel als die Höhe. Dieser Felsen ist von einer gantz besondern Beschaffenheit, weder kieselsteinartig, noch sandhafftig, noch mergelartig, noch schieffer-hafft, am wenigsten von einer solchen kie-seligt-glimmerartigen Mischung, wie ge-meiniglich unser hiesiger Felsenstein zu seyn pfleget, sondern er ist gantz was anders, dergleichen ich sonst nirgend gesehen, von

einem

nem vor allen andern harten Gestein, und
s besonders sehr scharff ist.

Dieser Felsenstein ist wegen der unzeh=
h vielen kleinen Löchergen kenntlich, in=
m er wie ein von Maden durchfahrner
äse aussiehet. Die Hohlungen sind mit
einen würcklichen Crystallen besetzet, wel=
e öffters unter sich, bald auch neben sich
ie Topasen ebenfals in diesen Höhlen ha=
en. Daher sind die Topasen obenher frey,
nten aber an das Gestein angewachsen,
cht aufrecht, wie die Crystallgen, stehende,
ndern, daß sie bald flach, bald schief liegen.
m übrigen findet man selbige mit einer
lerzartesten Erde, die von einer bräun=
hten Farbe, auch bisweilen etwas blasser
t, am untersten Theil oder ihren Fuß um=
eben, ia bisweilen sind sie auch gantz und
ir hinein gewickelt.

Etlichemahl habe ich sie um und um
ß, und von allen Seiten gantz abgeflächt
funden, wie von denen Zinn= und Zwit=
r=Graupen auch dem Kiese bekannt ist,
lein sie sind allezeit am untersten Theil
gebrochen gewesen. Es ist dahero falsch,
ß dieselben wie die Kerne in denen Scha=
n stecken sollen, doch wenigstens kann man
durch eine gewaltsame Zerbrechung oder

starcken

ftärcken Schlag leichte ausheben und von
einander bringen; weiln sie nicht so tief,
wie die Crystallen im Gestein stecken, sondern mit obenher fest aufliegen, auch eine
leicht zerspringliche Zusammenwebung ihrer Theilgen, als welche blättrigt sind, haben. Daher sind sie auch meistentheils gegen das unterste Ende zu trübe, in der
Spitze aber sind sie helle, oder doch heller
als unten, wie wir solches auch bey denen
Crystallen antreffen.

Die Topasen haben ein blättrigtes Gewebe, sind aber dabey nicht so weich und
leicht zu zerreiben, wie es von denen sogenannten Flößen bekannt ist, die wegen ihrer Farbe denen Amethysten, Hyacinthen,
Saphiren und Smaragden ähnlich, und
mit einem Wort selenitisch sind. Sie sind
in Wahrheit recht sehr feste, und so zusam-
menhaltend, daß sie der Art der Edelgesteine vom ersten Range, dergleichen der
Diamant und Saphir sind, nahe beikommen; Daher sie denn auch ein rechtes Licht
spielen. Der Affter- oder Böhmische Topas, welcher nichts anders als ein schwärtzlich und schwach gefärbter Crystall ist, und
in denen Ertzt-Gängen, besonders in Zinn-
Gebürgen häufig gefunden wird, ferner
der

der Berg-Crystall selbst, unser hiesiger
Amethyst, diese haben nur eine glaßigte
und eißhaffte Durchsichtigkeit. Wenn
aber eine rechte Zurückwerffung der Licht-
Strahlen, und ein daher entstehendes Spielen und Funckeln in denen Steinen seyn
soll, so müssen sie in ihrem Gantzen fest an
inander haltend, und eine gleichsam zusammen gestandene Flüßigkeit seyn, die
aus lauter kleinen Blättgen versetzet ist,
und aus sehr vielen gantz zarten Theilgen,
die auf einander liegen, bestehet.

Ihre äusserliche Gestalt stellet sich prismatisch vor, von vier ungleichen Seiten und
stumpffen Ecken, also, daß niemahls mehr
als eine Ecke spitzig ist. An der Spitze sind
sie flächer, und haben daselbst auch stumpffe
Winckel, welche aber doch ungleich sind, wie
die Diamanten, wenn sie gut spielen sollen,
geschliffen werden. In diesem Stücke, wie
ich, was die Blättgen, das schiefe, ja gantz
liche Lager anbetrifft, habe ich einen orientalischen Smaragd gesehen, der diesen To-
sen gantz gleich war.

Daher sind sie öffters länger, als sie breit
sind, besonders die kleinern sind nicht selten
auch einmahl so lang als breit; Doch sind
auch etliche, wenigstens von einer Seite
breiter,

breiter, als fie lang find, ja fie find daher bisweilen fo kurtz, daß die oberfte Spitze faft
noch im Geftein ftehet, und es berühret.

An der Farbe find fie gelblich, gemeiniglich wie ein blaffer Wein, doch niemahls
gantz und gar weiß. Der recht gelbe Topas
ift fchon feltner, und fpielet unter allen am
fchönften, welcher weit eher, und mit mehrern Recht ein Chryfollth könnte genennet
werden, als der neue fo genannte Chryfo-
lith, der nichts weniger als gold-gelb, fondern gelb-grünlicht fchimmert.

Uberhaupt der Topas ift ein Edelftein,
der nicht nur in unferm Vaterlande, fondern auch in vielen Königreichen, keinen
feines gleichen hat, dergleichen ich nicht ge-
fehen, auch nicht von andern befchrieben
gelefen habe. Die Ausländer kennen ihn
beffer als die Einwohner. Er wird vor
einen orientalifchen Topas verkaufft, und
von feinen Landesleuten felbft davor be-
zahlet.

Wenn einer wegen derfelben Urfprung
fich in eine Unterfuchung einlaffen will,
mag er dabey vornehmlich bemercken, 1)
daß unfer Topas mit der Art und Befchaf-
fenheit feines Felfenfteines, darinnen er
ftecket, in einer Gleichartigkeit ftehe, zum
wenig-

vehigsten bomselben weit näher belkom-
ne, als der mit beiliegende Cryſtall; Denn
dieſer Felſenſtein taugt ſehr wohl, dieſen
Edelgeſtein zu ſchneiden, und zu poliren,
gleichwie der Diamant den Diamant
ſchneidet. 2) Daß der dabey befindliche
Berg-Cryſtall ein durchſichtiger Kieſelſtein, ia faſt dergleichen ſelbſt in ſeiner Art
ey, daher er von dem Topas weit unterſchieden iſt, welches auch die Unterſuchung
m Feuer beſtätiget, in welchem dieſer (der
Topas) ſehr ſchwer zu verglaßen iſt, und viel
her zu einem Kalck zu werden ſich anläſſet.

Was ich in dem Tractat vom Urſprung
er Steine vorgetragen habe, dieſes muß
h unverändert hier wiederhohlen: Nehm-
ich, eben auf die Weiſe, wie die Saltze aus
iner Flüßigkeit in mathematiſche (d. i. ab-
emeßne und verzeichnete) Cörper zuſam-
ien ſich begeben, ia, wie verſchiedene
Saltze neben einander in verſchiedene Ge-
alt nach und nach gehen, gleichermaßen
t ſehr wahrſcheinlich, daß dieſer Edelſtein
ben alſo entſtehe. Sich einen auskeimen-
en oder aufwachſenden Urſprung hierbey
orzuſtellen, iſt wohl am allerſchwerſten.
lus einem Erdboden können zwar verſchiedene Bäume hervor wachſen, allein ein

Saamen

Saamen läßt nicht verschiedene Früchte aus sich erzeugen. Der Felsenstein ist hier gleichsam ein Acker von einer einzigen Art; Aber der Topas und der Berg-Crystall sind von einander Himmel-weit unterschieden. Ich will die vielen Zweiffel nicht anführen, die verursachen, daß man bey der Stein-Erzeugung nur denen Corallen im Meere, und einer gewissen Art Beinbruch, das Auf-wachsen zugestehen kann.

Ob die umher befindliche Mergel-Erde, die auch bisweilen gantz über und über lie-get, dem Topas die Farbe gegeben habe, bin ich nicht eher gewiß zu bestimmen ge-halten, bis folgende Fragen mir beantwor-tet sind. Nehmlich: Ob die Mergel-Erde der Zeit nach eher als der Topas da gewe-sen sey? oder, ob sie mit demselbigen erstlich und zugleich hier entstanden sey? oder end-lich, ob sie, da der Topas schon vollkommen da gewesen, in diese Höhlen oder Drusen sich eingesintert, und also hinten nach darzu gekommen sey? Das letzte will mir unter allen am wenigsten gefallen, weiln die ne-ben bey liegenden Crystallen davon keine Farbe bekommen haben, womit sie doch, wenigstens äusserlich, hätten sollen angefär-bet werden. Die zweite Meinung hat einigen

nigen Schein vor sich, da denn diese Mergel-
Erde in die allerzärtesten Ritzgen des Edel-
steins eingetreten wäre, welches also nicht
undeutlich anzeiget, daß schon da, als der
Edelstein zarte gewesen, die Erde zugegen
gewesen sey. Welcher die erste Frage zu
bejahen Lust hätte, der würde gewiß einen
sehr schweren Beweiß zu führen schuldig
seyn, der auch nicht einmahl, wenn er schon
geleistet, eine Folge daraus zu ziehen, gnug
seyn möchte. Denn, was ich schon gesagt,
mehrere Dinge, die sich neben einander befinden, müssen nicht eben eines des andern
Ursache seyn, sondern sie haben öffters eine
gemeinschafftliche, auch bisweilen eine andere Grund-Ursache. †

Anmerckung.

Was die Natur-Geschichte des Topases anbetrifft, so hat sie sonder Zweiffel, der Herr
Berg-Rath sehr wohl und ordentlich in dieser
Abhandlung beschrieben, da er als ein Königlicher
Commissarius deren Beschaffenheit zu untersuchen verordnet worden. Die Natur-Lehre
aber vom Topas in ein völliges Licht zu setzen,
ist

† S. Vol. IV. Act. Phys. med. obs. 82. p. 316.

N n

iſt ihm in ſo weit unmöglich gefallen, da man
alle hierzu gehörigen Umſtände nicht ſo gleich
dieſen Edelſteinen anſehen, oder errathen kann.
Vielweniger werde ich davon vieles anführen
können, da ich zwar rohe Topaſe gnung geſehen,
und ſelbige ſo, wie ſie der Herr Berg-Rath beſchreibet, geſtaltet befunden, allein an dem Orte
ſelbſt, da ſie gefunden werden, niemahls geweſen bin. Unterdeſſen müſſen wir uns, was die
Lehre von dem Urſprung der Topaſen anbetrifft,
mit ſparſamen Bemerckungen in der Natur,
und mit eintzeln Verſuchen durch die Kunſt,
ſo lange behelffen, bis wir einen Zuſammen-
hang darinnen finden, und endlich richtige Folgen machen können. Es iſt mir nur vor wenig Tagen bey einem Verſuche ein Umſtand vorgekommen, der mir vieles Nachdencken verurſachet hat. Eine Minera, die ſowohl die glaßachtige als kalckigte Erde gewiß in ſich hält, hat
mir einige cryſtalliſche Steingen ſehen laſſen,
ohngeachtet ſelbige eigentlich in keinem flüßigen
Weſen, wie die Saltze im Waſſer, war enthalten worden, folglich auch keine ſolche eigentlich
Saltz-artige Cryſtalliſation hatte geſchehen können. Ich kann aber dieſen Verſuch nicht umſtändlich herſetzen, weil ich ihn nicht in der Abſicht angeſtellet, um von der Stein-Erzeugung
eine Wahrheit zu entdecken; ein einmahl ange-
ſtellter

stellter Versuch auch noch nichts beweisen möch=
te, und ich erst aus wiederhohlten mahlen er=
kennen muß, ob ein Zufall oder unbekannter
Umstand hierbey etwas gethan haben. Unter=
deſſen muß ich zu eines ieden Liebhabers eigner
Überlegung ſo viel ſagen: Es iſt wahr, daß die=
ienigen cryſtalliſirten Steine, welche in recht ab=
gemeßnen Seiten, Ecken und Spitzen aufrecht
gefunden werden, eine große Gleichheit mit de=
nen Saltz=Cryſtallen haben; und daher die
Theorie, welche ich im andern Tractat, in der
Anmerkung zum 234. §. pag. 519. vorgetragen,
noch beſtändig von mir vor höchſt wahrſchein=
lich geholten wird. Es iſt aber auch richtig, daß
die Edelſteine der erſten Ordnung, niemahls ſo
genau geometriſch cryſtalliſiret, und mercklich
angſpißig angetroffen werden, überdieß, wel=
ches ein Haupt=Umſtand, allezeit in einer Erde,
die bisweilen auch verſteinert iſt, eingehüllet,
und damit bedecket gefunden werden. Dieſe
Erde ſcheinet bey einer eigentlichen ſaltz=artigen
Cryſtalliſirung hinderlich zu ſeyn, denn man fin=
det die cryſtalliſirten Steingen mitten in und
unter der Erde, welche aber vielmehr, bey einer
ſaltz=artigen Cryſtalliſirung, oben auf der Erde
ſich anſetzen, ia dieſelbige in dem Fuß des Cry=
ſtalls mit einnehmen müſten.

Nn 2 Was

Was die Frage, wegen der gemeinschafftlichen Farbe der Mergel-Erde und des Topases
selbst anbetrifft, so werde ich mich nicht so ver-
gehen, darinnen einen Ausspruch zu thun, andere
historische Nachricht davon zu geben, ist mir auch
unmöglich, da der Küster auf dem Schnecken-
berg sein Tauff-Register nicht richtig gehalten,
und, wenn die Steine und Erben gebohren worden, aufzuschreiben vergessen hat. Allein, das
Jus primogeniturae bey Seite gesetzet, es können andere Bemerckungen hierbey nicht unbien-
lich seyn. Dergleichen ist, daß ich befunden,
wie die Mergel-Erben gerne die Farben aus den
Steinen, Ertzten und Mineralien an sich nehmen. Es beobachte es nur ein Liebhaber, wenn
er sich nach denen Steinen umsiehet, und er wird
gar öffters finden, daß, wenn ein Stein, der besonders aus verschiedenen Arten bestehet, in einer Mergel-Erde und am Tage lieget, diese von
selbigen, so weit sie ihn berühret, gefärbet sey.
Besonders geschiehet es, wenn der Stein eisenschüßig ist, welcher alsdenn, nachdem er feste
gemischt, die mergelhaffte Erde blau oder roth
färbet. Auch so gar der gemeine Thon nimmt
die Farbe an, und ist mir bey einem Versuche,
da ich ein eisenschüßiges Gemenge auf einen
feuchten blatten Thon-Kuchen geleget und ausgebreitet, derselbige schön dunckel blau gewölcket
daburch

daburch geworden, welche Mahlerey nicht nur
auf der Fläche, sondern ziemlich tief eingedrun=
gen war.   Viele derer Marmorsteine selbst leh=
ren uns durch ihr Ansehen, daß sie nicht aus so
vielerley Erden zusammen vermenget sind, als
selbige sich mit Farben zeigen, sondern es ist eine
Erde, die den gantzen Marmor ausmachet, offte
nur verschiedentlich gefärbet worden.   Also kann
eine Auswitterung gar wohl die Ursache von ei=
nigen Farben in theils Steinen und Erden seyn,
ob sie es aber auch bey dem Topas und der gelben
Mergel-Erde sey, wollte ich gar bald durch Ver=
suche entdecken, wenn ich nur von dem Schne=
kenberg einige Felsen=Stückgen und Mergel=
Erde zur Hand hätte, der Versuch ist leichte an=
zustellen, und beruhet auf dem, was
gesagt worden.

Viertes

Viertes Stück.

Wie das Silber flüchtig zu machen.

Was denen Chimiſten ſehr zu Hertzen
gehet, und Bekümmernüs machet, iſt unter andern, und nicht
das geringſte, die Verflüchtigung der Metallen. Die unvollkommnen von ſelbigen
wie auch der Zinck, werden mit weniger
Mühe und häufig, mittelſt des Salmiacs,
auf die höchſten Berge aufgetrieben, da ſie
ſich in eine Horn-ähnliche Geſtalt verklei-
den. Die übrigen Halb-Metallen, nehmlich der Spießglaß-König, der Arſenic und
der Wißmuth fliegen von freien Stücken
davon, ohne daß man ihnen ein forttrei-
bendes Hülffs-Mittel zuſetze. Die vollkommnen Metallen laſſen ſich entweder
gar nicht, oder doch ſehr ſchwer aus denen
Klauen des Adlers heraus reiſſen. Was
das Queckſilber anbetrifft, ſo dencken und
arbeiten alle darauf, daß ſie ihm ſeine Flü-
gel mehr zu beſchneiden, und zu verbrennen
ſuchen, als daß ſie ihm noch andere zuſe-
tzen wollen. Beſonders aber gehören das
Queckſilber und der Arſenic in der Diand
ihr Tauben-Hauß, von welchen ich nun
sagen

agen will, wie sie mit ihren angeeigneten
Federn ihre Göttin selbst zu fliegen bringen
önnen. Aber es ist nicht der gemeine,
ekannte, weisse, crystallische Arsenic, son-
ern der natürliche, der metallischer Art
und Gestalt ist; Es ist auch nicht das
auffende Queckſilber, sondern das durch-
chwefelte, nehmlich ein Zinnober; Diese
verden hierzu am dienlichsten befunden.

Vorietzt werde ich nicht weitläufftig
eyn, das verführerische Räthsel von de-
ien Tauben der Diana zu erklären, ob
ch gleich versichert bin, daß mehr als
wey dergleichen Arten zu finden sind:
Ich will auch nicht weitschweiffige Ursa-
hen von dem Versuche, den ich nun be-
chreibe, anführen: Doch will ich mich
uch nicht vor gar zu sparsam in Beschrei-
ung der Umstände ansehen lassen, wel-
he zu der nöthigen Ordnung und den
Handgriffen dieses Versuchs gehören,
ind den ich bisher noch niemanden, als
inigen guten Freunden, bekannt gemacht
abe. Ich hoffe aber, daß mein Leser
esto fleißiger in fernerer Untersuchung
ieses Experiments seyn werde, um zu
ehen, was bey dieser Arbeit zu weiterer

Nn 4   Beför-

Beförderung und Nachahmung Anlaß
geben kann, einen nachläßigen und faulen
muß ich zu dieser Kunst vor gantz unwür=
dig halten.

Dannenhero Recipe, welches ich ohne
alles decipe sage, nimm eines weissen durch
Koch = Saltz niedergeschlagenen Silber=
Kalcks ein halb Quentgen; eines Arse=
nics, wie er noch von Natur und unbe=
reitet ist, gemeiniglich aber Scherben=
Kobold genennet wird, ein Quentgen;
Zinnobers eine halbe Untze: Dieses alles
reibe iedes besonders aufs zärteste, und
mische sie hernach auf das beste unter ein=
ander: Das Gemenge sublimire in einen
Glaße aus dem Sande, und gieb dabey
ohngefähr zwey Stunden lang nach den
Graden Feuer. Die Sublimate, welche
sich dreifach, und gantz deutlich zeigen
werden, capellire, und zwar entweder
iedes allein, da du denn in dem untersten
Zinnoberhafften das meiste Silber finden
wirst, oder alle zusammen, daraus du ge=
meiniglich den dritten oder vierten Theil
Silber, von dem, das in dem Horn=
Silber war, und sublimiret worden ist,
finden wirst.

An=

Anmerkung.

Der Herr Autor hat dieses in V. Vol. Act. phyſ. med. obſ. 91. p. 321. beſchrieben, und nachgehends in Anmerckungen zu Reſpurs Mineral-Geiſt, p. 287. wiederhohlet. Er meldet am letztern Orte, daß er damit weiter nichts anzufangen wiſſe; allein auch dergleichen Verſuche haben zu rechter Zeit ihren Nutzen, wir ſollen ſie nur nicht vergeſſen, ſondern indeſſen aufheben. Vorſtehender kann mit den Arbeiten des Iſaaci Hollandi, des Kunckels, des Autors der Alchymiae denudatae zuſammen gehalten werden, welche ebenfalls in dem durch Koch-Saltz gemachten Silber-Kalcke gearbeitet. Desgleichen kann man die Zinnober-Proceſſe, die theils in Bechers Concordantz, theils im Particular-Zeiger ſtehen, hierbey nicht ſowohl ſchlechthin arbeiten, ſondern mit der Erfahrung vergleichen und überlegen.

Fünftes Stück.
Von der blauen Farbe, die eigentlich von dem Eisen herkommt.

Die Metalle geben dem Glaße verschiedene Farben, und zwar erstlich nach ihrer eigenen Beschaffenheit; hernach nach der Art des Glaßes, welches, bald ohne ein zugesetztes alcalisches Salz, bald mit dergleichen Zusatz, bald mit Bley versetzet, geschmoltzen wird; ferner, nachdem der Kiesel, oder welches eben das, der Crystall beschaffen ist; endlich, welches aber vor allen andern hierher zu rechnen war, nachdem die Vorbereitungen des Metalles oder metall-artigen Steines gemacht sind, davon aber gewisse unzehliche Weisen vorhanden sind; des Gewichtes der eingemengten Stücken, des Feuer-Grades, der Währung desselben und anderer Umstände zu geschweigen. Einer, der hierinnen keine Erfahrung hat, wird sich nimmermehr einbilden können, was man hier vor ein weites Feld, ich will nicht sagen vom Glaßmachen selbst, sondern nur von Glaßfärben vor sich habe.

Das Gold giebt dem Glaße eine rothe, das Kupffer eine schöne grüne, das Eisen eine

ine schlechte blaß = grüne, der Spiesglaß=
König eine gelbe, das Zinn und der Zinck
ine milchigte Farbe, welche letztere blaß=
öthlich, iedoch gantz trübe spielet. Die
grüne und blaue Farbe kommen einander
iemlich nahe; Mars und Venus sind dabey
ie Haupt=Personen; und gleichwie diese
wey Metallen einander verwandt sind, also
eigen sich auch beide hierinnen nicht auf ei=
ie, sondern vielerley Weise; Das Kupffer
ärbet bisweilen ein Glaß, daß es sich aufs
Blaue ziehet, aber doch von dem Grünen
iicht so gar abweichet, nehmlich eine Meer=
;rüne hat: Wiewohl auch aus der Erfah=
ung bekannt, ist, daß man durch das Gold
.llein eine Meer=grüne, obgleich schwache
Farbe, heraus bringen könne. Der Ma=
achit und der Lasurstein sind beide Kupffer=
:rtig, iener aber ist grün, und dieser blau.
Im nassen Wege wird das Ansehen umge=
oechselt, indem die Venus eine blaue, Mars
ber eine grüne Farbe annimt, welches die
erschiedenen Vitriole zeigen. Es ist daher
wischen diesen Aff=Göttern eine Streitig=
eit, wegen des von der Farbe zu nehmenden
Kennzeichens entstanden, da doch in An=
:hung derselben die blaue Farbe aus dem
Lobold gar nicht vor ein aus dem Kupffer
her=

herrührendes Weſen zu halten, obgleich
gemeiniglich alle dieſer Meinung und auf
der Venus ihrer Seite ſind; daß man aber
wegen des Eiſens nur eine ſchlechte Anregung dieſfalls thun möchte, iſt bisher noch
niemanden in die Gedancken gekommen.
Alle die Zeichen, die einige von des blau-
Farben-Kobolds kupffrigter Eigenſchafft
beibringen, werden von derienigen röthli-
chen Kobold-Minera hergenommen, welche
Kupffernickel heißt, und dem äuſſerlichen
Anſehen nach kupffrig zu ſeyn ſcheinet;
Allein ſie werden niemahls nur ein Stäubgen Kupffer davon ausbringen können,
und warum überlegen ſie denn das nicht,
wie es doch komme, daß man niemahlen
bey Kupffer-Ertzten einen ſolchen Kobold
erbreche, daraus die blaue Farbe könnte gemacht werden, da ſolche doch auch öffters
arſenicaliſch, eben wie der Kobold ſelbſt ſind.
Ob ich nun gleich von der insgemein angenommenen Meinung noch nicht überzeuget
war, aber auch nicht anders mit mehrerer
Gewißheit bisher beweiſen konnte, habe ſo
lange den alten Geſang nachgebetet, bis mir
in Färbung des Glaßes mit dem Eiſen die
Sache ſo wohl geriethe, daß ich daraus ein
ſehr ſchönes recht blaues Glaß bekam. Ich
hatte

hatte in einem Probier-Ofen, auf einen
Schirben unter der Muffel, einen auf das
zarteste gefeilten Steyermärckischen Stahl,
ohngefähr den dritten Theil eines Quent-
zens, eine halbe Viertelstunde oder etwas
länger gebrannt, und dabey denselben mit
dem Eisen gar nicht umgerühret, bis er
statt der Purpur-Farbe eine recht dunckle
Violet-Farbe bekam. Hiervon nahm ich
ein halb Gran, riebe es sehr wohl in einem
saubern gläsernen Gefäße, und vermischte
es mit einem viertels Quentgen des weisse-
sten Kieselsteines und reinesten Alcali, that
das Pulver zusammen in einen Schmeltz-
Tiegel, welcher gut geschlagen war, und
nachdem ich ihn sorgfältig zugedeckt, so setzte
ich es in das stärckste Feuer. Als der Ofen
ausgegangen und erkühlet war, so nahm
ich aus diesem Tiegel ein Glaß heraus, das
nach seiner schönen Saphir-Farbe und nach
einer Helligkeit nicht schöner zu sehen ist.
Diesen Versuch habe ich wiederhohlt, aber
nicht allemahl mit gleich guten Fortgange,
vielmehr war es einige mahl gantz schwärtzlich worden, bisweilen war auch die Farbe
gantz und gar weg. Es soll aber hierbey
mein Leser berichtet seyn, daß solches vornehmlich wegen des verschiedenen Feuer-
Grades

Grades und deſſen anhaltender Wåhrung
ſich zutragen kónne, davon aber eigentliche
und genaue Regeln nicht kónnen gegeben
werden; ia er ſoll wiſſen, daß dieſes auch
bey der blauen Farbe aus dem Kobolde
eben alſo geſchehe, nehmlich; ſtatt des
Blauen eine Schwårtze ſich zeige, wenn
dieſe Minera, ob ſie auch von der beſten
Sorte wåre, entweder zu ſehre gebrannt,
oder in dem Glaß-Ofen-Feuer lánger, als
es ſeyn ſoll, gelaſſen wird.

Dieſe Meinung wird vors erſte dadurch
beſtátiget, indem die blaue Farbe ſelbſt
durch ein ſtarckes Feuer wieder vertrie-
ben wird; auch, wenn man von dem bemeldeten Eiſen-Saffran gar zu viel nimmt,
ein Glaß wie die Rauch-Topaſen, und wohl
gar ein ſchwartzes dadurch gemacht wird,
dergleichen auch aus dem Mißpickel wird,
welches ein weiſſer Kieß, oder ein eiſen-
hafftiges arſenicaliſches Ertzt iſt. Zum andern, ſo macht unſere hieſige Glaßmacher
Magneſia, welches ein ſchwartzes rußigtes
Eiſen-Mineral iſt, das Glaß Amethyſten-
fárbig oder purpur-blau, zu welcher Farbe
zugleich was rothes und blaues ſonſten genommen wird. Zum dritten kann ich mit
allem Rechte dieienige Erde hier anführen,
von

on welcher ich auch ſonſt gedacht: Selbige
iſt eiſenſchüßig, hält gantz und gar kein
Kupffer, ſiehet zwar meiſtentheils aſchen-
rau, aber auch offte recht blaulich, und die-
emnach ſo ſchöne, daß ſie wie mit blauer
Farbe oder Schmalte beſtreuet, durchmi-
het, ia gantz und gar daraus gemacht zu
ſeyn ſcheinet. Sie wird zwiſchen Schneeberg und Eybenſtock auf der oberſten Erd-
fläche gefunden. Viertens will ich zwar
nicht viel vom Berliner-blau melden, wel-
hes aber doch ohne einen Eiſen-Vitriol
nicht kann gemacht werden. So will ich
auch fünftens einem ſo viel als er will auf-
ſetzen, der mir aus dem Kupffer ſo viel
ringen, und das Glaß wie mit Blau-
arben-Kobold daburch färben kann. End-
ich und zum ſechſten weiß ich nicht, was
mir einer darauf ſagen wollte, wenn ihm
in Kobold-Ertzt gewieſen würde, welches
gantz Ocher-farben iſt, ia einem Eiſenſtein
völlig gleich kommt. †

Anmerckung.

Eine bekannte und ausgemachte Sache iſt es
wohl, daß die Farben, durch die Brechung
nd Zertheilung des Lichtes in ſeine farbigte
Strah-

† S. Vol. V. Act. Phyſ. med. obſ. 92. p. 322.

Strahlen, hervorgebracht werden, und müſte
der ſehr eigenſinnig ſeyn, welcher die Verſuche
geſehen, den Grund derſelben verſtanden hat,
und doch ferner dieſen Satz leugnen wollte. Nur
denen Herren Chimiſten will dieſes noch nicht
recht zu Kopffe, von den geſchliffenen Gläſern geben ſie es zwar zu, aber von denen Farben, welche ein Corpus haben, oder denen Cörpern weſentlich ſind, wollen ſie es nicht eingeſtehen. Allein, wenn ſie bedächten, daß alle Cörper aus
kleinern, auch cörperlichen Theilgen beſtehen;
daß dieſe Theilgen nicht ſo hin unordentlich bey
und über einander liegen; ſondern daß ſelbige,
da zu einer Verbindung der trocknen Cörper allezeit eine flüßige Materie beigemiſcht ſeyn muß,
vermöge der Grund-Sätze der Cohäſion ordentlich zuſammen hengen: So würden ſie ſich bald
eines andern beſinnen. Sie glauben zwar, daß,
wenn ſie einen farbigten Cörper auf das zar-
teſte zerreiben, derſelbe nunmehro in ſeine kleinſten Theilgen zertheilet ſey, und ſchlieſſen, daß,
da noch iedes ſeine Farbe hat, dieſe dem Cörper
weſentlich ſeyn müſſe, und nicht von einer Brechung des Lichtes herkommen könne: Doch ſie
dürffen nur bedencken, was ſie ſelbſt lehren, daß
man einen Cörper auf mechaniſche Art nimmermehr in ſeine Anfangs-Theile zerſcheiden könne,
und dabey aus des Herrn Cantzler Wolffens Ge-

dancken

dancken von der Würckung der Natur §. 3. ver=
stehen lernen, daß das kleinste sichtliche Stäub=
gen noch aus viel tausend kleinern Cörpergen be=
stehe, die in selben eben so, wie in dem Gantzen
ordentlich beisammen stehen, so werden sie überall
Ursache genug finden, woher das Licht könne ge=
rochen und in verschiedene Farben zertheilet
werden. Und wie, sollte in dem vom Herrn
Berg=Rath angeführten Versuche eine dem Cör=
per wesentliche Farbe so bald sich verändern und
davon gehen? Im Schmeltz=Feuer kann sich
wohl die Lage und Ordnung der Theilgen verän=
dern, allein, daß bey einmahl erfolgtem Glaß=
fluß aus dem innersten Theil der Masse die Far=
ben=Cörpergen sich loßwickeln und verschleichen
sollten, ist nicht wohl zu begreiffen. Doch die
Farbe ist eine Seele, ein Geist, der durch ver=
schloßne Thüren gehen kann, und dieses muß
man glauben. Sonst aber, wenn man es ver=
nünfftig einsehen will, so ist es wahrscheinlicher,
daß durch Veränderung der Lage der Theilgen
ehr, als durch die Desertion der Seele, die Far=
be könne verändert werden. Dieses Vorurtheil
aber denen Chimisten, und die in Feuer=Far=
ben arbeiten, ungemein, und wenn sie nicht
glaubten, daß die Seele nunmehro abgefahren,
so könnten sie gar offte die verlohrne Farbe
wieder herstellen, welches nur auf einen Hand=

griff

griff beruhet, daß man die vorige Lage der
Theilgen wieder zu befördern sucht, der also
bey unterschiedenen theils unbekannten Farben-
Bereitung und Bearbeitung im Feuer gute
Dienste thun könnte. Was sonst der Herr
Berg-Rath von der blauen Erde bey Schneeberg gedacht hat, dieses findet man im ersten
Tractat dieser Sammlung, pag. 307. §. 460.
D. R. A. Behrens gedencket in seiner Untersuchung der mineralischen Wasser zu Fürstenau
und Vechtelde, nach der teutschen Übersetzung
pag. 28. seqq. in §§. 14. & 16. daß daselbst auch
eine blaue Erde gefunden werde: Er meldet dabey, daß der Erdboden da herum eisenschüßig sey.
Herr D. Mertz, dessen Meinung daselbst angeführet wird, will zwar die Ursache auf ein ver-
faultes Saltz-Kraut legen, kann es aber auch
nicht leugnen, daß die Eisen-Theilgen dabey und
mitten darunter liegen, Kupffer und Kobold aber
gar nicht daselbst befindlich wären. Es kann
beides Ursache seyn, und der Schleim des verfaulten Krautes, in Aneignung seines Saltzes,
die Farbe aus dem Eisen angenommen haben,
da denn endlich des Herrn Berg-Rath Henckels
Farbe aus dem Kali-Kraut, auch hier mit in einen Zusammenhang gebracht würde. S. Flora
Saturn. pag. 656. Mir ist unter meinen Versuchen, als hierher gehörig, mit vorgekommen,
was

was ich bey der dritten besondern Untersuchung, von dem durch Eisen blau gefärbten Thon. p. 564. angemercket habe. Desgleichen ist mir ein gelber Kieß von Lorentz Gegendrum gantz dunckelblau und wie angelauffner Stahl geworden: Ich wollte ihn mit Quecksilber in ein Amalgama bringen, da es aber nicht angieng, so digerirte ich das Gemenge mit übergegoßnen Wasser lange Zeit, versuchte es wieder zu amalgamiren, aber vergeblich, endlich wurde es in der Digestion dunckel-blau. Dieser Umstand ist um so viel merckwürdiger, da der Herr Berg-Rath Henkel in seiner Kieß-Historie gedencket, daß er keine laue Farbe aus dem Kieß erhalten habe, welche sich hier, obgleich nicht in einer eigentlichen lauen Farbe, wie sie im Glaß-Ofen gemacht wird, doch durch alle kleineste Kieß-Theilgen vollständig gezeiget hat, und auch vielleicht, wenn ich mehr Zeit und Kosten hätte daran wenden wollen, abgesondert und färbend würde zu erhalten gewesen seyn.

Sechstes Stück.

Von flüchtigen Alcali im Mineral-Reich.

Es ist eine von denen Natur-Lehrern angenommene sehr alte Gewohnheit, daß sie die natürlichen Cörper, welche in dieser Erd- und Wasser-Kugel theils enthalten, theils daraus ausgebohren werden, in drey Reiche unterscheiden, und iede in iedes besonders einschliessen. Es sind zwar diese Cörper, nicht etwan nur nach einer Betrachtung, von einander unterschieden, indem die nechsten Anfänge in ihrer Entstehung, die Nahrung zum Wachsthum, das Gebäude oder Gewebe, die Bewegung, die Dauer, die Vergänglichkeit, nach iedes Art und Weise, ia so gar auch die Materie, die bald grob, bald zarte, derb oder lucker, auch besonders nach dem Zutritt, Einfluß und Krafft der Lufft ausgearbeitet und geartet worden ist, gantz verschieden sind. Es ist auch nicht so gar ungereimt, daß man die einfachen Saltze, nehmlich das fire Alcali, das flüchtige Alcali, und das Saure, nach denen Kennzeichen eintheilet, und das fire dem Pflantzen-Reiche, das flüch-

flüchtige Alcali dem Thier-Reiche, das
Saure aber dem Mineral-Reiche zueignet.
Allein, wenn wir es recht bedencken, so ist
der Unterscheid derselben nicht so groß, als
wie er uns zu seyn scheinet, und wird daher
unvorsichtiger Weise gar zu weit getrieben;
ja, er verursachet in der Natur-Lehre so viel
Irrthum und solche Hindernüsse, daß es
allerdings besser gewesen wäre, wenn man
von den beschrienen dreifachen Reichen
entweder gar nichts, oder doch später und
sparsamer gesprochen hätte. Denn hätte
nicht eben sowohl alles recht und vollständig
gnug können gelehret werden, wenn man
nur mit einiger Ordnung, Capitel-weiß,
von Wassern, Erden, Metallen, Steinen,
Saltzen, Oelen, Höltzern ꝛc. und zwar überall sorgfältig und fleißig gehandelt hätte?
der man hätte doch vielmehr alles vorher
wohl untersuchen sollen, ehe man diese Eintheilung gemacht. Aber so ist meistentheils
dieses Systema abgemahlet, erdichtet, und
in Gedancken aufgebauet worden, ehe man
Holtz, Steine, Kalck und Sand gekannt,
und darzu vor der Hand gehabt hat. Mit
einem Wort: Alles, was wir sehen und
greiffen können, ist mit einander verwandt,
und wenn einer auch wider Willen zum

ein-

eintheilen solte gezwungen werden, so kann
er nichts, das sich besser vor die Eigenschafft
und den Zusammenhang der Dinge schickt,
angeben, als wenn er den gantzen Erd-und
Wasser-Ballen, nebst seinem Lufft-Kreiß,
als eine Mutter oder Ursprungs-Quelle,
die so genannten Vegetabilien und Animalien aber, als davon herkommende und folglich der Mutter unterordnete, nicht aber
gleichmäßige Dinge, zu fernerer Betrachtung vorstellet. Es mag nun dieses seyn
wie es will, so könnte doch hier der Satz
aus der Rechts-Gelehrsamkeit nicht gelten,
daß bey Angebung eintzeler Stücke, diejenigen, welche nicht ausdrücklich benehmet
worden, vor aufgegeben, und verlohren zu
achten sind. Ich gestehe gantz gerne, daß
ein fixes Alcali in denen Vegetabilien befindlich sey, und daß es mit denselben, in
ziemlicher Menge, auch in unsere Leiber genommen werde. Ein flüchtiges Alcali bemercken und finden wir gar reichlich in denen Animalien. Das Saure ist in denen
Mineralien, besonders im Schwefel, in
dem daraus entstandenen Vitriol, und in
dem gemeinen Koch-Saltze. Aber dieses
muß man keinesweges also verstehen, daß
man bey ieden die andern gantz und gar
aus-

ausschliessen wolte, vielmehr kann man
nichts mehr, als nur einen überhäufften
Vortritt, und einen vollkommnern Zustand eines ieden Saltzes in seinem Reiche
angeben. Denn das Saure ist nicht aus
dem vegetabilischen Reiche verbannet, ob
gleich bey denen Animalien diesfalls eine
besondere Ausnahme zu machen ist, und
dieselben einen mercklichern Mangel daran
haben. Wer weiß nicht, daß das fire Alcali in dem gemeinen Saltze sey, damit das
grosse Welt-Meer und die Saltz-Brunnen
mit unermeßlicher Menge erfüllet sind.
Und das flüchtige Alcali aus denen Pflan-
zen, Weinstein, und dergleichen, werden
ja zu unsern Zeiten nicht mehr vor so gar
seltne Vögel gehalten, da es vielmehr, damit ich der Sache näher komme, auch in
der Ordnung der Mineralien hier und da
getroffen wird.
Dieses letzte ist es, welches disher denen
Liebhabern kaum in die Gedancken, geschweige vor die Hand gekommen, und daher viel eher in Zweiffel gezogen worden
; Ja die Natur-Lehrer, welche nur ihren
Ausspruch vor gültig achten, haben aus
ihrer vorgefaßten Eintheilung derer Saltz-
Arten, nach denen erdichteten Natur-Rei-

Oo 4 chen,

chen, ſolches gemeiniglich geleugnet. Da
ich aber ſo vielmahl von dem wahrhafftigen Daſeyn deſſelben überzeuget worden
bin, auch ſolches ſchon in einer andern
Schrifft ehemahls erwehnet habe, ſo achte
ich daher vor rathſam, dieſes vorietzo um-
ſtändlicher iedweden vor Augen zu ſtellen.
Es iſt zwar auch mir nicht in die Gedancken
kommen, einige Arbeiten, um ein flüchtiges mineraliſches Saltz zu erfinden, anzuſtellen,wenn nicht bey meinen andern Vornehmen, beſonders, da ich das Lauchſtädter
Bade-Waſſer unterſuchte, und den ſaltzigt-
ockerhafft-erdiſchen Boden-Satz deſſelben
deſtillirte, die in den Recipienten überge-
hende Feuchtigkeit mir in die Naſe geſtie-
gen, und als ich ſie mit einem Sauern verſetzet, ein Geräuſche zu vernehmen gegeben
hätte. Man leſe meine Schrifft von Lauch-
ſtädter-Bade Bethesda portuoſa genannt,
pag. 29.30.39. ſeqq. nach. Hierzu kommt
noch das ammoniacaliſche Saltz, welches
ſich bey eben dieſer Unterſuchung in bemeldeten Brunnen offenbar verrathen hat,
pag. 24. und 27. und dadurch iſt zugleich
klärlich bewieſen worden, daß ein reines,
unvermengtes,mineraliſches Sal ammonia-
cum in der Natur verhanden ſey, zu deſſen
Beſtand-

Bestandwesen ich das gemeine Koch-Saltz
nebst etwas Kalck-Erde vor zulänglich befunden habe; welches auch der Berg Puz-
olo und andre dergleichen Gegenden überflüßig bezeugen. Aus den Gesund-Brun-
nen zu Gießhübel habe ich eben dergleichen
erhalten, welches aber von einer so gar zarten Beschaffenheit war, daß ich keine Aufwallung, welche ich mit sauern Dingen versuchte, weder mit den Augen, noch mit den
Ohren deutlich genug verspüren konnte,
aber desto klärlicher erkannte ich desselben
eigentliche Art, als ich mittelst dessen ein
Horn-ähnliches Silber machen konnte.
Wer wollte sich aber über die Spuren dieses Vogels so sehr verwundern, welche in
allen solchen, oder doch denen meisten Waßern zum Vorschein kommen, da gemeiniglich die Bestand-Wesen von diesen ein Al-
kali aus dem gemeinen Saltze, oder das gemeine Saltz selbst, und eine Kalck-Erde
sind? Was Wunder ist es endlich, wenn
man dieses Saltz in denienigen Erden und
Steinen, deren Ursprung aus gesaltznen
Waßern, Saltz-Quellen, und derselben Boden-Satz, der zu einen Stein erhartet, herkommt, riechen, und daraus ausbringen
kann? Da sich denn der Materie, die zu

Oo 5   einen

einen Stein zuſammen tritt, etwas ſaltziges
mit einverleibet hat, welches von dem Ort
und Mutter in der Stein-Erzeugung nicht
ſo gar entfremdet, auch nicht weit davon
befindlich war.

Da ich nun durch dieſe Betrachtung auf-
merckſam gemacht worden, ſo habe ich niemahls einigen Stein oder Erde zu fleißiger
Unterſuchung vorgenommen, und denſelben in einer, beſonders ſteinernen Retorte,
bearbeitet, daß ich nicht auch fleißig auf dieſen Vogel Acht gehabt hätte.   So viel ich
mich erinnern kann, ſo habe ich dieſes flüchtige Saltz erſtlich gefunden in dem ocker-
hafften Tuffſtein aus dem Carlsbade; hernach in dem Stein-Sinter, aus den Bergwercken zu Freyberg; in der Kreide; in
ſehr vielen Kalckſteinen; auch in dem Zöblitzer Serpentinſtein; ferner in einer grau-
blaulichen Erde, welche bey Schneeberg
und Eybenſtock gefunden wird, davon ich in
voriger Unterſuchung von der blauen Farbe aus dem Eiſen in andrer Abſicht gehandelt; endlich in dem ſchwartzen hartzigten
Eislebiſchen Kupffer-Schiefer, der etwas
gebräche iſt. Ich zweifle daher keinesweges,
daß dieſes flüchtige Saltz nicht auch aus andern Erd-Arten leichter könne ausgebracht,
　　　　　　　　　　　　　　　　　　　　und

und vorgewiesen werden, als iemahls nur
das einige hermetische Vögelgen, oder die
so offt gerühmten Tauben der Diand, wer=
den können ausgespüret und gefangen wer=
den. Denen Tuffsteinen und Erden, die
sich aus denen Gesundheits=Brunnen zu
Boden und zusammen setzen, wird so leich=
te niemand diesfalls die natürliche Beschaf=
fenheit absprechen können. Ich habe be=
funden, daß derselben nahe beikommen die
Kreide, die Corallen, einige von denen
Kalcksteinen, das selenitische Frauen=Eiß,
und der Kalckstein=Sinter. Wenn man
gebrannte Kreide, da sie noch warm ist, mit
Wasser besprenget, so giebt sie einen flüch=
tigen Geruch von sich, auch habe ich die
Kreide, ungebrannt, mit weissen Kieß oder
Mißpückel, weiß nicht zu welchem Ende,
versetzet, und daraus eine mercklich flüch=
tige alcalische Feuchtigkeit erhalten. Was
den schwartzen Kupfer=Schiefer anbetrifft,
so verdienet, ausser dem, was gemeldet wor=
den, auch dieses noch angeführet zu werden,
daß die hartzigten Mineralien, dergleichen
dieser ist, gemeiniglich ein flüchtiges, ob
gleich saures Saltz von sich geben, in denen
sauern Saltzen aber das Alcali verborgen
stecke. Von ietzt erzehlten Mineralien ist
der

der Zöblitzer Serpentinstein unterschieden; dessen ausgetriebene Feuchtigkeit wenigstens darinnen sich alcalisch beweiset, da man damit durch Niederschlagen ein Horn-Silber machen kann. Von diesem ist wiederum die bemeldete blaue eisenschüßige Erde, es sey nun worinnen es wolle, unterschieden, also, daß man die Ursache, welche von denen vorigen, wegen ihrer alcalischen Eigenschafft bekannt ist, hier nicht sowohl anbringen kann. Die kreidenhafften und kalckigten Erden lassen sich nicht schmeltzen, diese aber, nehmlich der Serpentinstein, und diese eisenschüßige Erde sind schmeltzlich, welches nicht ein geringer Beweiß von beyderseits Unterscheide ist. Was ist aber endlich daran gelegen? Von einer Sache können viel Ursachen seyn. Die Anzahl derselben ist noch nicht ausgemacht, weil wir noch nicht erkannt und eingesehen haben, was und wie viel Arten von Steinen und Erden sind, die ausser denen ietzt angeführten, bemeldetes Saltz von sich ausscheiden lassen; ia, welches das meiste, weil wir eine gründliche Erkenntnüs von dem wesentlichen und unterscheidenden Grund-Ursachs-Wesen in den Steinen und Erden noch nicht haben, auf welche Wissenschafft ich bisher nicht

nicht wenig Fleiß und Mühe gewendet habe. Unterdessen kann der Leser aus ange-
führtem Exempel so viel mercken, daß dieses
Saltz auch in denenienigen Cörpern verborgen sey, wo man es, in Gegeneinanderhaltung mit andern, nicht so leicht zu finden
vermuthen sollte. Endlich erhellet hieraus,
daß es keinesweges vor eine so gar seltne
Ausgeburt in denen Mineralien zu halten
sey, auch, daß man es nicht vor unnütze,
oder nur als ein zufällig beitretendes Ding,
das zu dem Wesen einer Sache gleichsam
nicht recht gehöre, halten, es verachten und
verwerffen solle.

Besonders aber wolle niemand sich einen Kummer machen, daß man, um dieses
flüchtige alcalische Saltz aus denen Mineralien zu erhalten, solche behutsame Handgriffe darzu nöthig habe, wie es bey dem
aus denen Vegetabilien nöthig ist, oder
daß mit vieler Mühe durch die Fäulung
der rechte Weg hier zu suchen und zu finden
sey, welches mit denen Animalien also geschehen muß; oder daß eine andere Bereitung und Vorarbeit zu diesen Versuche erfordert werde. Sondern wir thun schlechtweg die Erde oder den Stein, welche soll
in dieser Absicht untersuchet werden, in eine
gläserne

gläserne Retorte, oder, so ferne diese Dinge
sehr fest und wiederhaltend sind, in eine
dergleichen thönerne; Diese setzen wir ins
Feuer, legen einen Recipienten vor, und
verkleiben oder lutiren die Fugen; so werden wir unser fliessendes Salzwesen übergehen sehen, ehe noch die Retorte dunckel
zu glüen anfängt. Aber zwey wichtige Umstände kann ich hier zu melden nicht vorbey
gehen: Zum ersten, gebet fleißig Achtung,
höret und sehet, wie die Tröpffgen in Recipienten fallen, und, wenn ihr mercket, daß
Feuchtigkeiten verschiedener Art aneinan-
der folgen, die einander angreiffen, absorbi-
ren, und dadurch sich aus ihrer eigentlichen
Gestalt setzen, so könnet ihr die Vorlage
gleich ändern; (welches ihr euch auch bey
andrer Arbeit könnt lassen empfohlen seyn.)
Zum andern, wenn die in die Arbeit genommene Sache nicht gleich das, was ihr
verhoffet, euch gewähren will, so nehmet
nicht so fort eure Zuflucht zu den Winckel
der Unmöglichkeit, welches aber mehr auf
eine Faulheit und Ungedult hinausläufft,
verzaget auch nicht, sondern mit muntern
Geist dencket auf scheidende und forttrei-
bende Mittel, welche in gewisser Betrachtung auch vereinigen, und also das ausrichten

ten können, was ſonſten vor widerſinnliſch
und unmöglich gehalten wird.

Die Geſtalt dieſes Saltzes, welche es hat,
ſo lange es in ſeiner Minera ſtecket, kann
nicht eben dieſe oder dergleichen ſeyn, nach
welcher es in den Vegetabilien und Animalien durch die Verſuche befunden wird;
in welchen letztern es durch eine innerliche
ſehr verändernde Bewegung, die mittelſt
einer eingehenden Lufft erreget wird, wiederum kann aufgebracht werden. Man
kann freilich nicht die innerliche Beſchaffenheit der Steine mit den Augen betrachten,
dieſe Muthmaſſung aber halte ich doch vor
wahrſcheinlich, daß dieſes flüchtige Saltz
unter der Geſtalt eines ammoniacaliſchen
darinnen verborgen ſtecke, und unter den
übrigen Erd-Theilgen wintzig kleine ver-
theilt und verwickelt ſey. Ein ſehr deutlicher Beweiß von dieſem Vorgeben iſt in
obbemeldeten Sublimate zu ſehen, welcher
aus dem Boden-Satz des Lauchſtädter Ba-
de-Waſſers hervor gekommen, wo denn
der Theil des flüchtigen Saltzes von denen
Banden der kalckigten Erde noch nicht befreiet wär. Hernach, wenn dieſes flüchtige
Saltz in ſeinem Mineral gantz und gar un-
gebunden wäre, ſo würde es ſonder Zweifel
mit

mit gelindern Feuer, auch wohl allein durch
Bewegung der Lufft, davon fliegen. Ferner, so würde sich es auch mit bloßen Wasser auslaugen laßen, welches aber von ihm
als einem ammoniacalischen Salße, und
das mehr erdenhafftig ist, auch seiner erdischen Mutter fester anhenget, nicht sowohl
kann verlanget werden.

Es ist auffer allem Zweiffel, daß man
den Ursprung des alcalischen mineralischen
Salßes hauptsächlich von dem gemeinen
Salße herleiten müsse. Denn erstlich, so
ist das gemeine Salß nicht nur in etlichen
Gesundbrunnen, wie solches z. E. von mir
im Lauchstädter, von Horsten, wo ich nicht
irre, in Wißbadner, und von Herrn Bolduc ohnlängst in den Bourbonischen Bädern bewiesen ist; † sondern es stecket sonder Zweiffel in mehrern, und wird sich ins
künfftige zeigen, wenn nur die nöthige Gedult und Vorsicht bey Untersuchung der
Bäder, die da Bestandwesen von verschiednen Eigenschafften, aber in sehr geringer
Quantität haben, wird angewendet werden. Es ist dieses, wie es von mir beobachtet
worden,

† S. Histoire de l'Acad. roy. des Scienc. a Paris
l' an. 1729. p. 367.

worden, vor die Anfänger, nicht vor die
Gelehrten beſchrieben worden. Zum andern, ſo zeiget ſich das ſehr wenige gemeine
Salz, nach einem ſeiner, und zwar dem vornehmſten alcaliſch-firen Theile, in dergleí-
chen Waſſern, beſonders in den ſo genannten Sauer-Brunnen; maßen aus keinem
andern Alcali, als aus dem, welches im
Koch-Saltze iſt, das berühmte Sal mirabile Glauberi bereitet wird, und ſchon dieſes Glauberiſche Saltz ſelbſt in bemeldeten
Waſſern befindlich iſt. Drittens, ſo haben die Saltz-Brunnen ſelbſt ein dergleí-
chen Mittel-Saltz oder Sal mirabile in ſich,
und geben es aus der zurück bleibenden
Mutterlauge von ſich, wie ich ſolches aus
dem Teuditzer Saltz-Brunnen, der bey Lü-
tzen lieget, ſchon längſt bekannt gemacht habe. Viertens, iſt ſa die Kreide eine Ausgeburt aus dem Meer, was Wunder alſo,
daß dieſelbe ſaltzigt iſt? Fünftens, iſt gleichfalls der Bimsſtein ein aus dem Meer
kommendes Weſen, und wird ſonder Zweifel auch ſein Saltz beweiſen, welches ich aber
noch nicht unterſucht zu haben geſtehe.
Sechſtens, ſind Kreide und Kalckſtein nicht
anders, als wie Erde und Stein unterſchieden. Siebendens, der alabaſterhaffti-

ge Kalckftein, das Frauen-Eiß; der Spie-
gel-Stein, die fogenannte Flöße, der Spat,
und der Stein-Sinter ftehen nicht nur unter fich in genauer Verwandfchafft, und find
zugleich alle mit einander einer falßig-alca-
lifchen Eigenfchafft, welches die Verfuche, fo
aber wegen des engen Raums nicht können
angeführet werden, genugfam beweifen;
fondern werden auch, beides in denen Salß-
und Gefundheits-Brunnen, innigft mit
einander vermifcht erfunden: Ja es find
in dem gemeinen Koch-Salß felbft noch fe-
lenitifche Uberbleibfel verborgen, es mag
nun gegrabnes auch noch fo fchönes weiffes
Stein-Salß, oder gefottenes, aufs befte ge-
reinigtes und cryftallifirtes Pfannen-Salß
feyn; man kann diefes an dem ordentlichen
Glaße erfehen, denn, wenn demfelben nur
ein wenig von diefem Salße zugefeßet, oder
ohngefehr in dem Fluße darein vermenget
wird, fo bekommt es eine milchfarbige Un-
durchfichtigkeit, eben wie folche auch durch
die andern Sachen, die ich bisher erzehlet,
zuwege gebracht wird. Achtens, wer wollte endlich aus dem Wefen des ammoniaca-
lifchen Salßes, aus dem Horn-ähnlichen
Silber und andern dergleichen, aus der Be-
fchaffenheit des Gold-Scheide-Waffers,
und

und aus der Zerfliessung des gemeinen
Saltzes selbst, welches in der feuchten Lufft
geschiehet, die besondere Zartheit desselben
nicht ersehen? Neuntens, das Kali-Kraut,
welches voll Koch-Saltz stecket, gehet wie ein
animalisches Wesen in die Fäulung, wenn
es nur mit wenig Brunnen-Wasser angefeuchtet, und vierzehen Tage lang durchwei-
chet wird; So gar, es bekommt nicht allein
einen rechten animalischen Gestanck, wie
Menschen-Koth, und wachsen Würmer
wie in den Käsen darinnen, sondern es giebt
auch nicht wenig von einem trocknen flüchtigen Saltze; dergleichen Umstände, da sie
sonst denen Vegetabilien gar nicht eigen
sind, ich dem gemeinen Koch-Saltze, das
in diesem Kraute steckt, billig zuschreibe. †
Eilftens, will ich alles bey Seite setzen, und
euch, meinen Freunden, nur noch einen
Beweiß, der, wo nicht übergrosser, doch einer ziemlichen Verehrung werth ist, bestens
empfehlen, nehmlich, ein gemeines Saltz,
wenn von selbigen Brunnen-Wasser bis
zum Glüen abdestilliret, und dieses durch
öffters Cohobiren wiederhohlet wird, wird
dadurch gantz flüchtig. ††

Pp 2

An-

† S. Flora Saturn. p. 653. seqq.
†† S. Vol. V. Act. phys. med. obs. 93. p. 325. sq.

Anmerckung.

Was ich im andern Tractat zum 24. §.
pag. 362. ſeq. angemercket, dieſes wird
gar ſchöne durch dieſe Unterſuchung beſtärcket.
Wenn aus dem gemeinen Saltze ein flüchtiges
Alcali entſtehen ſoll, ſo muß eine innerliche Bewegung, die ſchon der Gährung ähnlich iſt,
dabey vorfallen; ie länger dieſe fortwähret, ie
flüchtiger und alcaliſcher wird das vorherige
ſaure Saltz: Der Kalckſtein und alle trockne
erdhafftige Steine haben ein ſolches flüchtiges
Alcali in ſich, man findet auch, nach den über
einander liegenden Erd-Lagen, daß ſelbige ſpä-
ter, als andere Steine ſich aus dem Waſſer
zu Grunde geſetzet haben, und alſo iſt die Vorbereitung dieſer Steine von den unterliegenden
Hornſteinen in ſo weit unterſchieden, daß ſie
aus dem ſchon mehr gegohrnen Waſſer, das
ſein Leim- und öllichtes Weſen in einen Schleim
und Schlamm ausgeworffen, abgeſondert ſind,
und daher zum Wahrzeichen ein flüchtiges Alcali mit ſich führen. Doch heißt es hier a plu-
ribus fit denominatio, es kann bey einigen
Kalckſtein kein Alcali ſeyn, auch findet ſich ein
Alcali, wo keine ſolche Auflöſung des gemeinen Saltzes durch eine offenbahre Gährung zu
bewei-

beweisen stehet. Diese Wahrheit, ist im übrigen wichtig, dienet sie auch bey dem Kalckstein
nicht sonderlich zur Metallurgie, so kann sie
bey dem Kalck- und Ziegel-Brennen doch viel
anweisen, das bisher auch von grossen Naturforschern nicht deutlich genug hat können
gemacht werden.

Sieben-

Siebendes Stück.

Von einem im Finſtern leuchtenden Schweiß, als einem Beweiß von der Materie des Phosphori.

Was ich von dem flüchtigen Alcali im mineraliſchen Reich anzuführen unternommen habe, dergleichen halte ich auch vor nöthig, von dem entzündlichen Acido in eben demſelben Reiche zu bemercken, nehmlich, von dem recht ſehr concentrirten Phosphoro. Beydes kommt her aus dem gemeinen Koch-Saltze; Beides iſt von der gröſten Wichtigkeit. Was vor ein unvergleichliches Saltz iſt das! Bey allen, die den Phoſpho-rum zu machen ſuchen, iſt der Urin der Menſchen das erſte und letzte, das ſie darzu nehmen, und dieſer iſt auch darzu nicht ſo ungeſchickt: Allein die meiſten wiſſen nicht, worinnen eigentlich das Haupt-werck in dieſer Sache beſtehe, und alſo bekümmern ſie ſich wenig, woher, nehm-lich aus denen Mineralien, und beſonders mit Zutritt der Lufft, dieienigen Dinge uns vorkommen, welche entweder gantz und gar nicht alſo nach ihrer weſentlichen Geſtalt vorher da geweſen, dergleichen der Phos-

phorus

phorus ist, und die also würcklich vor neuerlich entstandene Dinge zu halten sind, oder
welche aufs höchste in größrer Menge sich
darstellen, wie z. E. das flüchtige alcalische
Saltz ist. Was das erste und eigentlich
dasjenige, davon nun die Rede ist, betrifft,
so werden davon nicht undeutliche Spuren
hauptsächlich in denjenigen Steinen gefunden, welche in unsern Schmeltz-Hütten
Flöße genennet werden, und wie Amethysten, Smaragde, Saphire, Topase rc. aussehen, wohin auch der Bononische Stein
gehöret, wenn er am Feuer oder einen eisernen Ofen erhitzet wird. Daß diese eine
saltzigte Art, und auch den Nahmen in der
That haben, beweiset ihre Flüßigkeit zur
Gnüge, maßen man sie ohne Zusatz einiges
Saltzes zum fliessen bringen, und sie zu
Schmeltzung derer strengen und hartflüßi-
gen Ertzte als einen Zusatz gebrauchen kan.
Der Herr Hiärne gedencket in Prodromo
historiæ naturalis Suecie einer Erde, welche
durch bloßes Reiben leuchtend werde, dergleichen ich aber nicht gesehen habe, auch
nicht, daß sie von iemand andern beschrieben
sey, mich erinnern kann: Doch glaube ich
gewiß, daß sie an verschiedenen Orten noch
könne gefunden werden, auch nicht allein

bemel-

bemeldetem Lande wegen ſeiner Landes-
Beſchaffenheit eigen ſey, am wenigſten
aber, daß ſie gar auf der Erden verſchwun-
den. Daher ſollen dieienigen, welche Verſuche vornehmen, auch dieſes vor eine Regul bey Unterſuchung der natürlichen Cörper annehmen, daß ſie in finſtern oder
dunckeln Orten auf dieienigen ſichtlichen
Umſtände fleißig acht haben, welche durchs
Reiben, oder durchs Feuer hervor gebracht
werden. Ich erinnere mich ietzo des Gallmey Ofenbruchs, abſonderlich des gelbens,
welcher einzig durch das Anreiben, oder
durch eine hefftige Bewegung, wenn man
ihn mit einem Meſſer ſchabet, oder mit einem Schlüſſel dran ſchläget, Funcken von
ſich giebt, und alſo von der beſondern Ent-
zündlichkeit des Zincks, der von dem Gallmey Ofenbruch das Grundſtücke iſt, ein
kräfftiges Zeugnüs ableget. Vorietzt ge-
ſchweige ich des Zincks, welcher eben wie der
Arſenic ſich im Feuer entzündet, und was
das meiſte, ſo giebt der Zinck gleichfalls wie
der Phosphorus, der aus Urin bereitet
wird, einerley arſenicaliſchen Geruch von
ſich. Und alſo wird leichte ein ieder riechen
und urtheilen können, daß man den Urſprung des Phosphori weiter, als nur aus
dem

dem menschlichen Cörper herleiten, nehmlich, in denen unter irrdischen Werckstätten
suchen müsse. Mit einem Worte: Das gemeine Saltz ist ein reicher Brunnen, der uns
das flüchtige Saltz darreichet: Das gemeine Saltz ist es auch, davon der Phosphorus
herkommt. Ich will diese Gedancken durch
eine wahrhafftige Geschichte bestärcken,
dergleichen ich auch, wo ich mich nicht irre,
in denen Ephemeridibus Acad. Nat. Cur.
Dec. II. an. 8. obs. 172. gelesen habe.

Ein gewisser guter Freund von mir,
welcher aber nun schon in der Ewigkeit ist,
der übrigens ein Gelehrter, sehr vollblütig
und ein grosser Liebhaber vom Saltze war,
auch schon einen Anfang zur Gicht hatte,
machte sich einmahl im Tantzen lustig, dabey er den Leib dergestalt beweget, und
durchschüttert, die Säffte so durcharbeitet,
und solchen Schweiß sich erreget hatte, daß
er eine Ohnmacht darüber bekam, und es
wenig fehlte, daß er nicht gar aussen geblieben wäre. Indem ihm nun so gleich in einem finstern Gemach die Kleider ausgezogen wurden, so sehen die umstehenden Personen, daß sein Hembde leuchtet und gleichsam brennet; Als er wieder zu sich selbst
kommt, erschrickt er darüber, und läßt die

Per-

Personen aus der Gesellschafft zu sich ruf-
fen; Diese bezeugen es ihm, und bewundern, was sie gesehen; Sie bringen auch
ein Licht herzu, und verdunckeln, wie leicht
zu vermuthen, das kleinere durch das grössere, doch sehen sie zugleich einige röthliche
Flecke in dem Hembde, denenienigen nicht
ungleich, die man in denen Windeln der
Kinder nicht selten zu sehen bekommt.
Man riechet auch einen urinosischen Gestanck, welches besonders der gegenwärtige Medicus bemercket hat, der aber nicht
sowohl alcalisch und flüchtig, als vielmehr
Saltz-lackigt, sauer und recht scharff war,
wie etwan altes Sauer-Kraut stincket.
Nachdem man das Licht wieder wegge-
bracht, so schiene zwar das Hembde noch
etwas, aber sehr wenig im Finstern zu
leuchten; wie lange aber solches noch angehalten, hat niemand bemercken können,
weiln man mit diesem gantzen Phosphoro
zum Bette geeilet hat.

Dieser Geschichte wahrscheinliche Ursache mag wohl da hinaus lauffen: Die
Säffte derer mit Reißen und der Gicht be-
ladenen, auch anderer Personen, sind sehr
öffters durch eine saltz-lackigte Säure verderbet. Daß das Saure im menschlichen
Cörper

Cörper von dem Eßig, Biere, Weine,
Milch, Brandewein und vielen Speisen,
sowohl schon an sich denen Säfften eingemischet werde, als auch durch die Gährung
in dem Cörper erzeuget werde, wird niemand leugnen; Daß aber die lackigte übel-
riechende Säure, davon man gemeiniglich
spricht, es rieche wie altes scharffes Sauer-
Kraut, keinesweges von den bemeldeten
Geträncken und Speisen allein, sondern
von dem mit darzu kommenden gemeinen
Saltze, welches wir auf vielerley Art zu
uns nehmen, entstehe, ist gantz offenbar.
Aus dem bekannten Haushaltungs-Expe-
riment erhellet deutlich und zur Gnüge,
daß, da Kraut und Gurcken mit gesaltznen
Wasser zugleich nebst dem Wasser sauer
werden, in denen Vegetabilien vor sich
allein, und ohne darzu kommendes Koch-
Saltz, eine solche Säure keinesweges werden könne. Hieraus ersehen wir, daß das
gemeine Saltz ohne Feuer und forttreiben-
de Ursache auf diese Art sein Saures von
sich lasse, oder selbst heraus gebe, oder, welches ich aber gerne gestehe, daß ich es nicht
weiß, gantz und gar sauer werde; es geschiehet nehmlich dieses, durch eine gewisse innere Bewegung, die da gährend ist, und durch

Beitritt

Beitritt eines vegetabilifchen Safftes, mit-
telft zugegoßnen Waffers, in einem lau-
lichten Orte erreget wird.   Allein diefes
falßlackigte Saure ift gewiß nicht fo gänß-
lich ohne Geruch, auch nicht fo fcharff auf
der Zunge, daß man es vor einen Spiritum
Salis communis halten könne, und doch ift
es auch nicht ein vegetabilifcher Eßig, fondern ein gemifchtes drittes Wefen. Damit
nun deffen eigentlicher Unterfcheid fowohl
an und vor fich, als auch nach feiner Würckung auf andere Cörper, ein wenig genauer erkannt werde, nicht weniger, was
doch das Alcali des gemeinen Salßes bey
diefer Gährung eigentlich thue, darzu ift
eine befondere und forgfältige Unterfuchung nöthig.   Was verhinderte es aber,
daß wir nicht glauben follten, wie eben diefes in dem Magen und Eingeweiden der
Menfchen gefchehen könne, wenn wir auch
den gründlichen Beweiß, der von dem kenntlichen Geftanck des Schweißes hergenommen wird, nicht hätten? Saure Sachen
und folche, welche die Säuerung befördern
und ftärken, kommen genug im menfchli-
chen Cörper zufammen, und noch mehr,
als in einem hölßernen Gefäße.   Denn
erftlich, fo hat das kochende und dauende
Behält-

Behältnis in der kleinen Welt sein gewiss
ses Ferment oder Auflöß-Mittel, welches
wir aber nicht eigentlich beschreiben können: Ich will nicht von denen Personen
reden, welche gar zu viel fressen und sauffen,
deren Bauch niemahls von Speisen leer
wird, und die allezeit mit den natürlichen
Auswürffen angefüllet sind, dadurch die
natürlichen Ab- und Ausscheidungen verhindert, die Säffte aber verderbet, dicke
und besonders sauer werden. Zum andern, so ist in dieser Werckstatt eine wesentliche Bewegung der Theile, daher die Wärme, Druckung, Fortgang, Mischung und
Flüßigkeit erfolgen. Drittens kommt die
freiwillige Bewegung hinzu, welche denen
vorgemeldeten Motibus vitalibus sehr dienlich, hülflich und beförderlich ist. Je geschwinder, stärcker und länger wir nun uns
in der freiwilligen Bewegung erhalten, desto stärcker und geschwinder wird auch der
Pulß, und desto wachsamer die spannen-
de Druckung; Demnach ist auch das
Schütteln derer Säffte durch einander so
viel vollkommner, und gleichsam eine Zerreibung; Hieraus folget in grösserer Menge ein Durchgang und Ausdünstung der
dünnern Säffte durch die Häutgen. Endlich

lich erfolget daraus ein näheres Zuſammenſtoſſen, und Veränderung der dicken,
erdhafften, ſaltzigten, und ins enge ge-
brachten Säffte; Und zuletzt geſchiehet
ein gewaltſames Ausſchwitzen und Aus-
drücken, alſo, daß ein auſſernatürlicher
erdſaltzigter, ſehr ſcharffer Schweiß, der im
Finſtern leuchtet, kann gemiſcht und
ausgepreſſet werden. †

† S. Vol. V. Aâ. phyſ. med. obſ. 94. p. 332.

Achtes

Achtes Stück.

Von einem grünen Jaspis mit Hiero-
glyphischen Figuren, ein Angehenge
der Egyptier.

Als man in einem Garten hier gegraben, so ist von ohngefähr ein
Denckmahl des Alterthums, nem-
lich ein Edelstein gefunden worden, dessen
Größe und Bildung auf dem Kupffer-
Blat Fig. V. und VI. zu sehen ist. Es ist
ein grüner Jaspis, blaß, einfärbigt, bearbeitet, aber wenig oder gar nicht poliret,
in der Dicke ein Sechstheil eines Zolles;
Auf der einen Seiten, wo man die hiero-
glyphischen Figuren eingegraben siehet,
ist er flach, auf der andern aber, wo die
krummen Linien eingeschnitten sind, etwas rundlich; Oben hat er einen etwas
gekrümmten Hals, welcher, daß er auf der
Rückseite abgebrochen sey, zu sehen ist, es
scheinet, daß solcher statt eines Oehrgens
gedienet hat, daran man ein Bändgen
oder Faden anbinden, und also diesen
Edelstein anhengen, und auf der Brust
als ein Angehenge tragen können. Was
die Farbe anbetrifft, habe ich keinen
Stein, der ihm am meisten gleich komme,
gesehen,

gesehen, oder auch in meiner Sammlung,
als derjenige ist, welcher hier auf der neuen
Hoffnung Gottes zu Bräunsdorff, in
dem Kneis Adermweise und sehr sparsam
gefunden wird, aber doch, was die schöne
grüne Farbe anbetrifft, den ersten einiger
maßen übertrifft.

Dioscorides † schreibt: Von den Jaspis-
Steinen giebt es gar viele. Es ist unter denselben einer von einer grünen Smaragd-
Farbe; ein andrer siehet wie Eiß aus, und
ist dem Speichel ähnlich; ein andrer hat
die Farbe der Lufft; ein andrer ist rauch-
rigt, oder gleichsam mit Rauche ange-
schwärtzet; ein andrer glänzet mit weissen
Queer-Linien, welcher der Assyrische genennet wird; ein andrer ist von der Farbe
des Terpentin-Hartzes, der der Terpentin-
farbigte genennet worden, und dem Edelgestein Calais ähnlich. Man sagt, fähret er
fort, daß alle als Angehenge gebraucht werden, und besonders sollen sie, wenn sie an
die Hüfften der schwangern Frauen angebunden werden, die Geburts-Arbeit befördern. Plinius †† stimmet mit Dioscoride
über-

---

† S. Dioscoridem, Lib. V, c. 160.

†† S. Plinium, Lib. 37. c. 8. und 9.

aber ein, es setzet zwar noch mehr Nahmen des Jaspis-Steines darzu; welche aber auf eben die, welche der Dioscorides herzehlet, hinaus kommen. Damit ich überhaupt und kürtzlich sage, was bey beiden das vornehmste ist, so sind damahls die vornehmsten Arten dieses Edelsteines folgende gewesen: (1) Der Grüne, welcher auch öfters durchsichtig und einem Smaragde ähnlich war; 2) der Blaue, Lichtblaue, Himmelblaue; oder der sich der Lufft an Farbe vergleichet; 3) der Rothe, welcher bald purpur-farben, bald rosen-roth, bald aurorfarbigt, bald fleisch-farben, bald den Veilgen ähnlich, bald mit rothen Puncten geschecket war; 4) der Onych-farbigte, dahin gehöret der Terpentin-farbigte, der rauchrichte, welcher wie mit Rauch und Wölcken gemahlet, auch Schnee und Speichel vorstellete, ferner, der nur kleine onych-farbne Düpffgen hätte, oder der Jaßonych, welcher mit Puncten und kleinen onychfarbigten Flecken sich zeigete, er mocht nun sonsten grün oder roth seyn. 5) Die, welche mit weissen Linien bemercket sind, und gezeichnete oder beschriebene Jaspis-Steine genennet werden, auch denen Rednern vornehmlich sollen dienlich gewesen seyn.

Qq Plinius

Plinius hätte nach dieser Einrichtung weit
mehrere können her erzehlen, wenn er nur
etliche Dutzend Lombre-Marquen, wie selbige in der Unter-Pfalz aus dergleichen viel-
farbigten Steinen gemacht, und zu Leipzig
im Rothhaupts Hofe verkaufft werden, gesehen hätte, die gewiß unendlich in ihren
mancherley Gestalten sind, und bey denen,
die solche sammlen, sowohl, als auch bey unsern Jubelierern Achate genennet werden.
Vorietzt, ich weiß nicht wie lange auch schon
vor diesen, und bey uns sind gemeiniglich
die Jaspis-Steine einfärbigt, und entweder
grün, oder roth, oder dunkelbraun, sie mögen nun mit Linien, Sterngen, Puncten,
Streiffen, und Wölckgen gezeichnet, oder
nicht gezeichnet seyn, da gegentheils bey denen Alten einige von dergleichen Zeichnungen die Jaspis-Steine von dem ersten Range ausmachten. Ehe noch die Spanier
dieses ietzige mahl Sicilien in Besitz nahmen, hat mir dasiger Orten ein Vorsteher
derer Bergwercke unterschiedliche Arten
Edelgesteine, die hierher gehören, überschicket, welche in dem Flusse Achate gefunden
werden, daher denn die Achat-Steine den
Namen haben. Unter denselben waren
deutlich zu sehen ein grüner Jaspis, der
nicht

nicht sowohl dem Smaragd, als vielmehr
der Olive an Farbe sich vergleichet; auch
mit braunen Flecken, noch weiter, eben ein
solcher mit dergleichen Linien bezeichnet
war; ein Lufft-farbner oder Himmel-
blauer; ein gelber onychfarbner; ein ro-
ther onychfarbner; ein schwartz-rother
mit weissen Linien verzeichnet; desgleichen
auch der Stein Lipari. Bey der Insul dieses Nahmens ist Plinius durch das unge-
stümme Wittern des Aetna umgekommen,
daher ich diesen Stein, als ein Andencken
von diesem großen und Verehrungs-wür-
digen Naturforscher aufhebe.

Plinius meldet in dem angeführten
neunten Capitel, welches den Titul: Von
denen Arten derer Jaspis-Steine führet,
nach den blauen, noch von weit mehrern,
als die sind, davon bisher geredet worden,
nehmlich es scheinet, als wenn er den Smaragd selbst, den Amethyst, den röthlichten
Hyacinth, den Chrysolith darzu zehle, doch,
ob er es würcklich also gemeinet, ist unbekannt, und gar nicht wahrscheinlich. Er
rühmet zwar auch von solchen einige magische Tugenden und Bildungen, z. E. daß
ein gewisser Hyacinth vor der Trunckenheit
bewahre, besonders, wenn der Nahme des

Qq 2 Mon-

Mondens und der Sonne darauf geschrieben; Desgleichen auch ein Smaragd, wenn auf selbigen ein Adler, oder auch ein Mist-Käfer gegraben, und an Halß mit Haaren eines Hunds-Kopffs, oder Schwalben-Federn angehenget würde, so widerstehe er dem Gifft, auch so man ein Gebet darzu spreche, so wende er den Hagel, Heuschrecken und dergleichen ab; Desgleichen, daß der Zoroaster den Stern-Stein in denen magischen Künsten besonders gelobet habe. Allein aus allen dergleichen Reden erhellet nichts anders, als daß diese Steine zu magischen Dingen gebrauchet worden; ia wir wissen aus andern Nachrichten, daß weit mehr dergleichen, als in dem 9. Cap. des Plinii angeführet sind, denen Morgenländern als magische Steine angenehm gewesen.

Es läufft demnach endlich die ganze Sache auf diese Frage hinaus, ob der Jaspis eine gewisse ausgemachte Art unter denen magischen Steinen gewesen, oder, ob ein Jaspis und ein magischer Stein bey denen Alten einerley gewesen? Dem ersten Ansehen nach schiene mir vor die letzte Meinung die gleichlautende Aussprache derer Wörter Aspis und Jaspis zu streiten, da denn
das

daß letztere von dem erstern herzukommen
schiene, also, daß man nur zur Anfang ein
gantz gelindes Jod, als einem scharffen
Hauch vorsetzen dürffen, welches durch eine veränderte Aussprache, oder aus einem
Fehler leicht geschehen können. Indem ich
dieses schreibe, bekomme ich ohngefähr in
die Hände den Marbodaeum de gemmis,
und finde, daß der Pictorius Villingensis aus
eines Engländers Buch de Lapid, & re metallica, lib. 16. eben dieses vermuthet, wenn
er spricht, man pflege Jaspidem quasi aspi-
dem zu nennen. Aspis war bey denen Egy-
ptiern eine Art der Schlangen, denen Phö-
niciern und andern Morgenländern hei-
lig, ehrwürdig und zu magischen Absichten
gehörig; und daher siehet man auch, daß
unter denen Bildern, womit gegenwärti-
ges Denckmahl bezeichnet ist, die Schlangen oben an stehen. Es wollte mir überdieß ein buchstäblicher Natur-Lehrer versichern, daß dieses ein Schlangenstein sey,
auch recht mit Befehl mir seinen Ausspruch
aufdringen. Aber, da ich alles genauer
überlegte, die Sachen selbst nach ihrer
Ordnung und wesentlichen Unterscheide
betrachtete, und durch Versuche erforschte,
so fande ich, daß dabey nichts als eine buch-

Qq 3 stäb-

stäbliche Grillenfängerey, und ein flüchtiges Gedancken-Spiel darhinter war. Im
übrigen ist der Schlangenstein vor diesem
kein Edelgestein, sondern ein Marmor gewesen, daraus aber nur kleine Seulen verfertiget wurden; † Da gegentheils die
Grösse eines Jaspis, der nur eilff Untzen
schwer, und daraus das Bildnus des Ne-
ronis in Brust-Harnisch gearbeitet war,
unter die raren Cabinet-Stücken gezehlet
wurde; †† Welches aber von einem Marmor nicht so wundernswürdig würde gewesen seyn. Daher wird er auch nicht einmahl unter denen Jaspissteinen nur genennet, sondern von eben diesem in einer
besondern Abtheilung unter denen Mar-
morn beschrieben. Vielmehr ist Jaspis
ein Ebräisches Wort ישפה Jaschpe, wie
solches Exod. XXVIII. unter den Brust-
Schildlein des Aarons gelesen wird; und
also findet diese ansehnliche Vermuthung
keinesweges statt. Rabbi Jonathan giebt
denselben in seinem Commentario den Bey-
nahmen בספיריר oder eines Edelsteines,
der wie ein Panther-geflecket ist, und dieses
nicht

† S. Plinium lib. 36. c.7.

†† S. eben denselben in 37. Buch, 9. Cap.

nicht ohne Grund, sintemahl der fleckigte
und vielfarbigte Jaspis in denen Morgenländern am meisten geachtet worden. Bemeldeter Rabbi hat diesen Zunahmen entweder von dem Alberto Magno, oder dieser
von ienem abgeborget. † Von der Alten
ihrem Schlangenstein haben wir ein sich
wohl schickendes Beispiel an unsern Marmor zu Zöblitz, welcher Serpentinstein genennet wird, und der übrigens von unserm
Weibs-Volck auch vor einen magischen
Stein gehalten wird, wenn sie ihn unter
den Nahmen eines Schreckstelnes denen
Kindern an Hals hengen, da er wider das
Erschrecken und Beschreien dienen soll,
auch schreiben sie ihm in ihren Mährgen
eine dem Gifft widerstehende Krafft zu,
welche sich bei einem Serpentin-Gefäße,
darein etwas gifftiges kommen, sogleich
erweisen, und solches von sich selbst entzwey
springen soll. Vom dem Lapide nephriti-
co, welcher grün, halb durchsichtig und hart
ist, zweifle ich keinesweges, daß ihn nicht
die Alten unter die Jaspissteine sollten gerechnet haben. Ich will nicht gedencken,
daß dieser Nahme, der von der artzneilichen

Qq 4

Krafft

---

† S. Albert. M. L. II. tr. 1. c. 13.

Krafft hergenommen wird, nur in denen
letztern Zeiten sich eingevettert habe, und
es noch nicht gewiß sey, ob dieser harte
Stein, welchen man gemeiniglich vor den
wider die Stein-Beschwerung dienlichen
hält, eben der rechte sey, oder, ob nicht vielmehr der mergelhaffte und fettigte Stein,
den man vor den falschen Lapidem nephri-
ticum hält, und der in den Zöblitzer Brü-
chen auch sonsten gefunden wird, einige
Hülffe bey der Stein- und Lenden-Be-
schwerung leiste, welches letztere mir beides nach der Uberlegung und Erfahrung
wahrscheinlicher zu seyn scheinet. Auch ist
der Zöblitzer Stein, welcher grünlicht,
graulicht, und mit rothen Flecken ist, nicht
der einzige von denen Schlangensteinen,
sondern es mögen auch wohl noch viel andere vor solche zu halten seyn, die nicht eben
in Betracht ihrer Farben, Flecken und Linien, sondern auch nach ihren innerlichen
Wesen unterschieden, und nach mancherley
Bezeichnung derer Schlangen vorgekommen sind, auch ietzo noch gefunden werden,
Und was ist endlich daran gelegen, ob die
Wörter und Nahmen bey denen Vorfahren in engern, weitern, zweideutigen, oder
gleichgeltenden Verstande gebrauchet worden,

den, nunmehro aber ungewiß, abgebracht,
oder gantz andere an deren Stelle zu unſern
Zeiten eingeführet ſind; wenn wir uns
unter einander deutlich in ſolchen Sachen
erklären und verſtehen können, daß wir
wiſſen, was ſie bey denen Alten geweſen,
und wie ſie nun bey uns den Nahmen und
der Beſchreibung nach beſtimmet werden,
daß es recht und gebräuchlich ſey.

Unterdeſſen iſt es nicht nöthig, mit vieler Mühe zu unterſuchen, woher dieſes aus
Jaſpis gemachte Denckmahl, davon wir
ietzo gehandelt haben, nach Teutſchland gekommen ſey. Die Egyptier ſind als die
erſten Erfinder, oder doch als die vornehmſten Lehrer, in demienigen Theil der Magie
berühmt, welche durch Geheimnis-volle
Sinnbilder, die in die Cörper eingegraben
und angehenget getragen werden, ausgeübet wird. Es wird auch niemand, der in
denen Alterthümern erfahren iſt, leugnen
können, daß die, in dieſem Stein einge-
grabnen Bilder nach Art der Egyptiſchen
Zeichnungen ſind. † Daß man aber hier

Qq 5　　　nicht

† Conf. *Scarabæus* apud *Montfaucon* Ant. expl.
T. II. tab. 136. und was die Figuren betrifft
Baugius Ex. I. de Lit. Adami p. 112.

nicht auf die Lappen und Finnländer dencken könne, ſiehet man zwar aus Scheffers Lapponia, da! der Lappen ihre Zauber-Trummeln und Cälender-Stäbgen in ihren Figuren gar ſehr von der Egyptier hieroglyphiſchen Bildern unterſchieden ſind. Warum könnte man aber nicht auch glauben, daß der egyptiſchen Schreibe-Art auch in denen mitternächtlichen Ländern ſey nachgeahmet worden, wenn auch Schefferus davon nichts meldete? Darzu kommt, daß dieſe Völcker denen magiſchen Thorheiten vor andern noch letzt ergeben, und im dreyßig-jährigen Kriege durch gantz Teutſchland herum gezogen ſind. Auch iſt nichts dran gelegen, daß man wüſte, ob die, ſo ins gelobte Land ehedem gezogen, aus der Egyptiſchen Haupt-Stadt Cairo, die ſie ebenfalls beſuchet, oder, ob die Römer zu einen Gebrauch oder Andencken, oder der Seltenheit wegen, ſolches Alterthum mit ſich nach Hauſe gebracht haben. Was endlich dieſe Charactere bedeuten ſollen, zu unterſuchen, wäre zwar nicht undienlich. Allein, weder Kircher in ſeinem Oedipo Aegyptiaco und Obeliſco Pamphilio, noch andere, haben dergleichen hieroglyphiſche Figuren gnugſam erkläret. Denen undeut-

deutlichen Schrifften wird meistentheils
ein Verstand nach eines ieden Neigung
angedichtet, wie solche die Menschen nach
den Umständen ihrer Besichtungen und
Nutzen überflüßig haben, und sich dadurch
einnehmen lassen. Was einer am ersten
wünschet, glaubet er am leichtesten. Ein
Historicus suchet darinnen die Thaten seiner Völckerschafft und die ersten Nachrichten seines Vaterlandes; ein Mysticus will
göttliche Geheimnüße entdecken; ein Medicus daraus Artzneyen erlernen; ein Zau-
berer siehet es vor Beschwörungen die Gei-
ster zu citiren an; ein Alchimiste bildet sich
darinnen die Beschreibung des Steines
der Weisen ein: Navita de ventis, de tau-
ris narrat arator. Aber wo der Schlüssel
zu denen verborgnen Dingen fehlet, da ist
es umsonst, daß man das Schloß auf
andere Art zu eröffnen
versuche.

E N D E.

Regi-

Register.

Amau

Ar-

Balsam

Kr 3   Edel-

Ertze

Farbe

Figu-

Kupffer

                        S s   Ma

Register.

Register.

Ss 3 Qveck-

Ss 4   Saltze

Register.

Salze

        Schie-

Register.

Ver-

       Z 2   Ver-

Ver-

Wasser

Register.